JN299909

合成有機化学

反応機構によるアプローチ

Rakesh Kumar Parashar 著

柴田高範・小笠原正道・鹿又宣弘
斎藤慎一・庄司 満訳

東京化学同人

Reaction Mechanisms in Organic Synthesis

Rakesh Kumar Parashar

*Reader, Chemistry Department,
Kirori Mal College, University of Delhi, India*

This edition first published 2009. © 2009 Rakesh Kumar Parashar. All Rights Reserved. Authorised translation from the English language edition published by Blackwell Publishing Limited. Responsibility for the accuracy of the translation rests solely with Tokyo Kagaku Dozin Co., Ltd. and is not the responsibility of Blackwell Publishing Limited. No part of this book may be reproduced in any form without the written permission of the original copyright holder, Blackwell Publishing Limited.

愛する Riya, Manya, Indu および
限りなく尊敬する両親へ

まえがき

　有機合成化学において，これまでなかった斬新な手法や試薬が日々開発され，利用されている．これらの反応の機構を理解することによって初めて，研究室や工場において，実際に重要な化合物を合成することができる．したがって，有機反応の機構を理解することの重要性は一段と増しており，本書は反応機構に関する新たな情報源となりうる．

　有機合成について教えたり，実際に研究室で有機合成を行う際に，数冊にも及ぶ大型書籍，あるいは合成に特化した専門書ではなく，有機合成と反応機構の両方について記載した手頃な本が必要である．しかしながら，有機化学におけるこれら二つの重要なポイントをともに記載した本は少ない．

　どのようなレベルでも教科書を書くことは常に困難を伴うが，Parashar博士が本書において有機化学のこれらの二つのポイントを関連づけたことは賞賛に値する．

　本書は多くの既刊本にみられる従来の章立てでなく，もっと柔軟な発想で有機化学の基礎的な知識を理解できるように書かれている．有機合成において頻繁に使用される反応の機構や，立体化学的な考察が十分かつわかりやすく説明されている．さらには，最新の文献から具体的な反応例が紹介されている場合もある．

　目次を見れば本書で扱う内容を概観でき，項目の選択がきわめて慎重に吟味されたことがわかる．内容は8章で363ページにまとめられ，簡潔かつ論理的に説明されており，各項目を必要以上に詳細に掘り下げたり，あるいは同じ内容を繰返したりせずに，基本的に理解することに焦点をあてている．

　本書は，学部卒業以上の学生，さらには企業の研究者にとって非常に役立つ内容といえる．本書は，自分の研究テーマや専門的な仕事として有機合成化学を学ばせようとしている教師あるいは学生自身が，長い間待ち望んでいた良書といえる．

さらに私は，重要な合成反応の反応機構を学ぶことが，実際に合成を行っている現場の人や専門家にとって役立つことを望む．

　私は本書を，学生や専門家にとっての自習用参考書として推薦する．

Virinder S. Parmar, PhD, FRSC（英国王立化学協会特別会員）
インド デリー大学化学科 主任教授
研究委員会委員長

序

　有機化学者が最も関心をもっていることは，a) 製薬，あるいは農薬産業界において興味がもたれている有機化合物の合成，b) これらの生体内での相互作用の仕方，の二つである．

　合成する際には反応を注意深く選ぶ必要があり，新規な反応が日々開発されている．化合物の構造が反応に与える影響を理解することにより，標的分子を合成するうえで，より合理的な合成反応を選択することができる．有機反応の機構を理解することにより初めて有機合成を計画することができる．さらに有機化学反応に関連する異なる分野の知識を広げることも要求される．有機合成においてきわめて重要な発展が，この分野における多くのノーベル賞受賞者により確立されてきた．

　基礎的な導入部から始まり，本書はすべてのタイプの有機反応の機構を紹介している．化学で習得した基礎的な知識をもとにして，学生や企業研究者が反応機構を理解し，最終的には合成計画を立てることができるようになる．本書は，学部卒業以上の学生が難易度の低い方から順に並べられた有機合成反応を理解し，合理的な反応機構を考えるうえで役に立つ．

　すでに汎用されている反応でも技術的にさらに改善され，応用例が増加する場合が多い．たとえば，反応を加速したり，反応を連続的に行ったり，多くの生成物の混合物から分離精製する革新的な方法を開発するために，企業や大学の研究室で精力的に検討がなされている．実際に，超音波は化学反応の速度を飛躍的に増加させる．またマイクロ波を使用すれば，より短時間かつ高収率で生成物を得ることができる．固相合成を用いれば生成物の分離が簡便化され，化合物のライブラリーをつくることができる．これらの方法は，項目を特化した専門書や総説論文で議論されていたが，最新の改良法を含めて（新しい）反応について紹介し，また同時に反応機構についても説明し，さらには立体特異性や位置選択性にまで言及している近刊図書はまったくなかった．

　本書は，合成において重要な各反応段階を説明するために，最近発表さ

れた研究成果から反応例を紹介している．また，多くの大学院レベルの教科書では反応機構で分類しているが，本書では反応条件により分類している．

本書を読む学生は，置換反応，付加反応，脱離反応，芳香族化合物の置換反応，脂肪族化合物の求核置換反応，あるいは求電子置換反応などの基本的な反応機構を十分に理解しているものとする．反応中間体，酸化あるいは還元過程などの基本的な反応機構は，学部学生用の参考書を参照してほしい．本書では，多種多彩な数多くの炭素−炭素結合形成反応について紹介する．たとえば，遷移金属触媒反応，安定化されたカルボアニオン，イリド，エナミンの炭素−炭素結合形成反応における利用，合成における酸化剤や還元剤の高度な利用法などである．

したがって本書は，化学分野の大学院生にとってよき入門書であり，また，指導者や試験対策をしている学生にとっても役に立つであろう．

以下に，本書の8章の内容を簡単にまとめる．

第1章では，有機合成において用いられる戦略について紹介する．逆合成解析，原子効率，極性転換，クリックケミストリー，さらには不斉合成などの概念について説明する．また，関連性のある具体例を引合いに出し，種々の官能基の保護，脱保護について紹介し，重要な反応の反応機構についても言及する．

第2章では，カルボカチオン，カルボアニオン，ラジカル，カルベン，ニトレン，さらにはベンザインなどの反応中間体について詳細に説明する．これらすべての中間体の構造，生成法とそれらを含む重要な反応について本章で紹介する．特に，これらの不斉合成への応用が重要な項目である．

第3章では，イリド，エナミン，さらには関連するアニオンについて説明する．

第4章では，有機合成において炭素−炭素二重結合の形成のために用いられる種々の試薬についてまとめる．さらにそれらのなかで重要な反応については反応機構についても説明する．

第5章では，遷移金属を用いる炭素−炭素結合形成反応について網羅的に紹介する．すなわち，Heck反応，根岸カップリング，薗頭カップリング，

鈴木カップリング，檜山カップリング，Stille カップリング，熊田カップリングなどの Pd, Ni, Cr, Zr, Cu 触媒による反応について詳細に説明し，さらにこれらの反応の有機合成における応用についても言及する．

第6章では，種々の還元法のなかから厳選された反応と，それらの反応機構に焦点をあてる．また本章では，還元剤とそれらの有機合成における応用についても詳細に説明する．

第7章では，有機反応の機構についてより理解を深められるように，酸化反応について紹介する．すなわち合成における酸化剤の重要性とそれらの反応機構について詳細に説明する．

第8章では，ペリ環状反応について総括的に説明し，芳香族型遷移状態理論にも言及する．紹介する反応例のほとんどが最近の論文から引用しており，大学院生や研究生にとっても有益である．

学術的にきわめて重要であるので，立体選択的な反応の機構については重点的に説明する．各章末に引用文献を記載したので，本書は参考図書としても利用できる．

本書は大学院の講義内容のほとんどすべてを含むことを目標としており，本書があれば学生が多くの本や雑誌のなかから関連する情報を収集するために無駄な時間を費やさないで済む．漏れがないように総括的に情報を集めるように最大限の努力をしたが，それでも関連論文や総説を見逃している可能性はある．

著者は，本書が使い勝手のよい一般有機化学の参考書となり，図書館や関連分野の研究者の書棚に置かれることを期待する．

なお，本書に関する意見，助言を喜んでお受けする．

Rakesh Kumar Parashar
インド デリー大学
キロリ・マル・カレッジ化学科
准教授

著者略歴

Rakesh Kumar Parashar 博士は，有機合成化学の分野で 1990 年インド デリー大学より Ph. D. を取得し，現在はデリー大学キロリ・マル・カレッジ化学科の准教授である．Parashar 博士は，スペインのバルセロナ大学で博士研究員をした．また，すでに 22 報の論文をインドの国内誌，ならびに国際誌に発表しており，国内外で講演をしている．さらに Parashar 博士は，数冊の本を出版しており，過去 18 年間にわたり，教育・研究の両面で活躍している．

謝　辞

本書を執筆することを私に勧めてくれた Jim Coxon 教授に心から感謝します．Coxon 教授には，実際に本書を執筆するうえでも助言をいただきました．

本書のまえがきをご執筆いただいた，デリー大学化学科主任 Virinder S. Parmar 教授に特に感謝いたします．また，本原稿を準備するうえで，常に有益な助言をしてくださったデリー大学 J. M. Khurana 教授に感謝いたします．さらに，いくつかの章を校正してくれたデリー大学キロリ・マル・カレッジ化学科の S. Gera 博士と Geetanjali Pandey 博士にも感謝します．

最後に本書を執筆していた長い間，励ましつづけてくれた妻 Indu と，娘 Riya と Manya に感謝します．

訳 者 序

　医薬品や液晶に代表される機能性有機化合物は，現代の生活を支え豊かにしている．そして今後も，有機合成により新規な化合物が創製され，多種多彩な機能性化合物がこの世に誕生することは間違いない．その原動力となっているのが，新たな合成反応，新たな反応試薬の開発である．

　有機合成の習得を目指す学生は，大学1,2年生で『マクマリー有機化学』や『ジョーンズ有機化学』などの教科書により有機化学を概観する．そして2年生後期から3年生では，反応機構，立体化学，有機金属化学などの各論について習う．その後研究室に配属され，実際に研究を始めると，数々の合成反応，反応試薬と出合う．しかしながら，低学年で習得する"一般有機化学"，高学年で習う各論，そして実際に研究室で日々経験する"最新有機合成化学"を体系的に関連づける適度な分量の教科書はこれまで少なかった．その観点から，本書は訳者が待ち望んでいた良書である．すなわち"反応機構"を縦糸とし，有機合成において重要なほぼすべての反応形式，反応活性種を網羅している．したがって"一般有機化学"習得後の学部上級生対象の授業の最適な教科書であるいえる．原著は"Postgraduate Chemistry Series"のうちの1冊で学部卒業以上が対象であるため，翻訳する際には言葉を足してわかりやすい説明をしたり，訳注をつけるなどの工夫や配慮をしたので，学部生が十分に理解できる内容である．

　電子ジャーナル，SciFinder，Beilsteinなど机上のパソコンからあり余る情報が得られる今日，有機化学に関する多くの知識をもっていながら，実際に研究・実験を行う際に立ちすくみ，方向を見失うことがある．そのような場合に，本書から得た有機合成の反応機構に関する知識が"道しるべ"となり，自分の居場所，行き先を示してくれることを期待する．また，本書により多くの学生が有機合成により興味をもち，その中から今後の日本の有機化学界を担う多くの人材が育ってくれたら，望外の喜びである．

　なお，専門用語は基本的に『文部省 学術用語集 化学編（増訂2版）』に従って日本語訳をしたが，現在あまり使用されていない用語の場合は，

一般的に使用されている術語を採用した．また化合物名は，IUPAC（国際純正および応用化学連合）が推奨する名称に変更し，それを字訳した（例：2-butene の訳　ブタ-2-エン）．また本書は学部生対象なので，参考のため人名反応の人名にはルビをつけたが，正確な発音を日本語では表記できない場合があることを了承して欲しい．

　第3章の翻訳に関してご協力いただいた，東京理科大学理学部化学科助教 山﨑 龍 博士に感謝いたします．また，各訳者の研究室に所属する学生の皆さんには多くのご支援をいただきました．ここに深く感謝いたします．

　　2011年2月

訳者を代表して
柴　田　高　範

目　　次

1章　合成戦略 …………………………………………………… 1
1.1　有機合成入門 ………………………………………………… 1
1.2　逆合成解析（結合切断アプローチ）………………………… 2
1.3　極性転換 ……………………………………………………… 6
1.4　原子効率 ……………………………………………………… 9
1.5　選択性 ………………………………………………………… 11
　1.5.1　化学選択性 ……………………………………………… 12
　1.5.2　位置選択性 ……………………………………………… 13
　1.5.3　立体選択性 ……………………………………………… 14
　1.5.4　不斉合成 ………………………………………………… 17
1.6　保護基 ………………………………………………………… 29
　1.6.1　ヒドロキシ基の保護基 ………………………………… 30
　1.6.2　ジオールの保護基 ……………………………………… 41
　1.6.3　アミノ基の保護基 ……………………………………… 43
　1.6.4　カルボニル基の保護基 ………………………………… 48
　1.6.5　カルボン酸の保護基 …………………………………… 52
　1.6.6　芳香族スルホン酸の保護基 …………………………… 55
　1.6.7　アルキンの保護基 ……………………………………… 56

2章　反応中間体 ………………………………………………… 59
2.1　カルボカチオン ……………………………………………… 59
　2.1.1　カルボカチオンの構造と安定性 ……………………… 59
　2.1.2　カルボカチオンの生成 ………………………………… 62
　2.1.3　カルボカチオンの反応 ………………………………… 63
　2.1.4　非古典的カルボカチオン ……………………………… 70

2.2 カルボアニオン ……………………………………………………………… 73
2.2.1 カルボアニオンの構造と安定性 ……………………………… 73
2.2.2 カルボアニオンの生成 …………………………………………… 76
2.2.3 カルボアニオンの反応 …………………………………………… 76
2.3 ラジカル …………………………………………………………………… 82
2.3.1 ラジカルの構造と安定性 …………………………………………… 82
2.3.2 ラジカルの生成 ……………………………………………………… 84
2.3.3 ラジカルイオン ……………………………………………………… 89
2.3.4 ラジカルの反応 ……………………………………………………… 90
2.4 カルベン …………………………………………………………………… 106
2.4.1 カルベンの構造と安定性 …………………………………………… 107
2.4.2 カルベンの生成 ……………………………………………………… 108
2.4.3 カルベンの反応 ……………………………………………………… 110
2.5 ニトレン …………………………………………………………………… 116
2.5.1 ニトレンの構造と安定性 …………………………………………… 117
2.5.2 ニトレンの生成 ……………………………………………………… 117
2.5.3 ニトレンの反応 ……………………………………………………… 118
2.6 ベンザイン ………………………………………………………………… 121
2.6.1 ベンザインの生成 …………………………………………………… 121
2.6.2 ベンザインの反応 …………………………………………………… 123

3章　安定化されたカルボアニオン, エナミン, イリド ……………… 129
3.1 安定化されたカルボアニオン …………………………………………… 129
3.1.1 安定化されたカルボアニオン（エノラート）と
　　　　ハロゲン化アルキルの反応（エノラートのアルキル化）……… 132
3.1.2 安定化されたカルボアニオンとカルボニル化合物の反応 …… 136
3.1.3 エノラートの α,β-不飽和カルボニル化合物への共役付加 …… 146
3.1.4 イミニウムイオンやイミンとエノラートの反応 ……………… 148
3.2 エナミン …………………………………………………………………… 151
3.3 イリド ……………………………………………………………………… 155
3.3.1 イリドの生成 ………………………………………………………… 156
3.3.2 イリドの反応 ………………………………………………………… 159
3.3.3 イリドを用いる不斉反応 …………………………………………… 165

4章　炭素−炭素二重結合形成反応 …… 172

- 4.1　序　論 …… 172
- 4.2　脱離反応 …… 172
  - 4.2.1　β脱離 …… 172
  - 4.2.2　単分子でのシン脱離 …… 178
  - 4.2.3　エポキシド，チオ炭酸エステル，エピスルフィドの反応 …… 182
- 4.3　カルボニル化合物のアルケニル化（アルキリデン化）…… 183
  - 4.3.1　Wittig 反応 …… 184
  - 4.3.2　Julia アルケニル化および改良型 Julia アルケニル化
          （Julia-Kocienski アルケニル化）…… 194
  - 4.3.3　Peterson 反応 …… 201
  - 4.3.4　チタン化合物を用いる反応 …… 204
  - 4.3.5　亜鉛あるいはジルコニウム化合物を用いるケトン
          およびアルデヒドのアルケニル化 …… 215
  - 4.3.6　Bamford-Stevens 反応および Shapiro 反応 …… 216
  - 4.3.7　Barton-Kellogg 反応 …… 218
  - 4.3.8　アルデヒドおよびケトンの触媒的アルケニル化 …… 219
- 4.4　アルキンの還元 …… 222

5章　遷移金属を利用する炭素−炭素結合形成反応 …… 225

- 5.1　遷移金属触媒による炭素−炭素結合形成反応 …… 227
  - 5.1.1　Heck 反応 …… 228
  - 5.1.2　アリル位置換反応 …… 233
  - 5.1.3　銅あるいはニッケル触媒によるカップリング反応 …… 237
- 5.2　遷移金属触媒による有機金属化合物と有機ハロゲン化物および
        関連する求電子試薬とのカップリング反応 …… 239
  - 5.2.1　Grignard 試薬のカップリング反応 …… 241
  - 5.2.2　有機スズ化合物のカップリング反応 …… 246
  - 5.2.3　有機ホウ素化合物のカップリング反応 …… 248
  - 5.2.4　有機シラン化合物のカップリング反応 …… 251
  - 5.2.5　有機銅化合物のカップリング反応 …… 253
  - 5.2.6　有機亜鉛化合物のカップリング反応 …… 255

6章 還元 ·· 264

- 6.1 炭素−炭素二重結合の還元 ·· 264
  - 6.1.1 触媒的水素化 ··· 264
  - 6.1.2 水素移動試薬 ··· 270
- 6.2 アセチレンの還元 ·· 270
  - 6.2.1 触媒的水素化 ··· 270
  - 6.2.2 溶解金属 ··· 271
  - 6.2.3 金属水素化物 ··· 271
  - 6.2.4 ヒドロホウ素化-プロトン化 ··· 272
- 6.3 ベンゼンとその誘導体の還元 ·· 273
  - 6.3.1 触媒的水素化 ··· 273
  - 6.3.2 Birch 還元 ··· 273
- 6.4 カルボニル化合物の還元 ·· 275
  - 6.4.1 触媒的水素化 ··· 276
  - 6.4.2 金属水素化物 ··· 279
  - 6.4.3 金属とプロトン源 ·· 298
  - 6.4.4 水素移動試薬 ··· 301
- 6.5 α,β-不飽和アルデヒドとケトンの還元 ··· 304
  - 6.5.1 触媒的水素化 ··· 304
  - 6.5.2 ヒドリド試薬 ··· 305
  - 6.5.3 溶解金属 ··· 306
- 6.6 ニトロ, N-オキシド, オキシム, アジド, ニトリル,
  ニトロソ化合物の還元 ········ 307
  - 6.6.1 触媒的水素化 ··· 307
  - 6.6.2 水素化物 ··· 308
  - 6.6.3 金属とプロトン源 ·· 310
  - 6.6.4 トリフェニルホスフィン ··· 311
- 6.7 水素化分解 ·· 312

7章 酸 化 ·· 316

- 7.1 アルコールの酸化 ·· 316
  - 7.1.1 クロム(Ⅵ) ·· 316
  - 7.1.2 過マンガン酸カリウム ·· 321

7.1.3 二酸化マンガン	322
7.1.4 ジメチルスルホキシドを用いる酸化	324
7.1.5 Dess-Martin ペルヨージナン（DMP）	328
7.1.6 過ルテニウム酸テトラプロピルアンモニウム（TPAP）	330
7.1.7 酸化銀と炭酸銀	331
7.1.8 Oppenauer 酸化	332
7.2 アルデヒドとケトンの酸化	333
7.3 フェノールの酸化	339
7.4 エポキシ化	343
7.5 ジヒドロキシ化	350
7.6 アミノヒドロキシ化	355
7.7 炭素−炭素二重結合の酸化的開裂	356
7.7.1 オゾン分解	357
7.7.2 グリコールの開裂	358
7.8 アニリンの酸化	361
7.9 脱水素反応	361
7.10 アリル位やベンジル位の酸化	363
7.11 スルフィドの酸化	363
7.12 芳香環に結合したアルキル側鎖の酸化	365

8章 ペリ環状反応 … 369

8.1 ペリ環状反応の重要な形式	369
8.1.1 付加環化反応	369
8.1.2 電子環状反応	370
8.1.3 シグマトロピー転位	370
8.1.4 エン反応	370
8.1.5 その他のペリ環状反応	371
8.2 ペリ環状反応の理論的考察	372
8.2.1 分子軌道とその対称性	372
8.2.2 スプラ形とアンタラ形	378
8.2.3 軌道対称性の保存	380
8.3 付加環化反応	384
8.3.1 ［4＋2］付加環化反応	384

8.3.2　［2+2］付加環化反応 ……………………………… 389
　　8.3.3　1,3-双極付加環化反応 ……………………………… 389
　　8.3.4　理論的解釈 …………………………………………… 390
8.4　電子環状反応 ………………………………………………… 399
　　8.4.1　理論的解釈 …………………………………………… 401
　　8.4.2　電子環状反応の一般則 ……………………………… 409
8.5　シグマトロピー転位 ………………………………………… 409
　　8.5.1　シグマトロピー転位の考察 ………………………… 415
　　8.5.2　炭素移動 ……………………………………………… 418
8.6　エ ン 反 応 …………………………………………………… 421
8.7　選 択 則 ……………………………………………………… 423

索　　引 ……………………………………………………………… 427

略　　号

Ac	acetyl
Ac_2O	acetic anhydride
acac	acetylacetonato
AIBN	2,2′-azobisisobutyronitrile
Alloc	allyloxycarbonyl
Ar	aryl
BBN	borabicyclo[3.3.1]nonane
BHT	butylated hydroxytoluene (2,6-di-t-butyl-p-cresol)
BINAL-H	2,2′-dihydroxy-1,1′-binaphthyllithium aluminium hydride
BINAP	2,2′-bis(diphenylphosphino)-1,1′-binaphthyl
BINOL	1,1′-bis-2,2-naphthol
bipy	2,2′-bipyridyl
Bn	benzyl
Boc	t-butoxycarbonyl
BOM	benzyloxymethyl
Bs	brosyl (4-bromobenzenesulfonyl)
BSA	N,O-bis(trimethylsilyl)acetamide
Bu	n-butyl
Bz	benzoyl
CAN	cerium(IV)ammonium nitrate
Cbz	benzyloxycarbonyl
CHIRAPHOS	2,3-bis(diphenylphosphino)butane
cod	cyclooctadiene
m-CPBA	m-chloroperbenzoic acid または m-chloroperoxybenzoic acid
CSA	10-camphorsulfonic acid
Cy	cyclohexyl
DABCO	1,4-diazabicyclo[2.2.2]octane
DAIPEN	1,1-dianisyl-2-isopropyl-1,2-ethylenediamine
DAST	N,N-diethylaminosulfur trifluoride
dba	dibenzylideneacetone
DBU	1,8-diazabicyclo[5.4.0]undec-7-ene
DCC	N,N'-dicyclohexylcarbodiimide
DCE	dichloroethane

DCM	dichloromethane
DDQ	2,3-dichloro-5,6-dicyano-1,4-benzoquinone
DEG	diethylene glycol
DET	diethyl tartrate
$(DHQ)_2PHAL$	1,4-bis(9-O-dihydroquinine)phthalazine
$(DHQD)_2PHAL$	1,4-bis(9-O-dihydroquinidine)phthalazine
DIBAH または DIBAL-H	diisobutylaluminium hydride $(i\text{-}Bu_2AlH)_2$
DIEA	= DIPEA
DIOP	4,5-bis(diphenylphosphinomethyl)-2,2-dimethyl-1,3-dioxolane または 2,3-O-isopropylidene-2,3-dihydroxy-1,4-bis(diphenylphosphino)butane
DIPAMP	bis[(2-methoxyphenyl)phenylphosphino]ethane
DIPEA	diisopropylethylamine
DMA	dimethylacetamide
DMAP	4-(dimethylamino)pyridine
DME	1,2-dimethoxyethane, glyme または dimethyl glycol
DMEU	1,3-dimethylimidazolidin-2-one
DMF	dimethylformamide
DMPU	1,3-dimethyltetrahydropyrimidin-2(1H)-one
DMS	dimethyl sulfide
DMSO	dimethyl sulfoxide
DPEN	diphenylethylenediamine
Dppe	1,2-bis(diphenylphosphino)ethane
DMMP	dimethyl methylphosphonate
dppf	1,1′-bis(diphenylphosphino)ferrocene
dppm	1,1-bis(diphenylphosphino)methane
dppp	1,3-bis(diphenylphosphino)propane
Dod-S-Me	dodecyl methyl sulfide
DTBP	di-t-butyl peroxide
Et	ethyl
Fmoc	9-fluorenylmethoxycarbonyl
HMDS	hexamethyldisilazane または 1,1,1,3,3,3-hexamethyldisilazane
HMPA	hexamethylphosphoric triamide
i	iso
IPC	isopinocampheyl

KHDMS	potassium hexamethyldisilazide
LAH	lithium aluminium hydride
LDA	lithium diisopropylamide
LHMDS	= LiHMDS
LiHMDS	lithium hexamethyldisilazide
LiTMP	lithium 2,2,6,6-tretramethylpiperidide
LTA	lead tetraacetate
LTEAH	lithium triethoxyaluminohydride
2,6-Lutidine	2,6-dimethylpyridine
M	metal
Me	methyl
MEM	(2-methoxyethoxy)methyl
MMPP	magnesium monoperoxyphthalate
MOM	methoxymethyl
Ms	mesyl または methanesulfonyl
MTM	methylthiomethyl
NaHMDS	sodium hexamethyldisilazide
NBA	N-bromoacetamide
NBS	N-bromosuccinimide
NCS	N-chlorosuccinimide
NIS	N-iodosuccinimide
NMO	N-methylmorpholine N-oxide
NMP	N-methyl-2-pyrrolidone
Nu	nucleophile
OTf	triflate または trifluoromethanesulfonate ($CF_3SO_3^-$)
PCC	pyridinium chlorochromate
PDC	pyridinium dichromate
Ph	phenyl
PhH	benzene
pent	pentyl
Piv	pivaloyl
PMB	p-methoxybenzyl
pmIm	1-methyl-3-pentylimidazolium
PMP	1,2,2,6,6-pentamethylpiperidine
PPTS	pyridinium p-toluenesulfonate
Pr	n-propyl

PTSA	*p*-toluenesulfonic acid
py	pyridine
R	alkyl group
s	secondary
salen	bis(salicylidene)ethylenediamine
SMEAH または Red-Al	sodium bis(2-methoxyethoxy)aluminium hydride
t	tertiary
TASF	tris(diethylamino)sulfonium difluorotrimethylsilicate
TBAB	tetrabutylammonium bromide
TBAF	tetrabutylammonium fluoride
TBAP	tetrabutylammonium perruthenate
TBDPS	*t*-butyldiphenylsilyl
TBHP	*t*-butyl hydroperoxide
TBS	*t*-butyldimethylsilyl
TEMPO	2,2,6,6-tetramethylpiperidinoxyl
TES	triethylsilyl
TFA	trifluoroacetic acid
TFAA	trifluoroacetic anhydride
tfp	tri-2-furylphosphine
THF	tetrahydrofuran
THP	tetrahydropyranyl
TIPS	triisopropylsilyl
TMEDA	$N,N,N'N'$-tetramethylethylenediamine
TMS	trimethylsilyl
TMSOTf	trimethylsilyl trifluoromethanesulfonate
Tol	*p*-tolyl
TPAP	tetrapropylammonium perruthenate
TPP	tetraphenylporphyrin
Ts	tosyl または *p*-toluenesulfonyl
TsOH	*p*-toluenesulfonic acid (PTSA)
TTBS	tri-*t*-butylsilyl

REACTION MECHANISMS
IN
ORGANIC SYNTHESIS

1

合　成　戦　略

1.1　有機合成入門

　有機合成（organic synthesis）とは，一連の化学反応によって，単純な構造の出発物質から複雑な有機化合物をつくりだすことである．自然界でつくられる化合物は**天然物**（natural product）とよばれ，自然界は無数の有機化合物を生みだし，それらの多くは興味深い化学的および薬理学的性質をもつ．天然物の例として，多くの生体組織に含まれるステロイドの一種コレステロール（**1.1**），レモンやオレンジの精油に含まれるテルペンの一種リモネン（**1.2**），茶葉とコーヒー豆に含まれるプリンの一種カフェイン（**1.3**），アヘンに含まれるアルカロイドの一種モルヒネ（**1.4**）があげられる．

　有機分子の合成は，有機化学において最も重要な課題の一つである．有機合成化学の分野には，**全合成**（total synthesis）と**方法論**（methodology）とよばれる二つの中心的な領域がある．全合成とは，市販品あるいは天然から得られる単純な構造の前駆体から，完全な化学合成によって複雑な構造の有機分子を合成することである．方法論の研究には，発見，最適化，展望と限界の調査，の三つの段階がある．新しい方法論とその有用性を示すために，全合成を行う研究グループもある．

標的化合物のなかには，バニリン（**1.5**）（バニラ香料）のような単純な炭素骨格をもつ化合物もあれば，ペニシリンＧ（**1.6**）（抗生物質），タキソール（**1.7**）（ある種のがんに対する抗がん剤）などの，より複雑な炭素骨格をもつ化合物もある．このような化合物を合成するためには，1) 目的化合物に含まれる炭素骨格をつなぎ合わせること，2) 目的化合物に含まれる官能基を，適切な位置に導入あるいは他の官能基から変換すること，3) キラル中心をもつ場合，適切に構築すること，の三つの課題がある．

すなわち，複雑な化合物の合成には，炭素－炭素結合形成，**官能基変換**（functional group interconversion），**立体化学**（stereochemistry）を理解することが必要である．

炭素－炭素結合形成反応は，有機化合物の合成において最も重要である．ある官能基を別の官能基に変換する工程は，官能基変換とよばれる．置換基の空間的配置は，他の分子との反応性と相互作用に重要な影響を与える．キラルな薬剤は，高い鏡像体過剰率で合成することが求められる．なぜなら，もう一方の鏡像異性体は活性がない，あるいは副作用がある場合が多いからである．このように，有機化合物の一方の鏡像異性体を合成する手法の開発が必要であり，その手法は**不斉合成**（asymmetric synthesis）とよばれる（§1.5 参照）．

以上のことから，炭素－炭素結合形成反応，不斉合成，新規光学活性配位子の設計，環境に優しい反応と原子効率のよい合成は，最近の研究の大きな課題である．

1.2 逆合成解析（結合切断アプローチ）

E. J. Corey は，**逆合成解析**（retrosynthetic analysis）とよばれる合成経路構築法

1.2 逆合成解析

を初めて導入した[1),2)]. 逆合成解析あるいは**結合切断アプローチ**（disconnection approach）とは，合成経路の解析を実際の合成と逆方向に行うことである．逆合成解析（あるいは逆合成）は，化合物，特に複雑な構造をもつ化合物の合成計画における問題を解決する方法である．この手法では，複雑な化合物から入手可能でより単純な構造の出発原料に，逆方向に合成計画を立てる（スキーム1.1）．その際，標的化合物の炭素骨格の構築，官能基の導入と立体化学の制御が必要となる．

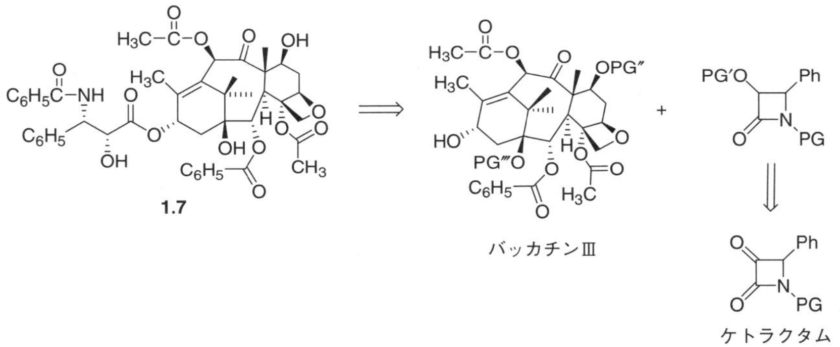

スキーム1.1　タキソールの逆合成解析

合成および逆合成解析に用いられる用語を表1.1に示す．

表1.1　合成と逆合成解析の比較

合成の方向	合成	逆合成
矢印の表す段階	反応	変換または逆反応
用いる矢印	⟶	⟹
矢印の始まり	反応物	目的物
矢印の終わり	生成物	前駆体
変換に必要な部分構造	反応性官能基	レトロン[†]

†（訳注）　化学反応の生成物に共通する最小構造単位．たとえば，アルドール縮合反応におけるレトロンは，α,β-不飽和カルボニル構造．

Wittig反応による逆合成解析を下図に示す．

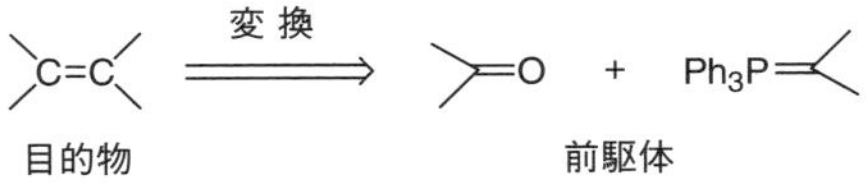

同様に，Diels-Alder（ディールス アルダー）反応の逆合成解析を下図に示す．

目的物　　変換　　レトロン　　　　前駆体

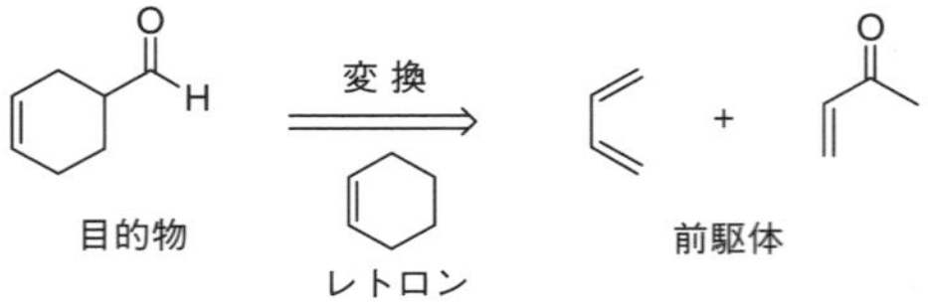

　逆合成解析において，目的物の結合を切断して二つあるいはそれ以上の**シントン**（synthon）に変換する段階は，**結合切断**（disconnection）とよばれる．シントンとは架想的に考慮する目的物を切り分けて前駆体とする際のフラグメント（断片）で，切断によって生じるカチオン，アニオン，ラジカルなどを表す．結合切断に際しては，生成物が収率よく得られる反応を選択する必要がある．
　官能基変換とは，ある官能基を別の官能基に変換する過程のことで，合成計画や結合切断を行う際の反応の選択に役立つ．必要な官能基をもつ炭素骨格の構築とは別に，合成戦略の計画には位置および立体化学の制御などの他の要因を考慮する必要がある．
　シクロヘキサノールの逆合成解析を下図に示す．

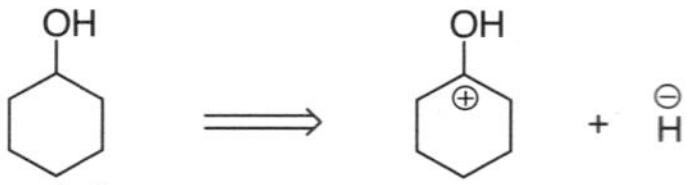

シクロヘキサノール

　シクロヘキサノールの結合切断により生じるシントンは，ヒドロキシカルボカチオンとヒドリドである．ヒドロキシカルボカチオンとヒドリドの合成等価体は，それぞれシクロヘキサノンと水素化ホウ素ナトリウム（NaBH$_4$）である．したがって，目的のシクロヘキサノールは，シクロヘキサノンの水素化ホウ素ナトリウムによる還元で合成できることがわかる．

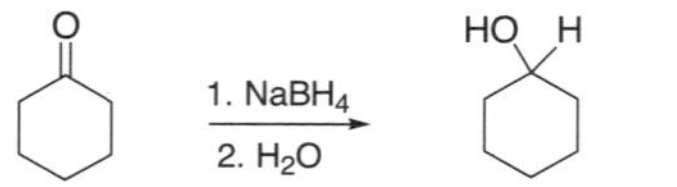

シクロヘキサノン　1. NaBH$_4$　2. H$_2$O　シクロヘキサノール

　また，シクロヘキサノールの炭素－酸素結合は，つぎのように開裂させることもできる．

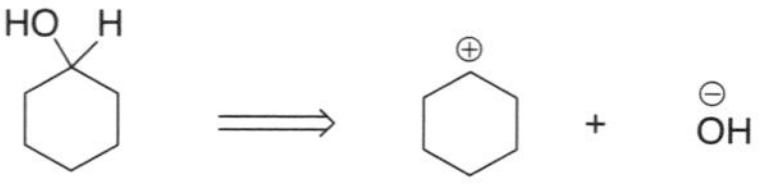

シクロヘキサノール

シクロヘキシルカルボカチオンの合成等価体は臭化シクロヘキシルであり，シクロヘキサノールはブロモシクロヘキサンの水酸化物イオンによる置換反応で合成できると考えられる．

$$\underset{\text{臭化シクロヘキシル}}{\text{Br-C}_6\text{H}_{11}} + {}^{\ominus}\text{OH} \longrightarrow \underset{\text{シクロヘキサノール}}{\text{HO-C}_6\text{H}_{11}} + \underset{\text{シクロヘキセン}}{\text{C}_6\text{H}_{10}}$$

しかしながら上記の場合，脱離反応によりシクロヘキセンも副生することから，先述した還元の方が優れていることがわかる．

一つの目的物に対して，考えられるいくつか，あるいはすべての逆合成を示した図式は，**逆合成樹形図**（retrosynthetic tree）とよばれる．逆合成解析には，目的物への変換，すなわち目的物を1段階で合成できるすべての前駆体の導出が必要である．逆合成解析はそれぞれの前駆体で繰返されるため，続く2段階目の前駆体が導出される．そのようにして導かれたそれぞれの前駆体は，目的物よりも単純な構造になり，それがつぎの目的物となって，同様に逆合成される．逆合成解析は，比較的単純あるいは容易に入手可能な前駆体に行き着いたところで終了し，合成中間体の樹形図ができあがる．

その結果，完成した逆合成樹形図には，合理的な変換，非合理的な変換も，あるいは効率的変換，非効率的変換も，可能なすべての合成経路が含まれる．当然のことながら，前駆体の反応段階がそれほど多くない場合も，その樹形図は人間にとっても，さらにはコンピューターにとってさえも，扱えないほど大きくなる．そこで，逆合成樹形図を実用的な大きさにするために，すべての可能な結合切断を検討し，反応例，試薬，置換基効果などについて，化学的にその妥当性を精査する必要がある．この選択のための指針は，**戦略**（strategy）とよばれる．

逆合成解析の指針を以下に示す．

1. 複雑な構造の化合物を合成するために，発散的よりも収束的な手法を用いる．
2. 可能な限り，炭素-炭素結合あるいは炭素-ハロゲン結合を切断する．
3. 既知の反応（変換）のみを用いて，容易に理解可能なシントンに切断する．
4. できる限り短行程にする．
5. 混合物を生じない反応を選択する．
6. 立体制御をしながら，キラル中心を除去する．その立体制御は，反応機構による制御，あるいは基質の構造による制御により達成可能である．

OCSS(<u>o</u>rganic <u>c</u>hemical <u>s</u>imulation of <u>s</u>ynthesis), **LHASA**(<u>l</u>ogic and <u>h</u>euristics <u>a</u>pplied to <u>s</u>ynthesis <u>a</u>nalysis)とよばれるコンピューター合成解析は，Coreyらによって化学者の合成解析を支援するために設計された[3),4)]．LHASAは，標的分子からの逆合成解析により，合成中間体の樹形図を導くことができる．

クリックケミストリー(click chemistry)は，分子を組合わせるための新しい合成手法である．自然界では，炭素－炭素結合よりも炭素－ヘテロ原子結合が好まれる．たとえば，タンパク質は20種類の構成単位から，可逆な炭素－ヘテロ原子の結合により合成されており，このような自然界の様式を模倣し，2001年にKolb, Finn, Sharplessによって，容易に合成できる分子に限定して，"クリックケミストリー"[5)]という言葉が生みだされた．Sharplessは，組立て式で使用範囲が広く，高収率で，無害，かつ単一の立体化学を有する生成物を与え，操作が容易で扱いやすい溶媒を用いる反応をクリックケミストリーと定義した．すべての反応のなかでこの条件を満たす最もよい例が，アルキンとアジドから1,2,3-トリアゾールを生成するHuisgen 1,3-双極付加環化反応である．本反応は1価の銅触媒により加速され，保護基を必要とせず，かつほぼ定量的に進行する．また，選択的に1,4-二置換-1,2,3-トリアゾールを生成し，熱的反応で得られる1,5-二置換体をまったく与えない（スキーム1.2）．

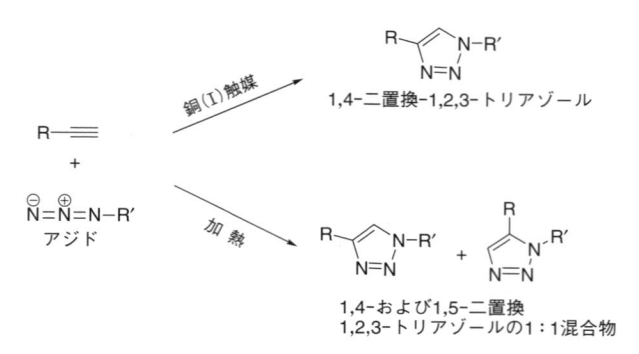

スキーム1.2

クリックケミストリーは，その信頼性，特性，生体適合性により，薬剤開発から材料科学に至る現代化学のほぼすべての分野で用いられている．

1.3 極性転換

極性転換(umpolung；ドイツ語由来)とは，原子団あるいは原子の反応性を一時的に逆転させることである．極性転換の概念は，特にカルボニル基において有用であ

1.3 極性転換

り，この概念を理解するために，カルボニル基の反応性を知る必要がある．すなわち，通常カルボニル炭素は求電子的であるのに対し，隣のα炭素は下図に示す共鳴のために求核的である．

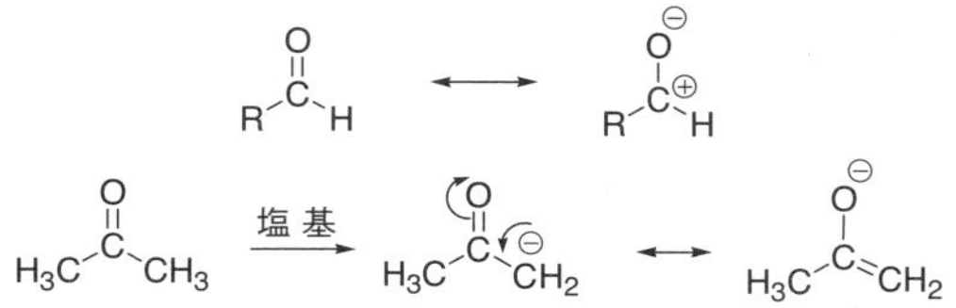

一方，カルボニル基の極性が逆転すれば，カルボニル炭素は求核的になる．そのためには，まずカルボニル基をジチアン **1.8** に誘導し，続いて強塩基により二つの硫黄原子に隣接するプロトンを引抜いてカルボアニオン **1.9** に変換する（スキーム1.3）．このアシルアニオン等価体 **1.9** はハロゲン化アルキルと反応してアルキル化体 **1.10** を与え，最後にジチアンを除去することによりカルボニル基が再生される．このような官能基の極性の逆転は，極性転換とよばれる．

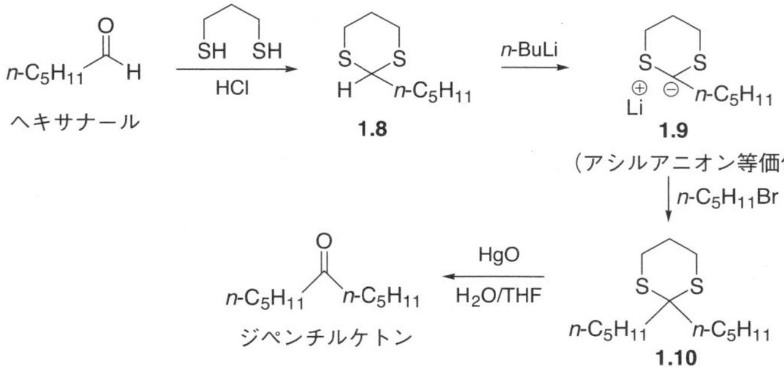

スキーム 1.3 ヘキサナールからジペンチルケトンへの変換（Corey-Seebach 反応）

スキーム 1.3 において，ヘキサナールと 1,3-プロパンジチオールから 1,3-ジチアン誘導体 **1.8** が生成する．n-ブチルリチウムのような強塩基がプロトンを引抜いて 2-リチオ-1,3-ジチアン **1.9** を生じ，さらに 1-ブロモペンタンと反応しアルキル化体 **1.10** を与える．ジチアン **1.10** を含水 THF 中 HgO，$BF_3 \cdot OEt_2$ などで処理すると，ジペンチルケトンが得られる（Corey-Seebach 反応[6]）．以上のことから，ジチアニルリチウム（2-リチオ-1,3-ジチアン）**1.9** はアシルアニオンの合成等価体であることがわかる．

ジチアンアニオン **1.9** は酸ハロゲン化物，ケトン，アルデヒドとも反応し，対応する付加体を与える．スキーム 1.4，1.5 にジチアンアニオン **1.11** と **1.12** とケトンの反応を示した．カルボニル基の極性転換を利用した最も一般的な例が，ベンゾイン縮合である（スキーム 1.6）．

スキーム 1.4

スキーム 1.5

スキーム 1.6 ベンゾイン縮合の反応機構

　Aidhen らは，極性転換を用いて 2-デオキシ-C-アリールグリコシドを合成した[7]（スキーム 1.7）．この手法の開発により，多目的に利用可能な中間体アリールケトン **1.13** が合成され，その結果 2 種の重要な C-グリコシド類である C-アルキルフラノシド **1.14** とメチル 2-デオキシ-C-アリールピラノシド **1.15** の合成が達成された．

スキーム 1.7　*C*-アリールグリコシドの合成

1.4　原子効率

B. M. Trost は，化学反応で原子を無駄にしない"原子効率（atom economy）"という概念を導入した[8),9)]．原子効率は，反応過程に含まれるすべての原子の変換効率を表し，化学反応の効率を向上させるために幅広く用いられている．

Trost らは原子効率の概念を拡張し，**原子収率**（percentage atom economy）を導入した[10)]．これは，反応に用いた原子の総量に対して，利用された原子の量の割合を百分率で表した値である．

$$原子収率 = \frac{最終生成物の総原子量}{反応物の総原子量} \times 100$$

R. A. Sheldon は，**有効原子収率**（percentage atom utilization）とよばれる同様の概念を発展させた[11)]．たとえば，ベンゼンからマレイン酸無水物への酸化反応の原子収率と有効原子収率は次式のようになる．

ベンゼン　　　　酸素　　　　　　マレイン酸無水物　　二酸化炭素　　　水
(C_6H_6)　　　(O_2)　　　　　($C_4H_2O_3$)　　　　(CO_2)　　　　(H_2O)
（総原子量 = 78）（総原子量 = 144）（総原子量 = 98）　（総原子量 = 88）（総原子量 = 36）

$$\text{有効原子収率} = \frac{\text{マレイン酸無水物の総原子量}}{\text{総原子量（ベンゼン＋酸素×9/2）}} \times 100$$

反応が収率 100% で進行したとしても，重量比で反応物の 44.14% の原子のみが目的物に組込まれ，残りの 55.86% は不要な共生成物であることがわかる．

目的物以外のすべての構造を知ることは困難であることが多いため，原子収率は，用いたすべての反応物の総原子量の合計に対する目的物の総原子量の割合（百分率）で表される．

$$\text{原子収率} = \frac{98}{78+144} \times 100 = 44.14$$

本反応の原子収率は 44.14 であり，反応物の 44.14% が目的物に取込まれたことを意味する．

最近のグリーンケミストリーという概念の出現と原油価格の上昇により，より高い原子効率が求められている．すなわち，触媒のみを必要とし，単純な付加反応で，原料と生成物の量が同じで，原子が無駄にならない反応である．原子効率の高い反応の例として，Diels-Alder 反応があげられる．実際に使用されている付加反応はきわめて少数であり，複雑な分子の合成には新しい方法論の開発が必要とされている．原子効率を改善するためには，原料と触媒系を選択することがきわめて重要である．

合成経路改良の古典的な例として，市販の鎮痛薬であり，**非ステロイド系抗炎**

スキーム 1.8　Boots Company によるイブプロフェンの合成

症薬（nonsteroidal anti-inflammatory drug）でもある**イブプロフェン**（ibuprofen, **1.16**）があげられる．イブプロフェンは，Boots Company により 6 段階，総原子収率 40％で合成された（スキーム 1.8）．

すべての反応物の総原子量は 514.5（$C_{20}H_{42}NO_{10}ClNa$）で，利用された原子の総原子量は 206（イブプロフェン，$C_{13}H_{18}O_2$）である．

$$原子収率 = \frac{利用された原子の総原子量}{全反応物の総原子量} \times 100 = \frac{206}{514.5} \times 100 = 40$$

1990 年代に Hoechst Celanese Corporation（イブプロフェンの製造・販売のため，Boots Company と協同で BHC プロセスを開発）は，3 段階，総原子収率 77.4％で合成した（スキーム 1.9）．

スキーム 1.9　BHC プロセスによるイブプロフェンの合成

この合成経路では，すべての反応物の総原子量は 266（$C_{15}H_{22}O_4$）であり，利用された原子の総原子量は 206（イブプロフェン，$C_{13}H_{18}O_2$）である．

$$原子収率 = \frac{利用された原子の総原子量}{全反応物の総原子量} \times 100 = \frac{206}{266} \times 100 = 77.4$$

BHC プロセスでは高い原子効率に加え，触媒のフッ化水素を回収・再利用している．それに比べ Boots Company の 1 段階目では化学量論量の塩化アルミニウムを用いており，その結果，大量の副生成物が生じることからも，BHC プロセスでは大幅に改良されていることがわかる．

1.5　選　択　性

B. M. Trost は，化学プロセスを評価する一連の基準を発表した．それは，選択

性と原子効率（§1.4 参照）の二つのカテゴリーに分類される．選択性はさらに，化学選択性，位置選択性，ジアステレオ選択性，エナンチオ選択性に分類される．

1.5.1 化学選択性

化学選択性とは，複数の官能基をもつ分子における官能基間の反応性の差異を表す．たとえば，メタノール中，ケトアルデヒド **1.17** を低温で水素化ホウ素ナトリウムと反応させると，アルデヒドが選択的に還元され，ケトアルコール **1.18** が生成する．一方，塩化セリウム存在下では，ケトンのみが還元されたヒドロキシアルデヒド **1.19** が得られる．

化学選択性のもう一つの例は，TBDPSCl（塩化 t-ブチルジフェニルシリル，表 1.2 参照）による 1,4-ブタンジオール（**1.20**）の選択的モノシリル化*である[12]．

得られたアルコール **1.21** をジメチルホルムアミド（DMF）中 PDC（二クロム酸ピリジニウム）で酸化すると，カルボン酸 **1.22** が収率 75% で生成した．

α,β-不飽和カルボニル化合物の 1,2-還元は，金属水素化物あるいは水素添加反応で化学選択的に進行させることができる．一方 α,β-不飽和カルボニル化合物の化学選択的 1,4-還元は，今なお挑戦的な課題である．最近，ジコバルトオクタカルボニルと水を用いる反応〔$Co_2(CO)_8$-H_2O 系〕により，α,β-不飽和カルボニル化合物 **1.23**，**1.25**，**1.27** が選択的に 1,4-還元され，それぞれ飽和カルボニル化合物である **1.24**，**1.26**，**1.28** が生成することが報告された[13]．

---

*（訳注）　本反応では TBDPSCl に対し 3 当量の 1,4-ブタンジオールを用いるため，統計学的に一方のヒドロキシ基が選択的に保護されるので，厳密な意味での"化学選択的反応"ではない．

表1.2 ヒドロキシ基（R-OH）のシリル保護（ROSiR′$_3$）に用いられる種々の塩化トリアルキルシリル（R′$_3$SiCl）

R′$_3$SiCl 塩化トリアルキルシリル	ROSiR′$_3$ トリアルキルシリルエーテル
(CH$_3$)$_3$SiCl 塩化トリメチルシリル (TMSCl)	R–O–Si(CH$_3$)$_3$ (TMSOR)
(C$_2$H$_5$)$_3$SiCl 塩化トリエチルシリル (TESCl)	R–O–Si(C$_2$H$_5$)$_3$ (TESOR)
(CH$_3$)$_3$CSi(CH$_3$)$_2$Cl 塩化 t-ブチルジメチルシリル (TBSCl)	R–O–Si(CH$_3$)$_2$C(CH$_3$)$_3$ (TBSOR)
(CH$_3$)$_3$CSi(C$_6$H$_5$)$_2$Cl 塩化 t-ブチルジフェニルシリル (TBDPSCl)	R–O–Si(C$_6$H$_5$)$_2$C(CH$_3$)$_3$ (TBDPSOR)
[(CH$_3$)$_2$CH]$_3$SiCl 塩化トリイソプロピルシリル (TIPSCl)	R–O–Si[CH(CH$_3$)$_2$]$_3$ (TIPSOR)
[(CH$_3$)$_3$C]$_3$SiCl 塩化トリ t-ブチルシリル (TTBSCl)	R–O–Si[C(CH$_3$)$_3$]$_3$ (TTBSOR)

1.23 → 1.24 (80%) Co$_2$(CO)$_8$, H$_2$O, DMF, 還流 2時間

1.25 → 1.26 (91%) Co$_2$(CO)$_8$, H$_2$O, DMF, 還流 2時間

1.27 → 1.28 (100%) Co$_2$(CO)$_8$, H$_2$O, DMF, 還流 2時間

1.5.2 位置選択性

位置選択性（配向性制御）とは，二つ以上の構造異性体が得られる可能性がある

反応で，一つの構造異性体が主生成物として得られることを示す．たとえば，1-メチルシクロヘキセン（**1.29**）に対する臭化水素の付加反応では，1-ブロモ-1-メチルシクロヘキサン（**1.30**）が主生成物，1-ブロモ-2-メチルシクロヘキサン（**1.31**）が副生成物として得られる．

水素化アルミニウムリチウム $LiAlH_4$ は，エポキシドの立体的にすいている炭素原子に攻撃して炭素－酸素結合を開裂させ，対応するアルコールを与える．

Diels-Alder 反応においても，位置選択性が発現する（8章，§8.3.1 参照）．

1.5.3 立体選択性

立体異性（stereoisomerism）とは，分子内での原子の結合順序が同じで，空間的配置が異なることを表す．立体異性にはおもに，**シス-トランス異性**（*cis-trans* isomerism）あるいは ***E-Z* 異性**（*E-Z* isomerism）と，**光学異性**（optical isomerism）の二つのタイプがある．

シス-トランス異性，*E-Z* 異性　　*cis*-および *trans*-1,2-ジブロモエテンは，炭素－炭素二重結合の回転障壁のため，相互変換することは困難である．これらは同じ分子式（$C_2H_2Br_2$）だが，原子の空間的配置が異なる．また，これらは互いに鏡映しの関係にはないため鏡像異性体ではなく，ジアステレオマーの関係である．

1.5 選 択 性

cis-1,2-ジブロモエテン   trans-1,2-ジブロモエテン

三置換あるいは四置換アルケンの場合には，シス，トランスという用語は通常用いられず，E-Z により命名される．一般に，二重結合の置換基の優先順位決定には **Cahn–Ingold–Prelog**（**CIP**）**則**が用いられ，置換基の優先順位が $R^1 > R^2$，$R^3 > R^4$ で，アルケンに対し R^1 と R^3 が同じ側にあれば Z（ドイツ語の Zusammen，"同じ"の意）と定義される．一方，アルケンに対し R^1 と R^3 が反対側にあれば E（ドイツ語の Entgegen，"反対"の意）と定義される．例として，(Z)- および (E)-3-クロロペンタ-2-エンを下図に示す．

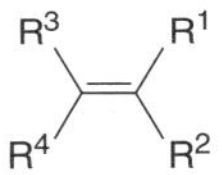

Z $R^1 > R^2$
    $R^3 > R^4$

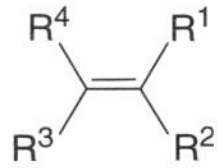

E

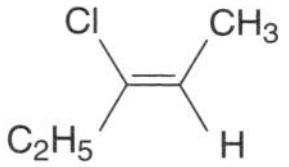

Z $CH_3 > H$
    $Cl > C_2H_5$

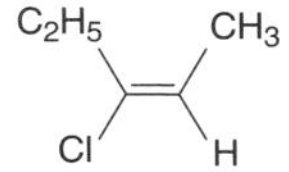

E

光学異性　光学異性とは，おもに**キラル**（chiral）炭素ともよばれる不斉炭素によって生じる立体異性を表す*．一般に，有機化学における**立体中心**（stereocenter）あるいは**キラル中心**（chiral center）とは，化合物中の**不斉炭素原子**（asymmetric carbon atom）またはキラル炭素原子を表す．化合物がその鏡像と重ならない場合，それはキラルな化合物であり，**鏡像**（**異性**）**体**（エナンチオマー enantiomer）とは，互いに鏡像の関係にある光学異性体を表す．それらは，比旋光度の絶対値が等しく，符号が異なる以外は，すべて同じ物性をもつ．両方の鏡像異性体の等量混合物は，**ラセミ体**（racemic mixture）とよばれ，比旋光度は 0 である．またキラル中心の立体化学は，CIP 則に従い，R または S と決定される．CIP 則の説明については，学部レベルの有機化学の教科書に掲載されているので，本書では省略する．**ジアステレオマー**（diastereomer，ジアステレオ異性体 diastereoisomer）とは，互いに鏡像の関係になく，重ね合わせることのできない立体異性体を表す．ジアステレオマーの関係にある化合物は物性，反応性が異なる．n 個のキラル中心をもつ化合物には，

＊（訳注）　光学異性には，不斉炭素原子による中心不斉以外に，面不斉や軸不斉などがある．

2^n 個の立体異性体が存在する．酒石酸には二つのキラル中心があるが，四つの立体異性体のうち二つは，**メソ化合物**（meso compound）とよばれる同一の化合物である．メソ化合物は分子内に対称面をもっているため，光学不活性（もしくはアキラル）である．残りの二つの異性体は鏡像の関係，すなわち鏡像異性体である．

L-(+)-酒石酸　　　D-(−)-酒石酸　　　meso-酒石酸

一方の立体異性体が他方の立体異性体よりも多く生成する反応は，**立体選択的反応**（stereoselective reaction）とよばれる．二つの立体異性体が鏡像異性体の場合，その選択性は**エナンチオ選択性**（enantioselectivity）とよばれる．一方の鏡像体の純度は，**鏡像体過剰率**（enantiomeric excess，**ee**）で決定される．鏡像体過剰率は，純粋な鏡像異性体の比旋光度に対する試料の比旋光度の百分率で表される．

$$光学純度 = 鏡像体過剰率 = \frac{試料の比旋光度}{純粋な鏡像体の比旋光度} \times 100$$

たとえば，鏡像異性体混合物の比旋光度が +8.52 で純粋な S 体の比旋光度が −15.00 だとすると，純粋な R 体の比旋光度は +15.00 であり，試料には R 体が過剰に含まれていることがわかる．そこで，試料中の R 体の鏡像体過剰率はつぎのように算出される*．

$$R 体の鏡像体過剰率 = \frac{+8.52}{+15.00} \times 100 = 56.8$$

0% ee とは R 対 S が 50 対 50 のラセミ体で，50% ee は 75 対 25 の混合物であることを意味する．すなわち，鏡像体過剰率とは，一方の鏡像異性体が他方に比べてどれだけ多く含まれているかを表す．たとえば，R 体が 40% ee の場合，残り 60% がラセミ体，すなわち R 体と S 体が 30%ずつで，R 体は全部のなかで 70% であることを意味する．以上のことから，鏡像体過剰率はつぎのように表すこともできる．

$$鏡像体過剰率 = \frac{主鏡像異性体 - 副鏡像異性体}{主鏡像異性体 + 副鏡像異性体} \times 100$$

＊（訳注）　化合物によっては，鏡像体過剰率と比旋光度が比例関係にない場合もあるため（非線形現象とよばれる），より正確な値を求めるためには，キラルカラムを用いる高速液体クロマトグラフィー（HPLC），あるいはガスクロマトグラフィー（GC）などによる分析が必要である．

1.5 選択性

最近，鏡像異性体のクロマトグラフィー分割なしで，キラルなホスト分子存在下，FAB（fast atom bombardment, 高速原子衝突）質量スペクトルの測定により α-アミノ酸エステル塩酸塩の鏡像体過剰率を決定できることが報告された[14]．

立体化学の異なる反応物が，それぞれ異なる立体化学をもつ生成物のみを与える反応は，**立体特異的反応**（stereospecific reaction）とよばれる．たとえば，ジブロモカルベン:CBr_2（ブロモホルムと塩基から調製）の付加反応において，cis-ブタ-2-エンからは cis-2,3-ジメチル-1,1-ジブロモシクロプロパン（**1.32**）が，trans-ブタ-2-エンからはトランス体（**1.33**）がそれぞれ単一の生成物として得られる．

アルケンに対する臭素化も，立体特異的反応の一つである．

すべての立体特異的反応は立体選択的反応であるが，逆に立体選択的反応のすべてが立体特異的反応とは限らない．

キラル中心をもつ分子が，反応により新たなキラル中心を生じる場合，二つあるいはそれ以上の立体異性体が生成する可能性がある．たとえば，ケトン**1.34**の還元反応は，**ジアステレオマー過剰率**（diastereomeric excess, de）83％（si 面付加により **1.35** が優先．re 面および si 面付加については6章§6.4.2参照）のジアステレオ選択性でジアステレオマー **1.35**，**1.36** を与える．

1.5.4 不斉合成

二つの鏡像異性体のうち一方のみが含まれる場合，**エナンチオ純粋**（enantiopure）または**ホモキラル**（homochiral）とよばれ，一方の鏡像異性体が過剰であるが，もう一方も含まれている場合は，**エナンチオ富化**（enantioenriched）あるいは**ヘテロ**

キラル (heterochiral) とよばれる. 目的物が鏡像異性体の場合, 原子効率が100%であっても, 反応を高立体選択的に進行させる必要がある. 生化学的試験のために, 化合物はエナンチオ純粋かつ高純度であることが求められる. なぜなら生物活性をもつキラル化合物はキラルな受容体と相互作用するため, 二つの鏡像異性体は受容体とそれぞれ異なる作用をひき起こし, それぞれ違った結果を与えるからである. たとえば, アスパラギン (**1.37**) の一方の鏡像異性体は苦味を, 他方は甘味を感じさせる. 医薬品に関しては, 薬の一方の鏡像異性体は有効で, 他方は効果がないか, あるいは有毒である場合もある. たとえば, エタンブトール (**1.38**) の一方の鏡像異性体は抗生物質として用いられるが, 他方は失明をひき起こす.

苦味　　　　　　　甘味
アスパラギン(**1.37**)

抗生物質　　　　　　失明誘発
エタンブトール(**1.38**)

エナンチオ純粋なキラル化合物の合成は重要だが, 一般的に困難かつ挑戦的な課題である. 純粋な鏡像異性体を得るための一つの方法は, ラセミ体を合成した後に分割し, 望まない方を取除くことである. しかしながら, エナンチオマーの分割は非常に困難であり, キラル中心が生じる反応ごとに生成物の半分を無駄にすることは, 多段階合成において大幅に収率が低下するため, 現実的手法とはいえない.

不斉合成 (asymmetric synthesis) とは, 所望のキラリティーを維持あるいは導入する合成のことである. 反応でキラリティーを誘導するには, 二つの方法がある. 一つは基質のもつキラル中心を利用して反応のキラリティーを誘導する**基質制御** (substrate control) で, 二つ目は外部からキラリティーを導入する**試薬制御** (reagent control) である. いずれの場合も, 遷移状態でのジアステレオマー間のエネルギー差により, 立体選択性が生じる.

キラル化合物を得るための確実な方法は, 天然に存在するアミノ酸, 炭化水素, カルボン酸, テルペンを出発原料として用いることである. **キロン** (chiron) ともよばれるこれらのキラルな原料は, ほとんどが天然由来である. 天然アミノ酸などの容易に入手可能でエナンチオ純粋な基質から, 複雑でキラルな化合物を合成する

1.5 選択性

方法は，**キラルプール合成法**（chiral pool synthesis）とよばれる．たとえば，市販されている光学活性アミノ酸から両鏡像異性体が合成可能なキラルリチウムアミド **1.39**[15a]は，さまざまなタイプのエナンチオ選択的不斉合成に用いられる．

1.39

X = Li または H
Y = (piperidine) または (N-methylpiperazine)
R' = $CH_2 t$-Bu, CH_2CF_3
R = Ph, t-Bu

しかしながら，キラルプール合成法に利用可能な化合物の数には限りがあり，希少で高価な原料が化学量論量必要である．

キラル補助基（chiral auxiliary）は，不斉合成に用いられる光学活性化合物である．キラル補助基は，それを用いなければラセミ体を与える反応に一時的に導入され，キラリティーを誘導する．この一時的なキラル中心がつぎのキラル中心を形成するため，反応はエナンチオ選択的ではなく**ジアステレオ選択的**（diastereoselective）である．つぎの段階でキラル補助基は除去され，再利用される．E. J. Corey, B. M. Trost, J. K. Whitesell は，キラル補助基として 8-フェニルメントール（**1.40**）[15b], (S)-マンデル酸誘導体（**1.41**）[15c], trans-2-フェニルシクロヘキサノール（**1.42**）[15d]を用いる反応をそれぞれ報告している．

1.40 **1.41** **1.42**

キラル補助基により誘導されるジアステレオ選択性を最大にするために，立体化学を制御する官能基は，新しく形成されるキラル中心に空間的にできるだけ近づいた方がよいことが容易に予想される．Evans(エバンス)のキラル補助基として知られている N-アシルオキサゾリジノン（**1.43**）は，不斉アルキル化や不斉アルドール反応に用いられる（スキーム 1.10）．

多くの N-アシルオキサゾリジノン類縁体が報告され，**1.43** と比較してキラル補

スキーム 1.10

助基を除去する際に異なる反応性を示すものや，逆のジアステレオ選択性を示すものが見いだされた．

キラル中心の遠隔不斉制御により，高いジアステレオ選択性を発現させるキラル補助基も知られている[16]．たとえば，**1.44**，**1.46** から生じたエノラートのアルキル化により **1.45**，**1.47** を与える反応は，それぞれ 1,4-および 1,3-不斉誘導によって立体化学が制御される．

キラル中心の情報が反応場に反映される場合には，立体的および電子的要因の両方が関与する．結合角の微妙な変化やヘテロ原子の共鳴が，ジアステレオ選択性に大きな影響を与えることがある．たとえばオキサゾリジノン誘導体のキラル補助基 **1.48** の窒素原子の保護基の違いにより，アルキル化体 **1.49** のジアステレオ選択性が大きく異なる．

R	de
t-Bu	50%
Ph	88%
OPh	96%

1.5 選 択 性

トランス体を与えるキラル補助基に，配座自由度の高い官能基をキラリティー伝達基として導入するとRとYがアンチ配座となり，さらにYの逆方向から求電子試薬が接近して，高ジアステレオ選択的にシス体を与えることが知られている（スキーム 1.11）．

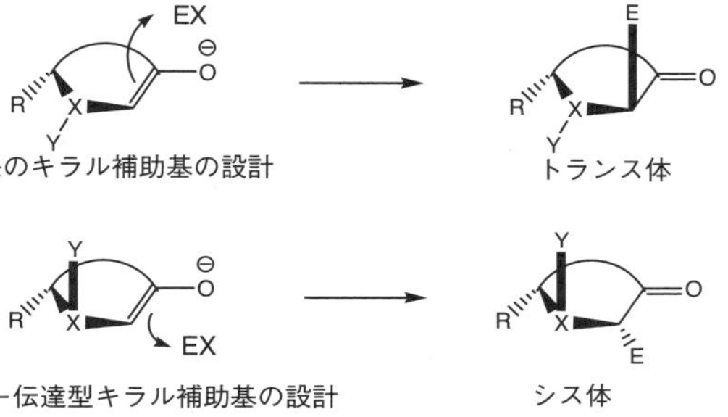

従来のキラル補助基の設計 → トランス体

キラリティー伝達型キラル補助基の設計 → シス体

X＝ヘテロ原子, R＝立体制御基, Y＝伝達基, EX＝求電子試薬

スキーム 1.11

　キラル補助基を用いる手法は，すべてが炭素原子で置換された第四級キラル中心の構築にも用いることができる[17]．キラル二環性チオグリコラートラクタム **1.50** が3回アルキル化された後，生成物 **1.51** から酸性あるいは還元的条件でキラル補助基を除去すると，カルボン酸 **1.52** あるいは第一級アルコール **1.53** が得られる（スキーム 1.12）．

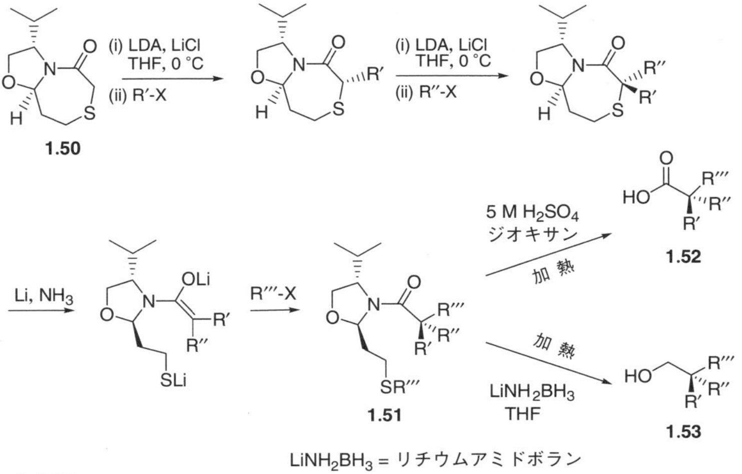

(i) LDA, LiCl THF, 0 °C
(ii) R′-X

(i) LDA, LiCl THF, 0 °C
(ii) R″-X

1.50

Li, NH₃

R‴-X

5 M H_2SO_4
ジオキサン
加熱
1.52

1.51

加熱
$LiNH_2BH_3$
THF
1.53

$LiNH_2BH_3$ ＝ リチウムアミドボラン

スキーム 1.12

不斉合成において**キラル試薬**（chiral reagent）を使用する場合の問題点は，反応により試薬を消費してしまうことである．そこで，最も経済的で便利な不斉合成は，少量のキラル触媒で大量のエナンチオ富化生成物を合成する方法である．

不斉合成において，キラル触媒によりアキラルな化合物にキラリティーを導入する**不斉触媒反応**（asymmetric catalysis）は重要である．最も幅広く研究されている不斉触媒反応は，アルケンの不斉水素化反応である．白金族（Pt, Pd, Ru, Rh, Os, Ir）の金属錯体は，不斉水素化反応に加えて，ヒドロシリル化，アリル位アルキル化，異性化，ヒドロホルミル化，カルボニル化などの不斉反応にも用いられる．モリブデン触媒 $Mo(CO)_3C_7H_8$ と不斉配位子 **1.55** を用いて，カルボナート **1.54** とマロン酸ジメチルナトリウムを反応させると，高収率，高エナンチオ選択性で分枝型生成物 **1.56** が得られる[18]．

不斉配位子（chiral ligand）は，原料と相互作用して一方の反応面を覆い，選択性を発現する．ルテニウムあるいはロジウムとの組合わせでキラリティーを導入する **BINAP**（2,2′-ビス（ジフェニルホスフィノ）-1,1′-ビナフチル）（**1.57**）は，幅広く使われている不斉配位子の一つである．（S)-および（R)-BINAP は市販されており，それぞれジフェニルホスフィノ基をもつ二つのナフチル基が単結合で連結した構造である．ナフチル基およびフェニル基の立体反発により，二つのナフチル基を

1.5 選択性

つなぐ単結合の回転が制限され，その結果，二つのナフチル基がなす二面角が約90°となり，鏡像異性体が生じる．BINAP は BINOL（1,1'-ビス-2-ナフトール）から合成される（6 章 §6.1.1，スキーム 6.3 参照）．

キラルな構造をもつ BINAP は，非常に高いエナンチオ選択性を発現させることができる．ルテニウムおよびロジウムの BINAP 錯体は，官能基をもつアルケン，カルボニル基の不斉水素化触媒として用いられる．たとえば，ルテニウム-(R)-BINAP 錯体を触媒とする 3-オキソブタン酸メチル（**1.58**）の不斉水素化反応により，(R)-(−)-3-ヒドロキシブタン酸メチル（**1.59**）が 99.5% ee で得られる[19),20)]．

$$H_3C-CO-CH_2-CO-OCH_3 \xrightarrow[CH_3OH]{H_2, (R)\text{-BINAP-RuCl}_2} H_3C-CH(OH)-CH_2-CO-OCH_3$$

1.58 → **1.59** (99.5% ee)

同様に，ルテニウム-(R)-BINAP 錯体を用いたゲラニオール（**1.60**）の触媒的不斉水素化反応により，(S)-(−)-シトロネロール（**1.61**）が高収率で生成する[21),22)]．

1.60 → [H₂, [Ru(OAc)₂(R)-BINAP], CH₃OH, H₂O] → **1.61**

野依良治（2001 年ノーベル化学賞受賞者）は，ロジウム-BINAP 触媒を用いたアルケンの不斉異性化反応により，メントールの工業的合成を達成した．高砂香料工業株式会社によって工業化された合成法により製造された（−)-メントールは，世界中の製薬および食品会社に利用されている．この合成法においてロジウム-

ミルセン → [Li, (C₂H₅)₂NH] → **1.62** → [(S)-BINAP-Rh(cod) (触媒量)] →

1.63 → [H₃O⁺] → (R)-シトロネラール → [1. ZnBr₂ 触媒, 2. H₂, Ni 触媒] → (1R,2S,5R)-メントール

スキーム 1.13 高砂香料工業株式会社によるメントールの不斉合成

BINAP 錯体［(S)-BINAP-Rh(cod)］または［((S)-BINAP)$_2$RuClO$_4$］は，ジエチルゲラニルアミン（**1.62**）から(R)-シトロネラールエナミン（**1.63**）への不斉異性化反応の触媒として働く（スキーム 1.13）．

二つの機能をもつ不斉配位子と水素化ホウ素化合物の錯体が，プロキラルなケトンをキラルアルコールに変換するエナンチオ選択的還元反応の触媒として開発されている．すなわち **Corey-Bakshi-柴田還元** [23),24)]（**CBS 還元**）は，キラルなオキサザボロリジンとボラン-THF 錯体またはカテコールボランを用いて還元剤（**CBS 試薬，1.64**）を調製し，ケトンをエナンチオ選択的にアルコールに還元する反応である（6 章 §6.4.2 参照）．

たとえば (S)-2-メチル-CBS-オキサザボロリジンはジボランと可逆的に結合し，活性種 **1.64** を生じる．ルイス酸性のホウ素原子がカルボニル酸素原子に配位して活性化するとともに，近傍からのヒドリド移動により si 面からの還元が進行し，エナンチオ選択的に生成物が得られる（スキーム 6.20 参照）．

抗炎症剤**ナプロキセン**（naproxen）は，不斉配位子 **1.66** を用いて，ビニルナフタレン **1.65** の不斉ヒドロシアノ化により合成された．抗炎症作用をもつ S 体に対し，R 体は健康被害を及ぼすため，エナンチオ選択的なナプロキセンの合成が重要であり，下図の条件により，(S)-ナプロキセンニトリル **1.67** が 75% ee で合成された．

2001 年 K. B. Sharpless は**不斉ジヒドロキシ化**（asymmetric dihydroxylation）[25)〜27)] と**不斉エポキシ化反応**（asymmetric epoxidation）[28)〜30)] の業績により，ノーベル化

1.5 選択性

学賞を受賞した．これらの立体選択的酸化反応は，有機合成化学に革命をもたらすきわめて有力な触媒的不斉反応といえる．

Sharpless 不斉エポキシ化反応[28)〜30)] は，*t*-ブチルヒドロペルオキシド（*t*-BuOOH），テトライソプロポキシチタン（Ti(O-*i*-Pr)$_4$），(+)-または(-)-酒石酸ジエチル（DET）を用いて，アキラルなアリルアルコールから光学活性なエポキシアルコールを合成する方法である．α-置換アリルアルコールを用いた場合，反応はジアステレオ選択的に進行する．エポキシドは，容易にジオールあるいはエーテルに変換できるため，天然物合成におけるキラルエポキシドの合成は重要な反応といえる．

たとえば，ゲラニオール（**1.60**）の不斉エポキシ化反応により，(2*S*,3*S*)-エポキシゲラニオール（**1.68**）が収率 77%，95% ee で得られる．

キラルな**サレン配位子**（salen ligand）とマンガン(III)錯体（**1.69**，**1.70**）を用いたアルケンの不斉エポキシ化反応は，**Jacobsen エポキシ化反応**として知られている[31), 32)]．

エポキシ化反応の反応機構[33a)] 酸素移動は，2段階の触媒サイクルを経て進行する（スキーム 1.14）．第1段階で，酸化剤からマンガン(III)に酸素原子が移動し，続く第2段階で，活性化された酸素原子がアルケンに移動する．

スキーム 1.14　アルケンのエポキシ化反応

　アルケンへの酸素移動は，いくつかの異なる反応機構で進行すると考えられている（スキーム 1.15）．ラジカルを安定化させる置換基がある場合，中間体として炭素ラジカルが生じる．この反応機構は，シスアルケンからシスおよびトランスエポキシドの両方が得られることから示唆される．一方 Norrby らは，メタラオキセタン中間体[33b)]や，酸素移動の協奏的反応機構を提唱している．

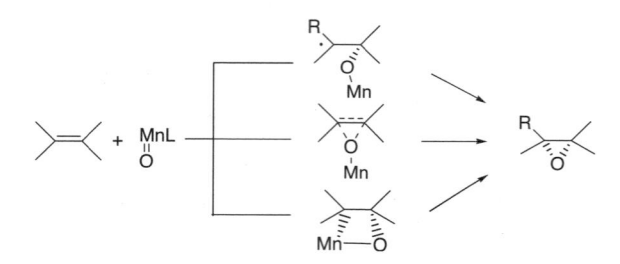

スキーム 1.15　マンガンからアルケンへの酸素移動として考えられる形式

　オキソマンガン錯体からアルケンへの酸素移動の選択性は，活性化された触媒とアルケンとの相対配置によって決まる．アルケンは t-ブチル基の立体障害を避け，また置換基が配位子からできるだけ遠ざかるようにサレン配位子に接近する．

$R^1 = -(CH_2)_4-$; $R^2 = t$-Bu
$R^1 = Ph$; $R^2 = CH_3$

1.5 選択性

　触媒量の四酸化オスミウムと，化学量論量の酸化剤（塩素酸バリウム，t-ブチルヒドロペルオキシド t-BuOOH，N-メチルモルホリン N-オキシド（NMO），ペルオキソ二硫酸ナトリウム $Na_2S_2O_8$，ヨウ素 I_2，フェリシアン化カリウム $K_3Fe(CN)_6$ など）を用いる**アルケンのジヒドロキシ化**（dihydroxylation of alkene）は，ジオールの重要な合成法である．反応は立体選択的に進行し，syn-ジオールが得られるが，立体選択性はアルケンの構造により変化する．Sharpless は，アルケンの不斉ジヒドロキシ化反応を開発し，シンコナアルカロイド存在下，四酸化オスミウムと NMO，$K_3Fe(CN)_6$ などの酸化剤を用いると，高い光学純度でジオールが得られることを見いだした[34]．キラルなシンコナアルカロイドにより光学活性な触媒が調製され，緩衝液が pH を一定に保ち，NMO や $K_3Fe(CN)_6$ がオスミウム(Ⅷ)を再生させる．

　これらの試薬は，すでに混合された状態で **AD-mix**（asymmetric dihydroxylation mix）として市販されている．AD-mix には 2 種類あり，**AD-mix α** は $(DHQ)_2PHAL$，$K_2OsO_2(OH)_4$，$K_3Fe(CN)_6$ の混合物であり，**AD-mix β** は $(DHQD)_2PHAL$，$K_2OsO_2(OH)_4$，$K_3Fe(CN)_6$ の混合物である．配位子 $(DHQ)_2PHAL$ は 1,4-ビス(9-O-ジヒドロキニン)フタラジン（**1.71**）で，$(DHQD)_2PHAL$ は 1,4-ビス(9-O-ジヒドロキニジン)フタラジン（**1.72**）である．

1.71

AD-mix α = $K_2OsO_2(OH)_4$（触媒），K_2CO_3，$K_3Fe(CN)_6$，$(DHQ)_2PHAL$（触媒）

1.72

AD-mix β = $K_2OsO_2(OH)_4$（触媒），K_2CO_3，$K_3Fe(CN)_6$，$(DHQD)_2PHAL$（触媒）

$K_2OsO_2(OH)_4$ = オスミウム酸カリウム 二水和物

Sharpless AD 反応は，アルケンの不斉ジヒドロキシ化においてきわめて有用かつ効率的である（反応機構は 7 章 §7.5 を参照）．

$$Ph-CH=CH-Ph \xrightarrow{\text{AD-mix } \alpha} Ph\underset{OH}{\overset{OH}{-}}CH-CH-Ph \quad >90\% \text{ ee}$$

$$Ph-C(CH_3)=CH_2 \xrightarrow{\text{AD-mix } \beta} H_3C\underset{Ph}{\overset{OH}{-}}C-CH_2OH \quad 94\% \text{ ee}$$

ルテニウム触媒を用いても，容易に syn-ジオールを得ることができるが，副反応として過剰酸化が進行する．改良法として，酸性条件下 0.5 mol% のルテニウム触媒を用いると，syn-ジオールが高収率で得られ，副反応がほとんど進行しない[35]．

$$R-CH=CH-R' \xrightarrow[\substack{\text{EtOAc, CH}_3\text{CN, H}_2\text{O (3:3:1)} \\ 0\,°\text{C, 2-5 分}}]{\substack{\text{RuCl}_3\,(0.5\,\text{mol\%}) \\ \text{NaIO}_4\,(1.5\,\text{当量}),\,\text{H}_2\text{SO}_4\,(0.2\,\text{当量})}} R\underset{OH}{\overset{OH}{-}}CH-CH-R'$$

Sharpless らは，1975 年にアルケンのアミノヒドロキシ化反応をはじめて報告し[25]〜[27]，さらに，1 段階での触媒的**不斉アミノヒドロキシ化反応**（asymmetric aminohydroxylation）へ展開した．本反応は，オスミウム触媒 $K_2OsO_2(OH)_4$，酸化剤としてクロラミン塩（クロラミン T，7 章 §7.6 参照），不斉配位子としてシンコナアルカロイド **1.71** または **1.72** を用いる．たとえば，スチレン（**1.73**）の不斉アミノヒドロキシ化反応では，二つの位置異性体アミノアルコール **1.74**，**1.75** が生

| **1.73** Ph-CH=CH$_2$ | → | **1.74** (R)-PhCH(NHCO$_2$Et)CH$_2$OH 収率 44%, 88% ee | + | **1.75** PhCH(OH)CH$_2$NHCO$_2$Et 収率 23%, 74% ee |

試薬条件：EtO$_2$CNH$_2$ (3.1 当量), NaOH (3.05 当量), t-BuOCl (3.05 当量), K$_2$OsO$_2$(OH)$_4$ (4 mol%), (DHQD)$_2$PHAL (5 mol%), n-PrOH–水 (1:1)

成する可能性があるが，Sharpless 不斉アミノヒドロキシ化を用いると，(R)-N-エトキシカルボニル-1-フェニル-2-ヒドロキシエチルアミン（**1.74**）が主生成物として，高い光学純度で得られることを P. O'Brien らは報告している[36]．さらに，生成

物のエチルカルバマート（ウレタン）誘導体の脱保護により，無保護のアミノアルコールが得られる．

不斉アミノヒドロキシ化反応は，タキソールの側鎖部分の合成にも用いられている（スキーム 1.16）[37]．

スキーム 1.16

光学的に純粋な化合物を合成するための反応条件の選択は，工業的に非常に重要である．特定の鏡像異性体の収率を向上させるためのより安価な方法が望まれ，キラルなビルディングブロック，配位子，触媒の開発研究が発展した．工業化のために，触媒が高価，かつ回収困難であることが問題であり，触媒の回収が重要な課題といえる．

1.6 保護基

多官能基化された化合物（二つ以上の反応部位をもつ分子）において1箇所の反応部位を選択的に反応させたい場合，他の部位を一時的に保護する必要がある．このために，多くの保護基（protecting group）が開発されている．目的の変換が終了した後，導入した保護基を除去する必要があり，この段階は**脱保護**（deprotection）とよばれる．官能基の保護と脱保護は，基本的に重要なだけでなく，多段階合成において果たす役割の点から，近年注目を集めている．

複雑な構造をもつ標的分子を選択的に合成するためには，さまざまな反応条件において官能基の保護が可能となる種々の保護基が必要である．たとえば，5-オキソヘキサン酸エチル（**1.76**）から 6-ヒドロキシ-2-ヘキサノン（**1.77**）への変換では，はじめにケトンを保護した後，LiAlH$_4$ でエステルを還元する必要がある．アセタールは還元剤である LiAlH$_4$ と反応しないため，ケトンはアセタールとして保護され

る．最終段階で，アセタールは酸処理により除去される（スキーム 1.17）．

スキーム 1.17

　保護基は，多くの条件を満たす必要がある．よい保護基とは，導入が容易で，新しいキラル中心をつくらず，除去が容易であることである．また，保護基は反応部位を増やさないために，官能基の増加を最小限にすることが必要である．さらに，保護基の導入により，副生成物と容易に分離可能となる結晶化しやすい誘導体を高収率で形成することが望まれる．保護基は，除去されるまでの反応を阻害してはいけない．

　保護基は，塩基性加溶媒分解，酸，重金属，フッ化物イオン，還元的脱離，β 脱離，加水素分解，酸化，融解金属還元，求核置換，遷移金属触媒，光，酵素など，さまざまな条件で除去することができる．電気および光を用いる脱保護は，重要な手法である．光に不安定な官能基は，**かご状化合物**（caged compound）あるいは光トリガー化合物とよばれ，波長 254 〜 350 nm の光照射により，高い量子収率で除去できる．

　保護基は，脱保護により合成が完結するまでの間，官能基に結合している必要がある．また，保護基は最終生成物には含まれず，原子効率を低下させるため，可能な限り使用しないことが望まれる．

　現在，さまざまな官能基に対して，種々の保護基が用いられている．本章では，最も一般的な保護基について，保護する官能基別に分類し，その反応性について概説する．

1.6.1 ヒドロキシ基の保護基

　ヒドロキシ基は，**酸化**（oxidation），**アシル化**（acylation），**ハロゲン化**（halogenation），**脱水**（dehydration），その他のヒドロキシ基が影響を受けやすい反応の際，保護する必要がある．ヒドロキシ基は，アルキルエーテル，アルコキシアルキルエー

テル，シリルエーテル，エステルの形で保護する．エステルよりも酸および塩基に安定なエーテルは，より望ましい保護基といえる．

アルキルおよびアルコキシアルキルエーテル

一般的にアルキルエーテルは，酸性条件下アルケンへのアルコールの付加，あるいは **Williamson エーテル合成**（ウィリアムソン）で調製される（スキーム 1.18）．

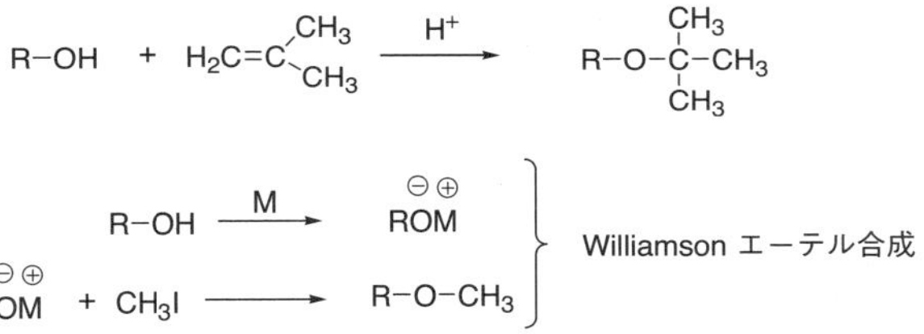

スキーム 1.18

テトラヒドロピラニル（THP）エーテル **1.79** は，3,4-ジヒドロ-2H-ピラン（DHP）（**1.78**）から触媒量の酸を用いて合成できる[38]．

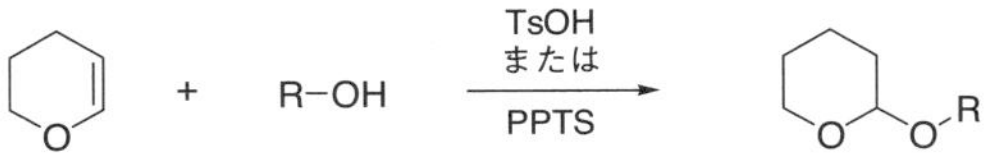

テトラヒドロピラニルエーテルは塩基に対し安定であり，酸による加水分解で除去される．たとえば，ゲラニオール（**1.60**）は p-トルエンスルホン酸ピリジニウム（PPTS）存在下，ゲラニオールテトラヒドロピラニルエーテル（**1.80**）として保護される．このエーテルは，熱エタノール中，PPTS で開裂する（スキーム 1.19）[39]．

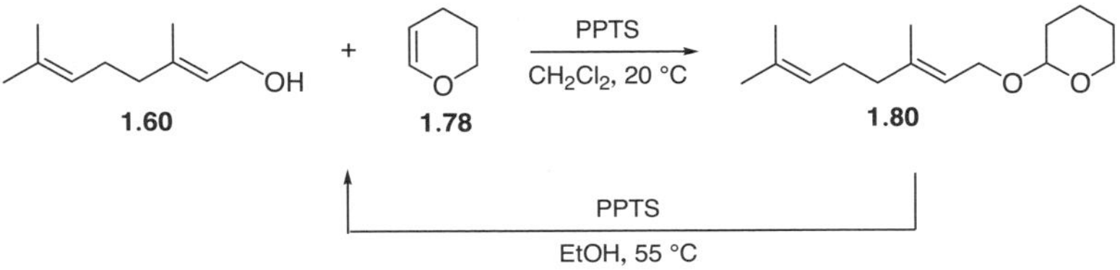

スキーム 1.19

THPエーテルの形成により，新たなキラル中心が生じる．すなわち，キラルな分子へTHPエーテルを導入した場合，ジアステレオマーが生成する．

フェノールは，メチルエーテル[40),41)]，t-ブチルエーテル，アリルエーテル，ベンジルエーテルとして保護される．

$$\text{PhOH} \xrightarrow[\text{CH}_2\text{N}_2, \text{Et}_2\text{O}]{\substack{\text{CH}_3\text{I}, \text{K}_2\text{CO}_3, \text{アセトン}\\ \text{または}}} \text{PhOCH}_3$$

$$\text{PhOH} \xrightarrow[\substack{\text{または}\\ \text{ハロゲン化}\ t\text{-ブチル, Py}}]{\substack{\text{イソブテン, CF}_3\text{SO}_3\text{H}\\ \text{CH}_2\text{Cl}_2, -78\ °\text{C}}} \text{PhOC(CH}_3)_3$$

三浦らは，触媒量の酢酸パラジウム(II)，テトライソプロポキシチタン(IV)，アリルアルコールによるフェノールの保護を報告している[42)]．本反応は，一般的なフェノールの保護条件として用いられるが，3,5-ジメトキシフェノールの場合，C-アリル化のみが進行し，フェノール保護体は得られない．

条件: $\text{CH}_2=\text{CHCH}_2\text{OH}$ (4当量), Pd(OAc)_2 (0.01当量), PPh_3 (0.04当量), $\text{Ti(O-}i\text{-Pr)}_4$ (0.25当量), PhH, 50 °C, 4時間, 4 Å モレキュラーシーブ．収率 67%．

一般的に，エーテルは酸性条件下で開裂し，THP誘導体 **1.79** はt-ブチルエーテルよりも速く反応する．ベンジルエーテルは，加水素分解，融解金属還元（アンモニア中，金属ナトリウム），臭化水素酸などのさまざまな条件で開裂する．メチルエーテルは，ナトリウムチオエトキシド存在下DMF中で加熱還流により，またt-ブチルエーテルは，25 ℃でトリフルオロ酢酸（CF_3COOH）により開裂する[43)]．

$$\underset{\textbf{1.79}}{\text{THP-OR}} \xrightarrow[\text{TsOH, MeOH}]{\substack{\text{PPTS, EtOH}\\ \text{または}}} \text{R-OH}$$

アリールアルキルエーテルは，N-メチル-2-ピロリドン（NMP）中，触媒量の炭酸カリウム存在下，1当量のチオフェノールを作用させると，求核反応により開

1.6 保護基

裂し,対応するフェノールが得られる[44]. 化学量論量のチオラートを作用させても, 芳香環上のニトロ基や塩素原子は反応しない. さらに, α,β-不飽和カルボニル部位に対しても, チオラートの Michael 付加反応は進行しない.

$$\underset{R}{\text{4-MeO-C}_6\text{H}_4\text{-R}} \xrightarrow[\text{NMP, 190 °C, 10–30 分}]{\text{PhSH (1.0 当量), K}_2\text{CO}_3 \text{ (2–5 mol\%)}} \underset{R}{\text{4-HO-C}_6\text{H}_4\text{-R}}$$

R = NO$_2$: 68%
R = (E)-COCH=CHPh: 83%

触媒量のビスマストリフラート (0.1 mol%) を用いると, 無溶媒条件下でアルコールのテトラヒドロピラニルエーテル化反応が効率的に進行する. 実験操作は簡便で, 種々のアルコールおよびフェノールで進行する. 触媒は, 空気, 若干の湿気に対して安定であるため扱いやすく, 比較的無毒である. THP エーテルの除去も, 触媒量のビスマストリフラート (1.0 mol%) で進行させることができる[45].

ベンジル (Bn), p-メトキシベンジル (PMB) 基は, 還元および酸化条件下, 開裂させることができる (スキーム 1.20).

$$\text{R-O-CH}_2\text{-C}_6\text{H}_5 \xrightarrow{\text{H}_2, \text{Pd–C, EtOH}} \text{R-OH}$$

$$\text{R-O-CH}_2\text{-C}_6\text{H}_4\text{-OCH}_3 \xrightarrow{\text{DDQ, CH}_2\text{Cl}_2} \text{R-OH}$$

DDQ = 2,3-ジクロロ-5,6-ジシアノ-1,4-ベンゾキノン

スキーム 1.20

液体アンモニア中, リチウムなどのアルカリ金属を用いる条件は, ベンジル (Bn) エーテル除去の一般的な方法である[46]. リチウムと, 化学量論量[47] あるいは触媒量[48] のナフタレンから調製されるリチウムナフタレニドも, ベンジルエーテルの除去に用いられる.

$$\text{geranyl-OBn} \xrightarrow[\text{THF, −78 °C から 10 °C, 5 時間}]{\text{Li (粉末), ナフタレン}} \text{geranyl-OH}$$

1.60

1. 合成戦略

Hwu らは，メトキシ基存在下，リチウムジイソプロピルアミド (LDA) を作用させると，ベンジル基が選択的に開裂すること，また，ジメトキシベンゼンにナトリウムビス(トリメチルシリル)アミド [$NaN(SiMe_3)_2$] を作用させると二つのメチルエーテルのうち一つのみを選択的に脱メチルできることを報告している（スキーム 1.21)[49]．

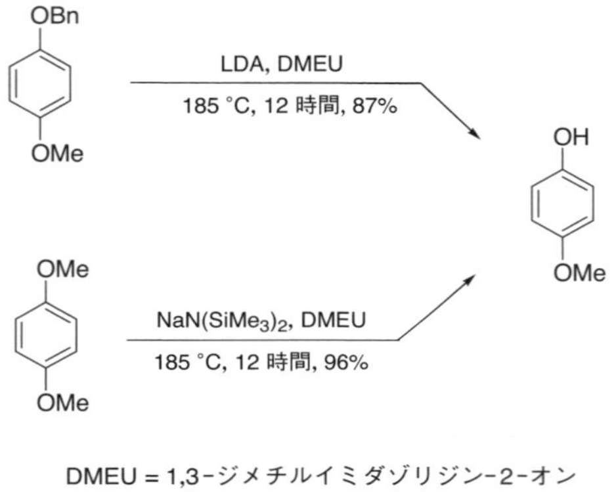

DMEU = 1,3-ジメチルイミダゾリジン-2-オン

スキーム 1.21

廣田らは，ピリジン存在下，パラジウム-炭素触媒を用いる加水素分解において，PMB 基は除去されず，ベンジル基が選択的に除去できることを報告している[50]．

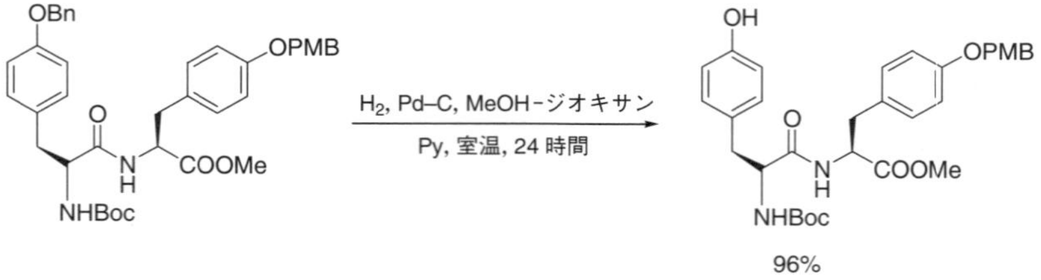

古典的なアリル基の除去法は，t-ブトキシカリウムなどの強塩基，あるいはパラジウム-炭素などの金属触媒によるビニルエーテルへの異性化，ひき続くアルコールへの変換の 2 段階を経由する．最近，2,3-ジクロロ-5,6-ジシアノ-1,4-ベンゾキノン (DDQ)，塩化セリウム七水和物-ヨウ化ナトリウム，テトライソプロポキシチタン，p-トルエンスルホン酸などを用いる方法が報告されている．さらに，ジメチルスルホキシド (DMSO)-ヨウ化ナトリウムを用いる方法が見いだされており，これらの反応条件下では，ベンジル，エチル，t-ブチルエーテルは安定に存在するこ

とができる[51].

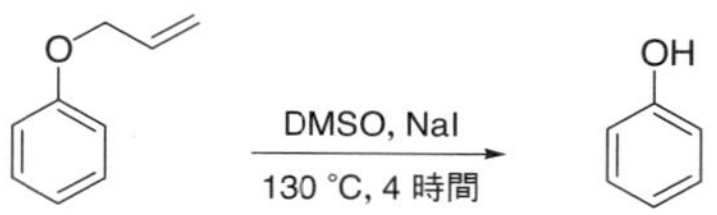
OH
DMSO, NaI
130 °C, 4 時間

プロパルギルアリールエーテル（あるいはエステル）は，アセトニトリル中，室温でテトラチオモリブデン酸ベンジルトリエチルアンモニウムとの反応により開裂する[52]が，アリルエステルは開裂しない．触媒量のニッケル-ビピリジン錯体存在下，電解還元によりプロパルギルエーテルを開裂させることもできる（スキーム 1.22）[53].

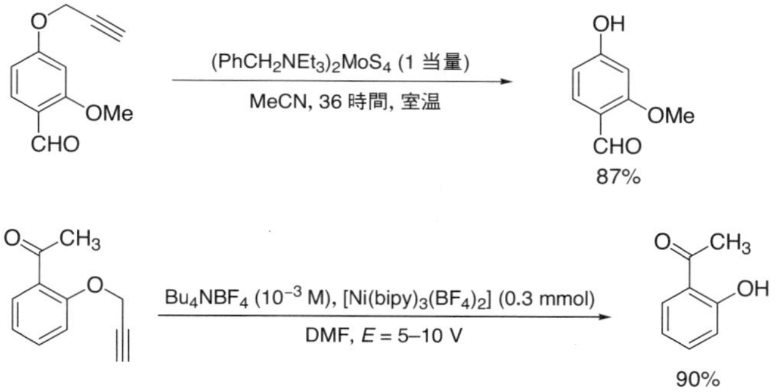
OMe
CHO
(PhCH2NEt3)2MoS4 (1 当量)
MeCN, 36 時間, 室温
OH
OMe
CHO
87%
CH3
Bu4NBF4 (10−3 M), [Ni(bipy)3(BF4)2] (0.3 mmol)
DMF, E = 5–10 V
CH3
OH
90%

スキーム 1.22

鎖状の非対称アセタール（アルコキシアルキルエーテル）の一般的な合成法を下図に示す．

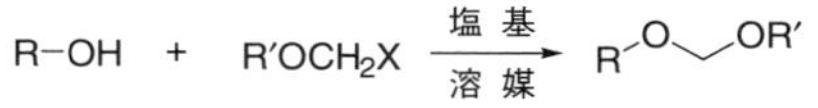
R−OH + R′OCH2X
塩 基
溶 媒
OR′

以下のアルコキシアルキルエーテルは，一般的にアルコールから合成できる．

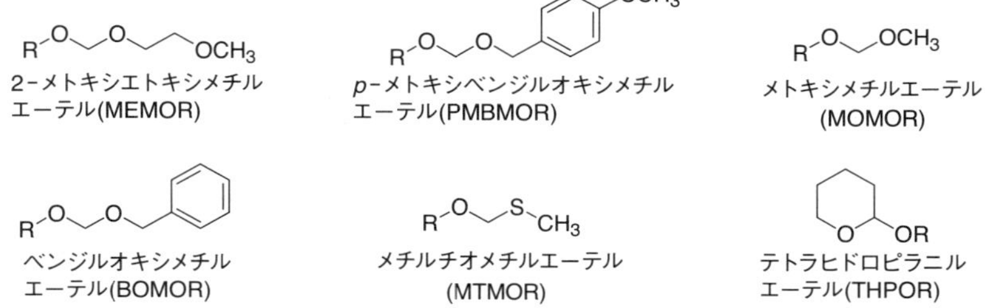
OCH3
2-メトキシエトキシメチル
エーテル(MEMOR)
OCH3
p-メトキシベンジルオキシメチル
エーテル(PMBMOR)
OCH3
メトキシメチルエーテル
(MOMOR)
ベンジルオキシメチル
エーテル(BOMOR)
CH3
メチルチオメチルエーテル
(MTMOR)
OR
テトラヒドロピラニル
エーテル(THPOR)

2-メトキシエトキシメチルエーテル（2-methoxyethoxymethyl ether, **MEMOR**）は一般的に，ジクロロメタン中，非酸性条件下，あるいは塩基性条件下で合成される．MEM 基は，トリフルオロ酢酸(TFA)-ジクロロメタンの1対1混合溶液中，高収率で除去できる．また，臭化亜鉛 $ZnBr_2$，四塩化チタン $TiCl_4$，ブロモカテコールボランでも除去可能である．MEM 基で保護されたジオールを酢酸エチル中，臭化亜鉛で処理すると，1,3-ジオキソランが生成する（スキーム 1.23）．

スキーム 1.23

MEM 基は，アセトニトリル中ヨウ化トリメチルシリルとの反応で，メチルエーテルおよびエステルに影響を与えることなく，選択的に除去できる．

メトキシメチル（methoxymethyl, **MOM**）基は，アルコールおよびフェノールの最もよい保護基の一つである[54]．MOM エーテルは，アルコールおよびフェノールを MOMCl（塩化メトキシメチル）あるいは MOMOAc（酢酸メトキシメチル）と反応させることにより合成できる（スキーム 1.24）．MOM 基は強塩基，Grignard 試薬，アルキルリチウム，水素化アルミニウムリチウムなどに対し安定である．

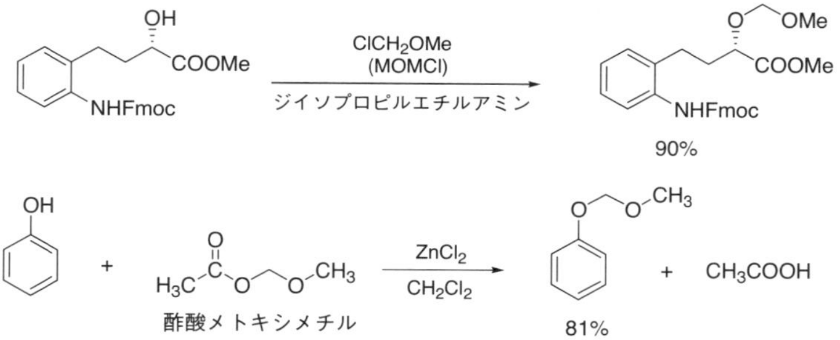

1.6 保 護 基

スキーム 1.24

MOM 基は，酸性条件下，加水分解により除去できる．

アセトニトリル，水を溶媒として，ブロモカテコールボランまたはテトラフルオロホウ酸リチウム $LiBF_4$ を用いても，MOM 基の除去が可能である．

ベンジルオキシメチルエーテル（benzyloxymethyl ether, **BOMOR**）は，塩基性条件下，BOMCl（塩化ベンジルオキシメチル）を作用させて調製し，パラジウム-炭素を用いた加水素分解，あるいは液体アンモニア中で金属ナトリウムを作用させることにより，選択的に除去できる．

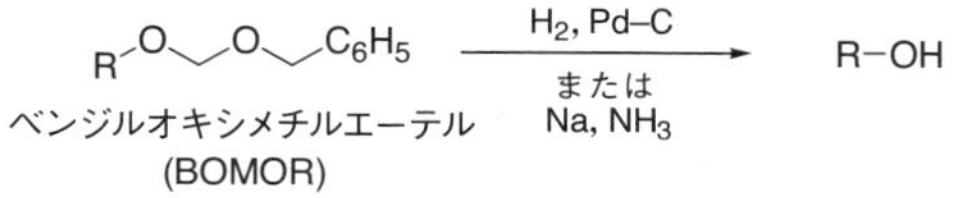

p-**メトキシベンジルオキシメチル**（*p*-methoxybenzyloxymethyl, **PMBM**）基は，酸加水分解あるいは酸化反応により除去される[55]．

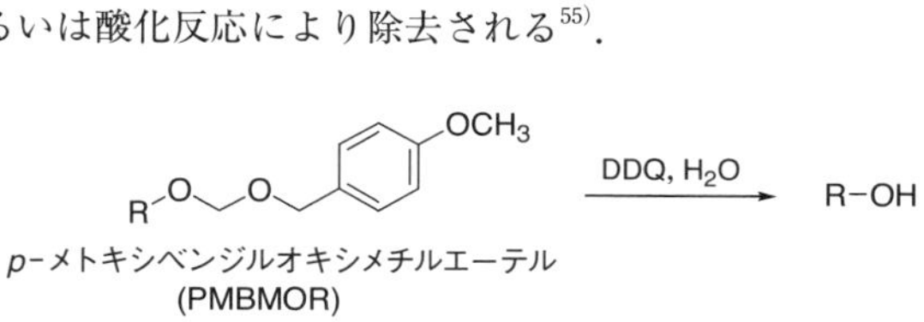

メチルチオメチルエーテル（methylthiomethyl ether, **MTMOR**）　酸触媒による脱水反応が進行しやすい第三級アルコールは，容易に MTM エーテルとして保護し，

高収率でもとのアルコールに戻すことができる．ヒドロキシ基のMTMエーテルは，Williamsonエーテル合成あるいはDMSOと無水酢酸を作用させて合成できる．後者は，**Pummerer転位**(プメラー)により進行する[56)〜58)]（スキーム1.25）．

$$R-OH + ClCH_2SCH_3 \xrightarrow[\text{Williamsonエーテル合成}]{\text{NaH, NaI}} R-O-CH_2SCH_3$$

$$R-OH + (CH_3)_2SO \xrightarrow{Ac_2O} R-O-CH_2SCH_3 \Big\} \text{Pummerer 転位}$$

スキーム1.25

Pummerer転位の反応機構をスキーム1.26に示した．

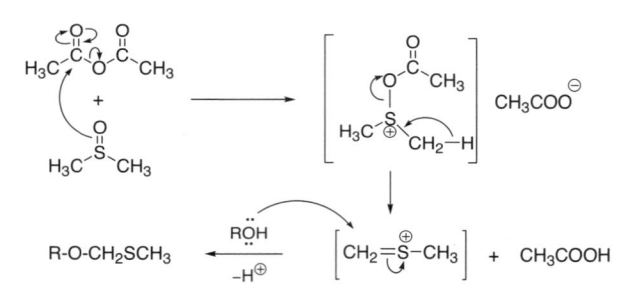

スキーム1.26　Pummerer転位の反応機構

メチルチオメチル(methylthiomethyl, **MTM**)基は，酸あるいは水中で銀塩または水銀塩（中性塩化水銀）を作用させて除去することができる．後者の反応条件では，他のほとんどのエーテルは安定であるため，多官能基化された分子において，MTMエーテルの選択的な除去が可能である．

$$R-O-S-CH_3 \xrightarrow[\substack{\text{AgNO}_3, \text{THF}, \text{H}_2\text{O} \\ 2,6\text{-ルチジン}}]{\substack{\text{HgCl}_2, \text{CH}_3\text{CN}, \text{H}_2\text{O} \\ \text{または}}} R-OH$$

メチルチオメチルエーテル
(MTMOR)

シリルエーテル

有機合成において，ヒドロキシ基のシリルエーテル保護は，幅広く利用される．シリルエーテルは，酸化，熱に強く，低粘性で，容易に除去することが可能である．

1.6 保護基

トリアルキルシリルエーテルの合成には,多くの方法が用いられる(スキーム 1.27). アルコールは,トリエチルアミン,ピリジン,イミダゾール,2,6-ルチジンなどのアミン塩基存在下,塩化トリアルキルシリル(R'_3SiCl)と速やかに反応し,トリアルキルシリルエーテル($ROSiR'_3$)を与える(表 1.2)[59].

$$R-O-H + R'_3SiCl \xrightarrow[DMF]{アミン塩基} R-O-SiR'_3 + HCl$$

スキーム 1.27

第三級ハロゲン化アルキルと異なり,**塩化トリアルキルシリル**(trialkylsilyl chloride, R'_3SiCl)は,S_N2 と同様の機構で求核置換反応が進行する.アルコールの酸素原子が,塩化トリアルキルシリルと置換反応を起こし,トリアルキルシリルエーテルを生成する.スキーム 1.28 に示すように,長いケイ素-炭素結合(立体的に込んでいない)と非常に強固なケイ素-酸素結合が,遷移状態を安定化する.

$$R-O-H + R'_3SiCl \longrightarrow \left[\begin{array}{c} R' \\ \delta^- | \delta^- \\ RO\text{---}Si\text{---}Cl \\ | \\ R' \quad R' \end{array} \right]^{\ddagger} \longrightarrow R-O-Si-R' \text{ (with } R', R')$$

塩化トリアルキル　　　5 配位遷移状態　　　トリアルキルシリル
シリル　　　　　　　　　　　　　　　　　　　　　　エーテル

スキーム 1.28

TBS(*t*-ブチルジメチルシリル)基などの,より嵩高いシリル基を用いると,第一級ヒドロキシ基と第二級ヒドロキシ基を区別して保護することができる.これは,反応の位置制御の一例である(§1.5 参照).

(構造式: シクロヘキサン環に OH 基と CH₂CH₂OH 基 → TBSCl/イミダゾール/DMF → シクロヘキサン環に OH 基と CH₂CH₂OTBS 基)

一般的に TMS(トリメチルシリル)基は,触媒量の塩化鉄(III),塩化スズ(II),硝酸銅(II),硝酸セリウム(III),クエン酸,水酸化ナトリウム,種々のフッ化物により除去される.TMS エーテルは比較的容易にもとのアルコールに加水分解されるが,より嵩高いシリルエーテルは強固であり,幅広い pH で安定である.シリルエーテル保護基は,フッ化テトラブチルアンモニウム(TBAF)などのテトラアルキルアンモニウム塩に含まれるフッ化物イオンにより,容易に除去できる.

Maiti と Roy は,第一級アリル,ベンジル,ホモアリル,アリール TBS エーテル

が,含水 DMSO 中 90℃で選択的に開裂し,また他の TBS エーテルおよび,ベンジルエーテル,THP エーテルは,メチルエーテルと同様,反応しないことを見いだした[60].

エステル

有機合成化学者にとって,アルコールのアシル化は,重要な反応の一つである.アシル化は,古くからアルコールの誘導体の合成や構造の同定に用いられた反応である.アシル化には通常,トリエチルアミンやピリジンなどの塩基存在下,酸塩化物あるいは対応する酸無水物が用いられ,さらに共触媒として 4-ジメチルアミノピリジン (DMAP) を用いると,反応が促進される (スキーム 1.29).

スキーム 1.29

以上の反応条件では,塩基に不安定な化合物は分解するが,p-トルエンスルホン酸,塩化亜鉛,塩化コバルト,スカンジウムトリフラートなどのプロトン酸あるいはルイス酸を用いても,エステルを合成できる.

アセチル基 (Ac),クロロアセチル基,ベンゾイル基 (Bz),p-メトキシベンゾイル基,ベンジルオキシカルボニル基 (Cbz),t-ブトキシカルボニル基 (Boc),9-フルオレニルメトキシカルボニル基 (Fmoc) は,ヒドロキシ基の一般的な保護基として用いられる (表 1.3).

メトキシカルボニル基は,塩基性条件下 (炭酸カリウム,メタノール) により開裂する.Fmoc 基は,トリエチルアミン,ピリジン,モルホリン,ジイソプロピルエチルアミンなどの塩基により開裂する.アリルオキシカルボニル基は,$Pd_2(dba)_3$/dppe/Et_2NH/THF の条件で除去される.ベンジルオキシカルボニル基は,H_2/Pd-

表 1.3

R–O–H ⟶ R–O–C(=O)–X

X	エステル	X	カルボナート
CH₃	アセチル (Ac)	—OCH₃	メトキシカルボニル
CH₂-Cl	クロロアセチル	—O–C(H₂)=CH₂	アリルオキシカルボニル (Alloc)
(phenyl)	ベンゾイル (Bz)	—O–CH₂–(phenyl)	ベンジルオキシカルボニル (Cbz)
(p-methoxyphenyl)	p-メトキシベンゾイル	—O–C(CH₃)₃	t-ブトキシカルボニル (Boc)
		—O–CH₂–(9-fluorenyl)	9-フルオレニルメトキシカルボニル (Fmoc)

C/EtOH により開裂する. これらのエステルは, ゼオライト, シリカ, アルミナ, または酸性樹脂などの固体触媒を用いる不均一条件での脱保護により, もとのアルコールに戻すことができる.

1.6.2 ジオールの保護基

1,2- および 1,3-ジオールは, 一般的に O,O-アセタールあるいはケタールとして保護される. アセタールとは, 一般式が $RR^1C(OR^2)(OR^3)$ で, R と R^1 の両方または一方が H であり, R^2 と R^3 が H ではない化合物である. ケタールは, アセタールのうち, R と R^1 の両方が H ではない化合物である.

アセトニド (プロピリデンアセタール) は, 酸性条件下, アセトン, アセトンジメチルアセタール, あるいは 2-メトキシプロペンを反応させることにより合成できる. 1,2,4-トリオールをアセトニドで保護すると, 六員環よりも五員環アセタールが優先して生成する.

1. 合成戦略

[反応式: 1,3-ジオール + アセトン,H⊕ または (H₃CO)(OCH₃)C(CH₃)₂,H⊕ または CH₂=C(OCH₃)CH₃,H⊕ → アセトニド]

[反応式: トリオール誘導体 + アセトン, TsOH → 5員環アセトニド + 6員環アセトニド (5:1)]

同様に，エチリデンアセタール，シクロペンチリデンアセタール，シクロヘキシリデンアセタール，アリーリデンアセタール，環状カルボナートを調製できる．

エチリデンアセタール / シクロペンチリデンアセタール / シクロヘキシリデンアセタール / 環状カルボナート

ベンジリデンアセタール / p-メトキシベンジリデンアセタール

これらのアセタールおよびケタールは，酸性あるいは還元条件で開裂させることができる（スキーム 1.30）．

アセタールは，塩化鉄(Ⅲ)、あるいはシリカゲルに吸着させた塩化鉄(Ⅲ)により除去することができる．この条件では，TBS基（表1.2参照）は除去されない．また，用いる塩化鉄(Ⅲ)の当量により，アセタールの選択的除去が可能である（スキーム 1.31)[61]～[63]．

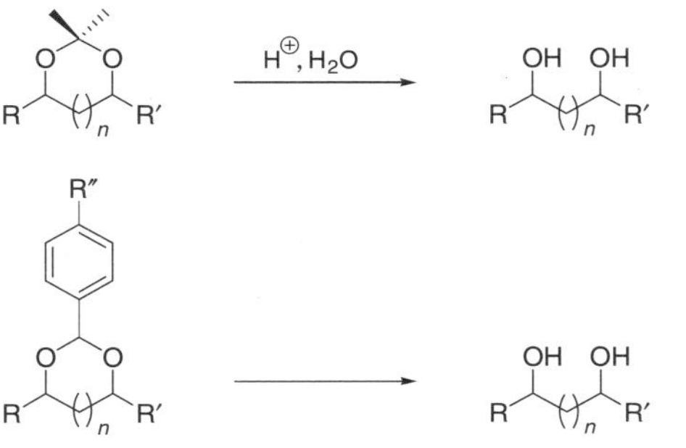

1.6 保護基

R″= H のとき H$_2$, Pd–C, AcOH または Birch 還元
R″= OCH$_3$ のとき Pd(OH)$_2$, H$_2$, 25 °C

スキーム 1.30　アセタールおよびケタールの除去

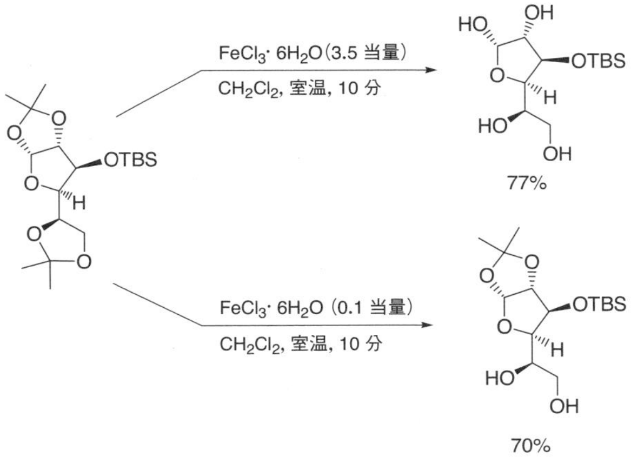

FeCl$_3$・6H$_2$O（3.5 当量）
CH$_2$Cl$_2$, 室温, 10 分
77%

FeCl$_3$・6H$_2$O（0.1 当量）
CH$_2$Cl$_2$, 室温, 10 分
70%

スキーム 1.31

1.6.3　アミノ基の保護基

　ペプチド，核酸，ポリマー，配位子合成などの広い化学分野において，窒素原子の保護に関する研究は，今なお注目されている．さらに最近では，多くの窒素保護基がキラル補助基として用いられている．そのため，脱着が穏和な条件で進行しうるより効果的な新しい窒素保護基の設計は，合成化学分野で活発に研究されている．

イミドおよびアミド保護基　フタルイミド基は，アミノ基の保護に有用である．N-アルキルフタルイミド **1.81** は，高温条件，あるいは長時間の低温条件下，ヒドラジンとの反応により開裂し，**1.82** とアミンが得られる．また，塩基触媒を用いた加水分解でも，**1.81** から対応するアミンが得られる（スキーム 1.32）．

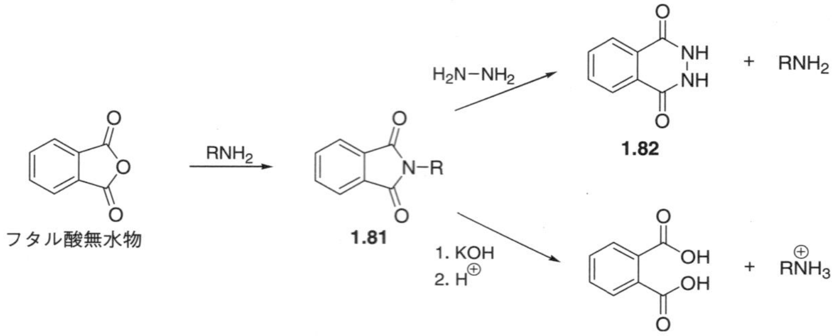

スキーム 1.32

カルバマート（ウレタン）保護基　アミンの最もよい保護基は，カルバマート（ウレタン）である．カルバマートは，アミンから以下のように合成される（スキーム 1.33）．

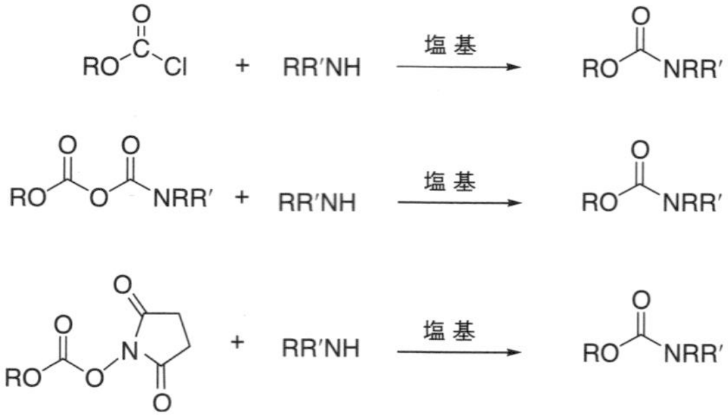

スキーム 1.33

たとえば，ベンジルオキシカルボニル（Cbz），t-ブトキシカルボニル（Boc），フルオレニルメトキシカルボニル（Fmoc）などのカルバマート保護基は，スキーム 1.34 に示すように容易に導入することができる．

これらの保護基は，種々の過酷な反応条件下でも安定である．

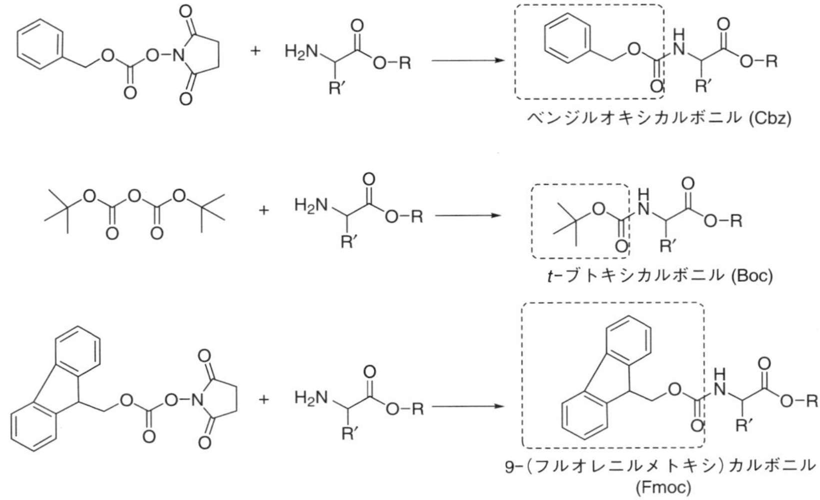

1.6 保護基

スキーム 1.34

一方，Boc 基は適度に不安定な保護基であり，室温で安定であるが，TFA，あるいはそのジクロロメタン溶液中で容易に除去可能である．また，無機酸あるいはルイス酸が，Boc 基の除去に用いられこともある．

Fmoc 基は塩基に不安定な保護基であり，アミン溶液中で容易に除去される．一般的に用いられる保護基は，Cbz 基と，酸に不安定な Boc 基の二つである．これらの反応性の違いは，脱保護で生じるカルボカチオンの安定性による（スキーム 1.35）．Boc 基は，脱保護により安定な第三級カルボカチオンを生じるため，Cbz 基よりも弱い酸で除去される．

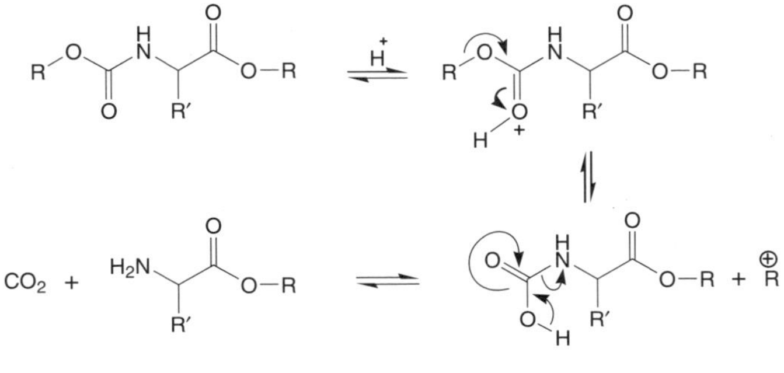

スキーム 1.35

Fmoc 基は，ペプチドの固相合成でよく用いられる保護基である．Fmoc 基は酸に強く，弱塩基，特に第二級アミンで容易に除去される．脱保護は，塩基触媒による β-プロトンの引抜きと脱離により，ジベンゾフルベン (**1.83**) の形成を経由して進行する（スキーム 1.36）．

スキーム 1.36　Fmoc 基の除去の反応機構

上記のカルバマート保護基の除去条件の違いは，同一分子上の異なるアミンの選択的脱保護を可能にする直交保護 (orthogonal protection) を発展させた．たとえば，ペプチド合成において，TMSOTf と続く後処理により，N-Boc 基の選択的除去が可能である[64]．

アデニン誘導体 **1.84** にテトラフルオロホウ酸 1-ベンジルオキシカルボニル-3-エチルイミダゾリウム（Rapoport 試薬，**1.85**）を作用させると，アミノ基が CBz 基で保護された **1.86** が収率 82% で生成する．

置換グアニジン **1.87** の二つの Boc 基は，酢酸エチル中，塩化スズ(Ⅳ)で除去される．塩化スズ(Ⅳ)による脱保護は，TFA より穏和な反応条件で進行し，アミン **1.88** を収率 88% で与える．

N-アリールスルホニルカルバマートおよび N-アシルスルホンアミドの p-トルエンスルホニル基（Ts）は，無水メタノール中，超音波を照射し，マグネシウムを用いることにより除去することができる．

アミノ基は，アリールスルホニルあるいは 2-(トリメチルシリル)エチルスルホニルなどのスルホニル誘導体，スルフェニルまたはシリル誘導体として保護することができる．アミノ酸の 2- または 4-ニトロフェニルスルホンアミド誘導体は，炭酸セシウム(Cs_2CO_3)を塩基として用いる窒素原子のモノアルキル化に有用である．スルホンアミド **1.89** にアセトニトリル中，チオフェノキシカリウム（チオフェノールと炭酸カリウムから生成）を作用させると，ラセミ化することなくスルホンアミド基が脱保護し，N-アルキル化された α-アミノエステル **1.90** が得られる．

ベンジルおよびアリルアミン　　アミンは，ベンジルおよびアリルアミンとして保護することができる（スキーム 1.37）．

スキーム 1.37

これらのアミンは，還元条件（Pd-C/ROH/HCO$_2$NH$_4$ または Na/NH$_3$）で脱保護することができる．アリルアミンは，オゾン酸化，ひき続くジメチルスルフィド処理，または，アセトン中，過マンガン酸カリウムとの反応でも脱保護することができる．

1.6.4 カルボニル基の保護基

カルボニル基は，鎖状あるいは環状アセタール，S,S'-ジアルキルチオアセタール，オキサチオラン，1,1-ジアセテート，窒素化合物誘導体として保護することができる．

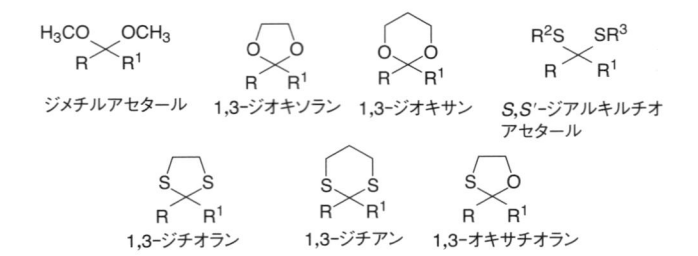

ジメチルアセタール　　1,3-ジオキソラン　　1,3-ジオキサン　　S,S'-ジアルキルチオアセタール

1,3-ジチオラン　　1,3-ジチアン　　1,3-オキサチオラン

鎖状および環状アセタールは塩基に安定で，酸により除去される．脂肪族アルデヒドは芳香族アルデヒドよりも，また芳香族アルデヒドはケトンよりも反応性が高い．

以下に示すように，ジメチルアセタールは，ケトンとアルデヒドから種々の方法で調製することができる[65),66)]．

1.6 保護基

アセタールは，塩酸または塩酸-ジオキサンで開裂させることができる．鎖状アセタールは，環状アセタールよりも速やかに開裂する．たとえば，1,3-ジチアンおよびジオキソラン存在下，TFA/CHCl$_3$/H$_2$O を用いると，ジメチルアセタールを選択的に開裂させることができる．ジメチルアセタールの開裂には，p-トルエンスルホン酸 (TsOH)/アセトン，または H$_2$O$_2$/Cl$_3$CCOOH/CH$_2$Cl$_2$/t-BuOH/Me$_2$S を用いることもできる．

一般に，α,β-不飽和カルボニル化合物は，非共役カルボニル化合物に比べ，アセタールの生成が遅い．つまり，α,β-不飽和ケトン存在下，エチレングリコールと化学量論量の p-トルエンスルホン酸一水和物を用いて，非共役ケトンを選択的に保護することができる[67]．

逆に，下記のように α,β-不飽和ケトンを選択的に保護することも可能である[68]．

アセトニトリル中，ヨウ化ナトリウムと塩化セリウム(III)七水和物を作用させて，非共役ケトンの環状アセタール存在下，α,β-不飽和ケトンの環状アセタールを選択的に除去することができる[69]．

アセタールは，アセトニトリル-水混合溶媒中，触媒量の四臭化炭素（テトラブロモメタン）CBr_4 を添加し，加熱条件または超音波の照射により，対応するカルボニル化合物に変換できる[70]．

THF 中，テトラフルオロホウ酸リチウム（$LiBF_4$）を作用させると，シリル基をもつアセタールを選択的に除去することができる[71]．

鎖状および環状チオアセタール　　1,3-ジチオランと 1,3-ジチアンは，モノカルボニルおよび 1,2-ジカルボニル化合物の相互変換に用いられる有用な合成中間体である．有機合成において，カルボニル基を鎖状あるいは環状チオアセタールとして保護することは重要な手法である[72]．チオアセタールは通常の酸および塩基性条件に対し安定で，アシル等価体として用いることが可能である（§1.3 参照）．多くのチオアセタール合成法が知られているが，その除去は容易とはいえない．

S,S'-ジアルキルチオアセタールは，アルデヒドと RSH あるいは $RSSi(CH_3)_3$ との反応で合成できる．

1.6 保 護 基

1,3-ジチアンは,芳香族アルデヒド,芳香族および脂肪族ケトンに作用するが,2-フェニル-1,3-ジチアンは,脂肪族アルデヒドの保護・脱保護に用いられる[73].

S,S'-ジアルキルチオアセタールの除去には多くの方法が報告されており,固体担持アンモニウムイオン,硝酸鉄(Ⅲ),硝酸銅(Ⅱ),スルホニルホスホン酸ジルコニウム,窒素酸化物,DDQ,SeO_2/AcOH,DMSO/HCl/H_2O,TMSI,TMSBr,LDA/THF,$Ce(NH_4)_2(NO_3)_6$/含水 CH_3CN,$CuCl_2$/CuO/アセトン還流条件,$Hg(ClO_4)_2$/$CHCl_3$,mCPBA/Et_3N/Ac_2O/H_2O などの条件が用いられる[74].

最近,硝酸水銀(Ⅱ)三水和物を用いる方法[75]や,アセトニトリル中,室温で触媒量の塩化アルミニウム $AlCl_3$ 存在下,MnO_2,$KMnO_4$,$BaMnO_4$ を用いて,芳香族アルデヒドおよびエノール化しないケトンのジチオアセタール除去法が報告された[76].

R^1 = H; R = アリール
R^2 = –$(CH_2)_3$–,–$(CH_2)_2$–,n-Bu

無水条件下でのジチオアセタールの除去の反応機構については,二酸化マンガンの酸素原子が求核試薬として作用すると提唱されている(スキーム 1.38).

R^1 = アリール; R^2 = H, Me, Ph; n = 0, 1

スキーム 1.38

ビス(ベンゼンセレニン酸)無水物を用いるジチオアセタールの除去においても，同様の反応機構が提唱されている[77]．

1.6.5　カルボン酸の保護基

カルボン酸は，メチル，*t*-ブチル，アリル，ベンジル，フェナシル，アルコキシアルキルエステルなどのエステルとして保護される．エステルは，カルボン酸とアルコールから，エステル化により合成される．

メチルエステル　　*t*-ブチルエステル　　アリルエステル

ベンジルエステル　　フェナシルエステル

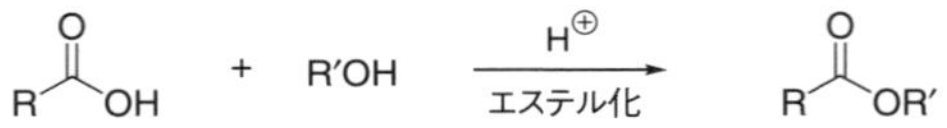

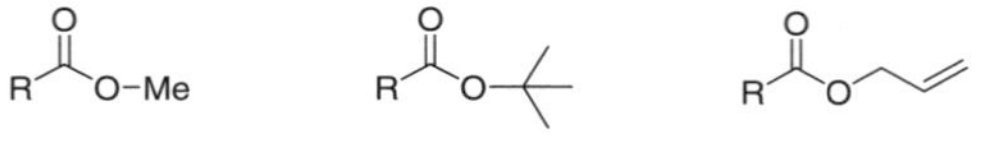

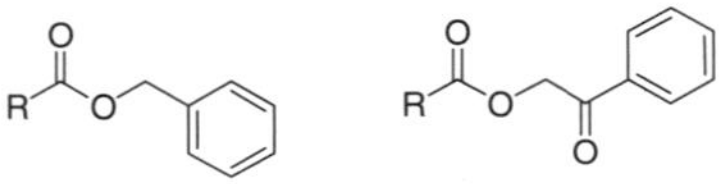

カルボン酸のエステル化には，多くの有用で信頼性が高い方法があるが，従来法よりも穏和な条件で反応が進行し，かつ広汎に利用可能な方法論の開発が必要とされている．二つの新しいエステル化法を，スキーム 1.39 に示す．

DBU = 1,8-ジアザビシクロ[5.4.0]ウンデカ-7-エン

スキーム 1.39

向山(むかいやま)エステル化の反応機構をスキーム 1.40 に示す．

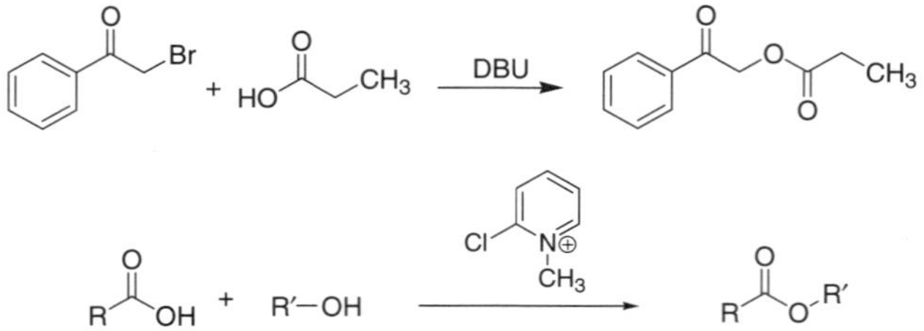

スキーム 1.40　向山エステル化の反応機構

　t-ブチルエステルは通常，酸触媒存在下，カルボン酸とイソブテンとの反応により調製する．改良法として，不均一性酸触媒存在下，イソブテンの代わりにt-ブチルアルコール（t-BuOH）を用いる方法がある[78]．

　アリルエステルは，DMF 中，炭酸セシウム存在下，カルボン酸に臭化アリルを反応させる，あるいはベンゼン中，p-トルエンスルホン酸存在下，アリルアルコールを作用させて調製する．

　アルコキシアルキルエステルおよびシリルエステルは，容易に調製と開裂が可能である．たとえば，2-(トリメチルシリル)エトキシメチルエステルは，アセトニトリル中，フッ化水素を作用させて，フッ化物イオンの攻撃により開裂させる．

　メチルエステルは，酸あるいは塩基で開裂させる．水酸化リチウムはメチルエステルを開裂させるが，Boc 基には影響を与えない．

ベンジルエステルは，水素化分解で除去することができる．*t*-ブチルエステルは，ジクロロメタン中，トリフルオロ酢酸で開裂させることができる．*N*-Boc 基存在下，アミノ酸の*t*-ブチルエステルの除去には，$CeCl_3 \cdot 7H_2O$-NaI が用いられる．この方法のおもな利点は，試薬が安価であることと他のルイス酸に比べて塩化セリウムの反応性が低いことである．

フェナシルエステルは，308〜313 nm の波長の光照射により，70%以上の収率で除去することができる．フェナシル基の光照射による開裂の反応機構をスキーム 1.41 に示す．

スキーム 1.41　フェナシル基の光照射開裂の反応機構（＊は光励起状態）

p-ヒドロキシフェナシルエステルを緩衝液中，室温で光照射すると，カルボキシラートアニオンの速やかな解離とともに，*p*-ヒドロキシフェニル酢酸（**1.91**）が生成する（スキーム 1.42）[79),80)]．

スキーム 1.42　*p*-ヒドロキシフェナシルエステルの光照射開裂の反応機構

1.6.6　芳香族スルホン酸の保護基

　Roberts らは，多くの有機合成反応条件下でも安定な芳香族スルホン酸のネオペンチル（2,2-ジメチルプロピル）エステルを合成した[81]．このエステルは，*t*-ブチルリチウム，臭化ビニルマグネシウム，酸化クロム(VI)，*N*-ブロモスクシンイミド（NBS）-過酸化ベンゾイル，H_2-Raney Ni，DIBAL-H，NaI，$HONH_2$，NaH，臭化水素酸，水酸化ナトリウムなどは反応しない．このエステルは，DMF 中，過剰の塩化テトラメチルアンモニウムとの加熱により，除去することができる(スキーム 1.43)．

スキーム 1.43

1.6.7 アルキンの保護基

アルキンはシリル誘導体として保護することができ，一般的な TMS（トリメチルシリル），TES（トリエチルシリル），TIPS（トリイソプロピルシリル），TBS（t-ブチルジメチルシリル）基は，アルキンと対応する塩化トリアルキルシリルとの反応で導入することができる（R'$_3$SiCl の構造は表 1.2 参照）．

$$R\text{—}\!\!\equiv\!\!\text{—}M \xrightarrow{R'_3SiX} R\text{—}\!\!\equiv\!\!\text{—}SiR'_3$$

M = Li, Mg; X = Cl, OTf

トリアルキルシリルアルキンは，THF 中，TBAF（フッ化テトラブチルアンモニウム）で脱保護することができる．

$$R\text{—}\!\!\equiv\!\!\text{—}SiR'_3 \xrightarrow[\text{THF}]{\text{TBAF}} R\text{—}\!\!\equiv\!\!\text{—}H$$

トリメチルシリルアルキンは，KF/MeOH，AgNO$_3$/2,6-ルチジン，K$_2$CO$_3$/MeOH でも開裂させることができる[82]．

引用文献

1. Corey, E. J. and Cheng, X.-M., *The Logic of Chemical Synthesis*, Wiley, New York, **1995**.
2. Corey, E. J., *Angew. Chem., Int. Ed. Engl.*, **1991**, *30*, 455.
3. Corey, E. J., Wipke, W. T., Cramer, R. D., III and Howe, W. J., *J. Am. Chem. Soc.*, **1972**, *94*, 421.
4. Corey, E. J., Howe, W. J. and Pensak, D. A., *J. Am. Chem. Soc.*, **1974**, *96*, 7724.
5. Moses, J. E. and Moorhouse, A. D., *Chem. Soc. Rev.*, **2007**, *36*, 1249; Kolb, H. C., Finn, M. G. and Sharpless, K. B., *Angew. Chem., Int. Ed.*, **2001**, *40*, 2004.
6. Gröbel, B.-T. and Seebach, D., *Synthesis*, **1977**, 357.
7. Vijayasaradhi, S. and Aidhen, I. S., *Org. Lett.*, **2002**, *4*, 1739.
8. Trost, B. M., *Science*, **1991**, *254*, 1471.
9. Trost, B. M., *Angew. Chem., Int. Ed. Engl.*, **1995**, *34*, 259.
10. Cann, M. C. and Connelly, M. E., *Real-World Cases in Green Chemistry*, American Chemical Society, Washington, DC, **2000**.
11. Sheldon, R. A., *Chem. Ind. (Lond.)*, **1992**, 903.
12. Jacobi, P. A., Murphree, S., Rupprecht, F. and Zheng, W., *J. Org. Chem.*, **1996**, *61*, 2413.
13. Lee, H.-Y. and An, M., *Tetrahedron Lett.*, **2003**, *44*, 2775.
14. Sawada, M., Takai, Y., Yamada, H., Yamaoka, H., Azuma, T., Fujioka, T., Kawai, Y. and Tanaka, T., *Chem. Commun.*, **1998**, 1569.
15a. Koga, K., *Pure Appl. Chem.*, **1994**, *66*, 1487.
15b. Corey, E. J. and Ensley, H. E., *J. Am. Chem. Soc.*, **1975**, *97*, 6908.
15c. Trost, B. K., O'Krongly, D. and Belletire, J. L., *J. Am. Chem. Soc.*, **1980**, *102*, 7595.
15d. Whitesell, J. K., Chen, H. H. and Lawrence, R. M., *J. Org. Chem.*, **1985**, *50*, 4663.
16. Bull, S. D., Davies, S. G., Fox, D. J., Garner, A. C. and Sellers, T. G. R., *Pure Appl. Chem.*, **1998**, *70*, 1501.

17. Arpin, A., Manthorpe, J. M. and Gleason, J. L., *Org. Lett.*, **2006**, *8*, 1359.
18. Trost, B. M. and Dogra, K., *Org. Lett.*, **2007**, *9*, 861.
19. Kitamura, M., Tokunaga, M., Ohkuma, T. and Noyori, R., *Org. Synth. Coll.*, **1998**, *9*, 589.
20. Kitamura, M., Tokunaga, M., Ohkuma, T. and Noyori, R., *Org. Synth.*, **1993**, *71*, 1.
21. Takaya, H., Ohta, T., Inoue, S., Tokunaga, M., Kitamura, M. and Noyori. R., *Org. Synth. Coll.*, **1998**, *9*, 169.
22. Takaya, H., Ohta, T., Inoue, S., Tokunaga, M., Kitamura, M. and Noyori. R., *Org. Synth.*, **1995**, *72*, 74. (第1章の文献3,4 および第5章の文献14 もみよ)
23. Corey, E. J., Shibata, S. and Bakshi, R. K., *J. Org. Chem.*, **1988**, *53*, 2861.
24. Corey, E. J., Shibata, T. and Lee, T. W., *J. Am. Chem. Soc.*, **2002**, *124*, 3808.
25. Li, G., Chang, H.-T. and Sharpless, K. B., *Angew. Chem., Int. Ed. Engl.*, **1996**, *35*, 451.
26. Kolb, H. C., VanNieuwenhze, M. S. and Sharpless, K. B., *Chem. Rev.*, **1994**, *94*, 2483.
27. Mckee, B. H., Gilheany, D. G. and Sharpless, K. B., *Org. Synth.*, **1991**, *70*, 47.
28. Gao, Y., Klunder J. M., Hanson, R. M., Masamune, H., Ko, S. Y. and Sharpless, K. B., *J. Am. Chem. Soc.*, **1987**, *109*, 5765.
29. Katsuki, T. and Sharpless, K. B., *J. Am. Chem. Soc.*, **1980**, *102*, 5974.
30. Martin, V. S., Woodard, S. S., Katsuki, T., Yamada, Y., Ikeda, M. and Sharpless, K. B., *J. Am. Chem. Soc.*, **1981**, *103*, 6237.
31. Zhang, W., Loebach, J. L., Wilson, S. R. and Jacobsen, E. N., *J. Am. Chem. Soc.*, **1990**, *112*, 2801.
32. Jacobsen, E.N., Deng, L., Furukawa, Y. and Martinez, L.E., *Tetrahedron*, **1994**, *50*, 4323.
33a. Linker, T., *Angew. Chem., Int. Ed. Engl.*, **1997**, *36*, 2060.
33b. Linde, C., Åkermark, B., Norrby, P.-O. and Svensson, M., *J. Am. Chem. Soc.*, **1999**, *121*, 5083.
34. Wang, Z.-M., Kolb, H. C. and Sharpless, K. B., *J. Org. Chem.*, **1994**, *59*, 5104.
35. Shimada, T., Mukaide, K., Shinohara, A., Han, J. W. and Hayashi, T., *J. Am. Chem. Soc.*, **2002**, *124*, 1584.
36. O'Brien, P., Osborne, S. A. and Parker, D. D., *J. Chem. Soc., Perkin Trans. 1*, **1998**, 2519.
37. Li, G. and Sharpless, K. B., *Acta Chem. Scand.*, **1996**, *50*, 649.
38. Parham, W. E. and Anderson, E. L., *J. Am. Chem. Soc.*, **1948**, *70*, 4187.
39. Miyashita, M., Yoshikoshi, A. and Grieco, P. A., *J. Org. Chem.*, **1977**, *42*, 3772.
40. Vyas, G. N. and Shah, N. M., *Org. Synth. Coll.*, **1963**, *4*, 836.
41. Bracher, F. and Schulte, B., *J. Chem. Soc., Perkin Trans 1*, **1996**, 2619.
42. Satoh, T., Ikeda, M., Miura, M. and Nomura, M., *J. Org. Chem.*, **1997**, *62*, 4877.
43. Ahmad, R., Saa, J. M. and Cava, M. P., *J. Org. Chem.*, **1977**, *42*, 1228.
44. Nayak, M. K. and Chakraborti, A. K., *Tetrahedron Lett.*, **1997**, *38*, 8749.
45. Stephens, J. R., Butler, P. L., Clow, C. H., Oswald, M. C., Smith, R. C. and Mohan, R. S., *Eur. J. Org. Chem.*, **2003**, 3827.
46. Kocienski, P. J., *Protecting Groups*, George Thieme Verlag, Stuttgart, Germany, **1994**.
47. Liu, H.-J., Yip, J. and Shia, K.-S., *Tetrahedron Lett.*, **1997**, *38*, 2253.
48. Alonso, E., Ramon, J. and Yus, M., *Tetrahedron*, **1997**, *53*, 14355.
49. Hwu, J. R., Wong, F. F., Haung, J.-J. and Tsay, S.-C., *J. Org. Chem.*, **1997**, *62*, 4097.
50. Sajiki, H., Kuno, H. and Hirota, K., *Tetrahedron Lett.*, **1997**, *38*, 399.
51. Nagaraju, M., Krishnaiah, A. and Mereyala, H. B., *Synth. Commun.*, **2007**, *37*, 2467.
52. Swamy, V. M., Ilankumaran, P. and Chandrasekaran, S., *Synlett*, **1997**, 513.
53. Olivero, S. and Duñach, E., *Tetrahedron Lett.*, **1997**, *38*, 6193.
54. Lee, A. S. Y., Hu, Y. J. and Chu, S. F., *Tetrahedron*, **2001**, *57*, 2121.
55. Kozikowski, A. P. and Wu, J.-P., *Tetrahedron Lett.*, **1987**, *28*, 5125.
56. Pummerer, R., *Chem. Ber.*, **1909**, *42*, 2282.
57. Pummerer, R., *Chem. Ber.*, **1910**, *43*, 1401.
58. Laleu, B., Machado, M. S. and Lacour, J., *Chem. Commun.*, **2006**, 2786.
59. Corey, E. J. and Venkateswarlu, A., *J. Am. Chem. Soc.*, **1972**, *94*, 6190.
60. Maiti, G. and Roy, S. C., *Tetrahedron Lett.*, **1997**, *38*, 495.
61. Fadel, A., Yefsah, R. and Salaün, J., *Synthesis*, **1987**, 37.

62. Kim, K. S., Song, Y. H., Lee, B. H. and Hahn, C. S., *J. Org. Chem.*, **1986**, *51*, 404.
63. Sen, S. E., Roach, S. L., Boggs, J. K., Ewing, G. J. and Magrath, J., *J. Org. Chem.*, **1997**, *62*, 6684.
64. Bastiaans, H. M., van der Baan, J. L. and Ottenheijm, H. C. J., *J. Org. Chem.*, **1997**, *62*, 3880.
65. Bégué, J.-P., M'Bida, A., Bonnet-Delpon, D., Novo, B. and Resnati, G., *Synthesis*, **1996**, 399.
66. Cameron, A. F. B., Hunt, J. S., Oughton, J. F., Wilkinson, P. A. and Wilson, B. M., *J. Chem. Soc.*, **1953**, 3864.
67. Bosch, M. P., Camps, F., Coll, J., Guerrero, A., Tatsuoka, T. and Meinwald, J., *J. Org. Chem.*, **1986**, *51*, 773.
68. Tsunoda, T., Suzuki, M. and Noyori, R., *Tetrahedron Lett.*, **1980**, *21*, 1357.
69. Marcantoni, E., Nobili, F., Bartoli, G., Bosco, M. and Sambri, L., *J. Org. Chem.*, **1997**, *62*, 4183.
70. Lee, A. S.-Y. and Cheng, C.-L., *Tetrahedron*, **1997**, *53*, 14255.
71. Lipshutz, B. H., Mollard, P., Lindsley, C. and Chang, V., *Tetrahedron Lett.*, **1997**, *38*, 1873.
72. Gröblel, B.-T. and Seebach, D., *Synthesis*, **1977**, *357*, および引用文献.
73. McHale,W. A. and Kutateladze, A. G., *J. Org. Chem.*, **1998**, *63*, 9924.
74. Vedjes, E. and Fuchs, P. L., *J. Org. Chem.*, **1971**, *36*, 366, および引用文献.
75. Habibi, M. H., Tangestaninejad, S., Montazerozohori, M., and Mohamadpoor-Baltork, I., *Molecules*, **2003**, *8*, 663.
76. Firouzabadi, H., Hazarkhani, H., Karimi, B, Niroumand, U. and Ghassamipour, S., *Fourth International Electronic Conference on Synthetic Organic Chemistry (ECSOC-4)*, **2000**.
77. Cussans, N. J. and Ley, S. V., Barton, D. H. R., *J. Chem. Soc., Perkin Trans. 1*, **1980**, 1654.; Barton, D. H. R., Lester, D. J. and Ley, S. V., *J. Chem. Soc. Perkin Trans. 1*, **1980**, 1212.
78. Wright, S. W., Hageman, D. L., Wright, A. S. and McClure, L. D., *Tetrahedron Lett.*, **1997**, *38*, 7345.
79. Givens, R. S., Jung, A., Park, C.-H.,Weber, J. and Bartlett, W., *J. Am. Chem. Soc.*, **1997**, *119*, 8369.
80. Khanbabaee, K. and Lötzerich, K., *J. Org. Chem.*, **1998**, *63*, 8723.
81. Roberts, J. C., Gao, H., Gopalsamy, A., Kongsjahju, A. and Patch, R. J., *Tetrahedron Lett.*, **1997**, *38*, 355.
82. Carreira, E. M. and Pu Bois, D. J., *J. Am. Chem. Soc.*, **1995**, *117*, 8106.

2

反 応 中 間 体

　反応中間体とは，反応の過程で一時的に生成する中間体である[1)~4)]．有機化学者にとって興味深いおもな反応中間体は，カルボカチオン，カルボアニオン，ラジカル，ラジカルイオン，カルベン，ニトレン（ナイトレン），アライン，ニトレニウムイオン，ジラジカルなどである．

　反応中間体の化学により，化学者は医薬品，化成品，農薬の効率的合成のための新反応を設計することができる．反応中間体は通常，短寿命で非常に反応性が高く，通常の反応条件では多くの場合単離することができない．しかしながら，化学的な捕捉，分光学的手法，極低温で単離するなどの方法により，間接的に反応中間体の構造が同定されている．また反応中間体の構造は，反応の立体化学の考察において重要である．

　カルボカチオンは求電子試薬であり，カルボアニオンは求核試薬である．求核試薬と求電子試薬の間での結合生成を含め，これらの中間体を経由する反応はイオン反応とよばれる．

2.1　カルボカチオン

　カルボカチオンは，オクテット則（最外殻に8電子）を満たさず，最外殻に6電子しかないために正に帯電した炭素原子である（かつてはカルボニウムイオンとよばれた）．

2.1.1　カルボカチオンの構造と安定性

　炭素より電気陰性度が大きい元素Xと炭素の結合（C−X結合）が不均等開裂（ヘテロリシス）すると，陰イオンX^-と陽イオンのカルボカチオンが生じる．

$$R-\overset{R}{\underset{R}{C}}-X \xrightarrow{\text{不均等開裂}} R-\overset{R}{\underset{R}{C}}^{\oplus} + :X^{\ominus}$$

（Xは炭素より電気陰性度が大きい）

カルボカチオンの炭素原子は sp^2 混成である．電子をもたない p_z 軌道は，他の三つの結合が成す平面に対し垂直である．その結果，カルボカチオンは平面の三角形構造である．

$$\underset{\text{横から見た図}}{R \overset{\oplus}{\underset{R'}{C}} R} \quad \underset{\text{上から見た図}}{R - \overset{R}{\underset{R}{C^{\oplus}}} - R \;\; 120°}$$

カルボカチオン平面(sp^2)

カルボカチオンは平面構造のため，平面構造をとることができない化合物，たとえば橋頭位カルボカチオン中間体などは形成されない．単純なアルキルカルボカチオンの量子力学計算により，sp^2 混成の平面構造は sp^3 混成の四面体構造よりも約 84 kJ·mol^{-1}（20 kcal·mol^{-1}）安定であることが知られている．したがって，炭素原子が平面構造をとれない場合，カルボカチオンは生成しにくくなる．単純なカルボカチオンの平面構造は，NMR，IR スペクトルでも確認されている．Arnett は，$SbF_5/FSO_3H/SO_2ClF$ 中 -40 ℃で RX をイオン化させるエンタルピー測定により，直接的にカルボカチオンの安定性を測定している．

$$R_3C-X \longrightarrow R_3\overset{\oplus}{C} + :X^{\ominus}$$

カルボカチオンに隣接する電子供与性基は，誘起効果あるいは超共役（非結合共鳴）によりカルボカチオンを安定化する．つまり，第三級カルボカチオンは第二級カルボカチオンよりも安定で，第二級カルボカチオンは第一級カルボカチオンよりも安定である．

$$\underset{\text{第三級}}{H_3C \underset{CH_3}{\overset{\oplus}{\underset{|}{C}}} CH_3} > \underset{\text{第二級}}{H_3C \underset{CH_3}{\overset{\oplus}{\underset{|}{C}}} H} > \underset{\text{第一級}}{H_3C \underset{H}{\overset{\oplus}{\underset{|}{C}}} H} > \underset{\text{メチル}}{H \underset{H}{\overset{\oplus}{\underset{|}{C}}} H}$$

逆に，カルボカチオンに隣接する電子求引性基は，誘起効果*によりカルボカチオンを不安定化させる．

一方，共鳴効果がある場合，カルボカチオンはさらに安定化される．炭素上の正電荷が共鳴により他の炭素原子に分散されることにより，カルボカチオンが安定化する．共鳴による極限構造が多く描ければ描けるほど，カルボカチオンは安定化さ

---

* （訳注） 原著ではこれに加えて"共鳴効果"も記載されているが，カルボカチオンと電子求引性基の共鳴は考えにくいため省いた．

れる．たとえば，ベンジルあるいはアリルカチオンは，共鳴のため非常に安定である．

ベンジルカルボカチオン
（極限構造）

アリルカルボカチオン
（極限構造）

ベンジル，アリル，およびプロピルカルボカチオンの安定性は，つぎの順である．

$$C_6H_5\overset{\oplus}{C}H_2 > CH_2=CH-\overset{\oplus}{C}H_2 > CH_3CH_2\overset{\oplus}{C}H_2$$

非常に安定なカルボカチオンは，その塩が単離可能な場合もある．たとえば，過塩素酸トリフェニルメチル（**2.1**）は赤色結晶として，また臭化トロピリウム（**2.2**）は黄色固体として単離されている．臭化トロピリウム（**2.2**）は，トロピリウムカチオンがベンゼンのような6π電子系で平面構造であり，芳香族性をもつため安定である．

トロピリウム，トリフェニルメチル，ベンジル，およびアリルカルボカチオンの安定性は，つぎの順である．

トロピウムカチオン > $(C_6H_5)_3\overset{\oplus}{C}$ > $C_6H_5\overset{\oplus}{C}H_2$ > $H_2C=CH-\overset{\oplus}{C}H_2$

トリフェニルメチル　　ベンジルカルボ　　アリルカルボ
カルボカチオン　　　　カチオン　　　　　カチオン

アルキル（第一級，第二級，第三級），アリル，およびベンジルカルボカチオン
の安定性は，つぎの順である．

$$\overset{\oplus}{C}H_3 < CH_3\overset{\oplus}{C}H_2 < (CH_3)_2\overset{\oplus}{C}H = CH_2=CH-\overset{\oplus}{C}H_2 < C_6H_5\overset{\oplus}{C}H_2 < (CH_3)_3\overset{\oplus}{C}$$

メチル　　第一級　　　第二級　　　　　アリル　　　　　ベンジル　　　第三級

カルボカチオンは，酸素，窒素，ハロゲンなどの非共有電子対をもつヘテロ原子
によっても，共鳴効果により安定化される．メトキシメチルカチオンは，安定な塩
$MeOCH_2^+ SbF_6^-$ として単離可能である．

$$H-\overset{H}{\underset{\oplus}{C}}-\ddot{O}-Me \longleftrightarrow H-\overset{H}{C}=\overset{\oplus}{O}-Me$$

また，シクロプロピル置換基の増加とともにカルボカチオンはより安定化される．

2.1.2 カルボカチオンの生成

アルコールからの生成

アルコールを強酸と反応させると，プロトン化されたのちに脱水し，カルボカチ
オンが生じる．

$$R-OH + \overset{\oplus}{H} \longrightarrow R\overset{\oplus}{O}H_2 \xrightarrow{-H_2O} \overset{\oplus}{R}$$

ハロゲン化アルキルからの生成

ハロゲン化アルキルの不均等開裂によりカルボカチオンが生じる．

$$R-X \xrightarrow{極性溶媒} \overset{\oplus}{R} + :\overset{\ominus}{X}$$

X = I, Br, Cl

この過程は，イオンを溶解させる溶媒，Ag^+ などの金属イオン，ルイス酸によっ
て促進される．ハロゲン化アルキルの代わりに，アルキルトシラートやアルキルメ
シラートを用いることもできる．

芳香族化合物の Friedel-Crafts アルキル化では，求電子試薬として作用するカル
ボカチオンが形成される（§2.1.3 参照）．

アルケンからの生成

アルケンへのプロトン付加により，カルボカチオンが生じる．付加は **Markovnikov 則**（Markownikoff 則とも書く）に従って位置選択的に進行する．すなわち，アルケンにハロゲン化水素 H–X が付加する場合，水素原子の多い炭素原子に H が，水素原子の少ない炭素原子に X が付加する．アルケンにプロトンが付加すると炭素上に正電荷が生じ，カルボカチオンを形成する．誘起効果と超共役により，置換基が多いカルボカチオンほど安定で生成しやすいためである．

$$(CH_3)_2C=CH_2 + \overset{\oplus}{H} \longrightarrow (CH_3)_2\overset{\oplus}{C}-CH_3$$

第三級カルボカチオン

ジアゾニウムイオンからの生成

アリールジアゾニウムイオンとは対照的に，アルキルジアゾニウムイオンは不安定であり，室温で分解しカルボカチオンが生じる．

$$R-\overset{\oplus}{N}\equiv N \longrightarrow \overset{\oplus}{R} + N_2$$

酸塩化物からの生成

酸塩化物（RCOX）を無水三塩化アルミニウム（$AlCl_3$）と反応させると錯体を形成し，アシルカチオン（RCO^+）とよばれるアシル求電子試薬に分解する．芳香族化合物の Friedel-Crafts アシル化では，求電子試薬として作用する（§2.1.3 参照）．

$$R-\underset{Cl}{\overset{O}{\underset{\|}{C}}}-Cl \xrightarrow{AlCl_3} \left[R-\overset{\oplus}{C}=\overset{..}{O}: \longleftrightarrow R-C\equiv\overset{\oplus}{O}: \right] + \overset{\ominus}{AlCl_4}$$

アシルカチオン

2.1.3 カルボカチオンの反応

カルボカチオンからは通常，脱離反応，付加反応，求核試薬との反応，および転位反応が進行する．

プロトンの脱離

カルボカチオンはプロトン（H^+）を失ってアルケンを与える．たとえば，ジアゾニウムイオンから生成する 1-プロピルカルボカチオンは，プロトンを失ってアルケン（プロペン）を生成する．また，1-プロピルカルボカチオンからより安定な第二級カルボカチオンに転位し，同様にプロトンを失ってプロペンを生成する反応経路も考えられる（スキーム 2.1）．

2. 反応中間体

$$CH_3CH_2CH_2NH_2 \xrightarrow[HCl]{NaNO_2} CH_3CH_2CH_2-\overset{\oplus}{N}{\equiv}N \;\; \overset{\ominus}{Cl}$$
プロピルアミン　　　　　　　　　　プロピルジアゾニウム塩

加熱 ↓

$$CH_3CH=CH_2 \xleftarrow{-H^\oplus} CH_3CH_2\overset{\oplus}{C}H_2$$
プロペン　　　　　　　　　第一級カルボカチオン
　　　　　　　　　　　　　1-プロピルカルボカチオン

転位 ↓

$$\xleftarrow{-H^\oplus} CH_3\overset{\oplus}{C}HCH_3$$
　　　　　　　　　　　第二級カルボカチオン

スキーム 2.1

アルケン，芳香族化合物との反応

カルボカチオンはアルケンと反応し，新たなカルボカチオンを生成する．

2-メチルプロペン

ハロゲン化アルキル，アルケン，アルコールから生じるアルキルカルボカチオンは，**Friedel-Crafts** アルキル化の求電子試薬として作用する[5]．
フリーデル　クラフツ

Friedel-Crafts アルキル化では，ハロゲン化アルキルにルイス酸である三塩化アルミニウムを加えて，求電子試薬である有機金属錯体を発生させる．この錯体中で，塩素原子が結合した炭素原子は正電荷をおびており，カルボカチオン等価体とみなされる．

$$R-Cl + AlCl_3 \longrightarrow \overset{\delta+}{R}{---}\overset{\delta-}{Cl}{--}AlCl_3$$

求電子試薬が生成すると，ベンゼン環のπ電子が正に帯電した炭素原子を攻撃し，共鳴により安定化された非芳香族中間体が生成する．つぎに，プロトンの脱離によ

り芳香族性が復活し，塩化水素1分子が生成するとともに三塩化アルミニウム触媒が再生する（スキーム 2.2）．

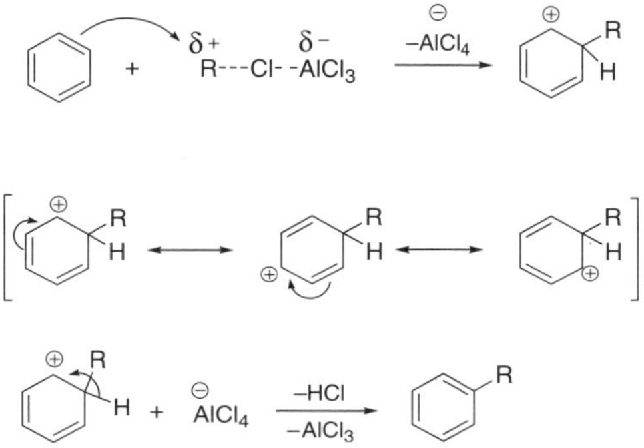

スキーム 2.2

同様に，**Friedel-Crafts** アシル化では，酸塩化物から生じるアシルカチオンが求電子試薬として作用する[5]（スキーム 2.3）．

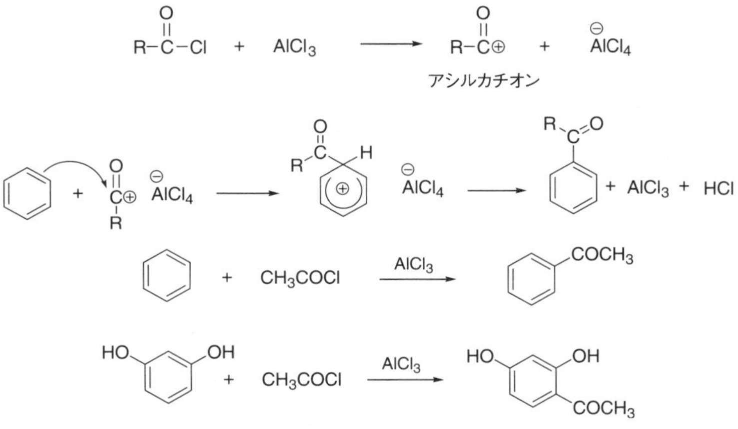

スキーム 2.3

求核試薬との反応

カルボカチオンは求核試薬と反応し，新しい結合を形成する．たとえば，求電子試薬である H^+ はプロペンと反応し，Markovnikov 則により最も安定な化合物である第二級カルボカチオンを生じる．つぎに，Cl^- の求核攻撃により塩化イソプロピ

ルが生成する（スキーム 2.4）．

$$H_3C-CH=CH_2 + \overset{\oplus}{H} \xrightarrow{遅い} H_3C-\overset{H}{\underset{CH_3}{\overset{\oplus}{C}}}$$

$$H_3C-\overset{H}{\underset{CH_3}{\overset{\oplus}{C}}} + \overset{\ominus}{Cl} \xrightarrow{速い} H_3C-\overset{Cl}{\underset{CH_3}{\overset{H}{C}}}$$

第二級カルボカチオン　　　　　　　　　　塩化イソプロピル

スキーム 2.4

　カルボカチオンが水のような中性の求核試薬と反応すると，プロトン化されたアルコールが生じる．たとえば，t-ブチルカルボカチオンは水と反応し，プロトン化された t-ブチルアルコールが生じる．さらにプロトンが脱離し，t-ブチルアルコールを与える（スキーム 2.5）．

t-ブチル　　　　　　水　　　　　　　　プロトン化された　　　　　　t-ブチルアルコール
カルボカチオン　　（中性求核試薬）　　　t-ブチルアルコール

スキーム 2.5

カルボカチオンの転位

　反応性の高い中間体であるカルボカチオンからの転位は，有機化学において一般的にみられる．はじめに生成したカルボカチオンが不安定な場合，水素原子あるいはアルキル基の1,2-移動により，より安定なカルボカチオンが生成する転位が進行する．

第二級カルボカチオン　　　　　　　　　　第三級カルボカチオン
（1,2-水素移動 またはヒドリド移動）

第二級カルボカチオン　　　　　　　　　　第三級カルボカチオン
（1,2-メチル移動）

たとえば，第二級ハロゲン化アルキルの 2-ヨード-3-メチルブタン（**2.3**）の加水分解により，転位生成物として第三級アルコールである 2-メチルブタン-2-オール（**2.4**）が得られる（スキーム 2.6）．

スキーム 2.6

Wagner-Meerwein 転位 [6]〜[8]
（ワグナー　メーヤワイン）

第一級臭化アルキルのなかで，2,2-ジメチル-1-ブロモプロパン（臭化ネオペンチル，**2.5**）は，S_N2 反応に対する反応性が低いことが知られている．これは，t-ブチル基の立体障害により，求核試薬が C−Br 結合の反結合性軌道に近づきにくいためである．一方，S_N1 反応条件下臭化ネオペンチル（**2.5**）は，臭化エチルなどの他の第一級臭化アルキルと，ほぼ同じ速度で反応が進行する．S_N1 反応では，ハロゲン化アルキルのイオン化によるカルボカチオンの生成が律速段階である．S_N1 反応により臭化エチルからエタノールが生成するのに対し，臭化ネオペンチル（**2.5**）からは，予測される 2,2-ジメチルプロパン-1-オール（ネオペンチルアルコール，**2.7**）ではなく，2-メチルブタン-2-オール（**2.6**）が得られる．これは，エチルカルボカ

スキーム 2.7　ネオペンチルカルボカチオンの転位

チオンの場合，置換，脱離反応のみが進行するのに対し，ネオペンチルカルボカチオンの場合，はじめに生成した第一級カルボカチオンが隣接するメチル基の 1,2-移動により，より安定な第三級カルボカチオンへ変換される（スキーム 2.7）．このように，メチル基の移動を含む転位は **Nametkin 転位**（ナメトキン）ともよばれる．

カルボカチオン中間体の安定化以外にも，転位反応が進行する要因がある．たとえば，カルボカチオンへのアルキル基あるいはアリール基の移動により，反応物の結合角ひずみ，ねじれひずみ，立体反発が解消される場合，転位が進行する．スキーム 2.8 に示すように，カルボカチオンを経由する転位により環拡大が進行する場合もある．

スキーム 2.8

H. Meerwein と G. Wagner は，テルペンなどの天然物の構造研究において 1,2-移動による数多くの興味深い転位を見いだした．

α-ピネン（**2.8**）から塩化ボルニル（**2.9**）（エンド異性体）への変換において，小員環ひずみの解消により，第二級カルボカチオンへの転位が進行する（スキーム 2.9）．

スキーム 2.9

同様に，カンフェン塩化水素付加体（**2.10**）から塩化イソボルニル（**2.11**）への変換において，Wagner-Meerwein 転位として知られる反応が進行する（スキーム 2.10）．

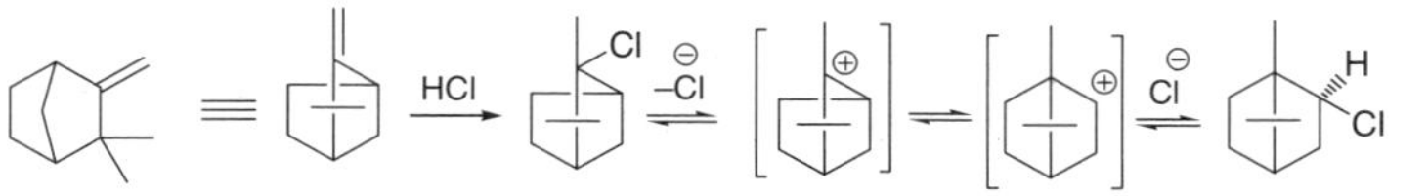

2.1 カルボカチオン

[スキーム 2.10 の化学構造式]

スキーム 2.10

ピナコール-ピナコロン転位

硫酸と 2,3-ジメチルブタン-2,3-ジオール (**2.12**, ピナコール) を反応させると，3,3-ジメチルブタン-2-オン (**2.13**, ピナコロン) が生成する．なおピナコールは，ケチル中間体（ラジカルアニオン，§6.4.3 参照）を経由するアセトンのマグネシウム還元により合成される．

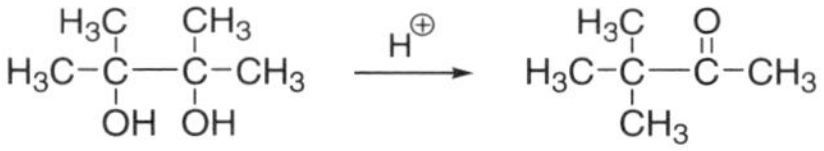

[2.12 から 2.13 への反応式]

反応はプロトン化されたジオールから水分子が脱離し，メチル基の 1,2-移動により進行する．ピナコールは対称であるため，プロトン化と脱水反応はいずれのヒドロキシ基からも同様に進行する．生じた第三級カルボカチオンは比較的安定であるが，メチル基の 1,2-移動により生じるカルボカチオンは，ヘテロ原子（酸素原子）との共鳴でさらに安定化される（スキーム 2.11）．

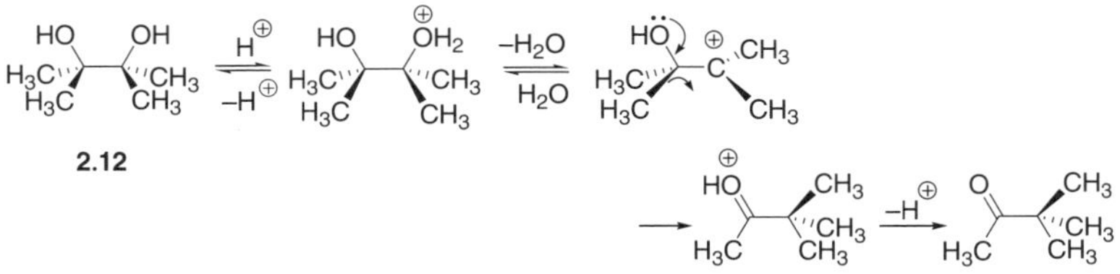

[ピナコール-ピナコロン転位の反応機構]

スキーム 2.11 ピナコール-ピナコロン転位の反応機構

非対称グリコール（1,2-ジオール）の場合，ヒドロキシ基の脱離により生じるカルボカチオンの安定性と，その後の置換基の転位のしやすさで，生成物の構造が決定される．なお置換基の転位しやすさは，Ar > H > R の順である．

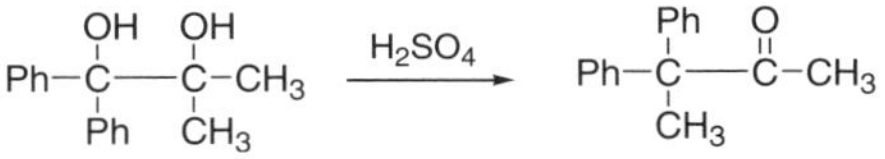

[非対称グリコールの反応式]

スキーム 2.12 に示すように，メチル基の転位よりも環縮小が優先することから，メチル基よりもメチレン基が転位しやすいことがわかる．

スキーム 2.12

ひずみのある環がさらに小さい環に縮小する場合がある．フェニル基は高い転位能をもっているが，**2.14** から 2,2-ジフェニルシクロブタノン（**2.15**）は得られない．なぜなら，フェニル基の転位により生じるカルボカチオンは，転位前と同じようにひずみをもつ．一方，メチレン基の転位で生じるカルボカチオンにはひずみがなく，さらに生成物 **2.16** においてフェニル基と酸素原子で安定化されている．フェニルケトンの共役安定化と小員環上に sp^2 混成炭素がないことが，生成物の安定化に寄与している．

2.1.4 非古典的カルボカチオン

非古典的カルボカチオンとは，3中心2電子結合の非局在化された σ 結合を含む環状の架橋構造を意味する．

ブロシル酸 *exo*-2-ノルボルニル（**2.17**）とブロシル酸 *endo*-2-ノルボルニル（**2.18**）の加酢酸分解では，いずれからも酢酸 *exo*-2-ノルボルニル（**2.19**）のみが生成する

が，**2.17** は **2.18** の 350 倍速く反応が進行する（スキーム 2.13）．光学活性な **2.17** から完全にラセミ化した **2.19** が生成するのに対し，**2.18** からは置換反応により立体化学が反転した生成物が少量得られる（93% ラセミ化したエキソ体，スキーム 2.14）．

2.17 エキソ体　**2.19** エキソ体　**2.18** エンド体

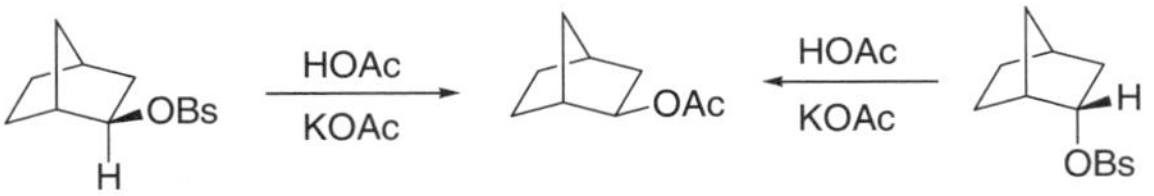

	相対速度
エキソ体	350
エンド体	1

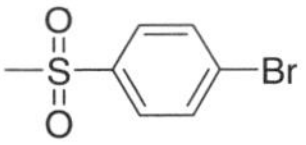

Bs =

スキーム 2.13

2.17 エキソ体　**2.19**, エキソ体（完全ラセミ化）

2.18 エンド体　**2.19**, エキソ体（一部反転）

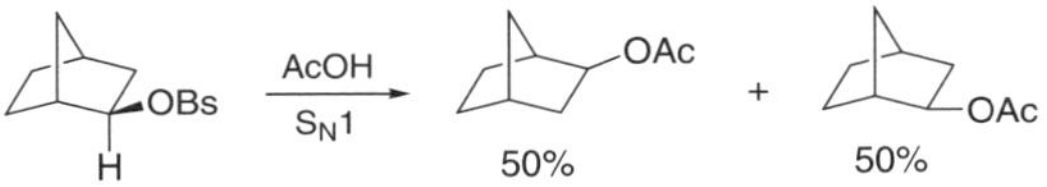

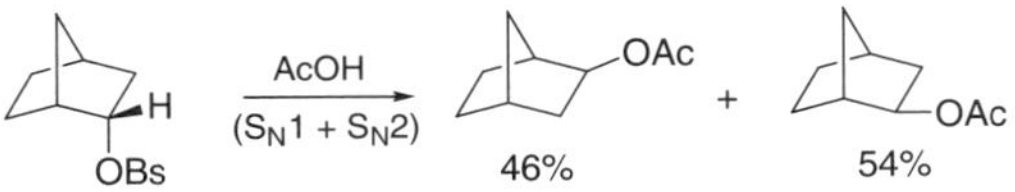

スキーム 2.14

ブロシル酸シクロヘキシルとエンド体 **2.18** の置換反応速度はほぼ同じである．ブロシル（Bs）基の脱離によるエキソ体 **2.17** のイオン化は，隣接する C1–C6 結合電子の寄与により促進される．その結果，正電荷が C1 と C2 に非局在化し，非古典的カルボカチオン中間体 **2.20** が生じる（スキーム 2.15）．

2.17　**2.20** ノルボルニルカルボカチオン（非古典的カルボカチオン）

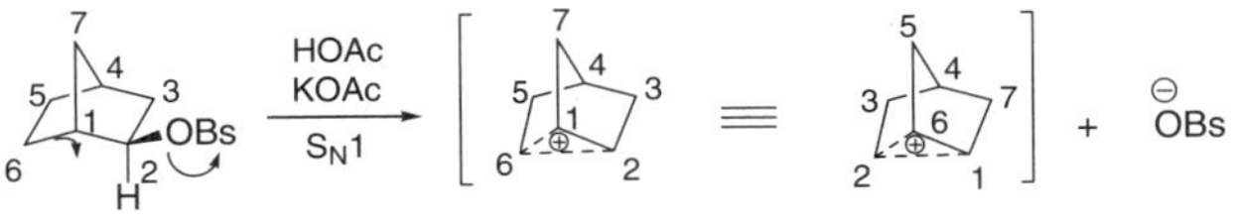

スキーム 2.15

スキーム 2.14 の生成物の立体化学の結果は，アキラルで C4, C5, C6 ならびに C1-C2 結合の中点により形成される面に関して対称で，アキラルな中間体 **2.20** を経由するためである．なお C6 は 5 配位で，カチオンの橋架け原子である．

すなわち C1, C2 への酢酸イオンの攻撃は同じ割合で進行するため，鏡像異性体の関係にある酢酸エステルが等量生成する（スキーム 2.16）．反応は架橋型カチオン構造の反対側（C1-C6 および C2-C6 方向）から進行するため，エキソ体酢酸エステル **2.19** が得られる．C1-C6 結合と脱離基がアンチの関係にあるエキソ体ブロシル酸エステル **2.17** からのみ，非古典的カルボカチオン **2.20** が生成する．エンド体ブロシル酸エステル **2.18** からは単純な S_N1 反応によりイオン化され，架橋された非古典的カルボカチオンに変換される．

スキーム 2.16

しかしながら，すべての人が非古典的カルボカチオンの存在を確信しているわけではない．1977 年 H. C. Brown は，ブロシル酸ノルボルニルが，シクロヘキシル誘導体よりも，重なりひずみをもつシクロペンチル誘導体 **2.21** に近いこと，また，エンド体 **2.18** は非常に反応が遅く，エキソ体 **2.17** がシクロペンチル誘導体 **2.21** よりも 14 倍も反応が速いことを報告した[9]．さらに Brown は，二つの古典的カルボカチオンの間の速い平衡により，ラセミ体が生成すると述べている（スキーム 2.17）．なおラセミ体が生成するためには，この古典的カルボカチオンの鏡像異性

体間の相互変換が，反応速度よりも非常に速くなければならない．

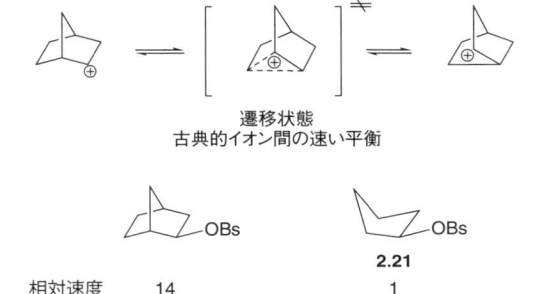

遷移状態
古典的イオン間の速い平衡

相対速度　　14　　　　**2.21**
　　　　　　　　　　　　1

スキーム 2.17

上記のように，ラセミ体が生成する機構に対し Brown が古典的なカチオンによる説明を提案したが，その後反応解析を含み，非古典的カチオンによる説明を支持する実験がなされた．Winstein と Brown の間の論争により，非古典的カルボカチオン理論は若干の批判を受けたが，詳細な反応機構と構造解析により重要な知見が得られた．

2.2　カルボアニオン

カルボアニオンは，1組の非共有電子対をもつ3価の炭素原子であり，負電荷をもっている．

2.2.1　カルボアニオンの構造と安定性

カルボアニオンは，炭素よりも電気陰性度の小さい原子 X と炭素の結合（C−X 結合）の不均等開裂（ヘテロリシス）により生成される．

C は X より電気陰性度が大きい　　　カルボアニオン

多くの実験結果から，単純なカルボアニオンの形はアミンに似たピラミッド型であることがわかった．中心炭素原子は sp^3 混成で，非共有電子対を一つの置換基としてみた場合，これが四面体の一つの頂点に位置する．カルボアニオンは電子対が sp^3 軌道にあり，高いエネルギー状態の平面型を経由し室温で素早く相互変換する．しかしながら，カルボアニオンが非局在化により安定化される場合は，sp^2 混成が

より安定な共鳴構造と考えられる.

$$R\text{-}C\text{-}R \quad \underset{4\sim8\text{ kJ}}{\rightleftharpoons} \quad R\text{-}C\text{-}R$$

109.5°より小さい　　　　　　　　　　　　平面 (sp²)
カルボアニオン四面体(sp³)

実際には，C-H結合をもつすべての有機化合物（古典的にはすべて酸とみなすことができる）は，適切な塩基にプロトンを供与することができ，その結果，カルボアニオンが生成する.

$$R_3C\text{-}H + B:^- \rightleftharpoons R_3C:^- + BH$$

カルボアニオンは非共有電子対をもっているため塩基であり，プロトンを受取って共役酸を与える．実際にカルボアニオンの安定性は，共役酸の強さに依存する．酸が弱い（pK_a が大きい）ほど共役塩基は強くなり，カルボアニオンの安定性は低下する．表2.1に，酸とその共役塩基を pK_a の小さい順に示す．

表2.1　カルボアニオンの相対的安定性

酸	共役塩基	おおよその pK_a
RCH_2CN	$R\overset{-}{C}HCN$	25
$HC\equiv CH$	$HC\equiv \overset{-}{C}$	25
Ar_3CH	$Ar_3\overset{-}{C}$	31.5
Ar_2CH_2	$Ar_2\overset{-}{C}H$	33.5
$PhCH_3$	$Ph\overset{-}{C}H_2$	38
$CH_2=CH_2$	$CH_2=\overset{-}{C}H$	44
シクロプロパン (△)	$\overset{-}{\triangle}$	46
$(CH_3)_2CH_2$	$(CH_3)_2\overset{-}{C}H$	51

電子豊富なカルボアニオンは非常に反応性の高い中間体であり，容易に求電子試薬（電子不足反応剤）と反応する．カルボアニオンは，電子求引性基により安定化され，電子供与性基により不安定化される．すなわち，電子供与性のアルキル基による不安定化のため，溶液中では第三級カルボアニオンは第二級カルボアニオンより不安定で，第二級カルボアニオンは第一級カルボアニオンより不安定である．

2.2 カルボアニオン

カルボカチオンと同様に, カルボアニオンも共鳴により安定化される. すなわち, ベンジルおよびアリルカルボアニオンは, エチルカルボアニオンより安定である. 共鳴安定化とは, 他の炭素原子への負電荷の分散による非局在化を意味する. 一例として, ベンジルおよびアリルカルボアニオンの極限(共鳴)構造を以下に示す.

ベンジルカルボアニオンの極限構造

アリルカルボアニオンの極限構造

負電荷をもつ炭素原子の α 位にある官能基 X は, カルボアニオンの安定性に影響を与える. 官能基 X によりカルボアニオンが安定化される度合は, 以下の順である.

$$X = NO_2 > RCO > COOR > SO_2 > CN \approx CONH_2 > ハロゲン > H > R$$

カルボアニオン炭素原子の s 性が増すと, カルボアニオンはより安定化される.

$$CH_3\overset{\ominus}{C}H_2 \;<\; CH_2=\overset{\ominus}{C}H \;<\; HC\equiv\overset{\ominus}{C}$$
$$sp^3 \qquad\qquad sp^2 \qquad\quad sp$$

非共有電子対が環状の電子に含まれ芳香族性をもつと, カルボアニオンは非常に安定化される.

以上をまとめると, カルボアニオンの安定性は以下の順である.

ベンジル＞ビニル＞フェニル＞シクロプロピル＞エチル＞ n-プロピル
＞イソブチル＞ネオペンチル＞シクロブチル＞シクロペンチル

2.2.2 カルボアニオンの生成

一般的なカルボアニオンの生成法を以下に示す．

塩基によるプロトンの引抜き

C−H 結合をもつ有機化合物を適切な塩基と反応させると，プロトンの引抜きによりカルボアニオンが生じる．

$$O_2N\text{-}C_6H_4\text{-}CH_3 \xrightarrow{\text{塩基}} O_2N\text{-}C_6H_4\text{-}CH_2^{\ominus}$$

$$\text{シクロペンタジエン} \xrightarrow{\text{塩基}} \text{シクロペンタジエニルアニオン}$$

不飽和化合物からの生成

炭素−炭素二重結合への求核試薬の付加により，カルボアニオンが生じる．

$$R\text{-}CH=CH_2 + Nu^{\ominus} \longrightarrow R\text{-}\overset{\ominus}{C}H\text{-}CH_2\text{-}Nu$$

ハロゲン化アルキルからの生成

炭素−ハロゲン結合を金属で還元するとカルボアニオンが生じる．無水エーテル中，ハロゲン化アルキルをマグネシウムで還元すると，カルボアニオンとして反応する Grignard 試薬が生成する．ハロゲン化アルキルとリチウムから同様にアルキルリチウムが得られ，カルボアニオンとして反応する．

$$R\text{-}X + Mg \xrightarrow{\text{無水エーテル}} RMgX$$

$$R\text{-}X + 2Li \xrightarrow{\text{無水ペンタン}} RLi + LiX$$

2.2.3 カルボアニオンの反応

カルボアニオンは，付加，脱離，置換，酸化，転位などの反応によく用いられる．

付加反応

電子豊富なカルボアニオンは求核試薬として作用し，カルボニル基に付加する．

アルドール反応がその一例である（第3章カルボアニオンのカルボニル基への付加 p.136 参照，スキーム 2.18）.

スキーム 2.18

脱離反応

カルボアニオンは E1cB 脱離反応の中間体である．

$$Cl_2CHCF_3 \xrightarrow{\text{塩基}} Cl_2\overset{\ominus}{C}CF_3 \xrightarrow{-F^{\ominus}} Cl_2C=CF_2$$

脱炭酸では，カルボキシラートアニオンから CO_2 が脱離することによりカルボアニオン中間体が生成し，それが溶媒などによりプロトン化されると考えられている．β-ケト酸のアニオンからは容易に脱炭酸が進行する（スキーム 2.19）.

スキーム 2.19

置換反応

カルボアニオンは多くの置換反応に関与する．たとえば，マロン酸ジエチル(**2.22**)とアセト酢酸エチル（**2.23**）は対応するカルボアニオンに変換され，合成反応に利用されている（スキーム 2.20，第3章参照）.

同様に，アルキニルカルボアニオン（アセチリド）に対してもアルキル化が進行する．

$$RC\equiv CH \xrightarrow{\overset{\oplus}{Na}\overset{\ominus}{N}H_2} RC\equiv C\overset{\ominus}{N}a\overset{\oplus}{} \xrightarrow{R'Br} RC\equiv C-R' + NaBr$$

アルキン　　　　　　　アルキニル　　　　　アルキン
　　　　　　　　　　　アニオン

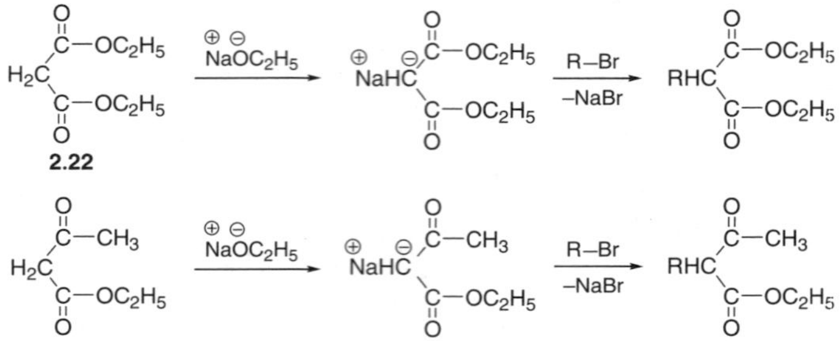

スキーム 2.20

カルボアニオンの酸化反応

適切な条件下，カルボアニオンは酸化される．たとえば，トリフェニルメチルカルボアニオンは，空気中でゆっくりとトリフェニルメチルラジカルに酸化される．得られたトリフェニルメチルラジカルは，ナトリウムアマルガムとの反応により，もとのトリフェニルメチルカルボアニオンに還元することができる．

$$Ph_3CNa^{\ominus\oplus} \underset{Na/Hg}{\overset{O_2}{\rightleftarrows}} Ph_3\dot{C}$$

カルボアニオンは，ヨウ素などの 1 電子酸化剤でも酸化される（スキーム 2.21）．

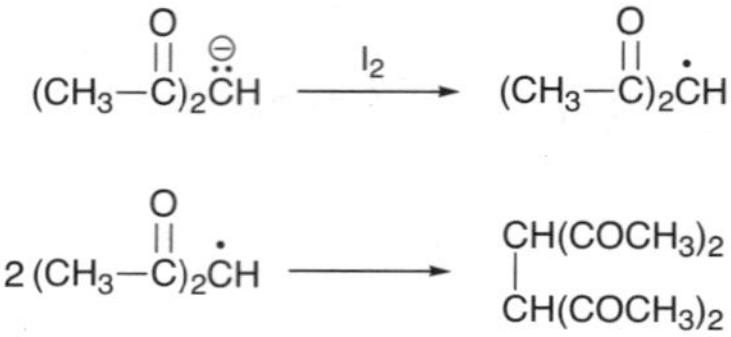

スキーム 2.21

上記の反応は，カルボアニオンの酸化で生じるラジカルの二量化により，炭素－炭素結合を形成する有用な反応である．

転　位

カルボアニオンの転位は，カルボカチオンの転位と比べて，あまり一般的ではない．スキーム 2.22 に一例を示す．

2.2 カルボアニオン

Ph_3CCH_2Cl 塩化トリフェニルエチル → [Na] → $Ph_3\overset{\ominus}{C}CH_2\overset{\oplus}{Na}$ カルボアニオン → [[1,2]-Ph 移動] → $Ph_2\overset{\ominus}{C}CH_2Ph$ $\overset{\oplus}{Na}$ 転位したカルボアニオン

$\downarrow CO_2$ / $\downarrow H^{\oplus}$

Ph_2CCH_2Ph $\underset{\overset{|}{COO^{\ominus}Na^{\oplus}}}{}$ Ph_2CHCH_2Ph

スキーム 2.22

カルボカチオンの転位では，置換基が電子対とともに移動するのに対し，カルボアニオンの転位では，置換基は電子対をもたずに転位する．炭素原子から炭素原子へのアルキル基の単純な 1,2-移動の例はそれほど多くない．一方，窒素原子あるいは硫黄原子からカルボアニオン炭素原子へのアルキル基の 1,2-移動は，**Stevens 転位**として知られている．

Stevens 転位[10)〜12)]
（スティーブンス）

第四級アンモニウム塩のすべてのアルキル基が β 水素をもたず，そのうち一つが窒素原子の β 位に電子求引性基をもつ場合，塩基触媒による転位が進行し第三級アミンが生成する．この転位では，窒素上から負電荷をもった炭素上に，電子対を伴わずに置換基が移動する．たとえば，臭化フェナシルベンジルジメチルアンモニウム（**2.24**）を水酸化ナトリウム水溶液と反応させると，α-ジメチルアミノ-β-フェニルプロピオフェノン（**2.25**）が生成する．

2.24 [$Ph-CO-CH_2-\overset{\oplus}{N}(CH_3)_2-CH_2Ph$ $Br^{\ominus}$] → [NaOH 水溶液] → **2.25** [$Ph-CO-CH(CH_2Ph)-N(CH_3)_2$]

第四級アンモニウム塩のアルキル基が β 水素をもつ場合，塩基による脱離が進行しアルケンと第三級アミンが得られる．この反応は，**Hofmann 脱離**とよばれる[13)〜15)]．
（ホフマン）

Stevens 転位においてカルボニル基などの電子求引性基は，イリドを安定化させる役割を果たす．ベンジル基はアルキル基よりも転位しやすい．交差実験により，

Stevens 転位は分子内反応であることが明らかにされた（スキーム 2.23）．以前は，この反応は協奏的に進行すると考えられていたが，現在では，塩基がアンモニウム塩 **2.26** のプロトンを引抜きイリド **2.27** が生成し，続く転位により第三級アミン **2.28** を与える．さらに移動する置換基の絶対配置が保持されたまま，転位が進行することもわかっている．

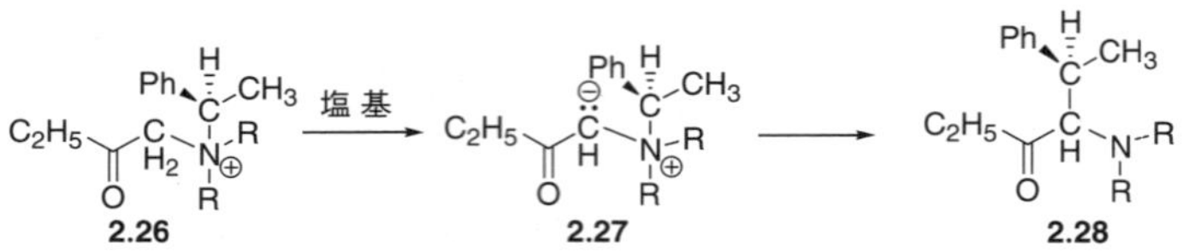

スキーム 2.23

軌道対称性保存則によれば協奏的転位反応は禁制であるので，その他の反応機構として，ラジカルを含んだ反応機構が提唱された．すなわち，脱プロトンにより生成するイリド **A** が均等開裂し，**B** と R· のラジカル対が生成する．ひき続き，溶媒かご効果で互いに近くに存在するラジカル対の再結合により生成物を与える（スキーム 2.24）．ラジカルのホモカップリング生成物である R-R が少量得られることからこの機構も支持されている．

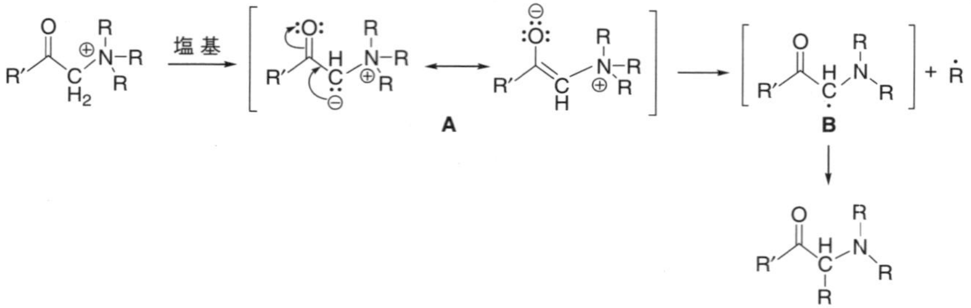

スキーム 2.24　ラジカル開裂-再結合機構

ラジカル対の代わりに，イオン対が生成する第三の反応機構も提唱されている．なお，硫黄イリドの Stevens 転位も知られている．

Favorskii 転位[16)~22)]

塩基触媒による α-ハロケトン（塩化物または臭化物）からカルボン酸誘導体への転位は，**Favorskii 転位**とよばれる．

2.2 カルボアニオン

環状ケトンからの転位は，環縮小した生成物を与える．すなわち，2-クロロシクロブタノン（**2.29**）をナトリウムメトキシドで処理し，続いて加水分解するとシクロプロパンカルボン酸（**2.30**）が生成する．同様に，2-ブロモシクロヘキサノン（**2.31**）をナトリウムメトキシドと反応させると，シクロペンタンカルボン酸メチルエステル（**2.32**）が得られる．

Favorskii 転位の反応機構は，シクロプロパノン中間体 **C** を経由すると考えられている．すなわち，塩基が **A** から α 水素を引抜いてカルボアニオン **B** が生成し，ひき続き分子内 S_N2 反応によりハロゲン化物イオンが脱離してシクロプロパノン中間体 **C** が生成する．つぎにシクロプロパノンが開環し，より安定なカルボアニオン **D** に変換されたのち，溶媒によりプロトン化されて最終生成物であるエステル **E** を与える（スキーム 2.25）．

スキーム 2.25

ハロゲンの位置異性体 **2.33**, **2.34** のいずれからもエステル **2.35** が生成することから，上記の反応機構が支持されている（スキーム 2.26）．

スキーム 2.26

対称的なシクロプロパノン中間体の場合二つの α 炭素は等価であり，経路 a, b いずれの開環経路でも同じカルボアニオンが生成する．一方，非対称シクロプロパノンの場合，二つのカルボアニオンのうち，より安定なカルボアニオンが生じる開環反応が進行する．

2.3 ラジカル

ラジカル（フリーラジカルともよばれる）とは，一つあるいはそれ以上の不対電子をもつ原子や原子団である．炭素ラジカルの価電子数は 7 であり，1 電子不足している．しかしながら，一般的にラジカルは求核的な電子対とは結合せず，通常の求電子試薬とは異なる反応が進行する．不対電子が他の電子と対になろうとするため，ラジカルはきわめて反応性が高い．実際にラジカルは酸素とも反応しやすいため，酸素のない不活性ガス雰囲気下で反応を行う必要がある．

ラジカルは通常電荷をもたない（電気的に中性である）が，ラジカルカチオン，ラジカルアニオンも存在する．

2.3.1 ラジカルの構造と安定性

ラジカルは常磁性で，電子スピン共鳴（ESR）スペクトルで観測することができる．ラジカルは平面構造であるが，ピラミッド型と平面型のエネルギー差は非常に小さい．

2.3 ラジカル

平面型 (sp²)　　　ピラミッド型 (sp³)

　ラジカルの安定性は，ラジカル中心原子の性質と置換基の電気的性質による．カルボカチオンと同様に，ラジカルの安定性は，第三級＞第二級＞第一級＞メチル，の順であり，これは超共役により説明される．ラジカルは共鳴によっても安定化される．たとえばベンジルおよびアリルラジカルは，単純なアルキルラジカルよりも安定で反応性が低い．これはπ電子系により不対電子が非局在化するためである．

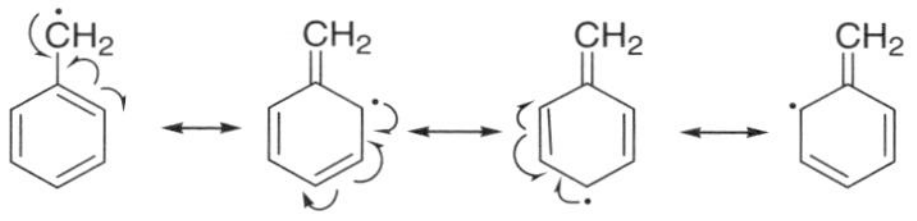

ベンジルラジカルの極限構造

$CH_2=CH-\dot{C}H_2 \longleftrightarrow \dot{C}H_2-CH=CH_2$

アリルラジカルの極限構造

種々のラジカルの安定性の順を以下に示す．

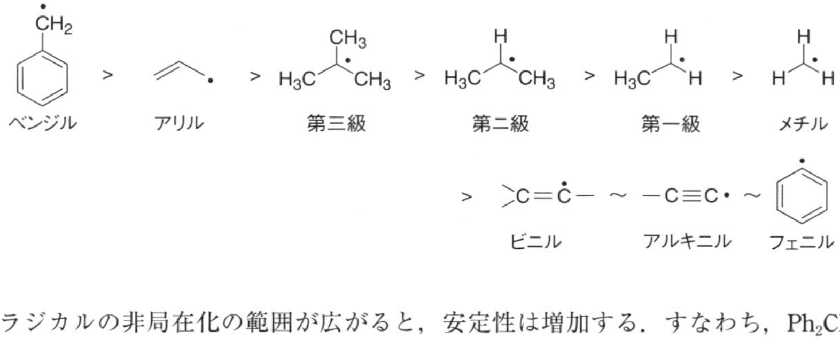

ベンジル ＞ アリル ＞ 第三級 ＞ 第二級 ＞ 第一級 ＞ メチル

＞ ビニル ～ アルキニル ～ フェニル

　ラジカルの非局在化の範囲が広がると，安定性は増加する．すなわち，$Ph_2CH\cdot$ は $PhCH_2\cdot$ よりも安定で，$Ph_3C\cdot$ は非常に安定なラジカルである．電子求引性基，電子供与性基のいずれが隣接しても，ラジカルは安定化される．

　ある種のラジカルは，結合角と二面角が固定された剛直な分子構造をもつ．これらのラジカルは**橋頭位ラジカル** (bridge head radical) として知られており，ピラミッ

ド型構造をもち，その構造は物理学および化学的証拠からも支持されている．

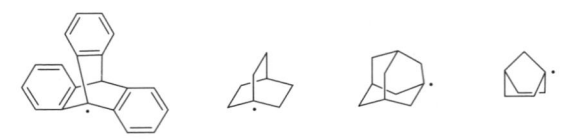

橋頭位ラジカル

2.3.2 ラジカルの生成

共有結合の均等開裂により二つのラジカルが生成する（スキーム 2.27）．共有結合の切断には，紫外・可視光，熱などが必要である．

$$A : B \xrightarrow{均等開裂} \dot{A} + \dot{B}$$

$$Cl-Cl \xrightarrow{h\nu または加熱} 2\,\dot{Cl}$$

$$(C_6H_5)_3C-Cl + Ag \longrightarrow (C_6H_5)_3\dot{C} + AgCl$$

$$2\,(C_6H_5)_3C-Cl + Zn \longrightarrow 2\,(C_6H_5)_3\dot{C} + ZnCl_2$$

スキーム 2.27

C–C, C–H, C–O, C–X 結合の解離エネルギーは非常に大きいが，過酸化物の O–O 結合は非常に弱く，比較的低温で開裂する（表 2.2）．

表 2.2 結合解離エネルギー D と均等開裂するおよその温度 T

結合	D (kJ·mol^{-1})	T (℃)	結合	D (kJ·mol^{-1})	T (℃)	結合	D (kJ·mol^{-1})	T (℃)
C–C	356	670	O–O	142	160	O–Cl	205	280
C–H	414	850	N–N	163	230	C–I	213	350
C–O	351	680	S–S	230	440	C–Br	280	480

有機アゾ化合物（R–N=N–R）は，容易にアルキルラジカルと窒素に分解する．窒素の熱安定性がこの反応全体の駆動力である．弱い結合の均等開裂により炭素ラジカル反応が開始し，ひき続き炭素原子にラジカルが移動する．代表的なラジカル

開始剤は過酸化ベンゾイル（**2.36**）とアゾビスイソブチロニトリル（AIBN）（**2.37**）である．

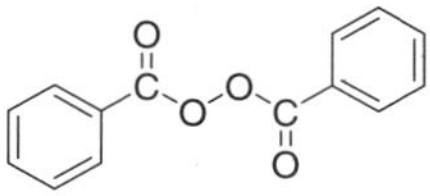

2.36 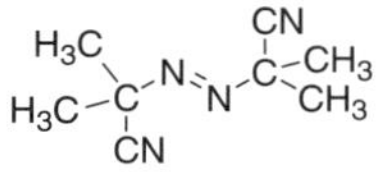　　　**2.37**

以下に，ラジカルの生成法を示す．

熱 分 解

ある種の化合物を適当な温度に加熱するとラジカルが生じる（スキーム 2.28）．たとえば，加熱により塩素から塩素ラジカルが，ジアルキル過酸化物からはアルコキシルラジカルが生じる．過酸化アシル **2.36**，**2.38** はアシルラジカルに分解し，二酸化炭素の脱離により対応するアルキルラジカルが生じる．アゾ化合物からは窒素が脱離し，2 分子のアルキルラジカルを与える．結合の開裂は，非極性溶媒中，あるいは気相中での加熱により進行する．

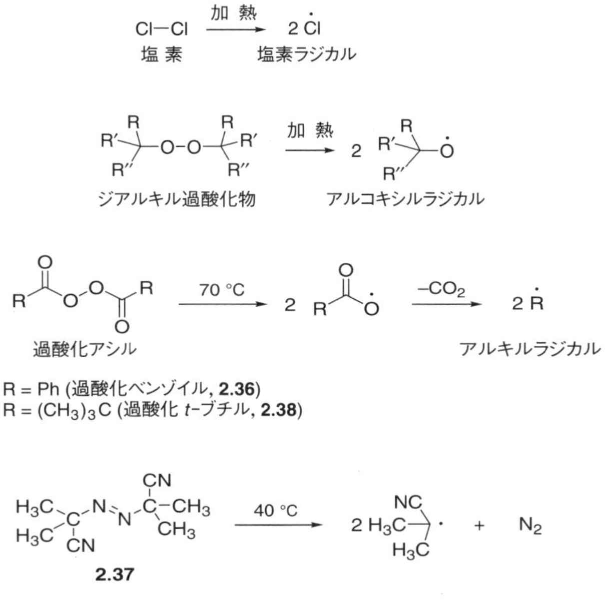

Cl―Cl　—加熱→　2 Cl·
塩素　　　　　　塩素ラジカル

ジアルキル過酸化物　—加熱→　アルコキシルラジカル

過酸化アシル　—70 ℃→　2 RCOO·　—$-CO_2$→　2 R·
　　　　　　　　　　　　　　　　　　　　　アルキルラジカル

R = Ph (過酸化ベンゾイル, **2.36**)
R = $(CH_3)_3C$ (過酸化 t-ブチル, **2.38**)

2.37　—40 ℃→　2 (CH₃)₂C·(CN) ＋ N_2

スキーム 2.28

光分解

可視あるいは近紫外部に吸収帯がある化合物は，電子的に励起され弱い結合が均等開裂する（スキーム 2.29）．たとえば，過酸化物の光分解はアルコキシルラジカルを与える．また多くのアゾ化合物は重要なアルキルラジカル源である．気相のアセトンは波長約 320 nm (3200 Å) の光で分解し，2 分子のメチルラジカルが生成する．

$$(CH_3)_3COOC(CH_3)_3 \xrightarrow{h\nu} 2\,(CH_3)_3C\dot{O}$$

$$R\text{-}N\text{=}N\text{-}R \xrightarrow{h\nu} R\text{-}N\text{=}N\cdot R \xrightarrow{h\nu} 2\,\dot{R} + N_2$$

$$H_3C\text{-}\underset{O}{\overset{\|}{C}}\text{-}CH_3 \xrightarrow{h\nu} \dot{C}H_3 + \cdot\underset{O}{\overset{\|}{C}}\text{-}CH_3 \longrightarrow CO + \dot{C}H_3$$

アセトン

スキーム 2.29

ハロゲン，亜硝酸アルキル，次亜塩素酸アルキルも，容易に光分解が進行する（スキーム 2.30）．たとえば，亜硝酸アルキルと次亜塩素酸アルキルからは，アルコキシルラジカルが生成する．

ハロゲンの結合解離エネルギー

$$Cl\text{-}Cl \xrightarrow{h\nu} \dot{C}l + \dot{C}l \quad 243\ \text{kJ/mol}$$

$$Br\text{-}Br \xrightarrow{h\nu} \dot{B}r + \dot{B}r \quad 192\ \text{kJ/mol}$$

$$I\text{-}I \xrightarrow{h\nu} \dot{I} + \dot{I} \quad 151\ \text{kJ/mol}$$

$$RO\text{-}NO \xrightarrow{h\nu} R\dot{O} + \dot{N}O$$

亜硝酸アルキル

$$RO\text{-}Cl \xrightarrow{h\nu} R\dot{O} + \dot{C}l$$

次亜塩素酸アルキル

スキーム 2.30

レドックス（酸化還元）反応

アニオンから 1 電子を奪う過程は酸化反応として知られている．たとえば，フェ

ノキシドイオンは Fe^{3+} により酸化され，フェノキシルラジカルと Fe^{2+} を与える．これは，**一電子移動酸化**（single-electron-transfer oxidation, SET oxidation）とよばれる（スキーム 2.31）．

$$X \longrightarrow \dot{X} + e^{\ominus}$$

PhO$^{\ominus}$ + Fe^{3+} $\xrightarrow{\text{SET 酸化}}$ PhO$^{\cdot}$ + Fe^{2+}

スキーム 2.31

逆にカチオンに 1 電子を与える過程は，**一電子移動還元**（single-electron-transfer reduction, SET reduction）とよばれる．1 電子は金属イオンから発生させ，たとえば Cu^+ は過酸化アシルの分解に用いられる（スキーム 2.32）．この反応は，ラジカル ArCOO· を経由し ラジカル Ar· と CO_2 が生じる有用な方法である．

$$\overset{\oplus}{X} + e^{\ominus} \longrightarrow \dot{X}$$

ArC(O)OOC(O)Ar + Cu^+ $\longrightarrow$ ArC(O)O· + ArCO$_2^{\ominus}$ + Cu^{2+}

過酸化アシル　　　　　　　　　　　　　ラジカル

スキーム 2.32

Cu^+ は，**Sandmeyer 反応**（ザンドマイヤー）[23)～26)] でジアゾニウム塩の分解に用いられる．この反応では，中間体として ラジカル Ar· が生じる．

$$Ar-\overset{\oplus}{N}\equiv N \; Cl^{\ominus} \longrightarrow \begin{cases} \xrightarrow{\text{CuCl} / \text{HCl}} ArCl \\ \xrightarrow{\text{CuBr} / \text{HBr}} ArBr \\ \xrightarrow{\text{CuCN} / \text{HCN}} ArCN \end{cases}$$

Sandmeyer 反応

Sandmeyer 反応では，Cu^+ からジアゾニウム塩へ電子移動が起こる．窒素の脱離によりアリールラジカルが生じ，ひき続き CuXCl と反応し，経路 a あるいは b によりハロゲン化アリールを与える（スキーム 2.33）．

$$\text{Ar}-\overset{\oplus}{\text{N}}\equiv\text{N} \;\overset{\ominus}{\text{Cl}} + \overset{1+}{\text{CuX}} \longrightarrow \text{Ar}-\text{N}\overset{\cdot}{=}\text{N} + \overset{2+}{\text{CuXCl}}$$

$$\text{Ar}-\text{N}\overset{\cdot}{=}\text{N} \longrightarrow \overset{\cdot}{\text{Ar}} + \text{N}_2$$

$$\overset{\cdot}{\text{Ar}} + \overset{2+}{\text{CuXCl}} \longrightarrow \overset{3+}{\text{Ar}-\text{CuXCl}}$$

経路 b ↓   経路 a ↓

$$\text{Ar}-\text{X} + \overset{1+}{\text{CuCl}}$$

スキーム 2.33

鉄(II)イオン（Fe^{2+}）は，過酸化水素をヒドロキシルラジカルと水酸化物イオンに還元する．過酸化水素と Fe^{2+} の混合物は，**Fenton 試薬**[27]（フェントン）として知られ，1890年代にFentonにより開発された．酸化反応の活性種はヒドロキシルラジカル（HO·）である．

$$\text{H-O-O-H} + Fe^{2+} \xrightarrow{\text{過酸化物のSET還元}} \text{H}\overset{\cdot}{\text{O}} + \overset{\ominus}{\text{HO}} + Fe^{3+}$$

鉄(III)は過酸化水素により再び鉄(II)に還元されるとともに，過酸化物ラジカルとプロトンが生じる（不均化）．

フェノール **2.39** の $K_3Fe(CN)_6$ による一電子酸化により，安定なフェノキシルラジカル **2.40** が生じる．

<chemical structure: 2,4,6-tri-tert-butylphenol 2.39 → K₃Fe(CN)₆ → 2,4,6-tri-tert-butylphenoxyl radical 2.40>

ヨウ素によるカルボアニオンの二量化は，ラジカル経由で進行する（スキーム 2.21 参照）．

アルカンの合成に用いられる **Kolbe 電気化学反応**[28〜30]（コルベ）も，ラジカル中間体を経由する．たとえば，DMF（ジメチルホルムアミド）中，ジフェニル酢酸（**2.41**）を電気分解すると，収率24%で **2.42** が生成する．

$$2\;\text{Ph}_2\text{CHCOOH} \xrightarrow[\text{DMF, 17 時間}]{\text{電気分解}} \text{Ph}_2\text{CHCHPh}_2$$
$$\quad\text{2.41} \qquad\qquad\qquad\qquad\quad \text{2.42}$$

Kolbe 反応の機構は，ラジカルを経由する電気化学的脱炭酸-二量化反応である（スキーム 2.34）．

$$CH_3(CH_2)_4COO^{\ominus} \xrightarrow{-e^{\ominus}} CH_3(CH_2)_4COO\cdot \xrightarrow{-CO_2} CH_3(CH_2)_3\dot{C}H_2$$

$$2\ CH_3(CH_2)_3\dot{C}H_2 \longrightarrow CH_3(CH_2)_8CH_3$$

スキーム 2.34

ラジカルは，カルボニル基を還元する際の中間体としても生じる（§6.4.3 および §6.5.3 参照）．

2.3.3 ラジカルイオン

ラジカルイオン（radical ion）は，負電荷あるいは正電荷をもつラジカルである．中性でスピン対をもつ化合物が，1電子を得ると**ラジカルアニオン**（radical anion）に，1電子を失うと**ラジカルカチオン**（radical cation）になる．

気相でラジカルアニオンとラジカルカチオンの存在が知られている．これらは，質量分析や陰イオン質量分析において日常的に発生するため，構造解析に利用されている．

ラジカルアニオン

多くの芳香族化合物では，ナトリウムやリチウムなどのアルカリ金属による一電子還元が進行する．たとえば，適切な溶媒中でナフタレンとナトリウムを反応させると，ナフタレンラジカルアニオン・ナトリウム塩が生成する．

ラジカルカチオン

カチオン性のラジカルは，アニオン性のラジカルと比べて非常に不安定であるが，

質量分析においてよく用いられる．すなわち気相の分子は，電子イオン化条件で電子ビームにより1電子が引抜かれ，その結果ラジカルカチオンを生じる．これは分子イオン $M^{\cdot+}$ あるいは親イオンとよばれ，分裂し種々のイオンと電荷をもたないラジカルの複雑な混合物を与える．たとえば，メタノールのラジカルカチオンは，メチルカチオン CH_3^+ とヒドロキシルラジカルに分裂する．さらにプロトンを得たり（M+1），失ったりして（M−1），二次的に別の化学種を与える．

$$CH_3OH^{\cdot+} \longrightarrow CH_3^+ + \dot{O}H$$

2.3.4 ラジカルの反応

ラジカルは非常に反応性の高い中間体であるため，半減期はとても短い．ラジカル反応の例を以下に示す．

アルカンのハロゲン化

紫外光照射下，メタンと塩素を反応させると，クロロメタン，ジクロロメタン，クロロホルム，四塩化炭素の混合物が得られる．過剰の塩素を用いて反応時間を長くした場合，最終的に四塩化炭素が主生成物となる．

$$CH_4 + Cl_2 \xrightarrow{\text{紫外光}} CH_3Cl + CH_2Cl_2 + CHCl_3 + CCl_4$$

アルカンのラジカルハロゲン化は，開始，成長，停止，の3段階で進行する（スキーム2.35）．

$$Cl_2 \xrightarrow{h\nu} 2\dot{C}l \quad \text{開始段階}$$

成長段階:
$$\dot{C}l + CH_4 \longrightarrow \dot{C}H_3 + HCl \text{ (メチルラジカル)}$$
$$Cl_2 + \dot{C}H_3 \longrightarrow CH_3Cl + \dot{C}l$$

停止段階:
$$\dot{C}l + \dot{C}l \longrightarrow Cl-Cl$$
$$\dot{C}l + \dot{C}H_3 \longrightarrow CH_3-Cl$$
$$\dot{C}H_3 + \dot{C}H_3 \longrightarrow CH_3-CH_3$$

スキーム2.35

2.3 ラジカル

触媒量の AIBN (**2.37**) 存在下,N-ブロモスクシンイミドを用いたベンジル位やアリル位水素原子の臭素原子による置換は,**Wohl-Ziegler 法**[31] (ウォール チーグラー) として知られている.

アリル位での Wohl-Ziegler 臭素化は,ラジカルを含む反応機構で進行する（スキーム 2.36）.

スキーム 2.36

ラジカル脱官能基反応

脱ハロゲン　ハロゲン化アルキル (R−X) の脱ハロゲンは，AIBN (**2.37**) 存在下，水素化トリブチルスズを用いる場合が多い[32),33)]．R−X の反応性は，R−I＞R−Br＞R−Cl（R−F は不活性），第三級＞第二級＞第一級＞アリールまたはビニル，の順である．

ハロゲン化アルキルの脱ハロゲン機構をスキーム 2.37 に示す．

スキーム 2.37

反応全体としては，炭素−ハロゲン結合から炭素−水素結合への還元反応である．

アルコールの脱酸素　Barton-McCombie 脱酸素[34),35)] は，アルコールをアルカンに変換する有用な方法である．立体的に込合い，かつ極性が高いアルコールの場合，アルコールをトシラートに変換した後に水素化アルミニウムリチウムで還元する定法を用いることができない．Barton は，第一級および第二級アルコールからチオカルボニル誘導体であるキサントゲン酸エステルを生成させ，第三級アル

コールからは他のチオカルボニル誘導体（第三級アルコールのキサントゲン酸エステルは **Chugaev** 脱離(シュガエフ)が進行する，§4.2.2 参照）を生成させた後に水素化トリブチルスズと反応させる非常に有用な方法を開発した．アルコールを脱酸素するこの方法は，Barton-McCombie 脱酸素反応として知られている．

初めに，アルコールからキサントゲン酸エステルなどのチオエステル **A** を調製する．チオカルボニル基（C＝S）の硫黄原子にトリブチルスズラジカルが付加した後，反応中間体が **B** および **C** に分解し，さらに **B** と水素化トリブチルスズ（**2.43**）が反応しアルカンが生成する（スキーム 2.38）．

スキーム 2.38

水素化トリブチルスズ (**2.43**) のスズ-水素結合は比較的弱いため，AIBN (**2.37**) の存在下で容易に開裂する．スズ試薬は毒性が高いため，スズ化合物を触媒量にする方法が開発されている[36),37)]．たとえば，1) 触媒量のヘキサブチル二スズ（ヘキサブチルジスタンナン）$(Bu_3Sn)_2$ や塩化トリブチルスズ Bu_3SnCl を用いる方法，2) 化学量論量のシアノ水素化ホウ素ナトリウムを用いて系中で **2.43** を調製する方法，3) **2.43** と同様の性質をもつトリストリメチルシラン $(Me_3Si)_3SiH$ を用いる方法，などである．

Barton-McCombie 反応は，糖化学におけるデオキシ糖の合成にきわめて有用である．

Barton 脱炭酸　　Barton-McCombie 反応の変形として，Barton 脱炭酸が知られている[38)]．

Barton 脱炭酸では，まず酸塩化物と N-ヒドロキシ-2-チオピリジンのナトリウム塩 (**2.44**) から O-アシルチオヒドロキサマート **A** を調製する．これを AIBN (**2.37**) と水素化トリブチルスズ (**2.43**) の反応により生成する $Bu_3Sn\cdot$ と反応させると中間体 **B** を経由し，**C** とカルボキシルラジカル **D** が生成する．ひき続き **D** の脱炭酸によりアルキルラジカルが生じ，さらに水素化トリブチルスズ (**2.43**) と反応しアルカンを与える（スキーム 2.39）．

他の試薬でカルボン酸の脱炭酸を行い，スルフィド，セレニド，臭化物などの有用な官能基に変換することも可能である．たとえば，**A** を CCl_4，$BrCCl_3$，CH_2I_2 で処理する脱炭酸を伴うハロゲン化により，対応するハロゲン化アルキルが得られる[39)]．

同様の手法により，水素化トリブチルスズを用いる脱アミノ，脱ニトロ，脱硫黄，脱セレニルなども可能である．

Barton 反応　　Barton 反応では，ヒドロキシ基の γ 位のメチル基がオキシム基に変換される[40)~43)]．たとえば，アセチルコルチコステロン (**2.45**) をピリジン中，塩化ニトロシル (NOCl) と反応させると，11β-亜硝酸エステル **2.46** が生成し，さ

2.3 ラジカル

スキーム 2.39

スキーム 2.40

らにトルエン中で光分解すると，収率21%でアルドステロンオキシムのアセチル化体（**2.47**）が得られる．最後に，**2.47** を亜硝酸（HNO$_2$）と反応させると，アセチルアルドステロン（**2.48**）が得られる（スキーム 2.40）.

亜硝酸エステル **A** の弱い N–O 結合が光照射により均等開裂し，**B** と・NO のラジカル対が生成する．酸素ラジカル **B** が近傍の炭素原子から水素原子を引抜き，生じたラジカル **C** が・NO と結合しニトロソ化合物 **D** を与える．ニトロソ化合物 **D** が互変異性化し，さらに亜硝酸との反応によりカルボニル基へ変換される（スキーム 2.41）.

スキーム 2.41

開　裂

臭化物 **2.49** から生じたラジカルがアリルトリブチルスズと反応すると，**2.50** と **2.51** を 1：1.8 の混合物として与える．しかしながら，ジクロロメタン中，臭化マグネシウム（MgBr$_2$）あるいは Yb(OTf)$_3$ 存在下では，ラジカル **2.52** を経由し，*S* 体 **2.50**

が主生成物として得られる．添加物（あるいは不斉配位子）が存在すると，選択性はさらに向上する[44),45)]．

脱離反応

ジキサントゲン酸エステルを経由する1,2-ジオールからアルケンへの還元的脱離反応では，スキーム2.42に示すようにラジカル中間体が生じる．

スキーム2.42

カップリング反応

ラジカルかご効果とカップリング（再結合）　ほとんどのラジカルは短寿命であり非常に低濃度でしか存在しないため，ラジカルカップリングはラジカルのおもな反応ではない．したがって，短寿命ラジカルから合成的に有用なラジカルカップリングが進行するためには，カップリングに至るすべての過程が溶媒かごの中で起こる必要がある．

均等開裂でラジカル対が発生した場合，このラジカルは周囲の溶媒分子に囲まれている（かご効果）．他のラジカルへの速い分解も起こるが，**ラジカルかご効果**（radical cage effect）のため，一方あるいは両方のラジカルが溶媒かごから出るまではカップリングは十分に進行しうる．

Gombergが提唱したように，トリフェニルメチルラジカルが結合すると，ヘキ

サフェニルエタン (**2.54**) ではなく,**Gomberg** 二量体(**2.53**)が生成する[46)~49)]. **2.53** は芳香性を失い不安定であるが,立体的に込み合った **2.54** よりはエネルギー的に安定だからである.

$$(C_6H_5)_3C{-}\text{(cyclohexadiene)}{=}C(C_6H_5)_2 \quad \longleftarrow \quad 2\,(C_6H_5)_3C^{\cdot} \quad \xrightarrow{\times} \quad (C_6H_5)_3C{-}C(C_6H_5)_3$$

2.53 ← 2 (C₆H₅)₃C· ⤌ **2.54**

活性化エネルギーがほとんどゼロに近いラジカルカップリング(再結合)は非常に速いので,生じた反応種の立体配置は保持される.

炭素−炭素二重結合への付加反応

HBr がプロペンに付加する場合,Markovnikov 則に従い臭化イソプロピル(**2.55**)が生成することはよく知られている.反応は第二級カルボカチオン経由で進行する(第二級カルボカチオンは第一級カルボカチオンより安定)(スキーム 2.43).通常 HX 分子が炭素−炭素二重結合に付加する場合,水素原子はより水素原子が多い炭素原子に結合し,X はより水素原子が少ない炭素原子に結合する.これは,**Markovnikov 則**とよばれる(p.62,§2.1.2 およびプロペンへの HCl の付加,p.66,スキーム 2.4 参照).

$$H_3C{-}CH{=}CH_2 + H^{\oplus} \xrightarrow{遅い} H_3C{-}\overset{+}{C}H{-}CH_3$$

$$H_3C{-}\overset{+}{C}H{-}CH_3 + Br^{\ominus} \xrightarrow{速い} H_3C{-}CHBr{-}CH_3$$

第二級カルボカチオン　　　　　　　　　　**2.55**

スキーム 2.43

しかしながら過酸化物存在下では,HBr の付加はアンチ Markovnikov 則に従い,臭化 *n*-プロピルを与える.これは**過酸化物効果**(peroxide effect)[50),51)]とよばれ,反応はラジカル機構で進行する(スキーム 2.44).

同様に,過酸化ベンゾイル(**2.36**)存在下 2-メチルブタ-2-エンへの HBr の付加反応では,収率 55% で 2-ブロモ-3-メチルブタンが生成する.

$$(CH_3)_2C{=}CH{-}CH_3 + HBr \xrightarrow{\textbf{2.36}} (CH_3)_2CH{-}CHBr{-}CH_3$$

2.3 ラジカル

$$R-\ddot{O}-\ddot{O}-R \longrightarrow 2R-\ddot{O}\cdot$$

$$R-\ddot{O}\cdot + H-Br \longrightarrow R-OH + :\ddot{Br}:$$

⎫ 開始段階

$$:\ddot{Br}: + CH_2=CH-CH_3 \longrightarrow Br-CH_2\dot{C}H-CH_3$$

$$Br-CH_2\dot{C}H-CH_3 + H-Br \longrightarrow BrCH_2CH_2CH_3 + :\ddot{Br}:$$

⎫ 成長段階

$$:\ddot{Br}: + :\ddot{Br}: \longrightarrow Br-Br$$

$$:\ddot{Br}: + Br-CH_2\dot{C}H-CH_3 \longrightarrow Br-CH_2\overset{Br}{\underset{|}{C}H}-CH_3$$

$$2\,Br-CH_2\dot{C}H-CH_3 \longrightarrow Br-CH_2-\overset{CH_3}{\underset{|}{C}H}-\overset{CH_3}{\underset{|}{C}H}-CH_2-Br$$

⎫ 停止段階

二つのラジカルが結合して1分子になると、それ以上
ラジカルは生成されないため、反応は停止する

スキーム 2.44

共役ジエンへのラジカルの付加反応では，ジエンの1位にラジカルが付加し，共鳴安定化されたラジカル **A** が生じる．さらに2位あるいは4位でX-Yと反応し，1,2-および1,4-付加体 **B**, **C** が生成する（スキーム 2.45）．

スキーム 2.45

求電子付加に比べ，ラジカル付加は反応性が高いために選択性が低く，生成物の生成比の制御は困難である．

i-PrI と Bu$_3$SnH (**2.43**) から発生するラジカルの α,β-不飽和ケトン **2.56** への共役付加反応は，CH$_2$Cl$_2$-THF (4:1) 中 Yb(OTf)$_3$ などのルイス酸 (L.A.) 存在下ジアステレオ選択的に進行し，生成物 **2.57** および **2.58** を与える[52]．

	2.57 : 2.58
ルイス酸なし	1.3 : 1
Yb(OTf)$_3$	25 : 1

　この付加反応では，イソプロピルラジカルが **2.56** へ共役付加してラジカル **2.59** が生成し，さらに Bu$_3$SnH (**2.43**) と反応し生成物 **2.57** および **2.58** を与える (スキーム 2.46).

スキーム 2.46

　化学量論量あるいは触媒量の不斉配位子[53)] **2.60** を用いると，ラジカルの共役付

加がエナンチオ選択的に進行する．

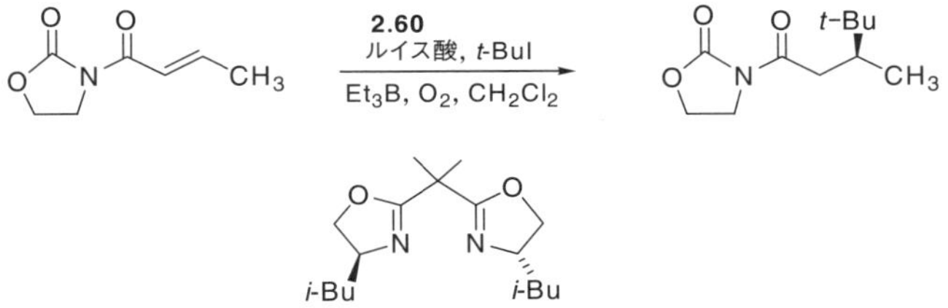

	収率	ee
MgI$_2$ + 配位子 **2.60**（化学量論量のルイス酸および配位子）	88%	74%
MgI$_2$ + 配位子 **2.60**（0.2 当量のルイス酸および配位子）	73%	66%

分子内付加反応による環化

　ラジカルと二重結合が，三つあるいは四つの炭素を隔てて連結している場合，分子内付加により環を形成する．付加反応の位置選択性は，二重結合の置換様式よりも立体電子的要因で支配される．たとえばスキーム 2.47 に示すように，環化した後に第一級ラジカルを経由する五員環が優先して生成する．

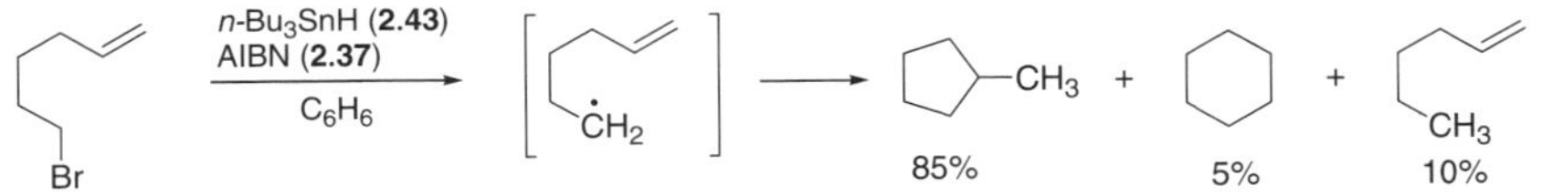

スキーム 2.47

　この反応の立体電子的要因は，アルケンのπ電子系に対するラジカルの接近のしやすさにより決定される．下図のようにラジカルは，二重結合平面に対し垂直から約20°ずれた方向から近づくので，中程度の大きさまでの環化反応では，ラジカルは二重結合の置換様式によらず，より近い方の炭素に付加する．

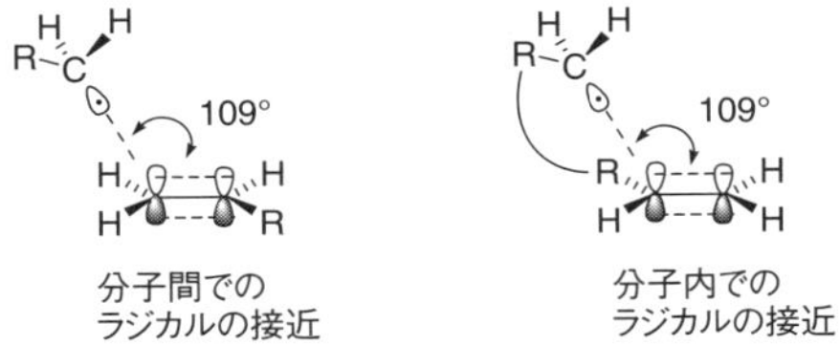

分子間での
ラジカルの接近

分子内での
ラジカルの接近

酸素，ヨウ素，一酸化窒素，金属との反応

トリフェニルメチルラジカルは，酸素から過酸化物，ヨウ素からヨウ化物，一酸化窒素からニトロソ化合物を与えるなど，多くの試薬と反応する．

$$(C_6H_5)_3\dot{C} \begin{array}{l} \xrightarrow{O_2} (C_6H_5)_3C-O-O-C(C_6H_5)_3 \\ \xrightarrow{I_2} (C_6H_5)_3C-I \\ \xrightarrow{\dot{N}O} (C_6H_5)_3C-N=O \end{array}$$

クメン（**2.61**）の自動酸化は工業的に最も重要な反応であり，クメンペルオキシド（**2.62**）を与え，さらにフェノールとアセトンに変換される．

[クメン **2.61** + O_2 → （過酸化ベンゾイル **2.36**（触媒量）） → クミルヒドロペルオキシド **2.62**]

[**2.62** → $H^{\oplus}$ → フェノール + アセトン $O=C(CH_3)_2$]

燃焼させずに有機化合物を酸素で酸化する反応は，**自動酸化**（autoxidation）とよばれる．クメンからクメンペルオキシドの合成は，触媒量の過酸化ベンゾイル **2.36** をラジカル開始剤として反応が始まり，クミルラジカル **A** が生成する．成長反応の1段階目でクミルラジカル **A** と酸素からラジカル **B** が生じ，2段階目の成長反応でクメンペルオキシド（**2.62**）が生成する（スキーム 2.48）．

エーテルからエーテル過酸化物への自動酸化もラジカルを経由する．また，THF は α 位で対応する過酸化物 **2.63** を形成する．

$$CH_3CH_2-O-CH_2CH_3 \xrightarrow[\text{光}]{\text{空気}} CH_3-CH_2-O-CH(O-O-H)-CH_3$$

[THF + O_2 → 光 → **2.63** （2-ヒドロペルオキシテトラヒドロフラン）]

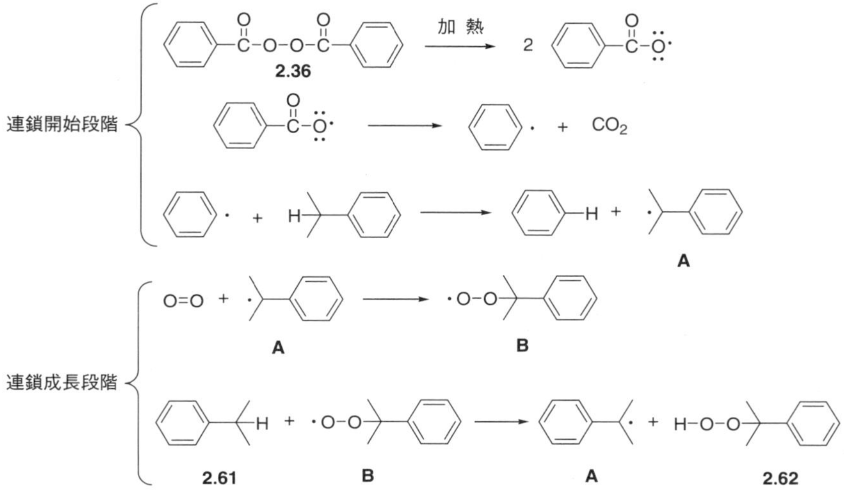

2.3 ラジカル

連鎖開始段階

連鎖成長段階

スキーム 2.48

テトラリン（**2.64**）は選択的に酸化され，過酸化物 **2.65** を与える．

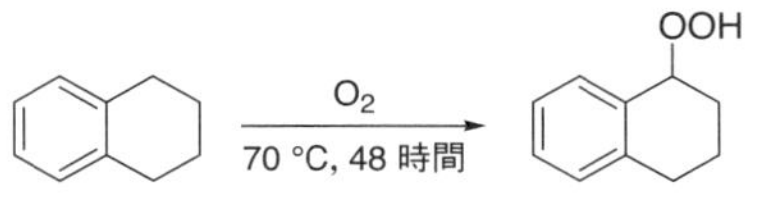

同様に，アルデヒドは自動酸化により対応するカルボン酸を与える．

転　位

　例はあまり多くないが，カルボカチオンやカルボアニオンと同様に，ラジカル中間体の場合も転位反応が進行する．たとえば架橋中間体 **2.67** を経由し，メチル基ではなくフェニル基の移動により，**2.66** から **2.68** に転位する．

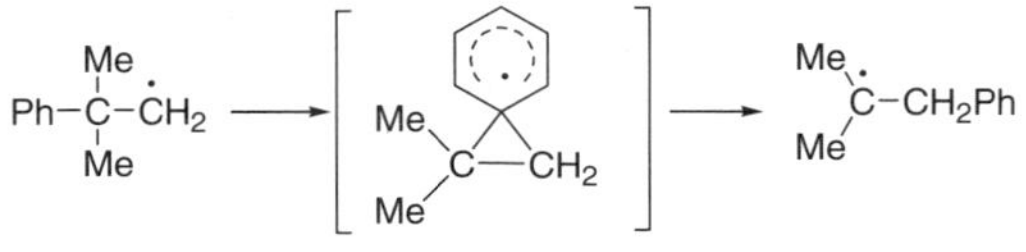

2位にビニル基およびアシル基が置換した2,2-ジメチルエチルラジカル **2.69**, **2.72** から **2.71**, **2.74** への転位は，それぞれシクロプロピル中間体 **2.70**, **2.73** を経由する．

アルキニル基およびシアノ基の移動は，三重結合の環化で生じる中間体 **2.75**, **2.76** の安定性が低いため遅くなる．

Bergmann 反応
(バーグマン)

加熱によるエンジイン **2.77** から1,4-ベンゼンジイルジラジカル **2.78** への変換は，**Bergmann 反応**として知られている[54),55)]．芳香族1,4-ジラジカル **2.78** は，ベンゼン，あるいは CCl_4 と反応し p-ジクロロベンゼン（**2.79**）に変換される．Bergmann らは，重水素で標識したヘキサ-3-エン-1,5-ジイン（**2.80**）を 200℃ に加熱し，末端アセチレンの重水素が内部のビニル基に移動したヘキサ-3-エン-1,5-ジイン（**2.81**）に変換した．

2.3 ラジカル

2.80 → [中間体] → **2.81** (200 °C)

Gomberg-Bachmann 反応[56),57)]

塩基触媒によるアリールジアゾニウム塩と芳香族炭化水素（あるいは芳香族複素環化合物）の反応では，ジアリール化合物（あるいはアリール置換複素環化合物）が生成する．この反応は，スキーム 2.49 に示すように，ラジカルカップリング反応を経由する．

スキーム 2.49

Glaser カップリング反応[58),59)]

塩化銅（Ⅰ）と酸素存在下，末端アルキンのホモカップリング反応は，スキーム 2.50 に示すように，ラジカルカップリング反応を経由する．

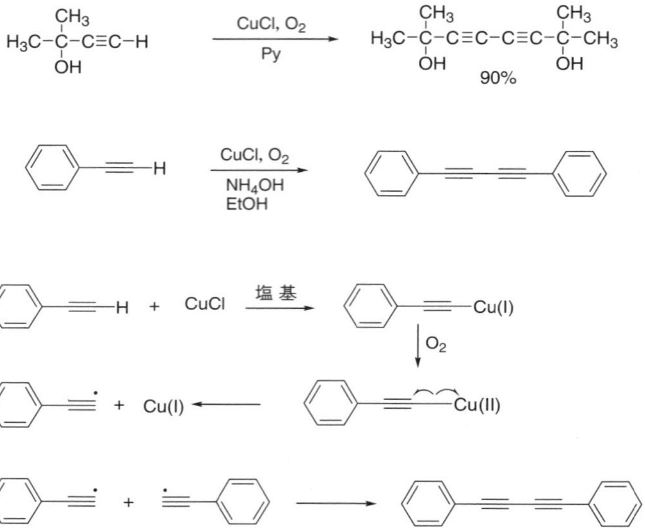

スキーム 2.50

2.4 カルベン

カルベン（carbene）は電気的に中性で，2価で6電子の炭素原子をもつ電子不足化学種である．炭素原子上に非共有電子対があるため求核性をもつが，概してカルベンは求電子的である．

メタン CH_4 から二つの水素原子を引抜いたカルベン $:CH_2$ はメチレンとよばれ，$:CCl_2$ はジクロロカルベンあるいはジクロロメチレン，$:C(C_6H_5)_2$ はジフェニルカルベンあるいはジフェニルメチレンとよばれる．

$:CH_2$ メチレン

$:CCl_2$ ジクロロカルベン または ジクロロメチレン

$:CPh_2$ ジフェニルカルベン または ジフェニルメチレン

鎖状および環状カルベンの名称

$H_2C=C:$ エテニリデン

$CH_2=CHCH:$ プロパ-2-エン-1-イリデン

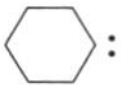

シクロヘキシリデン

$CH_3-CH:$ エチリデン

2.4.1 カルベンの構造と安定性

二つの非共有電子のスピンが対（反対向き）の場合，カルベンは**一重項状態**（singlet state）であり，溶液中ではおもにこの状態である．逆に，スピンが対でない（同じ向き）場合，カルベンは**三重項状態**（triplet state）であり，気相ではおもにこの状態である．一重項状態は磁気モーメントをもたないが，三重項状態は磁気モーメントをもっている．置換基は基底状態におけるカルベンの多重度に影響を与える．一重項と三重項は**項間交差**（intersystem crossing）という過程を経て相互変換可能である．

一重項カルベンの折れ曲がった構造　　三重項カルベンの折れ曲がった構造

一重項カルベンは，平面三角形構造でカルボカチオンに類似した性質をもつ．一方，三重項カルベンはジラジカルであり，ESR測定により約136°に折れ曲がった分子であることがわかっている．しかしながら，ESRでは一重項カルベンを測定することはできない．ジアゾメタンの閃光光分解により発生させた :CH_2 の電子スペクトルにより，一重項カルベンは約103°に折れ曲がった分子であることがわかった．一重項ジクロロカルベン（:CCl_2）およびジブロモカルベン（:CBr_2）も，それぞれ100°，104°に折れ曲がった分子であることがわかっている．

立体的嵩高さが増加すると，結合角が増大し三重項カルベンが優勢になる．

カルベンの折れ曲がった構造

1910年頃StaudingerとKupferは，ジアゾ化合物とケトンの分解によりカルベンを発生させたが[60]，2価のカルベンが幅広く研究されるようになったのは1950年頃である．1964年FischerとMaasbol[61]は，安定なカルベン錯体を調製した（第3章の引用文献[23]を参照）．1975年メチレンカルベンそのものが初めて単離された．1991年Arduengoは，2-イミダゾリデン **2.82** のようなジアミノカルベンが安定であることを初めて明らかにした[62]～[66]．カルベン炭素に非共有電子対をもつ原子が二つ結合したカルベンは，共鳴により安定である．

108   2. 反応中間体

$$R_2N-\overset{..}{C}-NR_2 \leftrightarrow R_2\overset{+}{N}=C^{-}-NR_2 \leftrightarrow R_2N-C^{-}=\overset{+}{N}R_2$$

$$\underset{\text{2.82}}{\left[\begin{array}{c}-N\diagdown\diagup N-\\ \ddot{C}\end{array}\right]}$$

シリレン(:SiH$_2$),ゲルミレン(:GeH$_2$),スタンニレン(:SnH$_2$)はカルベンの類縁体である.

2.4.2 カルベンの生成

カルベンは,その生成法により一重項あるいは三重項状態で生じ,それは安定性とは無関係である.カルベン生成のために一般的に用いられる方法は,ジアゾ化合物の光,熱,金属による分解,gem(ジェミナル)-二ハロゲン化物からのハロゲンの脱離,CHX$_3$からのHXの脱離,ケテンの分解,α-ハロ水銀化合物の熱分解,シクロプロパン,エポキシド,アジリジン,ジアジリンなどの安定な化合物の環状脱離である.

ジアゾカルボニル化合物およびジアゾ化合物類からの生成

脂肪族ジアゾカルボニル化合物およびジアゾ化合物類を,光,熱,あるいは遷移金属触媒を用いて分解させると,カルベンが生成する(スキーム 2.51).たとえば,

$$R_2C=N_2 \xrightarrow[\text{気相}]{h\nu} R_2C: + N_2$$

$$\overset{\ominus}{CH_2}-\overset{\oplus}{N}\equiv N \leftrightarrow CH_2=\overset{\oplus}{N}=\overset{\ominus}{N} \xrightarrow{h\nu\text{または加熱}} H_2C: + N_2$$
ジアゾメタン   一重項カルベン

$$RCOCHN_2 \xrightarrow{h\nu\text{または加熱}} RCOCH: + N_2$$
アシルジアゾ化合物   アシルカルベン

$$N_2CHCOOC_2H_5 \xrightarrow{h\nu\text{または加熱}} :CHCOOC_2H_5 + N_2$$
ジアゾ酢酸エステル   エトキシカルボニルカルベン

スキーム 2.51

ジアゾ酢酸エステルを 425℃で熱分解すると，エトキシカルボニルカルベンが生じる．

トシルヒドラゾン（下式 Ar = p-トリル）のモノアニオンを，ジグリム（ジエチレングリコールジメチルエーテル）などの非プロトン性溶媒中130℃以上に加熱すると熱分解が進行し，ジアルキルカルベンが生成する[67]．ジアルキルカルベンはトシルヒドラゾン塩から光化学的に生成させることもできるが，大スケールで行うことは困難である．

$$R_2C=N-\overset{\ominus}{N}SO_2Ar \xrightarrow{h\nu \text{ または加熱}} ArSO_2^{\ominus} + R_2C=N_2 \longrightarrow R_2C: + N_2$$
スルホニルヒドラゾン塩

ケテンからの生成

ケテンの熱あるいは光分解により，カルベンが生成する．

$$\begin{array}{c}R\\R\end{array}C=C=O: \xrightarrow{h\nu \text{ または加熱}} \begin{array}{c}R\\R\end{array}C: + CO$$

エポキシドからの生成

エポキシドの光分解により，カルベンが生成する．

$$\underset{R}{\overset{R}{\diagdown}}\overset{O}{\underset{R}{\diagup}}\underset{R}{\overset{R}{\diagup}} \xrightarrow{h\nu} \begin{array}{c}R\\R\end{array}C: + \begin{array}{c}O\\\|\\R-C-R\end{array}$$

ジアジリンからの生成

ジアジリンの分解により，カルベンが生成する．

$$\underset{R}{\overset{R}{\diagdown}}\overset{N}{\underset{N}{\|}} \xrightarrow[\text{加熱}]{h\nu} \begin{array}{c}R\\R\end{array}C: + N_2$$

テトラゾールからの生成

テトラゾールの熱分解により，カルベンが生成する．

$$\underset{H}{\overset{R}{\underset{:N}{\diagdown}}}\overset{N}{\underset{N}{\|}}N \xrightarrow[-N_2]{\text{加熱}} [R-C\overset{\oplus}{\equiv}N-\overset{\ominus}{N}H \rightleftharpoons R-\overset{\ominus}{C}=\overset{\oplus}{N}=NH] \xrightarrow[-N_2]{\text{加熱}} RCH:$$

ハロゲン化アルキルからの生成

ハロゲン化アルキルの α-脱ハロゲン（X_2 分子の脱離）あるいは α-脱ハロゲン化水素（HX の脱離）により，カルベンが生成する．たとえば，クロロホルムの塩基による脱プロトン，つぎに Cl^- の脱離により，ジクロロカルベンが生じる．

$$CHCl_3 \xrightarrow{KOH} {}^{\ominus}CCl_3 \longrightarrow :CCl_2 + {}^{\ominus}Cl$$

$$CH_2X_2 \xrightarrow{加熱} :CHX + HX$$

$$CX_4 \xrightarrow{加熱} :CX_2 + X_2$$

$$CX_2RR' \xrightarrow{加熱または h\nu} :CRR' + X_2$$

イリドからの生成

イリドの熱あるいは光分解により，カルベンが生成する．

$$\underset{イリド}{\overset{R}{\underset{R}{>}}{\overset{\ominus}{C}}-\overset{\oplus}{S}(CH_2)_2} \xrightleftharpoons{加熱または h\nu} \overset{R}{\underset{R}{>}}C: + S(CH_3)_2$$

ジアゾ化合物の分解のほかに，奇数個の環状原子数の炭素環および複素環化合物から環状脱離反応が進行すると，他の方法では合成困難なジアルコキシカルベンを生成させることができる[68]．

2.4.3 カルベンの反応

カルベンは反応性が高く，σ 結合への挿入，付加環化反応，二量化，錯体形成，分子内反応などが進行する．一重項カルベンは多くの場合求電子試薬として反応し，一方，三重項カルベンはラジカルとして反応するので，それぞれ異なる生成物を与える．性質が異なるにもかかわらず，反応によっては結果として同じ生成物を与える場合もある．

挿入反応

カルベンは，C–H, C–X, O–H, N–H, S–H, M–H, M–X（M は金属）などの σ 結合に挿入する．

2.4 カルベン

$$R-\ddot{C}-R \;+\; H-CH_2-H \xrightarrow{\text{C-H 挿入}} H-\underset{R}{\overset{R}{C}}-\underset{H}{\overset{H}{C}}-H$$

$$R-\ddot{C}-R \;+\; H-O-CH_3 \xrightarrow{\text{O-H 挿入}} H-\underset{R}{\overset{R}{C}}-O-CH_3$$

　カルベンと炭化水素の反応は，三角形の遷移状態を経由する1段階反応である．一重項カルベンは強力な求電子試薬であり，C-H結合のσ電子にも攻撃することができる．三重項カルベンも挿入反応により生成物を与えるが，反応機構はまったく異なる．三重項カルベンはジラジカルの性質をもつため，他のラジカルと同様に水素原子を引抜く．つぎにラジカル対は溶媒分子のかごに囲まれ，二つのラジカルのカップリングにより，新しいC-C結合が形成される（スキーム2.52）．

$$-\overset{|}{\underset{|}{C}}-H \;+\; :CH_2 \longrightarrow \left[\begin{array}{c} -\overset{|}{\underset{|}{C}}\cdots H \\ \overset{|}{C} \\ H_2 \end{array} \right] \longrightarrow -\overset{|}{\underset{|}{C}}-CH_2-H \quad \text{1段階過程}$$

または

$$-\overset{|}{\underset{|}{C}}-H \;+\; :CH_2 \longrightarrow -\overset{|}{\underset{|}{C}}\cdot \;+\; \cdot CH_3 \longrightarrow -\overset{|}{\underset{|}{C}}-CH_3 \quad \text{2段階過程}$$

スキーム 2.52

　一重項カルベンは，アルキル基のC-H結合にランダムに立体保持で挿入する．一方三重項カルベンは，アルキル基のC-H結合に選択的に挿入するが，立体特異的ではない．

付加環化反応*

　カルベンは，炭素-炭素二重結合，炭素-炭素三重結合，炭素-窒素二重結合などの多重結合に付加する．

---

* （訳注）　カルベンの付加は，付加環化反応よりもキレトロピー反応に分類すべきである（第8章 p.371 参照）．

$$\diagup\!\!=\!\!N\!\!-\quad + \quad :C\diagdown \quad \longrightarrow \quad \diagup\!\!\underset{C}{\overset{N}{\triangle}}\!\!\diagdown$$

　一重項カルベンは，炭素－炭素二重結合に1段階で立体特異的に付加する．三重項カルベンは，炭素－炭素二重結合に2段階で非立体特異的に付加する．
　すなわち，一重項カルベンは，cis-アルケンと反応してcis-シクロプロパンを与え，trans-アルケンと反応してtrans-シクロプロパンを与える（スキーム2.53）．

スキーム 2.53

　しかしながら，三重項カルベンはcis-アルケン，trans-アルケンいずれと反応してもcis-およびtrans-シクロプロパンの混合物を与える（スキーム2.54）．

スキーム 2.54

　上記のように，これらの付加環化反応における立体化学は，用いるカルベンの性質をよく反映しているので，Skellはこれを一重項および三重項カルベンの判別に用いた[69]．Skellによると，一重項カルベンのアルケンへの付加反応は協奏的に進行するため立体特異的である．一方，三重項カルベンの場合，二つの不対電子はスピンの向きが同じであるため，これらの間で共有結合を形成することができない．その結果，三重項カルベンの反応は2段階で進行する．すなわち1段階目で三重項ジラジカルが生じ，ひき続きスピンの反転と閉環反応が進行する．このため閉環までに時間を要し，その間に単結合の自由回転が起こり，cis-およびtrans-シクロプロパンの混合物が得られる（スキーム2.55）．

2.4 カルベン

スキーム 2.55

上記の付加環化反応において，カルベンは反応系中で発生させる．より簡便な方法として，ヨウ化メチレン（ジヨードメタン）と亜鉛-銅合金から調製される**Simmons-Smith 試薬**（シモンズ・スミス）が知られており，メチレンと炭素-炭素二重結合が反応した生成物を与える（スキーム 2.56）[70)~74)]．スキーム 2.56 の反応ではカルベンは発生せず，中間体は**カルベノイド**（carbenoid）であり求電子性をもつ ICH_2ZnI と考えられている．

スキーム 2.56

高価なヨウ化メチレンの代わりに，比較的安価な臭化メチレン（ジブロモメタン）と亜鉛粉末，塩化銅（I）を用いると，良好な収率で付加体が得られる．

アルケンとカルベンの反応は，付加環化反応によるシクロプロパンを主生成物として与えるが，メチレンが C-H 単結合に挿入した生成物も得られる．

分子内反応

カルベンの分子内付加環化反応および挿入反応をスキーム 2.57 に示す.

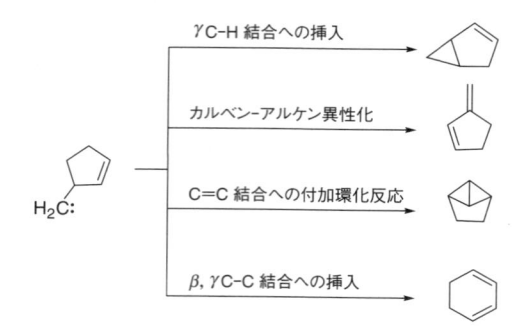

- γC-H 結合への挿入
- カルベン-アルケン異性化
- C=C 結合への付加環化反応
- β, γC-C 結合への挿入

スキーム 2.57

環拡大反応

カルベンの付加とともに環拡大が進行する場合がある. たとえば, インデン (**2.83**) とジクロロカルベン (:CCl$_2$) の反応では, 2-クロロナフタレン (**2.84**) が生成する.

同様に, ピロール (**2.85**) と :CCl$_2$ の反応は, 3-クロロピリジン (**2.86**) を与える.

Wolff 転位

カルボン酸を, 1炭素増炭したカルボン酸, あるいはその誘導体に変換する方法は, **Arndt-Eistert 合成**として知られている[75)〜77)].

$$RCOOH \longrightarrow RCOCl \xrightarrow{CH_2N_2} RCOCHN_2 \xrightarrow[H_2O]{Ag^{\oplus} 触媒} RCH_2COOH$$

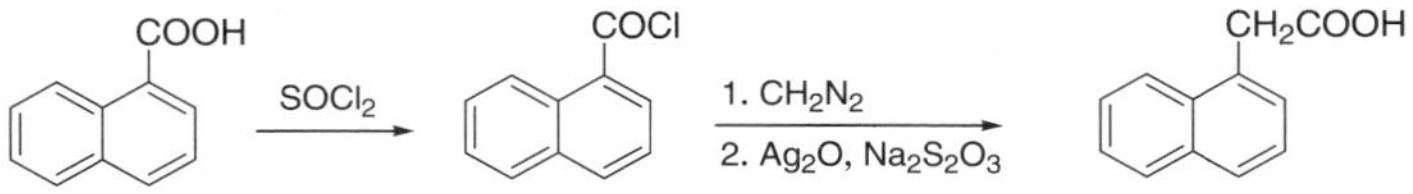
COOH
SOCl2
COCl
1. CH2N2
2. Ag2O, Na2S2O3
CH2COOH

α-ジアゾケトンから窒素の脱離を伴った1,2-移動は，**Wolff 転位**として知られており，協奏的あるいはカルベン中間体を経由する段階的機構で進行する（スキーム 2.58）[78]．α-ジアゾケトンの熱的 Wolff 転位は，気相での熱分解により室温から750℃の間で進行する．高温では副生成物が生じるため，より低温で反応が進行する光化学反応や銀触媒を用いる反応条件が用いられる．

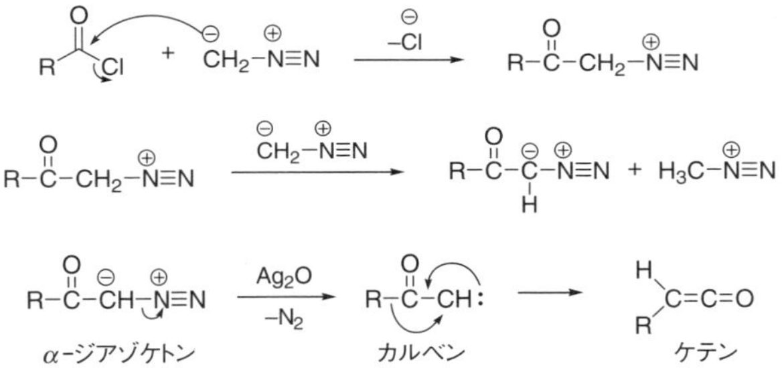
–Cl
Ag2O
–N2
α-ジアゾケトン
カルベン
ケテン

スキーム 2.58

ケテンを水，アルコール，アンモニアと反応させると，酸，エステル，アミドに変換される．したがって，転位を水あるいはアルコール存在下で行うと，ケテンは酸あるいはエステルに直接変換される．

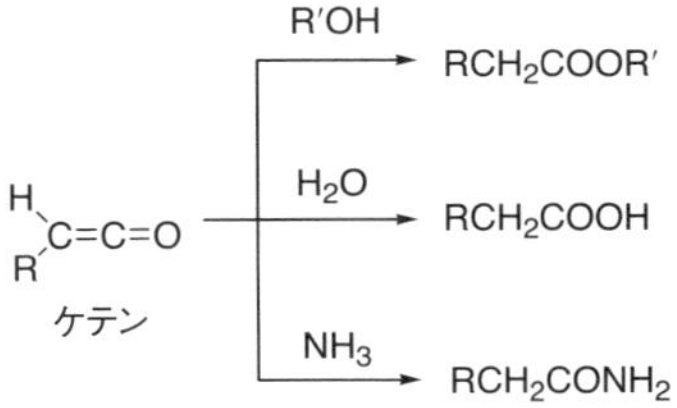
R′OH
RCH2COOR′
H2O
RCH2COOH
NH3
RCH2CONH2
ケテン

環状ジアゾケトンを分解すると，転位により環縮小した生成物が得られる（スキーム 2.59）．

スキーム 2.59

安定なカルベンの反応

最近 G. Bertrand と W. W. Schoeller は，アミノ基とアルキル基に挟まれたカルベンの求核性が十分高く，H_2 や NH_3 の σ 結合を開裂させることを報告した[79]．反応は液体アンモニア中 −40 ℃ 付近で高収率で進行し，その結果生じるフラグメント（H あるいは NH_2）はカルベン炭素に結合する．

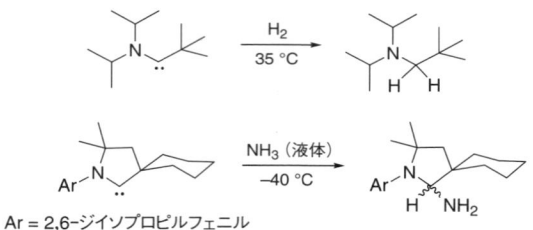

Ar = 2,6-ジイソプロピルフェニル

キラル N-複素環カルベン

キラルイミダゾリウム塩 **2.87** などの含窒素複素環の塩は，キラル 2-イミダゾリデン **2.88** などの N-複素環カルベンの前駆体である[80)~82)]．

2.87　Ar = Ph または 1-ナフチル　**2.88**

2.5　ニトレン

ニトレン（nitrene，ナイトレンともいう，R−N:）は，カルベンの窒素類縁体である．ニトレンは電気的に中性で，1 価で 6 電子の窒素原子をもつ電子不足化学種である．高レベルの ab initio 計算により，ニトレンはカルベンよりも安定であることがわかった．ニトレンの熱力学的安定性は，アミニルラジカル（·NH_2）の N−H 結合解離エネルギーが同様のメチルラジカルの C−H 結合解離エネルギーよりも約 84 kJ·mol^{-1} 小さいためである．これは，ニトレンの非共有電子対が占める軌道の 2s 性が大きいことによる．

2.5.1 ニトレンの構造と安定性

ニトレンの窒素原子は6電子をもち，ニトレンにはカルベンと同様に一重項と三重項状態がある．

$$R-\ddot{N}: \updownarrow \quad R-\ddot{N}: \uparrow\uparrow$$
一重項ニトレン　　　三重項ニトレン

一重項　　　　　　　三重項

ニトレンは非常に反応性が高く通常単離不可能であるが，一酸化炭素あるいはアルケンとの反応で捕捉することができる．

$$PhN_3 \xrightarrow[-N_2]{\text{加熱}} Ph\ddot{N}: \xrightarrow{CO} PhN=C=O$$
イソシアン酸フェニル

$$H\ddot{N}: + CH_2=CH_2 \rightleftharpoons \underset{H}{\triangle N}$$

2.5.2 ニトレンの生成

アジドからの生成

アジドの熱あるいは光分解により，窒素の放出とともにニトレンが生じる．この方法は，ジアゾ化合物からのカルベンの生成法と類似している．

$$RCON_3 \xrightarrow{h\nu \text{または加熱}} RCO\ddot{N}: + N_2$$
アシルアジド　　　　　　　　　　アシルニトレン

$$\left[R-\overset{..}{\underset{}{N}}=\overset{\oplus}{N}=\overset{\ominus}{\underset{..}{N}}: \leftrightarrow R-\overset{\ominus}{\underset{..}{N}}-\overset{\oplus}{N}\equiv N \right] \xrightarrow{h\nu \text{または加熱}} R-\ddot{N}: + N_2$$

R = アルキル，アリール，H

イソシアナートからの生成

イソシアナートの光分解により，一酸化炭素の放出とともにアルキルニトレンが得られる．この方法は，ケテンからカルベンの生成法と類似している．

$$R-N=C=O \xrightarrow{h\nu} R\ddot{N}: + CO$$
イソシアン酸アルキル　　　　アルキルニトレン

スルフィニルアミンからの生成

スルフィニルアミン (**2.89**) の熱分解により，フェニルニトレンが生じる．

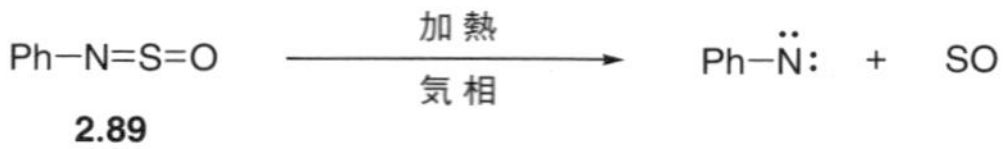

$$\text{Ph-N=S=O} \xrightarrow[\text{気相}]{\text{加熱}} \text{Ph-}\ddot{\text{N}}: \ + \ \text{SO}$$
2.89

N-ベンゼンスルホノキシカルバマートからの生成

N-ベンゼンスルホノキシカルバマート (**2.90**) と塩基の反応により，ベンゼンスルホナートアニオンの脱離とともにエトキシカルボニルニトレンが生じる．

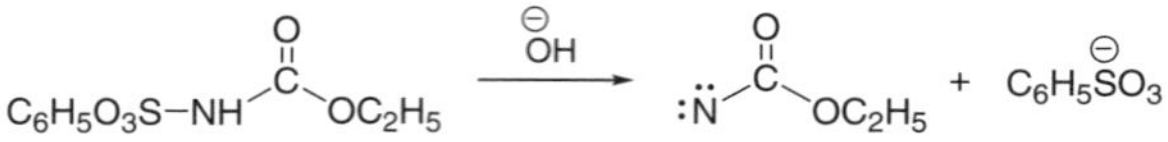

$$\text{C}_6\text{H}_5\text{O}_3\text{S-NH-CO-OC}_2\text{H}_5 \xrightarrow{^{\ominus}\text{OH}} :\ddot{\text{N}}\text{-CO-OC}_2\text{H}_5 \ + \ \text{C}_6\text{H}_5\text{SO}_3^{\ominus}$$
2.90

2.5.3 ニトレンの反応

付加環化反応*

ニトレンは，炭素-炭素二重結合に付加しアジリジンを与える（スキーム 2.60）．

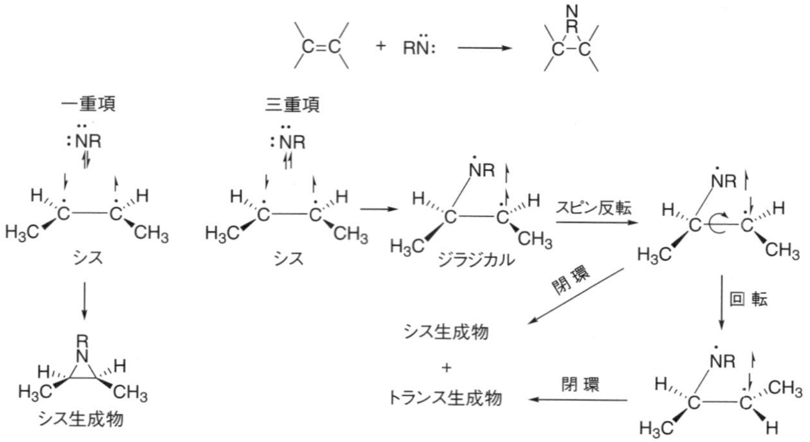

スキーム 2.60

---

* (訳注) ニトレンの付加は，付加環化反応よりもキレトロピー反応に分類すべきである（第8章 p.371 参照）．

2.5 ニトレン

炭素－炭素二重結合へのニトレンの付加は，カルベンと同様に一重項ニトレンの場合は立体特異的に，三重項の場合は非立体特異的に進行する．

挿 入 反 応

ニトレンのC－H結合への挿入のしやすさは，第三級＞第二級＞第一級の順であり，アミンまたはアミドを生成する（スキーム 2.61）.

スキーム 2.61

ニトレンからは，C－H結合への挿入に伴う閉環反応も進行する．たとえば，ビニルアジドチオフェン **2.91** は，環化によるピロール合成の有用な前駆体である．

一重項ニトレンは，立体保持でアルキルC－H結合に選択的に挿入するが，三重項ニトレンは，アルキルC－H結合には挿入しない．

水素引抜き反応

ニトレンによる炭素原子から窒素原子への水素引抜きにより，イミンが生成する．この過程は合成上非常に重要であり，窒素原子の4位あるいは5位での水素引抜き，続く閉環によりピロリジンおよびピペリジンが得られる．

$n = 1$ ピロリジン
$n = 2$ ピペリジン

アリールニトレンの環拡大および環縮小

アリールニトレンの環拡大により七員環生成物が得られる．環拡大の反応機構は，**Wagner-Meerwein** 転位を伴う（スキーム 2.62）．

ジデヒドロアゼピン

スキーム 2.62

ニトレンは，**Hofmann** 転位，**Schmidt** 転位，**Lossen** 転位の中間体としても得られる．

Hofmann 転位

Hofmann 転位[83)〜87)]は，次亜ハロゲン酸ナトリウム（通常，反応系中でハロゲンと水酸化ナトリウムから調製）により第一級アミドを第一級アミンに変換する反応である．この転位の最も重要な点は，原料であるアミドよりも 1 炭素少ないアミンを与えることである．すなわち，プロパンアミドを次亜臭素酸ナトリウム（あるいは臭素と水酸化カリウム）で処理すると，エチルアミンが得られる．

$$CH_3CH_2C(O)NH_2 \xrightarrow[\text{または}]{\text{NaOBr}}_{\text{Br}_2,\ \text{KOH}} CH_3CH_2NH_2$$

Hofmann 転位の反応機構をスキーム 2.63 に示す．1 段階目で，アミドと次亜臭素酸塩の反応により N-ブロモアミド **A** が生じる．電子求引性アシル基と電気陰性度の大きいハロゲンのため，N-ブロモアミド **A** の窒素原子上の水素原子の酸性度が増加する．2 段階目で，N-ブロモアミド **A** の酸性度の高いプロトンが，塩基性の水酸化物イオンで引抜かれる．塩基によるこのプロトンの引抜きにより，不安定なアニオン **B** が生成し，臭化物イオンが脱離する．窒素原子の隣の炭素原子からアリールあるいはアルキル基が移動し，イソシアナート **D** を与える．反応条件下，イソシアナート **D** が加水分解を受け不安定な N-置換カルバミン酸 **E** に変換され，

さらに脱炭酸が進行し第一級アミンが生成する．

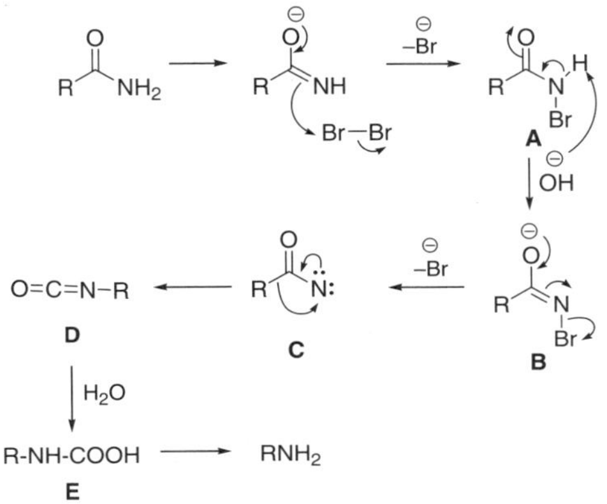

スキーム 2.63

2.6 ベンザイン

ベンザインは中性で非常に反応性が高いが，芳香族性を失っていない反応中間体である．ベンザイン（benzyne あるいはアライン aryne）は三重結合をもっており，芳香化されたアセチレンともみなせる．二つの炭素が sp 軌道で σ 結合を形成し，残りの p 軌道で二つの π 結合をつくるアセチレンの三重結合と，ベンザインの三重結合は異なる．すなわちベンザインの場合ベンゼン環が六角形であるため，アセチレンのような構造は不可能であり，三つ目の結合は二つの隣合う炭素の sp^2 軌道の重なりにより形成されると考えられている．側面での重なりはあまり効果的ではないため三つ目の結合は弱く，ベンザインはひずみをもつ反応性の高い化学種である．

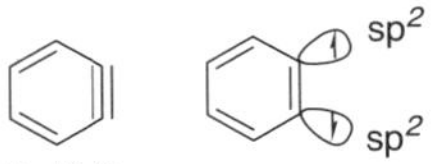

2.6.1 ベンザインの生成
ハロゲン化アリールからの生成

ハロゲン化アリールを KNH_2 や C_6H_5Li などの強塩基と反応させると，ベンザインが生成する．

2. 反応中間体

[クロロベンゼン + KNH₂ → 中間体 → −KCl → ベンゼン（ベンザイン）]

[フルオロベンゼン + C₆H₅Li → 中間体 → −LiF → ベンゼン（ベンザイン）]

o-アミノ安息香酸からの生成

o-アミノ安息香酸（**2.92**）のジアゾ化，ひき続くジアゾ化合物の分解により，ベンザインが生じる．

過酸化フタロイルからの生成

過酸化フタロイル（**2.93**）の光分解により，ラクトン中間体を経由しベンザインが生成する．

1,1-ジオキシベンゾチアジアゾールからの生成

1,1-ジオキシベンゾチアジアゾール（**2.94**）の熱分解により，ベンザインが生じる．

トリフルオロメタンスルホン酸フェニルからの生成

トリフルオロメタンスルホン酸フェニル（**2.95**）を強塩基で処理すると，ベンザインが生成する．

1,2-ジハロベンゼンからの生成

ベンザインは，1-ブロモ-2-フルオロベンゼンから Grignard 試薬，あるいは有機リチウム試薬を経由しても生成させることができる．

2.6.2 ベンザインの反応

ベンザインは非常に反応性の高い化学種のため，反応系中で種々の生成物へ変換される．

求核試薬との反応

すでに述べたように，ハロゲン化アリールを KNH_2 などの強塩基と反応させるとベンザインが生成する．ベンザインはさらに求核試薬（NH_2^-）と反応し，アニリンを与える．

X が I, Br, Cl の場合，H と X は協奏的（E2）に脱離する（スキーム 2.64）．一方，

スキーム 2.64

XがFのときは，オルト位の水素の酸性度が上昇し，E1cB機構により2段階でベンザインが生成する（スキーム2.65）．

スキーム2.65

置換ベンザインの反応は，生成物を位置異性体の混合物として与える（スキーム2.66, 2.67）．

スキーム2.66

スキーム2.67

o-ブロモアニソールあるいはm-ブロモアニソールをNaNH$_2$と反応させると，いずれの場合もm-アミノアニソールのみが生成する（スキーム2.68）．

2.6 ベンザイン

スキーム 2.68

ベンザインをさまざまな化合物と反応させると，種々の生成物を合成できる．

付加環化反応

ベンザインがジエノフィルとして作用すると，[4+2]付加環化反応が進行する．ベンザインの Diels-Alder 反応は，縮環および架橋化合物を与える．

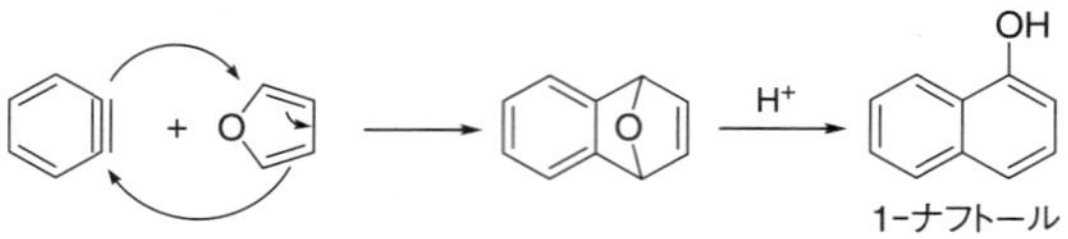

1-ナフトール

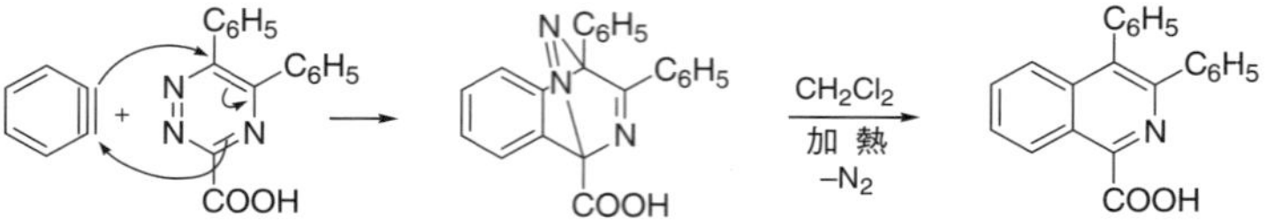

イソキノリン誘導体 (70%)

ベンザインとアルケンとの [2+2]付加環化反応は，四員環化合物を与える．

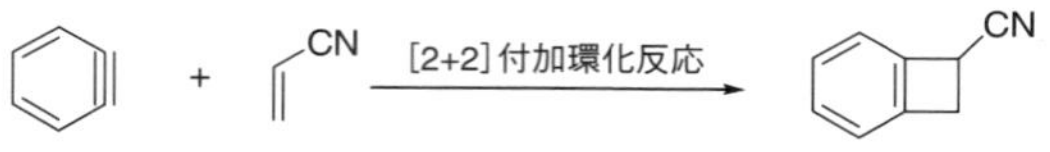

求核試薬がない場合，ベンザインは二量化する．

ベンザインの分子内反応により，複素環化合物の合成が可能である．

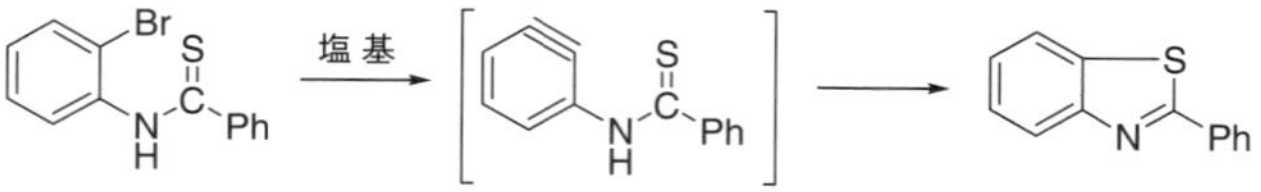

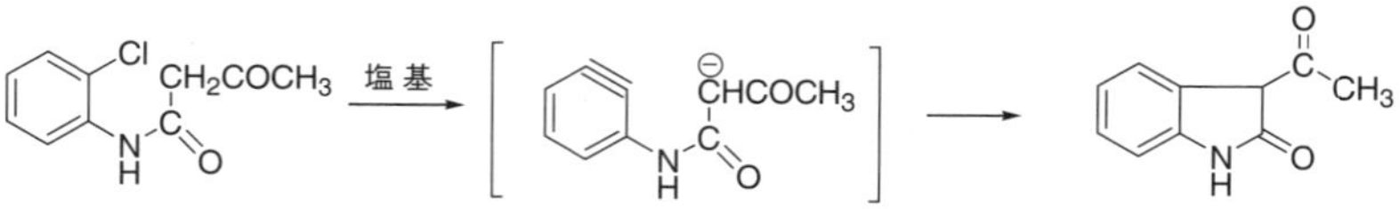

3-アセチルオキシインドール

引 用 文 献

1. Platz, M. S., Moss, R. A. and Jones, M., Jr., *Reviews of Reactive Intermediate Chemistry*, Wiley-Inter Sciences April **2007**.
2. Carey, F. A. and Sundberg, R. J., *Advanced Organic Chemistry: Part A: Structure and Mechanisms*, 2nd edn, Plenum Press, New York, **1984**.

3. March, J., *Advanced Organic Chemistry: Reactions, Mechanisms and Structure*, 3rd edn, Wiley, New York, **1985**.
4. Gilchrist, T. L. and Rees, C. W., *Carbenes, Nitrenes and Arynes*, Nelson, London, **1969**.
5. Friedel, C. and Crafts, J. M., *Compt. Rend.*, **1877**, *84*, 1392.
6. Wagner, G., *J. Russ. Phys. Chem. Soc.*, **1899**, *31*, 690.
7. Meerwein, H., *Ann. Chem.*, **1914**, *405*, 129.
8. Starling, S. M., Vonwiller, S. C. and Reek, J. N. H., *J. Org. Chem.*, **1998**, *63*, 2262.
9. Brown, H. C., *The Nonclassical Ion Problem*, Plenum, New York, **1977**.
10. Thomson, T. and Stevens, T. S., *J. Chem. Soc.*, **1932**, 55.
11. Stevens, T. S., Creighton, E. M., Gorden, A. B. and MacNicol, M., *J. Chem. Soc.*, **1928**, 3193.
12. Olsen, R. K. and Currie, J. O., Jr. *The Chemistry of the Thiol Group*, Vol. 2 (ed. Patai, S.), Wiley New York, **1974**, p.561.
13. Hofmann, A. W., *Ber.*, **1881**, *14*, 659.
14. Cope, A. C. and Trumbull, E. R., *Org. React.*, **1960**, 11, 317.
15. Cope, A. C. and Burrows, W. D., *J. Org. Chem.*, **1965**, *30*, 2163.
16. Favorskii, A. E., *J. Prakt. Chem.*, **1913**, *88*, 658.
17. Wallach, O., *Ann. Chem.*, **1918**, *414*, 296.
18. Nace, H. R. and Olsen, B. A., *J. Org. Chem.*, **1967**, *32*, 3438.
19. Wagner, R. B. and Moore, J. A., *J. Am. Chem. Soc.*, **1950**, *72*, 974.
20. Schamp, N., De Kimpe, N. and Coppens, W., *Tetrahedron*, **1975**, *31*, 2081.
21. Loftfield, R. B., *J. Am. Chem. Soc.*, **1950**, *72*, 632.
22. Bordwell, F. G. and Scamehorn, R. G., *J. Am. Chem. Soc.*, **1968**, *90*, 6751.
23. Suzuki, N., Azuma, T., Kaneko, Y., Izawa, Y., Tomioka, H. and Nomoto, T., *J. Chem. Soc., Perkin Trans. 1*, **1987**, 645.
24. Sandmeyer, T., *Ber.*, **1884**, *17*, 1633.
25. Sandmeyer, T., *Ber.*, **1884**, *17*, 2650.
26. Gattermann, L., *Ber.*, **1890**, *23*, 1218.
27. Fenton, H. J. H., *J. Chem. Soc.*, **1894**, *65*, 899.
28. Kolbe, H., *Ann. Chem. Pharm.*, **1848**, *64*, 339.
29. Kolbe, H., *Ann. Chem. Pharm.*, **1849**, *69*, 257.
30. Brown, A. C. and Walker, J., *Ann. Chem.*, **1891**, *261*, 107.
31. Floreancig, P. E., *Tetrahedron*, **2006**, *62*, 6457.
32. Wohl, A., *Ber.*, **1919**, *52*, 51.
33. Ziegler, K., Spath, A., Schaaf, E., Schumann, W. and Winkelmann, E., *Ann. Chem.*, **1942**, *551*, 80.
34. Barton, D. H. R. and McCombie, S. W., *J. Chem. Soc., Perkin Trans. 1*, **1975**, 1574.
35. Lopez, R. M., Hays, D. S. and Fu, G. C., *J. Am. Chem. Soc.*, **1997**, *119*, 6949.
36. Kirwan, J. N., Roberts, B. P. and Willis, C. R., *Tetrahedron Lett.*, **1990**, *31*, 5093.
37. Gimisis, T., Ballestri, M., Ferreri, C., Chatgilialoglu, C., Boukherroub, R. and Manuel, G., *Tetrahedron Lett.*, **1995**, *36*, 3897.
38. Zhu, J., Klunder, A. J. H. and Zwanenburg, B., *Tetrahedron*, **1995**, *51*, 5099.
39. Barton, D. H. R. Lacher, B. and Zord, S. Z., *Tetrahedron Lett.*, **1985**, *26*, 5939.
40. Barton, D. H. R. and Beaton, J. M., *J. Am. Chem. Soc.*, **1960**, *82*, 2641.
41. Barton, D. H. R., Beaton, J. M., Geller, L. E. and Pechet, M. M., *J. Am. Chem. Soc.*, **1960**, *82*, 2640.
42. Barton, D. H. R. and Beaton, J. M., *J. Am. Chem. Soc.*, **1961**, *83*, 4083.
43. Hobbs, P. D. and Magnus, P. D., *J. Am. Chem. Soc.*, **1976**, 98, 4594.
44. Sibi, M. P. and Ternes, T. R., Stereoselective radical reactions, In *Modern Carbonyl Chemistry* (ed. Otera, J.), Wiley-VCH, **2000**, pp. 507-538.
45. Sibi, M. P., Manyem, S. and Zimmerman, J., *Chem. Rev.*, **2003**, *103*, 3263.
46. Gomberg, M., *Ber.*, **1900**, *33*, 3150.
47. Gomberg, M., *J. Am. Chem. Soc.*, **1900**, *22*, 757.
48. Gomberg, M., *Ber.*, **1897**, *30*, 2043.
49. Gomberg, M., *J. Am. Chem. Soc.*, **1898**, *20*, 773.

50. Kharasch, M. S. and Mayo, F. R., *J. Am. Chem. Soc.*, **1933**, *55*, 2468.
51. Kharasch, M. S., McNab, M. C. and Mayo, F. R., *J. Am. Chem. Soc.*, **1933**, *55*, 2521.
52. Sibi, M. P. and Rheault, T. R., Enantioselective radical reactions, In *Radicals in Organic Synthesis* (eds Renaud, P. and Sibi, M. P.), Wiley-VCH, **2001**.
53. Sibi, M. P., Ji, J., Wu, J. H., Gurtler, S. and Porter, N. A., *J. Am. Chem. Soc.*, **1996**, *118*, 9200.
54. Jones, R. R. and Bergmann, R. G., *J. Am. Chem. Soc.*, **1972**, *94*, 660.
55. Bergmann, R. G., *Acc. Chem. Res.*, **1973**, *6*, 25.
56. Lai, Y.-H. and Jiang, J., *J. Org. Chem.*, **1997**, *62*, 4412.
57. Gomberg, M. and Bachmann, W. E., *J. Am. Chem. Soc.*, **1924**, *46*, 2339.
58. Glaser, C., *Ber.*, **1869**, *2*, 422.
59. Ghose, B. N. and Walton, D. R. M., *Synthesis*, **1974**, 890.
60. Staudinger, H. and Kupfer, O., *Ber.*, **1912**, *45*, 501.
61. Hine, J., *Divalent Carbon*, The Ronald Press Company, New York, **1964**.
62. Arduengo, A. J., III, Harlow, R. L. and Kline, M., *J. Am. Chem. Soc.*, **1991**, *113*, 361.
63. Arduengo, A. J., III, Dias, R. H. V., Harlow, R. L. and Kline, M., *J. Am. Chem. Soc.*, **1992**, *114*, 5530.
64. Kuhn, N. and Kratz, T., *Synthesis*, **1993**, 561.
65. Alder, R. W., Allen, P. R. and Williams, S. J., *J. Chem. Soc., Chem. Commun.*, **1995**, 1267.
66. Arduengo, A. J., III, Goerlich, J. R. and Marshall, W. J., *J. Am. Chem. Soc.*, **1995**, *117*, 11027.
67. Chamberlin, A. R. and Bond, F. T., *J. Org. Chem.*, **1978**, *43*, 154.
68. Hoffmann, R. W., *Angew. Chem., Int. Ed. Engl.*, **1971**, *10*, 529.
69. Dürr, H., *Triplet-intermediates from diazo-compounds (carbenes)*, **1975**, volume 55, 85, Springer, Berlin.
70. Simmons, H. E. and Smith, R. D., *J. Am. Chem. Soc.*, **1959**, *81*, 4256.
71. Smith, R. D. and Simmons, H. E. *Org. Syn. Coll.*, **1973**, *5*, 855.
72. Smith, R. D. and Simmons, H. E. *Org. Syn.*, **1961**, *41*, 72.
73. Cohen, T. and Kosarych, Z., *J. Org. Chem.*, **1982**, *47*, 4005.
74. Kim, H. Y., Lurain, A. E., Garcia-Garcia, P., Carroll, P. J. and Walsh, P. J., *J. Am. Chem. Soc.*, **2005**, *127*, 13138.
75. Arndt, F. and Eistert, B., *Ber.*, **1935**, *68*, 200.
76. Smith, A. B., III, *Chem. Commun.*, **1974**, 695.
77. Walsh, E. J. Jr., and Stone, G. B., *Tetrahedron Lett.*, **1986**, *27*, 1127.
78. Meier, H. and Zeller, K.-P., *Angew. Chem., Int. Ed.*, **1975**, *14*, 32.
79. Frey, G. D., Lavallo, V., Donnadieu, B., Schoeller, W. W. and Bertrand, G., *Science*, **2007**, *316*, 439.
80. Kano, T., Sasaki, K. and Maruoka, K., *Org. Lett.*, **2005**, *7*, 1347.
81. Suzuki, Y., Muramatsu, K., Yamauchi, K., Morie, Y. and Sato, M., *Tetrahedron*, **2006**, *62*, 302.
82. Bourissou, D., Guerret, O., Gabbai, F. P. and Bertrand, G., *Chem. Rev.*, **2000**, *100*, 39.
83. Hofmann, A. W., *Ber.*, **1881**, *14*, 2725.
84. Hamlin, K. E. and Freifelder, M., *J. Am. Chem. Soc.*, **1953**, *75*, 369.
85. Allen, C. F. H. and Wolf, C. N. *Org. Syn. Coll.*, **1963**, *4*, 45.
86. Magnien, E. and Baltzly, R., *J. Org. Chem.*, **1958**, *23*, 2029.
87. Finger, G. C., Starr, L. D., Roe, A. and Link, W. J., *J. Org. Chem.*, **1962**, *27*, 3965.

3

安定化されたカルボアニオン，エナミン，イリド

この章では，エノラートやエナミンを用いたアルキル化などの炭素－炭素結合形成反応や，イリドを用いたエポキシ化に代表される炭素－酸素結合形成反応など，有用な反応について紹介する．

3.1 安定化されたカルボアニオン

アルデヒドやケトンは，わずかに存在するエノール互変異性体と平衡関係にある．

ケト互変異性体 >99%
エノール互変異性体

ケト互変異性体 98.8%
エノール互変異性体 1.2%

ペンタン-2,4-ジオン（アセチルアセトン）（**3.1**）などの β-ジケトンやアセト酢酸エチル（**3.2**）などの β-ケトエステル，またマロン酸ジエチル（**3.3**）などの β-ジエステルの場合，カルボニル基を一つしかもたないアルデヒドやケトンと比べるとエノール体の割合がきわめて大きい．その理由は β-ジカルボニル化合物の場合，エノール体が分子内水素結合により安定化されるためである．

3.1
ペンタン-2,4-ジオン
（アセチルアセトン）

エノール形
76%　純液体
20%　水溶液
92%　ヘキサン溶液

3. 安定化されたカルボアニオン, エナミン, イリド

3.2 アセト酢酸エチル（アセト酢酸エステル）

エノール形
- 8% 純液体
- 0.4% 水溶液
- 46% ヘキサン溶液

3.3 マロン酸ジエチル（マロン酸エステル）

エノール形
- <0.1% 純液体
- 0% 水溶液
- <1% ヘキサン溶液

また，酸や塩基を触媒として用いることにより，エノール化を促進することができる（スキーム 3.1）．

ケトンをテトラヒドロフラン（THF）中$-78\,^\circ\mathrm{C}$でリチウムジイソプロピルアミド $\mathrm{LiN}(i\text{-Pr})_2$（LDA）で処理，あるいは NaH やアルコキシドなどの強塩基と反応させることによりエノラートが選択的に生成する．たとえば，$-78\,^\circ\mathrm{C}$で THF 中 LDA に非対称ケトン **3.4** を加えると，より不安定な速度論的エノラート，すなわちより二重結合の置換基がより少ないエノラート **3.5** が生成する．一方，**3.4** をメトキシド（$\mathrm{CH_3O^-}$）と反応させると，より安定な熱力学的エノラート，すなわち二重結合の置換基がより多いエノラート **3.6** が生成する．

エノラートイオンは，負電荷がカルボニルの酸素，または α 炭素上にある二つ

3.4 → (LDA, THF, $-78\,^\circ\mathrm{C}$) → **3.5** 速度論的エノラート（より不安定）

3.4 → ($\mathrm{CH_3O^-Li^+}$, プロトン性溶媒) → **3.6** 熱力学的エノラート（より安定）

3.1 安定化されたカルボアニオン

スキーム 3.1 酸, または塩基触媒によるエノール化

の共鳴混成体として存在する.

エノールやエノラートを経由した反応がいくつか知られており，たとえばエノラートと求電子試薬の反応は，カルボニル化合物の α 置換反応とよばれる.

たとえばセレン化反応は，セレンのエノラートへの求電子的付加，あるいは逆にエノラートのセレンへの S_N2 反応とみなすことができる．また，得られるフェニルセレン体を酸化することにより容易に分子内脱離反応が進行し共役エノンが得られるため，非常に有用である．

以下に述べるように，エノラートは炭素－炭素結合形成反応における有用な求核種として非常によく用いられている．

3.1.1　安定化されたカルボアニオン（エノラート）とハロゲン化アルキルの反応（エノラートのアルキル化）

エノラートとヨウ化アルキルの反応では，C-アルキル化体またはO-アルキル化体を与える可能性がある（スキーム 3.2）．

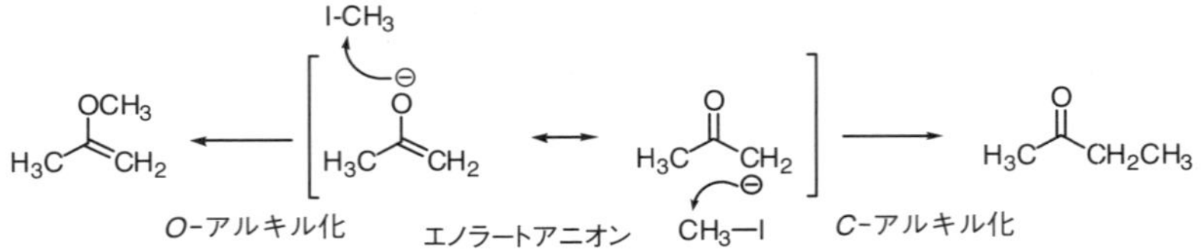

スキーム 3.2

しかし，**HSAB**（hard-soft acid base）理論によれば，脱離基であるヨウ素が**軟らかい**（soft, ソフト）ので，この場合炭素原子（soft）の方が酸素原子（hard; 硬い，ハード）よりも反応しやすいと考えられる．また酸素原子が水素結合している場合にもC-アルキル化の選択性が向上する．

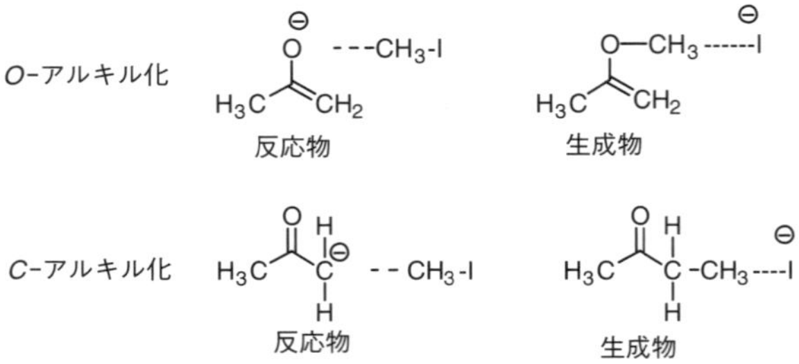

上図に示したC-アルキル化とO-アルキル化における反応物（C-エノラートとO-エノラート），生成物（C-アルキル化体とO-アルキル化体），遷移状態それぞれの生成熱（ΔH_f）を表 3.1 に示す．

表 3.1

	$\Delta H_f (kJ \cdot mol^{-1})$		
	反応物	生成物	遷移状態
O-アルキル化	−189	−165	−104
C-アルキル化	−187	−241	−121

3.1 安定化されたカルボアニオン

反応の活性化エネルギーを反応物と遷移状態の生成熱より計算すると，O-アルキル化体は $+85$ kJ・mol^{-1}，C-アルキル化体は $+66$ kJ・mol^{-1} である．また同様に反応物と生成物の生成熱の差より反応前後のエンタルピー変化量も見積もることができ，O-アルキル化体は $+24$ kJ・mol^{-1}，C-アルキル化体は -54 kJ・mol^{-1} である．すなわち，1) 活性化エネルギーは C-アルキル化の方が小さい，2) O-アルキル化は吸熱的であるのに対し C-アルキル化は発熱的であるという二つの事実から，C-アルキル化の方がエネルギー的に有利であると予想できる．

α 水素を引抜くためにエトキシドを用いると，ハロゲン化アルキルとエトキシドの S_N2 反応によりエーテルが得られる可能性がある．しかし，1,3-ジカルボニル化合物を基質として用いた場合には，酸-塩基平衡がエトキシドと比べより安定かつ弱塩基であるエノラート側に偏り，エトキシドがエタノールに変換される．したがって，エトキシドを塩基として用いると 1,3-ジカルボニル化合物から生成する安定なエノラートは，アルコキシドと競合することなくハロゲン化アルキルと反応する（S_N2 反応）．

S_N2 反応によるエノラートのアルキル化

また，2-メチルシクロヘキサノン（**3.4**）のマンガンエノラート（**3.7**）を用い臭化ベンジル（PhCH$_2$Br）と反応させると，位置選択的なモノアルキル化が進行し，2-ベンジル-6-メチルシクロヘキサノン（**3.8**）が得られる[1),2)]．

NMP: N-メチル-2-ピロリドン

位置異性体である 2-ベンジル-2-メチルシクロヘキサノン（**3.10**）は，多置換型

のマンガンエノラート (**3.9**) を用いることにより良好な収率で得ることができる[3]).

$$\underset{\textbf{3.9}}{\text{(H}_3\text{C-cyclohexenyl-OMnCl)}} \xrightarrow[\text{THF–NMP}]{\text{PhCH}_2\text{Br}} \underset{\substack{\textbf{3.10} \\ \text{位置異性体純度 95\%} \\ \text{収率 89\%}}}{\text{(2-methyl-2-benzylcyclohexanone)}}$$

マロン酸エステル (**3.3**) やアセト酢酸エステル (**3.2**) を用いた反応においても，エノラートのアルキル化反応の合成化学上の有用性が示されている．たとえば，マロン酸エステル (**3.3**) から生じたカルボアニオンは，ハロゲン化アルキルとのS_N2 反応によりアルキル化されたマロン酸エステルを与える．生成物である一置換マロン酸エステルにはもう一つ活性水素が残っているので，二つ目のアルキル鎖（同じ，もしくは異なるアルキル鎖）も同様の方法で導入できる．一置換，または二置換のマロン酸エステル誘導体は，酸または塩基による加水分解，ひき続く酸処理によりマロン酸誘導体へ変換され，さらに脱炭酸により対応するモノカルボン酸への変換が可能である（スキーム 3.3）．

$$\underset{\textbf{3.3}}{\text{CH}_2(\text{COOEt})_2} \xrightarrow[\text{2. RX}]{\text{1. NaOEt}} \text{RCH(COOEt)}_2 \xrightarrow[\text{2. R'X}]{\text{1. NaOEt}} \underset{\text{R'}}{\overset{\text{R}}{\text{C}}}\underset{\text{COOEt}}{\overset{\text{COOEt}}{{}}}$$

$$\xrightarrow[\text{加水分解}]{\text{HCl, H}_2\text{O}} \underset{\text{R'}}{\overset{\text{R}}{\text{C}}}\underset{\text{COOH}}{\overset{\text{COOH}}{{}}} \xrightarrow[-\text{CO}_2]{\text{加熱}} \underset{\text{R'}}{\overset{\text{R}}{\text{CH-COOH}}}$$

スキーム 3.3

アセト酢酸エチル (**3.2**) などのβ-ケトエステルを塩基存在下ハロゲン化アルキルと反応させると，α 位にアルキル基が一つ導入されたβ-ケトエステルが得られる．さらにもう一度塩基ならびにハロゲン化アルキルと反応させると，二つのアルキル基が導入されたアセト酢酸エチルを得ることができる．

$$\underset{\textbf{3.2}}{\text{H}_3\text{C-CO-CH}_2\text{-CO-OC}_2\text{H}_5} \xrightarrow[\text{2. RX}]{\text{1. 塩基}} \text{H}_3\text{C-CO-CHR-CO-OC}_2\text{H}_5 \xrightarrow[\text{2. R}^1\text{X}]{\text{1. 塩基}} \text{H}_3\text{C-CO-CRR}^1\text{-CO-OC}_2\text{H}_5$$

この一置換または二置換のアセト酢酸エチルを，弱塩基または塩酸を用い穏和な

3.1 安定化されたカルボアニオン

条件で加水分解した後，脱炭酸を行うことでアセトン誘導体が得られる．また，強塩基と処理すると酢酸誘導体が得られる（スキーム 3.4）.

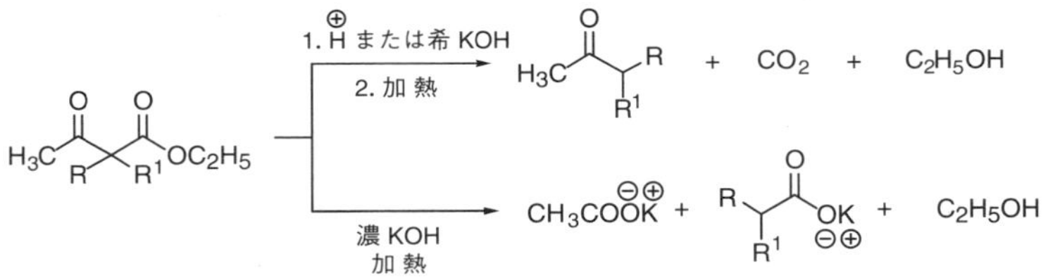

スキーム 3.4

エノラート自身がプロキラル，キラルいずれの場合も，C-α に re 面と si 面がある．また，二重結合に関する E/Z 異性体も存在する．

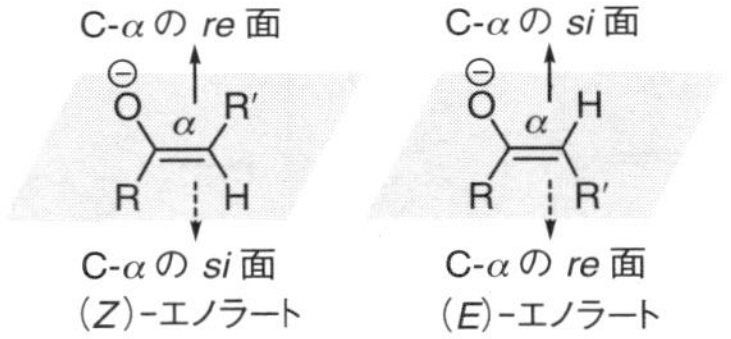

求電子試薬が C-α の re 面，si 面，いずれの面を優先して攻撃するかは，いくつかの要因により左右される．

N-グリコリルオキサゾリジノン[4]（**3.11**）のエノラートを経由する不斉アルキル化反応は，ヒドロキシ基が保護されたホモアリルアルコールの立体選択的合成法である．本反応は種々の保護基を用いることができ，また他にキラル中心が存在する複雑な構造のグリコール酸エステルを用いた場合も，反応は高選択的に進行する．

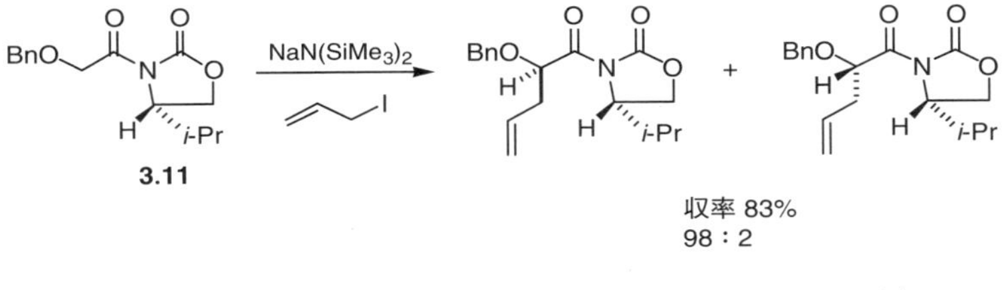

収率 83%
98 : 2

この不斉アルキル化反応は，海洋産天然物であるローレンシン[5),6)]（laurencin, **3.12**）の効率的全合成に用いられている（スキーム 3.5）．

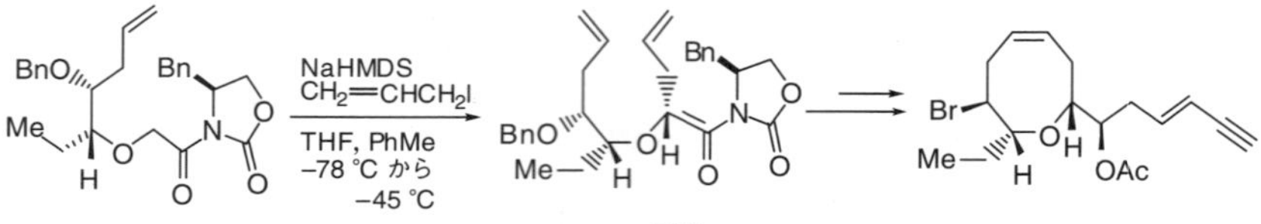

[スキーム 3.5 の反応式]

スキーム 3.5

3.1.2 安定化されたカルボアニオンとカルボニル化合物の反応
アルドール縮合

　水酸化ナトリウムによるアセトアルデヒドなどのカルボニル化合物のα水素の引抜き反応は可逆的であり，また生成するエノラートイオンがもう1分子のアセトアルデヒドのカルボニル炭素に求核付加するとアルドール (aldol) **3.13** が得られる．この反応は**アルドール縮合** (aldol condensation)[7)〜9)] とよばれ，その反応機構をスキーム 3.6 に示す．

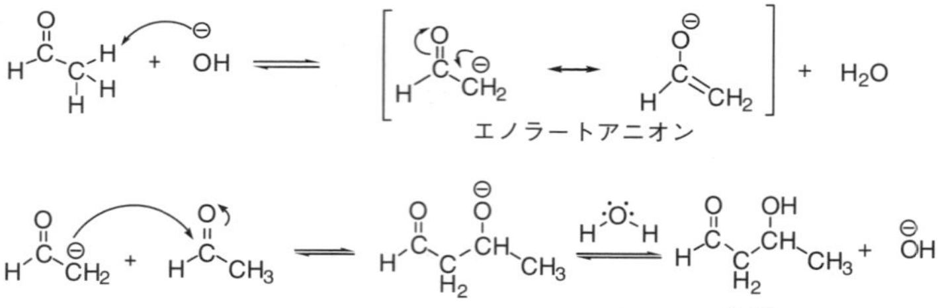

[スキーム 3.6 の反応機構]

スキーム 3.6

　アルドール縮合は酸触媒によっても進行する．またアルデヒドやケトンが関与するアルドール型の反応は数多く知られている．なお，"アルドール"はこれら一連の反応で得られる生成物に対する一般名称であり，β-ヒドロキシアルデヒドやβ-ヒドロキシケトンのことをさす．たとえば，アセトンを塩基で処理するとアルドール反応が進行し，β-ヒドロキシケトン **3.14** が得られる．

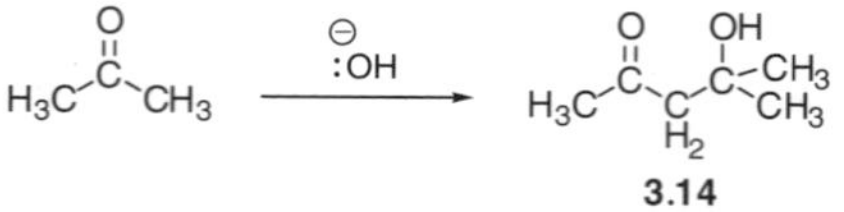

[アセトンのアルドール反応式，生成物 3.14]

　アルドール縮合は可逆反応であるが，単純なアルデヒドの場合には平衡は生成物

（アルドール）側に偏っている．しかし，置換基の多いアルデヒドやケトンの場合には出発物側に平衡が偏る．

アルドール反応では多くの場合，生成物であるアルドールからさらに脱水反応が進行し，共役した二重結合をもつエノンが生成物として得られる．したがって，β-ヒドロキシアルデヒドやβ-ヒドロキシケトンからはα,β-**不飽和アルデヒド**（α,β-unsaturated aldehyde）やα,β-**不飽和ケトン**（α,β-unsaturated ketone）がそれぞれ得られる．実際には脱水反応がきわめて進行しやすいため，β-ヒドロキシアルデヒドやβ-ヒドロキシケトンを単離することは一般に困難である．

混合あるいは交差アルドール縮合　異なるカルボニル化合物間のアルドール縮合は，交差（または混合）アルドール反応とよばれる．交差アルドール反応は，一方のカルボニル化合物にα水素がない場合には効率的に進行する．たとえばアセトンとフルフラールの交差アルドール反応では，対応するα,β-不飽和ケトン **3.15** が得られる．

ケトンと芳香族アルデヒドの間のアルドール縮合によるα,β-不飽和カルボニル化合物の合成反応は **Claisen–Schmidt 反応**[10)～14)] とよばれる．

分子内アルドール縮合　ジカルボニル化合物は，分子内アルドール縮合により環状生成物を与える．分子内アルドール反応は以下に示すように五員環，もしくは

六員環を形成する場合に容易に進行する．

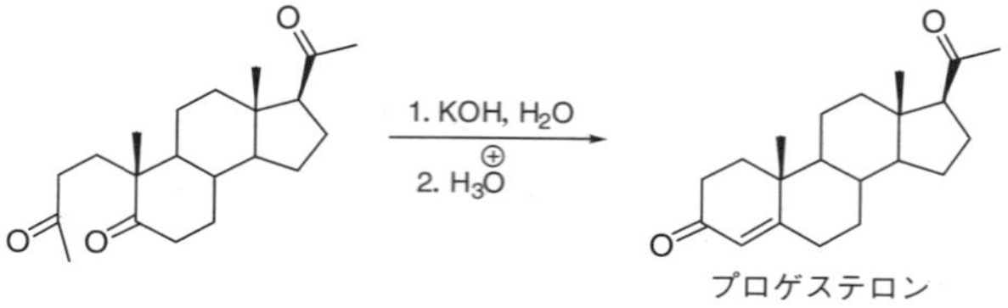

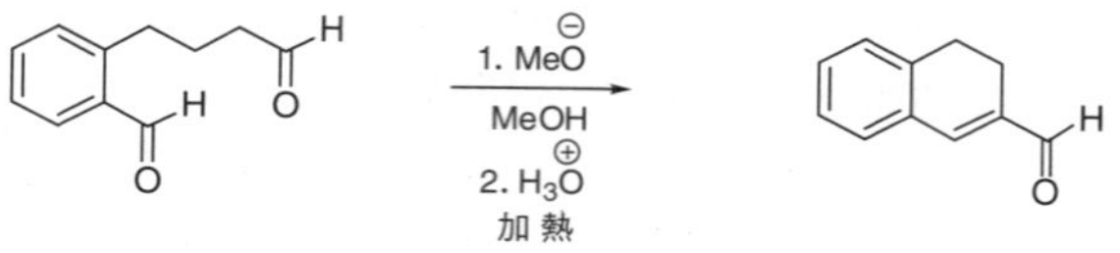

アルドール反応では新たな炭素－炭素結合に加え，二つの新たなキラル中心が生じるので，有機合成化学上非常に重要な反応である．

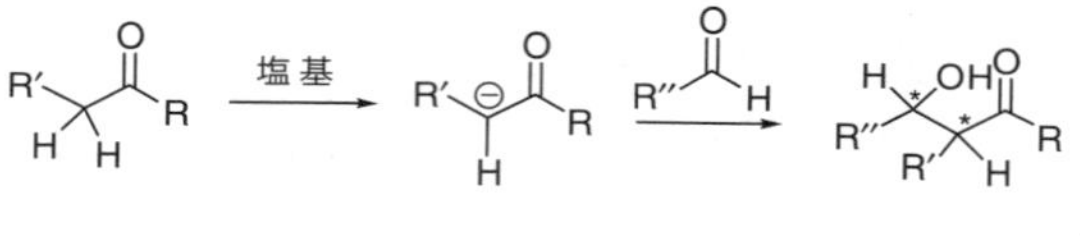

たとえば，キラルなアルデヒドやケトンを用いたアルドール縮合では，下図の4種類のジアステレオマーが生成する可能性がある．

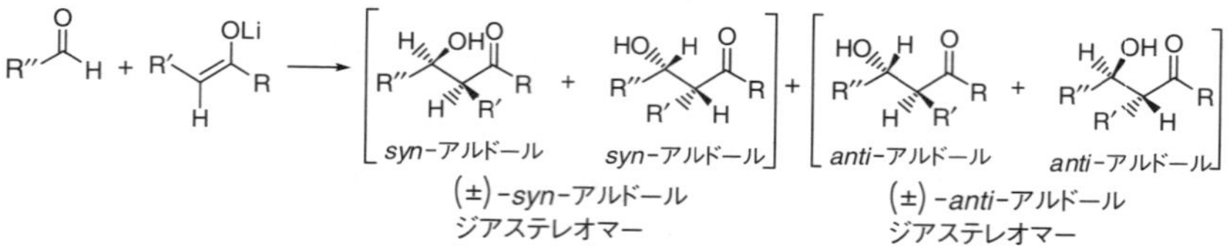

マンガンエノラートも種々のアルデヒドと反応し，ヒドロキシアルキル化された syn-アルドール生成物を良好な収率で与える．非対称なケトン，たとえば t-ブチルプロピルケトンとマンガンアミドから得られたマンガンエノラートは，ベンズアルデヒドと反応し，収率81％，シン体：アンチ体の比 99：1 でヒドロキシアルキル

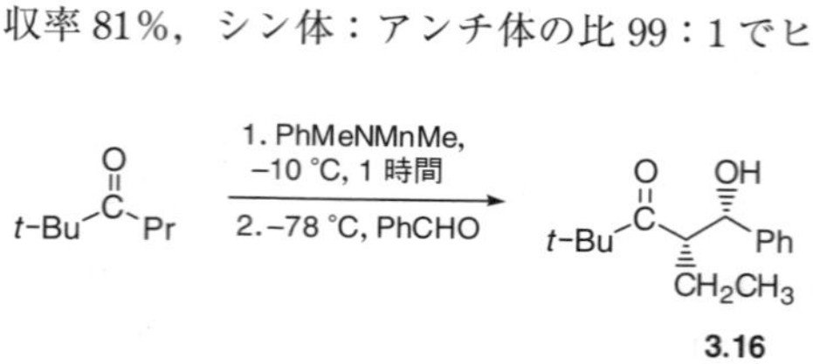

3.16

化されたケトン[15] **3.16** を与える．また，マンガンエノラートの反応の立体選択性は，リチウムエノラートの場合と非常に類似している．

N-アシルオキサゾリジノン **3.17**，*N*-アシルオキサゾリジンチオン **3.18** や *N*-アシルチアゾリジンチオン **3.19** から生じる塩化チタンエノラート[16] は，アルデヒドと効率的かつ高選択的に反応する．また，*N*-アシルオキサゾリジンチオン **3.18** や *N*-アシルチアゾリジンチオン **3.19** などのキラル補助基は，比較的簡単に除去できる．

3.17: X = Y = O
3.18: X = S; Y = O
3.19: X = Y = S

NMP: *N*-メチル-2-ピロリドン

収率 90%
98 : 2

エナンチオ選択的なアルドール反応は，立体選択的に非環状化合物を合成する際の重要な手段であり，今なお研究が続いている．最近では，プロリンやプロリンアミド誘導体 **3.20** によるケトンとアルデヒドのエナンチオ選択的な付加反応が報告されている[17]．

収率 77%, 98% ee

向山アルドール縮合

$TiCl_4$ などの触媒を用いたアルデヒドとシリルエノールエーテルのアルドール縮合は，向山アルドール縮合[18〜22] とよばれる（スキーム 3.7）．

スキーム 3.7

たとえば，ペンタ-3-オンから誘導されるシリルエノールエーテル（**3.21**）は，

TiCl$_4$ 存在下，2-メチルブタナールと反応しチタン錯体 **3.22** を形成し，ひき続き加水分解することでアルドール生成物であるマニコン（manicone, 4,6-ジメチルオクタ-4-エン-3-オン）(**3.23**) が得られる．この化合物は昆虫の警報フェロモンである．この反応で用いるシリルエノールエーテル **3.21** は，ペンタ-3-オンを LDA と反応させてエノラートとした後，塩化トリメチルシランで捕捉することにより得られる．また TiCl$_4$ の代わりに SnCl$_4$ や BF$_3$·OEt$_2$ などのルイス酸を触媒として用いることもできる．

Fischer カルベン錯体を用いるアルドール反応

3.24 などの Fischer カルベン錯体[23),24)] の pK_a の値は，マロン酸ジエチルなどの活性メチレン化合物の pK_a とほぼ同じである．その理由は，**3.24** の共役塩基が共鳴により安定化されているためである．

Fischer カルベン錯体をエノラート等価体として用いるアルドール反応は，Corey

スキーム 3.8

らにより初めて報告された（スキーム3.8）．この反応は，ケトンに対してはBF$_3$・OEt$_2$，アルデヒドに対してはSnCl$_4$をルイス酸として用いることにより進行する．

Henry 反応

塩基条件下，α水素をもつニトロアルカンとアルデヒドやケトンの間でアルドール型の縮合反応が進行し，β-ヒドロキシニトロ化合物，あるいはニトロエチレン化合物が得られる．この反応は **Henry 反応**[25)〜29)]，または**ニトロアルドール反応**（nitroaldol reaction）として知られる．

シクロヘキサン　　　　　ニトロエタン　　　　　　　　　1-シクロヘキシル-2-ニトロ
カルバルデヒド　　　　　　　　　　　　　　　　　　　　プロパン-1-オール

ニトロアルカンのα水素は酸性度が高く，また脱プロトンにより生じるアニオンは共鳴により安定化されている．

Kamletらは類似した反応として，微量の塩基，または弱酸の存在下，aci-ニトロアルカンのナトリウム塩とアルデヒドの亜硫酸水素ナトリウム付加物の間で縮合反応が進行し，ニトロアルコールが得られることを報告している[30)]．

芳香族アルデヒドを塩基性条件下でニトロアルカンと縮合させると，α,β-不飽和ニトロ化合物が直接得られる．たとえば，塩基性条件下，ベンズアルデヒドとニトロメタンの反応によりα,β-不飽和化合物であるニトロスチレン（**3.25**）が得られる．同様に，ニトロブタンとフルフラールを塩基条件下で反応させ，さらに加水分解を行うことにより2-置換フラン誘導体 **3.26** が収率82％で得られる．

[反応式: ベンズアルデヒド + CH₃NO₂ —塩基→ PhCH=CHNO₂ (**3.25**)]

[反応式: CH₃(CH₂)₃NO₂ (ニトロブタン) + フルフラール-CHO → 1. C₄H₉NH₂, NHEt₂, 20 ℃ 2. H₃O⁺ → フリル-CH=C(NO₂)(CH₂)₂CH₃ (**3.26**)]

また，Evans らにより，酢酸銅とビスオキサゾリン触媒（**3.27**）を用いたエナンチオ選択的な Henry 反応も報告されている[25)-29)]．

[反応式: RCHO + CH₃NO₂ —5 mol% Cu(OAc)₂·H₂O–**3.27**, EtOH, 室温→ R-CH(OH)-CH₂NO₂]

[構造式: **3.27** ビスオキサゾリン配位子]

Claisen 縮合 (クライゼン)

ケトンの代わりにエステルを用いた場合にもアルドール縮合と同様の反応が進行し，この反応は **Claisen 縮合**とよばれる[31)]．この反応では，2 分子のエステルが塩基の存在下で反応し，β-ケトエステル体を与える．

[反応式: H_3C-CO-OC_2H_5 —1. NaOEt 2. H_3O^+→ H_3C-CO-CH_2-CO-OC_2H_5 (**3.2**)]

まず初めに強塩基がエステルに隣接するプロトンを引抜き，α 炭素上にエノラートが生成する．ひき続きエノラートはもう 1 分子のエステルに求核付加し，アルコキシ基が脱離することにより β-ケトエステルが得られる（スキーム 3.9）．

混合 **Claisen 縮合**を行う際には，求核付加を受けるエステルとして，α 水素をもたない基質を用いることにより，複数の組合わせの付加体の生成を防ぐことができる．α 水素をもたないエステルとして，ギ酸エチル $HCO_2C_2H_5$，炭酸ジエチル

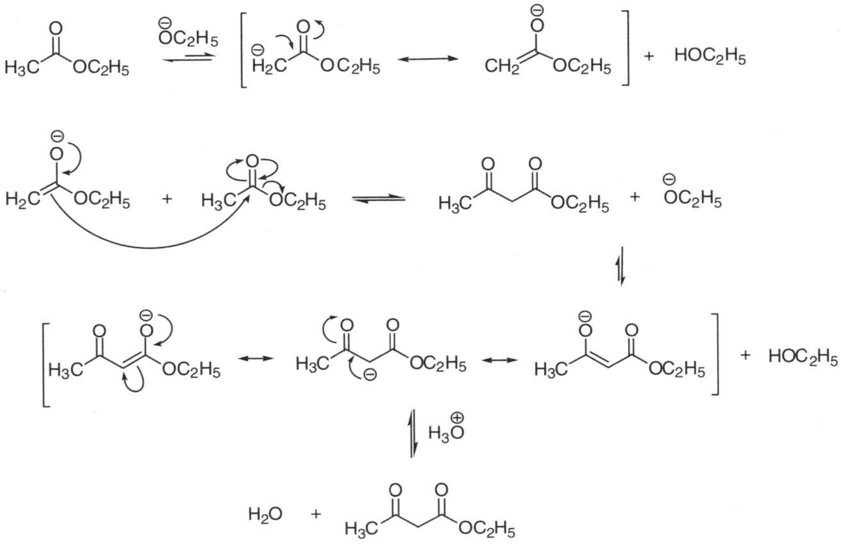

3.1 安定化されたカルボアニオン

スキーム 3.9

$C_2H_5OCO_2C_2H_5$, 安息香酸エチル $C_6H_5CO_2C_2H_5$ とシュウ酸ジエチル $(CO_2C_2H_5)_2$ があげられる. たとえば, 安息香酸エチルと酢酸エチルの反応ではケイ皮酸エチルが得られる.

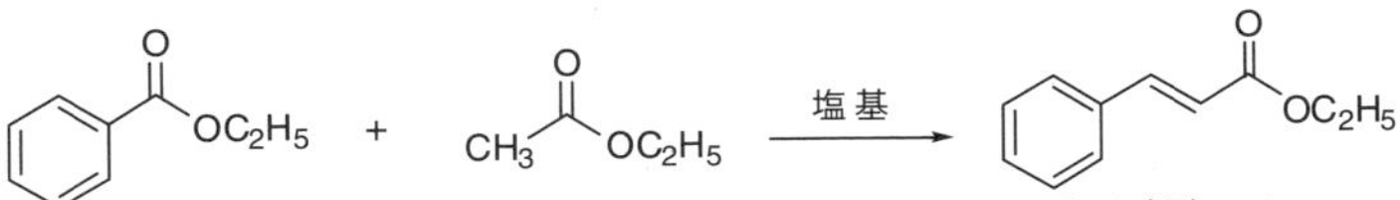

ケイ皮酸エチル

分子内 Claisen 縮合は **Dieckmann 縮合**(ディークマン)[32)〜35)] とよばれ, 五員環, または六員環化合物の合成に用いられる.

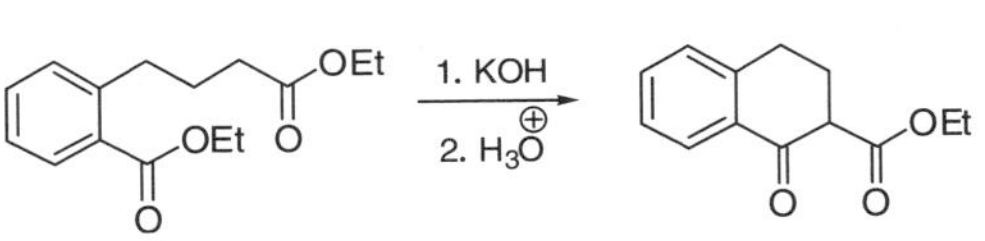

檜山アミノアクリル酸エステル合成

ジイソプロピルアミン $(i\text{-Pr})_2\text{NH}$ と Grignard 試薬の存在下, ニトリルとエステ

ルの間でアルドール型の縮合反応が進行し，3-アミノアクリル酸エステルやその誘導体が得られる．この合成法は檜山アミノアクリル酸エステル合成として知られる[36)～38)]．

$$CH_3C\equiv N + CH_3-C(=O)-OR \xrightarrow[EtMgBr]{(i\text{-}Pr)_2NH} NH_2-C(CH_3)=CH-C(=O)-OR$$
66%
(R = t-Bu)

檜山アミノアクリル酸エステル合成の反応機構はスキーム 3.10 に示すとおりであり，アルドール縮合と類似している．

スキーム 3.10

Baylis-Hillmann 反応

アミンを触媒として用いるアルデヒドと α,β-不飽和化合物の炭素－炭素結合形成反応は，**Baylis-Hillmann 反応**として知られ[39)～42)]，1,4-ジアザビシクロ[2.2.2]-オクタン（DABCO, **3.28**）などの第三級アミンが触媒として用いられる．

$$R-CHO + CH_2=CH-C(=O)-CH_3 \xrightarrow[THF]{3.28} R-CH(OH)-C(=CH_2)-C(=O)-CH_3$$

実験的証拠により，求核付加を含んだ触媒機構が支持されている（スキーム 3.11）．すなわち，アミン **3.28** は塩基としてではなく，求核試薬としてエノンへ共役付加しエノラート **A** を与える．エノンの β 位が置換されている場合は，立体障害によりアミンは求核付加することができず，Baylis-Hillmann 反応は進行しない．つぎの段階ではエノラート **A** がアルデヒドに求核付加して **B** を与え，最後に脱離反応が進行することにより，最終生成物が得られるとともにアミンが再生される．

触媒として機能する求核試薬として，アミン以外に第三級ホスフィンを用いることができる（スキーム 3.12）．またアミンとして 4-ジメチルアミノピリジン（DMAP）も用いることで，DABCO を用いた場合の副生成物の生成を抑えることができる（スキーム 3.12）．

3.1 安定化されたカルボアニオン

3.28

スキーム 3.11

DMAP = 4-ジメチルアミノピリジン

スキーム 3.12

3.1.3 エノラートの α,β-不飽和カルボニル化合物への共役付加
Michael 反応

不飽和エステル，ケトン，ニトリルやスルホンなどの活性な炭素－炭素二重結合への炭素求核試薬の共役付加反応は，**Michael 反応**として知られ，炭素－炭素結合を形成する手法として非常に有用である[43)〜46)]．

マンガンエノラートは Michael 付加反応における優れた炭素求核試薬である．

4-メチル-3-ペンテン-2-オン
（メシチルオキシド）

3.3

3.1 安定化されたカルボアニオン

マロン酸ジエチル **3.3** とメシチルオキシドを用いた Michael 付加反応は，スキーム 3.13 に示す反応機構で進行する．まずマロン酸ジエチル（**3.3**）より生じたエノラート **A** が，α,β-不飽和化合物の β 炭素に共役付加する．その結果生じたカルボアニオン **B** は，カルボニルとの共役により安定化され，つぎにエタノールからプロトンを引抜き生成物 **C** とエトキシドイオンが生成する．なおこれらの反応は可逆的である．また，Michael 付加にひき続き分子内で縮合が進行した場合には，さらに加水分解，脱炭酸が起こることによりジメドン（**3.29**）が得られる（スキーム 3.13）．

スキーム 3.13

Michael 付加，アルドール縮合という一連の反応は二環性ケトン化合物の重要な合成法であり，**Robinson 環化**（ロビンソン）として知られる．

3.1.4 イミニウムイオンやイミンとエノラートの反応
Mannich 反応（マンニッヒ）

ハロゲン化アルキル以外に，イミンやイミニウムイオンなども求核試薬であるエノラートと反応する．第一級アミンはアルデヒドやケトンと反応しイミンを生じる[47)〜50)]．たとえば，アセトフェノンとメチルアミンの反応では四面体型中間体が生じ，さらに脱水反応によりイミン **3.30** を与える（スキーム 3.14）．

スキーム 3.14

しかし，ジメチルアミンなどの第二級アミンと，ホルムアルデヒドやアセトンの反応では，**Mannich 塩基**（Mannich base）**3.31** を与える．

反応機構 この反応では，**3.32** のメチレンアンモニウム塩が中間体として関与していると考えられており，酸触媒によりケトンから生じるエノール，または少量のアミンが塩基としてケトンから α 水素を引抜くことにより生じるカルボアニオンと縮合することにより Mannich 塩基が生成する（スキーム 3.15）．

Mannich 反応では，ホルムアルデヒドが用いられることが最も多いが，他のアルデヒドもイミニウムイオンの形成に用いることができる．また，インドール，フラン，ピロール，フェノールなどの電子過剰で反応性が高い芳香族化合物を用いても反応は進行する．第一級アミンを用いた場合には第二級アミンの Mannich 塩基が生成し，さらに縮合が進行し第三級アミンが生じることもある．Mannich 塩基は加熱によりアミンが β 脱離し，α,β-不飽和ケトンに変換される．さらに Mannich 塩基が合成上有用である点は，ジメチルアミノ基をシアノ基に置換し，ひき続き加水分解することにより対応するカルボン酸へ変換できることである．たとえば，イ

スキーム 3.15

ンドール，ホルムアルデヒド，ジメチルアミンから得られる Mannich 塩基 **3.33** をメチル化することにより，第四級アンモニウム塩 **3.34** が得られる．さらに **3.34** を KCN と反応させ，ひき続き加水分解することにより β-インドール酢酸（**3.35**）が生成する．

イミンの触媒的不斉アルキル化

イミンの触媒的不斉アルキル化には，(a) キラルなルイス酸を用いる方法，(b) キラルな求核試薬を用いる方法，の二つの方法がおもに用いられている．

キラルなルイス酸を用いる方法では，キラルな配位子に結合した遷移金属触媒が用いられる．小林らは，光学活性なジルコニウム-ジブロモ BINOL 錯体を触媒として用いるエナンチオ選択的 Mannich 型反応を報告している[51]．

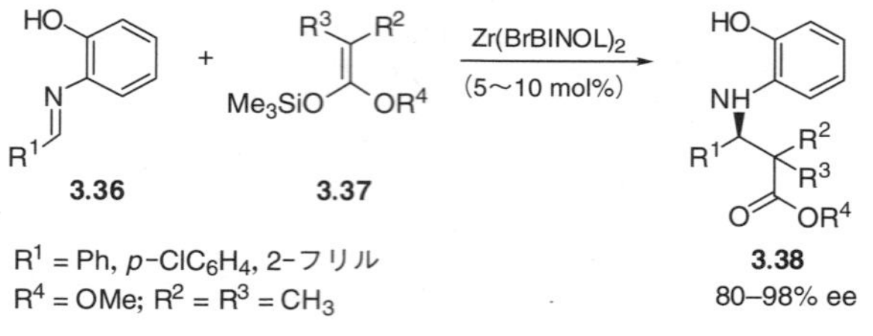

150　3. 安定化されたカルボアニオン，エナミン，イリド

R^1 = Ph, p-ClC$_6$H$_4$, 2-フリル
R^4 = OMe; R^2 = R^3 = CH$_3$

3.38 80–98% ee

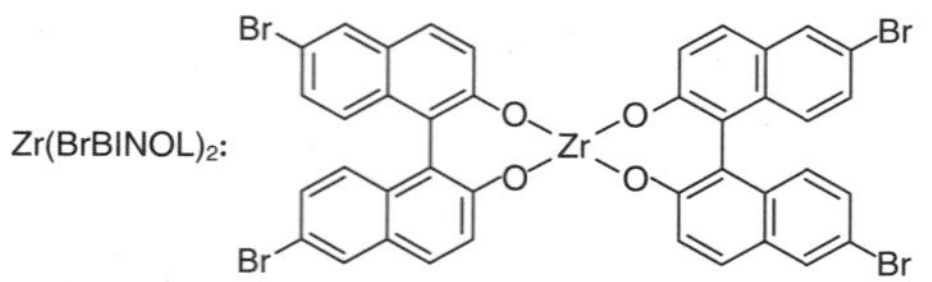

Zr(BrBINOL)$_2$:

この反応機構は以下のように考えられている．Zr(Ⅳ)(BrBINOL)$_2$ に o-ヒドロキ

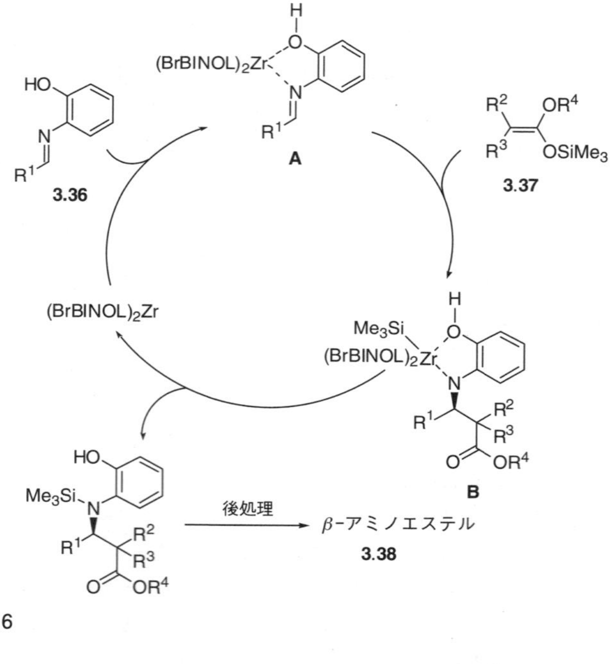

後処理 → β-アミノエステル
3.38

スキーム 3.16

シフェニルイミン **3.36** が配位し,活性なキラルルイス酸錯体 **A** が生成する.つぎにケテンシリルアセタール **3.37** と反応し錯体 **B** を与え,さらにシリル基が転位し β-アミノエステルが錯体から脱離することで **3.38** が生じるとともに触媒である Zr(BrBINOL)$_2$ が再生し,さらに別のイミンと反応する(スキーム 3.16).

二つ目の方法は,キラルな求核試薬をイミンへ付加させる方法である.下図の反応では,求核試薬と不斉配位子 **3.39** が反応し,キラルな求核種を形成する反応機構が想定されている.

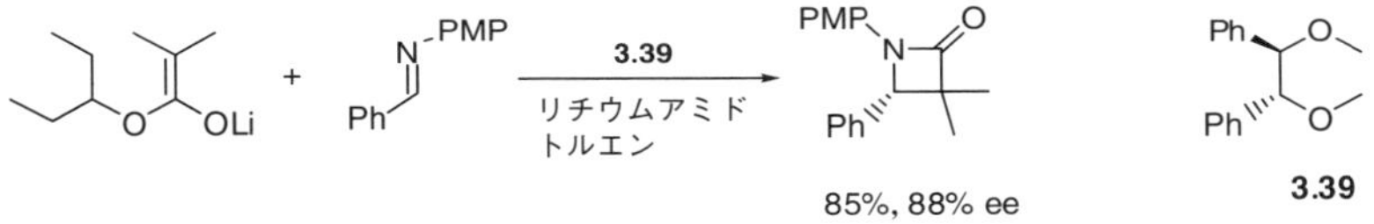

3.2 エナミン

エナミンの反応は Stork らによって開発され[52)〜56)],有機合成に広く用いられている.エナミンとは α,β-不飽和アミンであり,脱水剤の存在下 α 水素をもつアルデヒドやケトンと,第二級アミンを反応させることにより得られる.

第二級アミンと,α 水素をもつアルデヒドやケトンの反応はまず第一級アミンと同様な機構(スキーム 3.14)で進行する.しかし,窒素原子上にさらに脱離できる水素がないため,四面体型中間体はイミンを形成することができない.その結果,四面体型中間体から α 水素の脱離を伴う脱水反応が進行し,エナミン **3.40** が生じる.反応は可逆であり,平衡状態にある混合物から水を取除くことにより高収率でエナミンが得られる(スキーム 3.17).イミン,エナミンは酸性条件下での加水分解,つまり大過剰の水と反応することにより,もとのアルデヒドやケトンに戻る.

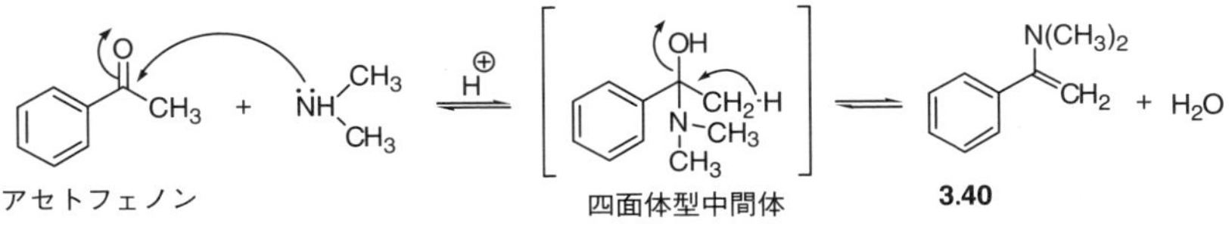

エナミン合成に使われる第二級アミンとしては,ピロリジンやモルホリン,ピペリジンが最も一般的である.

非対称ケトンの場合，2種類のエナミンが形成しうる．たとえば，第二級アミンとしてピロリジンを用い，2-メチルシクロヘキサノン（**3.4**）と反応させると，二重結合の位置が異なるエナミンの異性体，**3.41** と **3.42** の混合物を与える．しかし，この場合には置換基が少ないアルケンである **3.42** が主生成物である（スキーム3.18）．その理由は，多置換アルケンである **3.41** ではシクロヘキシルのメチル基とピロリジンのメチレンの間の立体障害により，窒素の非共有電子対と二重結合の共役が起こりにくく，**3.42** と比べ不安定化しているためと考えられる．

スキーム 3.18

3.2 エナミン

エナミンはエノールの窒素類縁体であり，エノールの場合と同様に電荷が非局在化している．

エナミンは，エノラートイオンの合成等価体とみなすことができ，ハロゲン化アルキル，酸ハロゲン化物や α,β-不飽和化合物と反応する際には，ケトンから誘導されるエノラートと同じ反応性を示す．

またエナミンは，エノラートと同様に反応性の高いアルキル化剤によりアルキル化される．また，α-置換エナミンは酸性条件下での加水分解により，アルデヒドやケトンに変換可能である．したがってアルデヒドやケトンのアルキル化は，エナミンを経由した3段階で行うことができ，この過程は **Stork エナミン合成** (ストーク) とよばれる（スキーム 3.19）.

スキーム 3.19

この反応で重要な点は，反応が位置選択的に進行することである．**3.4** のような非対称ケトンのアルキル化は，エナミンの反応の場合には置換基が少ない側の α 炭素上で進行する．この結果は，非対称ケトンを塩基性条件下でアルキル化した場合に，位置異性体の混合物を与えるのとは対照的である．またエナミンの反応では塩基を用いないため，カルボニル化合物に由来する副生成物が生じる可能性がない．たとえば，エナミン **3.42** とヨウ化メチルを反応させ，さらに加水分解することにより 2,6-ジメチルシクロヘキサノン **3.43** のみを得ることができる（スキーム 3.20）.

3. 安定化されたカルボアニオン，エナミン，イリド

スキーム 3.20

またエナミンのアルキル化は，二環性化合物の合成にも用いることができる．

さらにエナミンは，アルデヒドやケトンの α 位をアシル化する際の中間体としても有用である（スキーム 3.21）．

スキーム 3.21

エナミンを求核試薬として用いて Michael 付加を行う場合も，置換基の少ない α 位側から付加した生成物が得られる．この結果は，非対称ケトンをエタノール（EtOH）中で NaOEt と反応させて得られるエノラートの Michael 付加が，置換基

の多い α 位側から進行するのとは対照的である．

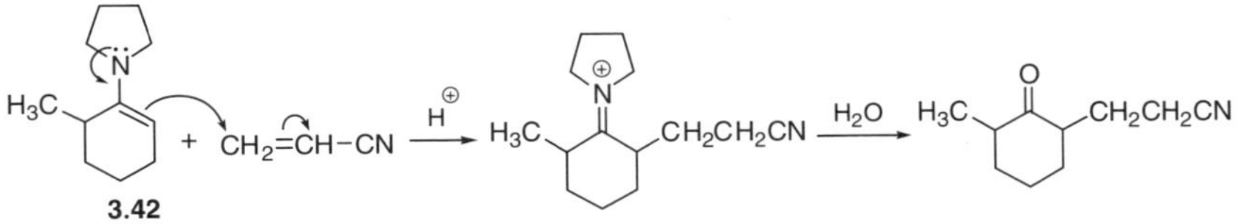

エナミンを α,β-不飽和ケトンへ Michael 付加させた後に，**分子内アルドール縮合**（intramolecular aldol condensation）を行うと環状ケトンが得られる．この一連の反応は，前述した Robinson 環化の代替反応となりうる（スキーム 3.22）．

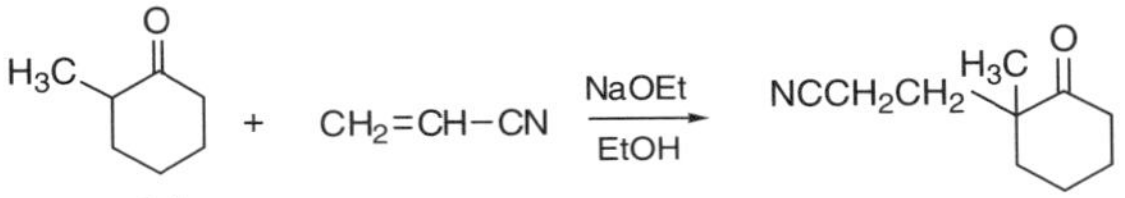

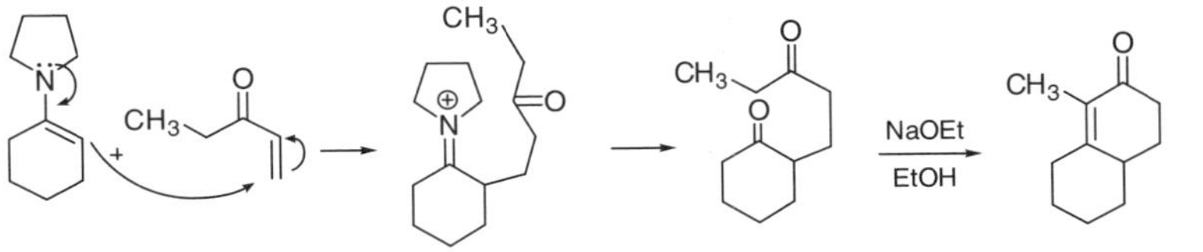

スキーム 3.22

3.3 イ リ ド

"イリド"という用語は，1953 年に **Wittig 反応**[57)～61)] を開発した George Wittig が使い始めた．それ以来イリドの化学は，炭素－炭素結合形成反応のなかでも重要かつ汎用性の高い合成手法として急速に発展した．

イリドは，炭素上の負電荷が隣接する正電荷をもつヘテロ原子により安定化されている特殊なカルボアニオンである．最も一般的なイリドは，ホスホニウムイリドなどのリンイリド，スルホニウムイリドやスルホキソニウムイリドなどの硫黄イリドと，アンモニウム，アゾメチン，ピリジニウム，ニトリルイリドなどの窒素イリドである．合成的に重要なこれら 3 種類のイリドに加え，近年ではスズ（Sn）イリドやヨードニウムイリドが開発されている．

大部分のイリドは下図のような共鳴構造で表記できる．

$R_nZ^{\oplus}-\overset{\ominus}{C}RR' \longleftrightarrow R_nZ=CRR'$ $Z = P$ および $n = 3$
     または
     $Z = S$ および $n = 2$

そしてイリドは，安定イリドと不安定イリドに分類できる．ヘテロ原子上に強い電子供与性基がある場合は，イリドの安定性は向上するが反応性は低下する．また，カルボアニオンの炭素に結合している置換基の電子求引性が強い場合にも，イリドの安定性は高まり，反応性は低下する．

3.3.1 イリドの生成

イリドは，結晶として単離される場合もあるが，反応の中間体として一時的に存在するイリドもある．

窒素イリド

アンモニウムイリド **3.44** のおもな調製法として，1) 適切なアミンをアルキル化した後に塩基により脱プロトンする，2) カルベンを第三級アミンで捕捉する，という二つの方法があげられる．

$$(CH_3)_3\overset{\oplus}{N}CH_3 \overset{\ominus}{B}r \xrightarrow[\text{エーテル}]{C_6H_5Li} (CH_3)_3\overset{\oplus}{N}-\overset{\ominus}{C}H_2 + LiBr$$

臭化テトラメチルアンモニウム　　　　　　　　　　　　　　**3.44**

$$(CH_3)_3\ddot{N} + :CH_2 \longrightarrow (CH_3)_3\overset{\oplus}{N}-\overset{\ominus}{C}H_2$$

カルベン　　　　　　　　　　**3.44**

硫黄イリド

スルホニウム塩からアルキルリチウムなどの塩基によりα水素を引抜き，ジアルキルスルホニウムメチリド（硫黄イリド）を得る方法が，最も一般的な硫黄イリドの合成法である．同様に，スルホキシドからスルホキソニウム塩を合成し，ひき続きイリドへ変換することもできる．完全にイリドへと変換するためには，ブチルリ

$$(CH_3)_2S \xrightarrow{CH_3I} \left[(CH_3)_2\overset{\oplus}{S}-CH_3\right]\overset{\ominus}{I} \xrightarrow[\text{DMSO}]{NaH} \left[(CH_3)_2\overset{\oplus}{S}-\overset{\ominus}{C}H_2 \longleftrightarrow (CH_3)_2S=CH_2\right]$$

ヨウ化トリメチルスルホニウム　　　　　　　　　　**3.45**

$$H_3C-\underset{\underset{CH_3}{|}}{\overset{\overset{CH_3}{|}}{\overset{\oplus}{S}}}=O \; \overset{\ominus}{I} \xrightarrow[\text{DMSO}]{RLi \text{ または } NaH} \left[\underset{\underset{CH_3}{|}}{\overset{\overset{CH_3}{|}}{\overset{\ominus}{C}H_2-S}}=O \longleftrightarrow \underset{\underset{CH_3}{|}}{\overset{\overset{CH_3}{|}}{CH_2=S}}=O\right]$$

ヨウ化トリメチルスルホキソニウム　　　　　　　　　　**3.46**

チウムなどの非常に強い塩基が必要である．ほとんどの溶媒に溶けない強塩基である水素化ナトリウム（NaH）を，ジメチルスルホキシド（DMSO）と反応させると，**ジムシルナトリウム**（dimsyl sodium）として知られる強共役塩基 $CH_3S(=O)CH_2^- Na^+$ が生じる．この可溶性の塩基は，DMSO 中でイリドを発生させる場合に広く用いられる．Corey と Chaykovsky はジムシルナトリウムを用いて，ジメチルスルホニウムメチリドイリド（**3.45**）とジメチルスルホキソニウムイリド（**3.46**）を合成した．その後これらのイリドは，広く有機合成に用いられている[62)~65)]．

硫黄イリドはカルベンとスルフィドからも調製できる．

$$\text{C:} + \text{:SR}_2 \longrightarrow \overset{\ominus}{C}-\overset{\oplus}{S}R_2$$

たとえば，アリールクロロジアジリンから発生するアリールクロロカルベンを，トリメチレンスルフィドと反応させることで硫黄イリドが中間体として得られる[66)]．

Ar = Ph, p-MeC$_6$H$_4$, p-ClC$_6$H$_4$

スルフィドは触媒量の $CuSO_4$ 存在下でジアゾ化合物とも反応し，硫黄イリドがラセミ体として得られる[67)]．

しかし，キラルな触媒を用いることで単一の光学異性体を得ることが可能である[68)]．**3.47**，**3.48**，**3.49** などの不斉配位子に配位した Cu（Ⅰ）触媒は，立体選択的な硫黄イリドの合成に使われる．

3.47

3.48

3.49

リンイリド

リンイリドは，ホスホニウム塩を強塩基で脱プロトンすることにより得られる．まず，トリフェニルホスフィンをハロゲン化アルキルによりアルキル化し，生成したホスホニウム塩をフェニルリチウムや n-ブチルリチウムなどの強塩基と反応させることによりリンイリドを得ることができる．一番単純な構造のイリドは，ヨウ化メチルトリフェニルホスホニウムからプロトンを引抜くことにより得られるメチレントリフェニルホスホラン（**3.50**）である．

$(C_6H_5)_3P \xrightarrow{CH_3I} (C_6H_5)_3\overset{\oplus}{P}-CH_3 \ \overset{\ominus}{I} \xrightarrow[\text{エーテル}]{C_4H_9Li} \left[(C_6H_5)_3\overset{\oplus}{P}-\overset{\ominus}{CH_2} \longleftrightarrow (C_6H_5)_3P=CH_2 \right] + C_4H_{10} + LiI$

トリフェニルホスフィン　　　　　　　　　　　　　　　　　　　　　**3.50**

$Ph_3P=CH_2$（**3.50**）を第一級ハロゲン化アルキル $R-CH_2-X$ によりアルキル化し，ひき続きブチルリチウムなどの強塩基を反応させ，脱プロトンすることでイリド上に置換基を導入できる．

カルボニルイリド

安定カルボニルイリド **3.52** は，ケイ素置換基をもつ α-クロロエーテル **3.51** を中性条件下フッ化物イオンと反応させることにより得られる．

$Me_3Si-\underset{\underset{\textbf{3.51}}{}}{\overset{Ar}{\underset{|}{C}}}-O-CH_2Cl \xrightarrow{F^-} \left[\underset{\textbf{3.52}}{\overset{Ar}{\underset{\oplus}{\overset{\ominus}{C}}}\!=\!CH_2} \longleftrightarrow \overset{Ar}{\underset{\ominus}{C}}-\overset{\oplus}{O}\!\!\sim \longleftrightarrow etc. \right]$

不安定カルボニルイリド **3.55** は，1-ヨードアルキルトリエチルシリルエーテル（**3.53**）から，中間体としてビス(1-ヨードアルキル)エーテル（**3.54**）を経て生成している．

$\underset{\textbf{3.53}}{CH_3-\underset{I}{\overset{OSiEt_3}{\underset{|}{CH}}}} \rightleftharpoons \underset{\textbf{3.54}}{CH_3-\underset{I}{\overset{}{\underset{|}{CH}}}-O-\underset{I}{\overset{}{\underset{|}{CH}}}-CH_3} \xrightarrow{Mn} \left[\underset{\textbf{3.55}}{\overset{CH_3}{\underset{\oplus}{\overset{\ominus}{C}}=}\!\!O-CH_3} \right]$

3.3.2 イリドの反応

大部分のイリドは，強い求核試薬であると同時に強い塩基であり，有機合成化学上非常に重要な試薬である．イリドを用いることにより，アルケニル化，（エポキシ化，シクロプロパン化，アジリジン化などの）3員環形成，および転位反応の三つの反応が進行する．炭素上に負電荷があるためイリドの反応性は高く，炭素－炭素結合形成反応において有用な試薬である．スルホニウムイリド，アミノスルホキソニウムイリド，ヒ素（As）イリドなどはカルボニル化合物と反応しエポキシドを与える．エポキシドは有機合成において広く用いられる中間体であり，求電子，あるいは求核試薬による開環反応は，1，2位が官能基化された化合物群を提供し，また新たな炭素－炭素結合の生成に用いられる．

カルボニル化合物，アルケン，イミンなどと，イリドが反応する場合の二つの反応経路をスキーム 3.23 に示す．反応により生じた中間体 **A** から L_nM が脱離することでエポキシド，シクロプロパンやアジリジンなどの3員環化合物が得られる．一方中間体 **B** からは，$L_nM=X$ が脱離することでアルケンが生成物として得られる．

スキーム 3.23 カルボニル化合物とイリドとの反応

カルボニルイリド

カルボニルイリドと活性化されたアルケンやアルキンとの間で[2+3]型付加環化反応が進行する．たとえば，フマル酸ジメチルの存在下，α-クロロエーテル **3.56** とフッ化セシウム（CsF）を反応させると，トランス体の付加環化体 **3.57** のみを，またマレイン酸ジメチルを用いた場合にはシス体の付加環化体 **3.58** のみを立体特異的に与える（スキーム 3.24）．

3. 安定化されたカルボアニオン, エナミン, イリド

スキーム 3.24

窒素イリド

窒素イリド（**3.60**）は **Sommelet** 転位の中間体として生成する[69)〜74)]．この転位反応は，窒素の α 位に水素原子をもつ第四級ハロゲン化アンモニウム **3.59** を第三級芳香族アミン **3.61** へ変換する際に用いられる（スキーム 3.25）．

スキーム 3.25

アンモニウムイリド上の四つのアルキル基に β 水素がなく，一つだけ β 位にカルボニルをもつイリド **3.62** の場合，**Stevens** 転位[75)〜79)] が進行し，α-アミノケトン **3.63** が得られる（スキーム 3.26）．

転位する置換基の立体配置がほぼ完全に保持されることから，反応は分子内かつ協奏的に進行していると考えられる．しかし，ラジカルの解離と再結合を経由する

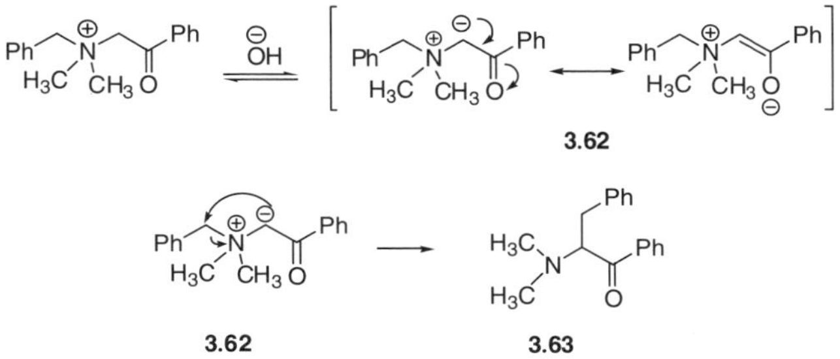

3.3 イ リ ド

[スキーム 3.26の反応式]

スキーム 3.26

[スキーム 3.27の反応式]

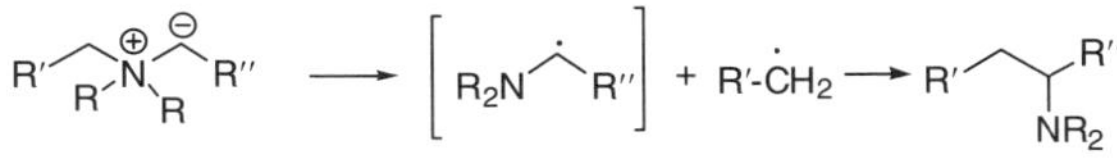

スキーム 3.27

反応機構（スキーム 3.27）を支持する実験結果もある．

硫黄（S）などの他のヘテロ原子を含む類似化合物においても Stevens 転位が進行する．

硫黄イリド

ジメチルスルホニウムメチリド（**3.45**）などの不安定スルホニウムイリドや，ジメチルスルホキソニウムメチリド（**3.46**）などの安定スルホキソニウムイリドは，最も広く用いられる硫黄イリドである．

$(CH_3)_2\overset{\oplus}{S}-\overset{\ominus}{CH_2}$ 　　 $(CH_3)_2\underset{\oplus}{\overset{\overset{\displaystyle O}{\|}}{S}}-\overset{\ominus}{CH_2}$

　　3.45　　　　　　　　　　**3.46**

硫黄イリド **3.45** とシクロヘキサノンの反応はオキシラン（エポキシド）**3.64** を与え，リンイリド **3.65** との反応ではアルケン **3.66** を与える．

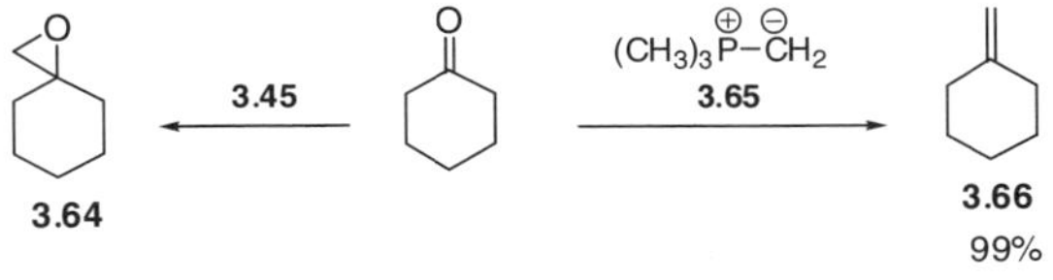

[反応式: 3.64 ← 3.45 ← シクロヘキサノン → 3.65 → 3.66 (99%)]

アルデヒドやケトンと硫黄イリドの反応は，1961年にJohnsonらにより初めて報告された[80]が，現在では **Corey-Chaykovsky 反応**として知られている．硫黄イリドと求電子的なカルボニルの炭素原子が反応することにより，ベタイン型の中間体が生じる．つぎに分子内 S_N2 反応によりエポキシドが生成し，スルフィドが再生する（スキーム 3.28）．

スキーム 3.28

3.45 と芳香族アルデヒドの反応は非常に有用であり，エポキシド，さらに複素環化合物の合成に利用できる（スキーム 3.29）．

スキーム 3.29

Trost は，**3.67** を n-ブチルリチウム（n-BuLi）により脱プロトンすることにより硫黄イリド **3.68** を調製し，ひき続きベンズアルデヒドと反応させることによりスチレンオキシド **3.69** がラセミ体として得られると報告している[81]．

α,β-不飽和カルボニル化合物と反応させた場合，用いる硫黄イリドの安定性に

3.3 イ リ ド　　163

より生成物の構造が異なる．不安定硫黄イリドであるスルホニウムイリドを用いた場合にはエポキシドが生成し，安定硫黄イリドであるスルホキソニウムイリドと反応させた場合はシクロプロパンが生成する．1,2-付加によるエポキシドの形成は速度論的に有利であるが，1,4-付加または **Michael 付加** によるシクロプロパン化は熱力学的に有利である．

硫黄イリドを用いて，[2,3]シグマトロピー転位[82)~85)] などの転位反応が進行する場合もある（スキーム3.30）．

スキーム 3.30

他のヘテロ元素類縁体として，オキソニウムイリド，セレニウムイリド，ヨードニウムイリドなどにおいても[2,3]シグマトロピー転位が進行する．

リンイリド

リンイリドを用いる反応として，アルデヒドやケトンなどカルボニル化合物との反応によるアルケンの合成反応があげられる．この反応は **Wittig 反応**[57)~61)] として広く知られている．

[反応式: ベンゾエート型基質 + (C₆H₅)₃P=CH₂ (3.50) → ジエチルエーテルまたはTHF → エキソメチレン生成物 + (C₆H₅)₃P=O]

[反応式: ベンズアルデヒド + (C₆H₅)₃P=シクロペンチリデン → ジエチルエーテルまたはTHF → ベンジリデンシクロペンタン + (C₆H₅)₃P=O]

Wittig 反応は，環外二重結合（エキソメチレン）を導入する際に便利な反応である．たとえば，シクロヘキサノンは **3.50** との反応により収率 99% でメチレンシクロヘキサン（**3.66**）へ変換される．

[反応式: シクロヘキサノン + Ph₃P=CH₂ (3.50) → メチレンシクロヘキサン (3.66) 99%]

リンイリドがアルデヒドやケトンと反応し，ベタイン中間体（**A**）を経由してオキサホスフェタン **B** が生成する．ひき続きトリフェニルホスフィンオキシドが脱離することによりアルケンが得られる（スキーム 3.31）（§4.3.1 参照）．

[スキーム: Ph₃P=CHR¹ (イリド) + R-CO-R → ベタイン A (Ph₃P⁺–O⁻, R¹–C–C–R, H R) → オキサホスフェタン B (Ph₃P–O, R¹–C–C–R, H R) → R¹(H)C=C(R)R + O=PPh₃ (トリフェニルホスフィンオキシド)]

スキーム 3.31

Wittig 反応によるアルケニル化の最も大きな利点は，二重結合を完全に決まった位置に導入できることであり，二重結合の位置の制御が困難であるアルコールの脱水反応とは対照的である．また，アルキル置換の単純なイリドを用いた場合には Z 体が優先して生成する．

$$C_3H_7-CHO + (C_6H_5)_3P=CHCH_3 \xrightarrow{\text{エーテル または THF}} C_3H_7\overset{H}{\underset{}{C}}=\overset{H}{\underset{CH_3}{C}} + (C_6H_5)_3P=O$$

主生成物

また，ホスホナート型エノラートを求核試薬として用いる反応は **Horner-Wadsworth-Emmons 反応**[86]〜[92]として知られる（スキーム 3.32）（§4.3.1 参照）．

$$\text{(EtO)}_2\text{P(O)-CH}_2\text{-Z} \xrightarrow{\text{NaH}} \text{(EtO)}_2\text{P(O)-CH(}^-\text{)-Z} \xrightarrow{\text{PhCOCH}_3} \underset{Ph}{\overset{CH_3}{\diagdown}}C=C\underset{Z}{\diagup} + \text{(EtO)}_2\text{P(O)-O}^-\text{Na}^+$$

Z = CN, COOEt 　　　　　　　　　　　　　　　　E-エステル

スキーム 3.32

このイリドに似たカルボアニオンは安定であり，E 体のアルケンが生成物として得られる．

一置換，二置換，三置換アルケンは Wittig 反応により高収率で得られる．また種々のケトンやアルデヒドを用いることができるが，エステルなどのカルボン酸誘導体は反応しない．ヒドロキシ基（OH），アルコキシ基（OR），芳香族ニトロ基，さらには芳香族エステルをもつカルボニル化合物でも Wittig 反応は進行する．

3.3.3 イリドを用いる不斉反応

エポキシ化，シクロプロパン化，アジリジン化，[2,3]シグマトロピー転位やアルケニル化などの不斉反応は，**キラルなイリド**（試薬制御型の不斉誘導），またはキラルな C=X 化合物（基質制御型の不斉誘導）を用いることにより達成される．なお，光学活性なオキシラン（エポキシド）は，医薬品や農薬の合成において重要な中間体である．

試薬制御によるエポキシドの不斉誘導の場合，キラルなイリドが不斉源として用いられ，アキラルなアルデヒドやケトンとの反応により光学活性なエポキシドが得られる．

$$R^2R^3C=O + L_nM^+-C^-HR^1 \text{(キラルイリド)} \longrightarrow \underset{R^3}{\overset{R^2}{\diagdown}}\overset{O}{\underset{}{\triangle}}\underset{R^1}{\diagup} + L_nM$$

この不斉エポキシ化反応は，1) 配位子のアルキル化とその塩の単離，2) カルボニル化合物存在下での塩基との反応，の 2 段階で進行する．

166   3. 安定化されたカルボアニオン，エナミン，イリド

触媒量の配位子で反応が進行する例もあり，スキーム 3.33 に示した触媒サイクルで反応が進行する．

スキーム 3.33

キラルなスルホニウムイリドを用いた不斉エポキシ化の例として，exo-ヒドロキシ基をもつ光学活性なスルフィド **3.70** を用いた反応が報告されている．0.5 当量の **3.70** 存在下，4-クロロベンズアルデヒドと臭化ベンジルをアセトニトリル中室温で反応させることにより，trans-スチルベンオキシド **3.71** が鏡像体過剰率（ee）43％で得られる[93]．なお，この反応では KOH が塩基として用いられる．

3.71
(R,R)-(+)-トランス体
収率 50％, 43％ ee

Johnson らは初めて，**3.72** を原料としてアミノスルホキソニウムイリド **3.73** を単一の鏡像異性体として調製し，ベンズアルデヒドと反応させることにより R 体のスチレンオキシド（**3.69**）を鏡像体過剰率 20％で得た[94]～[97]．アミノスルホキソ

3.3 イリド

[反応式: 3.72 → 3.73 (R)-(−)-アミノスルホキソニウムイリド → 3.69 (R)-スチレンオキシド 収率60%, 20% ee]

ニウムイリド **3.74** を用いた場合，反応は予想どおり逆のエナンチオ選択性で進行し，ヘプタナールから S 体のエポキシド **3.75** が鏡像体過剰率 39% ee で得られる．

[反応式: n-C_6H_{13}CHO (ヘプタナール) + **3.74** キラルイリド → **3.75** (S)-エポキシド 39% ee]

これらのエポキシ化反応に関して，2段階で進行する反応機構が提唱されている（スキーム 3.34）．まず，カルボニル化合物とスルホニウムイリドの反応で中間体のベタイン **A** が不可逆的に得られ，一方アミノスルホキソニウムイリドからは可逆的に **B** が得られる．ひき続き，ベタイン **A** または **B** から不可逆的な閉環反応が進行し，エポキシドが生成する．

[スキーム 3.34: 段階1（不可逆）で中間体 A を経て段階2でエポキシドへ；段階1（可逆）で中間体 B を経て段階2でエポキシドへ]

スキーム 3.34

Durst らは，スルホニウム塩から C_2-対称なスルホニウムイリド **3.76**, **3.77**, **3.78** を調製し，それらを用いて不斉エポキシ化を行うことにより，古川らの報告[93]よ

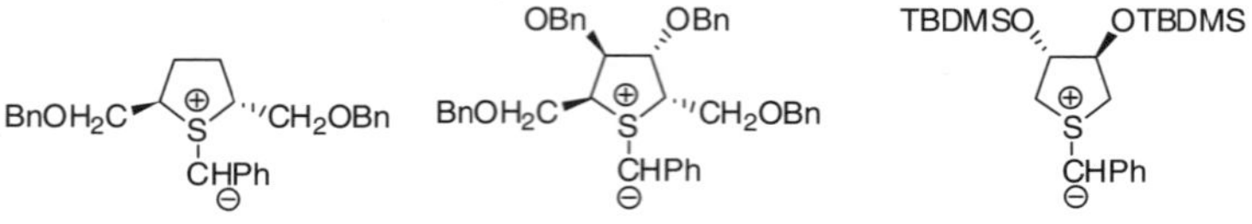

3. 安定化されたカルボアニオン，エナミン，イリド

3.76, **3.77**, **3.78**

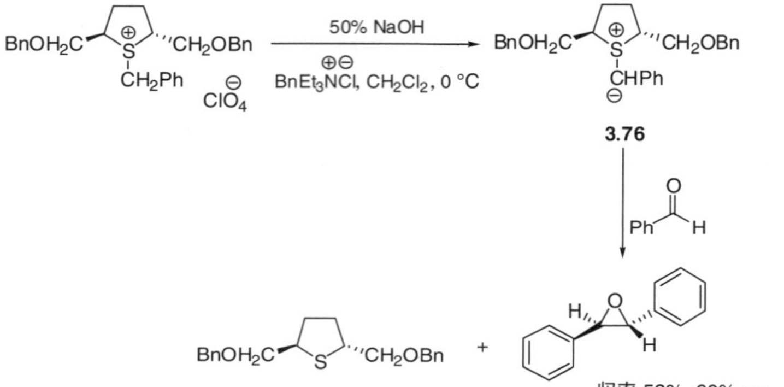

スキーム 3.35

収率 53%, 60% ee
(2R, 3R) − (+) −**3.80**

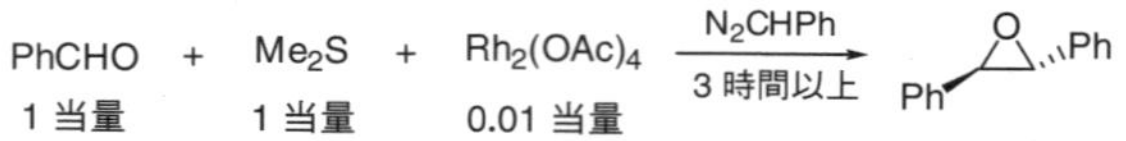

3.80
収率 70%
トランス体：シス体 = 88：12

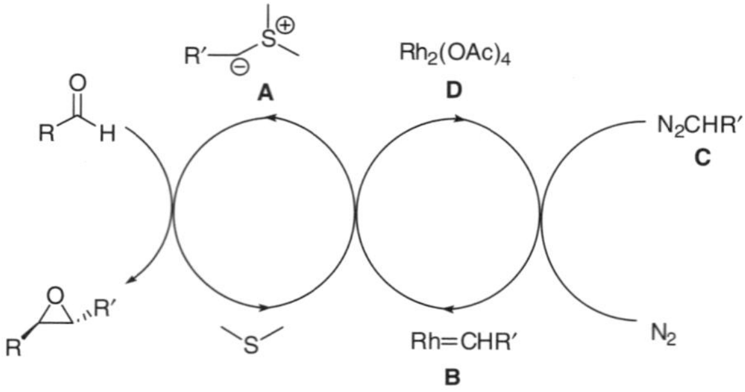

スキーム 3.36

り高いエナンチオ選択性を達成した[98]（スキーム 3.35）．なお Durst らは，エポキシ化反応を相間移動触媒存在下で行っている．

1当量のベンズアルデヒドと2当量の臭化ベンジルを $(2R,5R)$-ジメチルチオラン（**3.79**）存在下で反応させると，trans-$(2S,3S)$-ジフェニルオキシラン（**3.80**）が選択的に得られる．

Me⋯S⋯Me + PhCH$_2$Br + PhCHO →(KOH, 室温, t-BuOH/H$_2$O (9:1)) Ph⋯△⋯Ph
3.79   **3.80**

また，Aggarwal らは，従来の2段階でのエポキシ化を1段階にする触媒サイクルを提唱した（スキーム 3.36）[99),100]．この触媒サイクルでは，カルボニル化合物が存在する反応系中でイリド **A** をスルフィドとカルベノイド **B** から調製し，またそのカルベノイド **B** はジアゾ化合物 **C** と金属触媒 **D** より調製している．そして反応系中でイリド **A** がカルボニル化合物と反応し，trans-(S,S)-エポキシドが得られると同時にイリドが再生し，触媒サイクルが継続する．本反応は，ベンズアルデヒドのほかにも，他の芳香族，また脂肪族アルデヒドを用いても進行し，良好な収率でエポキシドが得られる（スキーム 3.36）．

引用文献

1. Cahiez, G., Chau, F. and Blanchot, B., *Org. Synth. Coll.*, **2004**, *10*, 59.
2. Cahiez, G., Chau, F. and Blanchot, B., *Org. Synth.* **1999**, *76*, 239.
3. Reetz, M. T. and Haning, H., *Tetrahedron Lett.*, **1993**, *34*, 7395.
4. Crimmins, M. T., Emmitte, K. A. and Katz, J. D., *Org. Lett.*, **2000**, *2*, 2165.
5. Crimmins, M. T. and Emmitte, K. A., *J. Am. Chem. Soc.*, **2001**, *123*, 1533.
6. Crimmins, M. T. and Choy A. L., *J. Am. Chem. Soc.*, **1999**, *121*, 5653.
7. Frost, A. A. and Pearon, R. G., *Kinetics and Mechanism*, Wiley, New York, **1953**, p. 291.
8. Bell, R. P. and Smith, M. J., *J. Chem. Soc.*, **1958**, 1691.
9. Fieser, L. F. and Fieser, M., *Adv. Org. Chem.*, **1961**, 456.
10. Claisen, L. and Claparede, A., *Chem. Ber.*, **1881**, *14*, 2460.
11. Schmidt, J. G., *Chem. Ber.*, **1881**, *14*, 1459.
12. Kohler, E. P. and Chadwell, H. M., *Org. Synth.*, **1941**, *1*, 71.
13. Henecka, H., *Houben-Weyl-Muller*, **1955**, *4*(II), 28.
14. Fieser, L. F. and Fieser, M., *Adv. Org. Chem.*, **1961**, 467.
15. Cahiez, G., Cléry, P. and Laffitte, J. A., Fr. Demande FR 2/671,085, Fr. Pat. Appl., **1990**, *90/16*, 413; Cahiez, G., Cléry, P. and Laffitte, J. A., *Chem. Abstr.*, **1993**, *118*, 69340b.
16. Crimmins, M. T., King, B. W., Tabet, E. A. and Chaudhary, K., *J. Org. Chem.*, **2001**, *66*, 894.
17. Tang, Z., Jiang, F., Yu, L.-T., Cui, X., Gong, L.-Z., Mi, A.-Q., Jiang, Y.-Z. and Wu, Y.-D., *J. Am. Chem. Soc.*, **2003**, *125*, 5262.
18. Mukaiyama, T., Stevens, R. W. and Iwasawa, N. *Chem. Lett.*, **1982**, 353.
19. Mukaiyama, T., Inomata, K. and Muraki, M., *J. Am. Chem. Soc.*, **1973**, *95*, 967.
20. Yura, T., Iwasawa, N. and Mukaiyama, T., *Chem. Lett.*, **1986**, 187.

21. Mukaiyama, T., *Org. React.*, **1982**, *28*, 203.
22. Banno, K. and Mukaiyama, T., *Chem. Lett.*, **1976**, 279.
23. Fischer, E. O. and Maasbol, A., *Angew. Chem., Int. Ed. Engl.*, **1964**, *3*, 580.
24. Bernasconi, C. F., *Adv. Phys. Org. Chem.*, **2002**, *37*, 137.
25. Henry, H., *Compt. Rend.*, **1895**, *120*, 1265.
26. Hass,H. B., Susie, A. G. and Heider, R. L.,*J. Org. Chem.*, **1950**, *15*, 8.
27. Varma, R. S., Dahiya, R. and Kumar, S., *Tetrahedron Lett.*, **1997**, *38*, 5131.
28. Palomo, C.,Oiarbide, M. and Laso, A., *Angew. Chem., Ed. Engl.*, **2005**, *44*, 3881.
29. Evans, D. A., Seidel, D., Rueping, M., Lam, H.W., Shaw, J. T. and Downey, C.W., *J. Am. Chem. Soc.*, **2003**, *125*, 12692.
30. Kamlet, J., U.S. Pat. 2,151,517, **1939**; Kamlet, J., *Chem. Abstr.*, **1939**, *33*, 5003.
31. Claisen, L., *Chem. Ber.*, **1887**, *20*, 655.
32. Dieckmann,W., *Chem. Ber.*, **1894**, *27*(102), 965.
33. Hauser, C. R. and Hudson, B. E., *Org. React.*, **1942**, *1*, 274.
34. Thyagarajan, B. S., *Chem. Rev.*, **1954**, 54, 1019.
35. Leonard, N. J. and Schimelpfenig, C.W., *J. Org. Chem.*, **1958**, *23*, 1708.
36. Hiyama, T., Kobayashi, K. and Nishide, K., *Bull. Chem. Soc. Jpn.*, **1987**, *60*, 2127.
37. Hiyama, T. and Kobayashi, K., *Tetrahedron Lett.*, **1982**, *23*, 1597.
38. Kobayashi, K. and Hiyama, T., *Tetrahedron Lett.*, **1983**, *24*, 3509.
39. Baylis, A. B. and Hillman, M. E. D, Ger. Pat. 1972, 2155113; *Chem. Abstr.*, **1972**, *77*, 34174 q.
40. Basavaiah, D., Gowriswari, V. V. L., Sarma, P. K. S. and Rao, P. D., *Tetrahedron Lett.*, **1990**, *31*, 1621.
41. Rezgui, F. and Gaied, M. M. E., *Tetrahedron Lett.*, **1998**, *39*, 5965.
42. Shi, M., Li, C.-Q. and Jiang, J.-K., *Chem. Commun.*, **2001**, 833.
43. Michael, A., *J. Prakt. Chem.*, **1887**, *35*, 349.
44. Bergmann, E. D., Ginsburg, D. and Pappo, R., *Org. React.*, **1959**, *10*, 179.
45. Kohler, E. P. and Butler, F. R., *J. Am. Chem. Soc.*, **1926**, *48*, 1036.
46. Xu, Y., Ohori, K., Ohshima, T. and Shibasaki, M., *Tetrahedron*, **2002**, *58*, 2585.
47. Mannich, C. and Krosche,W., *Arch. Pharm.*, **1912**, *250*, 647.
48. Blicke, F. F., *Org. React.*, **1942**, *1*, 303.
49. Schreiber, J., Maag, H., Hashimoto, N. and Eschenmoser, A., *Angew. Chem., Int. Ed.*, **1971**, *10*, 330.
50. Eftekhari-Sis, B., Abdollahifar, A., Hashemi, M. M. and Zirak, M., *Eur. J. Org. Chem.*, **2006**, 5152.
51. Ishitani, H., Ueno, M. and Kobayashi, S., *J. Am. Chem. Soc.*, **1997**, *119*, 7153.
52. Stork, G., Terrell, R. and Szmuszkovicz, J., *J. Am. Chem. Soc.*, **1954**, *76*, 2029.
53. Whitesell, J. K. and Whitesell, M. A., *Synthesis*, **1983**, 517.
54. Hickmott, P. W., *Tetrahedron*, **1982**, *38*, 1975.
55. Stork, G., Brizzolara, A., Landesman, H., Szmuszkovicz, J. and Terrell, R., *J. Am. Chem. Soc.*, **1963**, *85*, 207.
56. Stork, G. and Landesman, H. K., *J. Am. Chem. Soc.*, **1956**, *78*, 5128.
57. Maryanoff, B. E. and Reitz, A. B., *Chem. Rev.*, **1989**, *89*, 863, および引用文献.
58. Vedejs, E., Marth, C. F. and Ruggeri, R., *J. Am. Chem. Soc.*, **1988**, *110*, 3940.
59. Vedejs, E. and Marth, C. F., *J. Am. Chem. Soc.*, **1988**, *110*, 3948.
60. Reitz, A. B., Mutter, M. S. and Maryanoff, B. E., *J. Am. Chem. Soc.*, **1984**, *106*, 1873.
61. Burton, D. J., Yang, Z. Y. and Qiu, W., *Chem. Rev.*, **1996**, *96*, 1641.
62. Corey, E. J. and Chaykovsky, M., *J. Am. Chem. Soc.*, **1962**, *84*, 867.
63. Corey, E. J. and Chaykovsky, M., *J. Am. Chem. Soc.*, **1965**, *87*, 1353.
64. Corey, E. J. and Chaykovsky, M., *Org. Synth. Coll.*, **1973**, *5*, 755.
65. Corey, E. J. and Chaykovsky, M., *Org. Synth.*, **1969**, *49*, 78.
66. Romashin, Y. N., Liu, M. T. H. and Bonneau, R., *Tetrahedron Lett.*, **2001**, *42*, 207.
67. Ando, W., Yagihara, T., Tozune, S., Imai, I., Suzuki, J., Toyama, T., Nakaido, S. and Migita, T., *J. Org. Chem.*, **1972**, *37*, 1721.
68. Aggarwal, V. K., Bell, L., Coogan, M. P. and Jubault, P., *J. Chem. Soc., Perkin Trans. 1*, **1998**,

2037.
69. Sommelet, M., *Compt. Rend.*, **1937**, *205*, 56.
70. Wittig, G., Mangold, R. and Felletschin, G., *Ann. Chem.*, **1948**, *560*, 116.
71. Hauser, C. R. and Eenam, D. N. V., *J. Am. Chem. Soc.*, **1956**, *78*, 5698.
72. Jones, G. C. and Hauser, C. R., *J. Org. Chem.*, **1962**, *27*, 3572.
73. Bumgarner, C. L., *J. Am. Chem. Soc.*, **1963**, *85*, 73.
74. Jones, G. C., Beard, W. Q. and Hauser, C. R., *J. Org. Chem.*, **1963**, *28*, 199.
75. Stevens, T. S., Creighton, E. M., Gordon, A. B. and MacNicol, M., *J. Chem. Soc.*, **1928**, 3193.
76. Wittig, G. and Felletschin, G., *Ann. Chem.*, **1944**, *555*, 133.
77. Kantor, S. W. and Hauser, C. R., *J. Am. Chem. Soc.*, **1951**, *73*, 4122.
78. Brewster, J. H. and Kline, M. W., *J. Am. Chem. Soc.*, **1952**, *74*, 5179.
79. Jenney, E. F. and Druey, J., *Angew. Chem., Int. Ed.*, **1962**, *1*, 155.
80. Johnson, A. W. and LaCount, R. B., *J. Am. Chem. Soc.*, **1961**, *83*, 417.
81. Trost, B. M. and Melvin, L. S., Jr., *Sulphur Ylides*, Academic Press, New York, 1975.
82. Blackburn, G. M. Ollis, W. D., Plackett, J. D., Smith, C. and Sutherland, I. O., *J. Chem. Soc. Chem. Commun.*, **1968**, 186.
83. Doyle, M. P., Griffin, J. H., Chinn, M. S. and Leusen, D., *J. Org. Chem.*, **1984**, *49*, 1917.
84. Gassman, P. G., Miura, T. and Mossman, A., *J. Org. Chem.*, **1982**, *47*, 954.
85. Doyle, M. P., Tamblyn, W. H. and Bagheri, V., *J. Org. Chem.*, **1981**, *46*, 5094.
86. Horner, L., Hoffmann, H. and Wippel, H. G., *Chem. Ber.*, **1958**, *91*, 61.
87. Horner, L., Hoffmann, H., Wippel, H. G. and Klahre, G., *Chem. Ber.*, **1959**, *92*, 2499.
88. Wadsworth, W. S., Jr. and Emmons, W. D., *J. Am. Chem. Soc.*, **1961**, *83*, 1733.
89. Wadsworth, W. S., Jr. and Emmons, W. D., *Org. Synth. Coll.*, **1973**, *5*, 547.
90. Wadsworth, W. S., Jr. and Emmons, W. D., *Org. Synth.*, **1965**, *45*, 44.
91. Wadsworth, W. S., Jr., *Org. React.*, **1977**, *25*, 73.
92. Blanchette, M. A., Choy, W., Davis, J. T., Essenfeld, A. P., Masamune, S., Roush, W. R. and Sakai, T., *Tetrahedron Lett.*, **1984**, *25*, 2183.
93. Furukawa, N., Sugihara, Y. and Fujihara, H., *J. Org. Chem.*, **1989**, *54*, 4222.
94. Johnson, C. R. and Schroeck, C. W., *J. Am. Chem. Soc.*, **1968**, *90*, 6852.
95. Johnson, C. R. and Schroeck, C. W., *J. Am. Chem. Soc.*, **1973**, *95*, 7418.
96. Johnson, C. R. and Schroeck, C. W., *J. Am. Chem. Soc.*, **1971**, *93*, 5303.
97. Johnson, C. R., Schroeck, C. W. and Shanklin, J. R., *J. Am. Chem. Soc.*, **1973**, *95*, 7424.
98. Breau, L., Ogilvie, W. W. and Durst, T., *Tetrahedron Lett.*, **1990**, *31*, 35.
99. Aggarwal, V. K., Abdel-Rahman, H., Jones, R. V. H., Lee, H. Y. and Reid, B. D., *J. Am. Chem. Soc.*, **1994**, *116*, 5973.
100. Aggarwal, V. K., Ford, J. G., Thompson, A., Jones, R. V. H. and Standen, M. C. H., *J. Am. Chem. Soc.*, **1996**, *118*, 7004.

4

炭素−炭素二重結合形成反応

4.1 序論

アルケン類の合成は，有機化学において最も重要かつ最も広く利用されている反応である．炭素−炭素二重結合を位置選択的かつ立体選択的に導入する方法に関しては，多数の論文や総説が発表されている[1)~3)]．この章で解説するアルケン合成法のなかで特に重要な手法は，1)脱離反応，2)カルボニル化合物のアルケニル化，3)アルキンの還元，の三つである．

4.2 脱離反応

脱離反応により炭素−炭素二重結合を導入する場合，生成物に必要な炭素骨格をあらかじめ構築する必要がある．この手法では，導入される二重結合の"位置選択性"と"幾何異性の選択性"の二つの点を制御する必要がある．

4.2.1 β脱離

2-ブロモプロパン（**4.1**）とメトキシドイオンをメタノール中で反応させると，原料の40％から置換反応によりメチルイソプロピルエーテル（**4.2**）が生成し，残りの60％からは脱離反応によりプロペン（**4.3**）が生成する．置換反応と脱離反応はしばしば競合する反応であり，アルケンを生じる反応では，HBr分子が脱離することにより炭素−炭素二重結合が形成される．

ハロゲン化アルキルのE2脱離反応（1段階反応）では，塩基が脱離基に隣接した位置にあるプロトンを引抜き，その後脱離基が脱離し二重結合が形成される（スキーム4.1）．

4.2 脱 離 反 応

スキーム 4.1

ハロゲン化アルキルから，E2脱離により脱ハロゲン化水素が進行する際には，プロトンとハロゲン原子がアンチ配座で，かつほぼ平面配置をとるアンチペリプラナーから進行する．脱離を受けるハロゲン化アルキルのジアステレオマーにより，E-アルケンとZ-アルケンのいずれが生じるかが決まる．すなわち，*erythro*-ハロゲン化アルキル **4.4** からは，*trans*-アルケン **4.5** が，*threo*-ハロゲン化アルキル **4.6** からは *cis*-アルケン **4.7** が生じる（スキーム4.2）．

4.4 エリトロ体 → **4.5** トランス体

4.6 トレオ体 → **4.7** シス体

スキーム 4.2

一方 E1 反応は速度論的に一分子反応であり，脱離はカルボカチオンの生成を経由して進行し，反応の律速段階はカルボカチオンが生じる段階である．つぎの段階では溶媒分子が塩基として作用し，カルボカチオンに隣接するアルキル基の一つから H^+ を引抜く．切断される C-H 結合の結合電子が，カルボカチオンの空軌道へ供与されることにより二重結合が形成される（スキーム4.3）．すなわち，アルコールを 85% H_3PO_4 や 20% H_2SO_4，$KHSO_4$ などと加熱すると脱水によりアルケンが生成する．

この場合，最も安定なアルケン，すなわち最も置換基が多いアルケンがおもな生成物である（**Saytzeff 則**）．

Saytzeff 則（Alexander Mikhailovich Zaitsev の名前にちなんで Zaitsev's あるいは Saytsev's 則とも書く）とは，"立体的に嵩の小さい塩基を用いる脱離反応では，二重

4. 炭素—炭素二重結合形成反応

[第三級カルボカチオン生成およびE1脱離反応のスキーム]

スキーム 4.3

結合がより多置換になるアルケンが主生成物である"ことを意味する．一方，カリウム t-ブトキシド $(CH_3)_3COK$ などの嵩高い塩基を用いると，最も多く置換されている炭素，すなわち立体的に込合っている炭素からプロトンを引抜くことができないので，より置換基の数の少ないアルケンが優先的に得られる（**Hofmann 脱離**）．

NaI 存在下で塩化セリウム[4] $(CeCl_3 \cdot 7H_2O)$ を触媒として用いると，**4.8** などの β-ヒドロキシエステルや β-ヒドロキシケトンからジアステレオ選択的に脱水反応が進行し，対応する α,β-不飽和化合物 **4.9** が得られる．

[化合物 4.8 から 4.9 への脱水反応スキーム、R = PhC(O)NH-CH(CO_2(t-Bu))-CH_2-]

MOM = メトキシメチル基

希アルカリ水溶液や Grignard 試薬との反応あるいは加熱により，β-ハロアルキルトリクロロシラン類（$RCHXCH_2SiCl_3$）**4.10** からケイ素とハロゲンの β 脱離が進行し，アルケンが生じる[5]．これらの反応はハロゲン化アルキルからの脱ハロゲン

$$X-CH_2CH_2-SiCl_3 \xrightarrow{\text{塩基}} H_2C=CH_2 + XSiCl_3$$
4.10

化水素と類似している．いずれの反応も，炭素よりも陽性の元素であるケイ素，水素が，炭素よりも陰性の元素であるハロゲンとともに脱離する．この脱離反応において頻繁に使用される試薬は，アルコール性塩基，アルカリ水溶液，Grignard 試薬，

4.2 脱離反応

塩化アルミニウム，酢酸カリウムの氷酢酸溶液などである．一方，β-クロロエチルトリエチルシラン（**4.11**）は塩基の添加は不要であり，加熱するだけでアルケンが生じる．

$$Cl\text{-}CH_2CH_2\text{-}Si(C_2H_5)_3 \xrightarrow{\text{加 熱}} H_2C=CH_2 + (C_2H_5)_3SiCl$$
4.11

この脱離反応の反応機構は，E2 機構による脱ハロゲン化水素と類似している．塩基がケイ素原子へ求核攻撃すると同時にハロゲン化物イオンが脱離し，その結果二重結合が形成される（スキーム 4.4）．

$$Cl\text{-}CH_2CH_2\text{-}SiCl_3 \xrightarrow{B^{\ominus}} H_2C=CH_2 + Cl^{\ominus} + Cl_3Si\text{-}B$$

スキーム 4.4

一方，塩化アルミニウム共存下での反応は異なった反応機構で進行する．まず塩化アルミニウムが求電子的にハロゲン原子と反応し，ひき続き生成したカルボカチオンから $SiCl_3^+$ が β 脱離することによりアルケンが生じる（スキーム 4.5）．

$$Cl_3Si\text{-}CH_2CH_2\text{-}Cl \xrightarrow{AlCl_3} Cl_3Si\text{-}CH_2\overset{\oplus}{C}H_2 + AlCl_4^{\ominus}$$
カルボカチオン

$$Cl_3Si\text{-}\overset{\oplus}{C}H_2 \longrightarrow H_2C=CH_2 + Cl_3Si^{\oplus}$$

$$Cl_3Si^{\oplus} + AlCl_4^{\ominus} \longrightarrow SiCl_4 + AlCl_3$$

スキーム 4.5

ビシナル二臭素化体を用いた脱ハロゲン反応によるアルケンの生成は，有機合成において重要な反応の一つである．たとえば，アルケンの臭素付加と脱臭素は，炭素－炭素二重結合を保護する典型的な方法である．

1,2-ジハロゲン化物を Na, Sm, In, Mg, Zn などの金属とともに THF（テトラヒドロフラン）やメタノール中で加熱還流すると，脱臭素によりアルケンが生じる．ビシナル二臭素化体からの E2 脱臭素反応は，二つの臭素原子がアンチペリプラナーの配座である場合に最も効率よく進行する（スキーム 4.6）．

スキーム 4.6

アリール置換ビシナル二臭素化体を，メタノール中金属インジウムで処理すると脱臭素が進行し，対応する E-アルケンが得られる．脱臭素は通常トランス脱離で進行するので，スキーム 4.6 に示すとおり，*meso-/erythro-* および *d,l-/threo-*ビシナル二臭素化体から，*trans-* および *cis-*アルケンがそれぞれ得られる．下記の反応では，比較的安定な共通のラジカル，あるいはアニオン中間体を経て進行し，その中間体から直接 E-アルケンが生じることが示唆されている．

近年，ビシナル二臭素化体を用いた立体選択的脱臭素において，有機テルル化合物が利用されている[6]．

反応機構 隣接する臭素原子の求核攻撃により，Br^- が置換され，ブロモニウムイオン中間体が生じる．R_2Te は Br^+ の捕捉剤として作用し，スキーム 4.7 に示すようにアルケンが生じる．

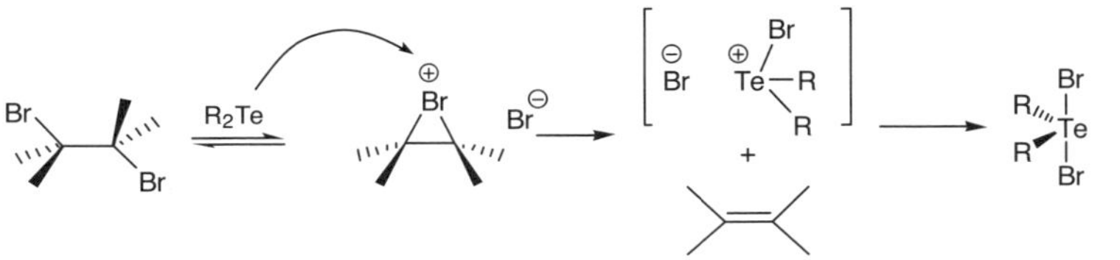

スキーム 4.7

　脱臭素は立体選択的に進行する．すなわち，*erythro*-二臭素化体からは *trans*-アルケンが，*threo*-二臭素化体からは *cis*-アルケンが生じる．*erythro*-二臭素化体から生じるブロモニウムイオン **A** は，*threo*-二臭素化体から生じる中間体 **B** よりも安定であり，そのため *erythro*-二臭素化体の方が *threo*-二臭素化体よりも反応性が高い．*erythro*-1,2-ジブロモ-1,2-ジフェニルエタンから *trans*-アルケンが生成する理由は，スキーム 4.8 に示す反応機構により説明できる．しかしながら，*threo*-1,2-ジブロモ-1,2-ジフェニルエタンの場合，生成物は *cis*-アルケンと *trans*-アルケンの混合物として得られる．トレオ体から生じる中間体 **B** では二つのフェニル基が重なる配座であり，それらの立体反発によりアルケン生成の立体選択性を説明できる．三員環の開環と炭素－炭素結合の回転により中間体 **A** が生じる．以下の反応機構により，トレオ体からは *cis*-アルケンと *trans*-アルケンの混合物が生じる．

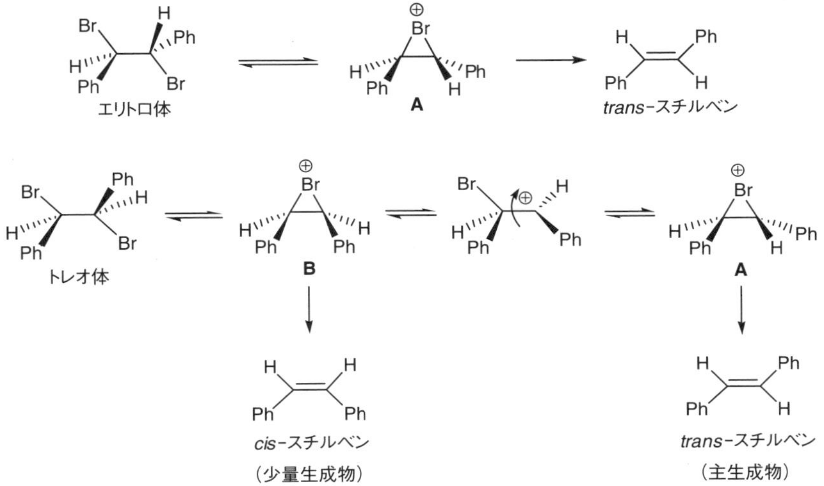

スキーム 4.8

イオン性液体（ionic liquid）は，脱臭素において触媒ならびに溶媒として作用する．たとえば，イオン性液体であるテトラフルオロホウ酸1-メチル-3-ペンチルイミダゾリウム[pmIm]BF_4を溶媒としマイクロ波を照射すると，立体選択的な脱臭素反応が進行する[7]．

$$R^1, R^2 = アルキル, アリール, CN, CO_2Me, CO_2Et, COPh, NO_2$$

このイオン性液体を用いた立体選択的脱臭素の推定反応機構をスキーム4.9に示す[7]．

スキーム4.9　イオン性液体[pmIm]BF_4を用いる脱臭素の反応機構

4.2.2　単分子でのシン脱離

遷移状態において，脱離基がアンチかつ平面配置をとる場合にはE2脱離が優先的に進行する．一方，加熱により単分子からシン脱離を経てアルケンが生じる場合もある．たとえば，アミンオキシド，スルホキシド，セレンオキシド，酢酸エステル，安息香酸エステル，炭酸エステル，カルバマート，チオカルバマートなどを加熱すると，熱分解によりアルケンが生じる（スキーム4.10）．これらの反応は，五員環あるいは六員環遷移状態を経て進行し，その結果シン脱離が進行する．

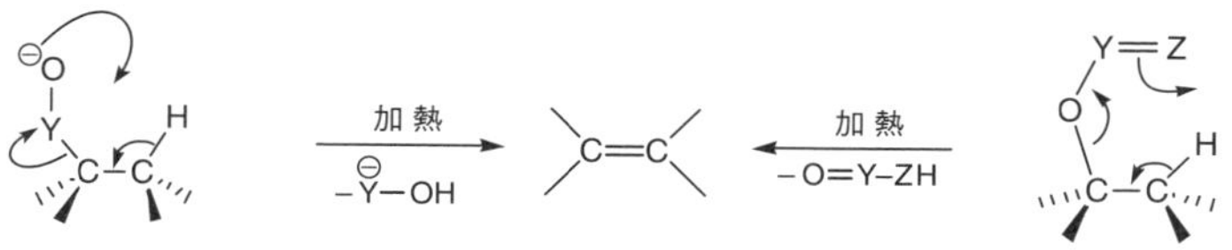

4.2 脱離反応

反応	置換基	温度範囲 [°C]
Cope 脱離	Y—O$^\ominus$; R$_2$N$^\oplus$—O$^\ominus$	110–170
スルホキシドの熱分解	Y—O$^\ominus$; RS$^\oplus$—O$^\ominus$	100–150
セレンオキシドの熱分解	Y—O$^\ominus$; RSe$^\oplus$—O$^\ominus$	0–25
エステルの熱分解	Y=Z ; RC=O	430–480
キサントゲン酸エステルの熱分解	Y=Z ; CH$_3$SC=S	180–210

スキーム 4.10　熱分解によるシン脱離

Cope 脱離[8),9)]　この反応はアミンオキシドの脱離反応であり，通常 100℃前後に加熱すると進行する（スキーム 4.11）．また，**Hofmann 脱離**の改良型ともみな

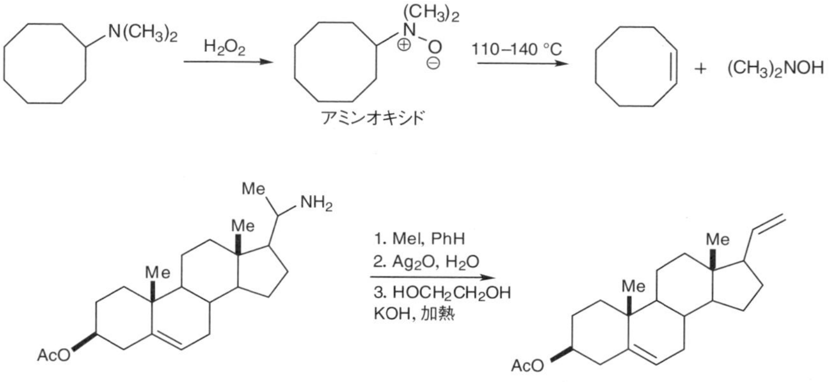

スキーム 4.11

せる[10)]．アミンオキシドは，対応するアミンを H$_2$O$_2$, Ag$_2$O, m-CPBA（m-クロロ過安息香酸）などの酸化剤で酸化することにより得られる．

　スルホキシドは NaIO$_4$ や過酸を用いてスルフィドを酸化することにより得られるが，アミンオキシドの熱分解の場合と同程度の温度で脱離反応が進行しアルケンが生じる（スキーム 4.12）．

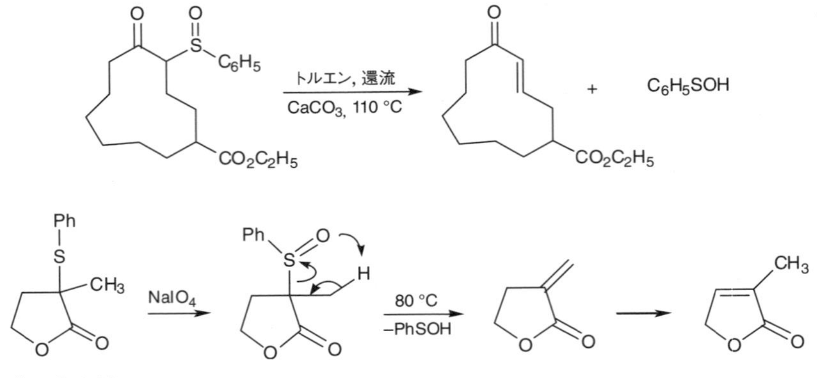

スキーム 4.12

セレンオキシドの脱離は室温より低い温度でも進行する．Grieco 脱離[11]は，脂肪族第一級アルコールをセレニドへ変換した後，脱離反応により末端アルケンを得る有機合成反応である．

アルコール **4.12** を o-ニトロフェニルセレノシアナート（**4.13**），およびトリブチルホスフィンと反応させると **4.14** が得られる．**4.14** を過酸化水素で酸化すると，セレンオキシド **4.15** が生じる．アリールセレンオキシド **4.15** には β 水素があるため不安定であり，Cope 脱離の場合と同様に熱的にシン脱離が進行しスチレン（**4.16**）が生じる（スキーム 4.13）．

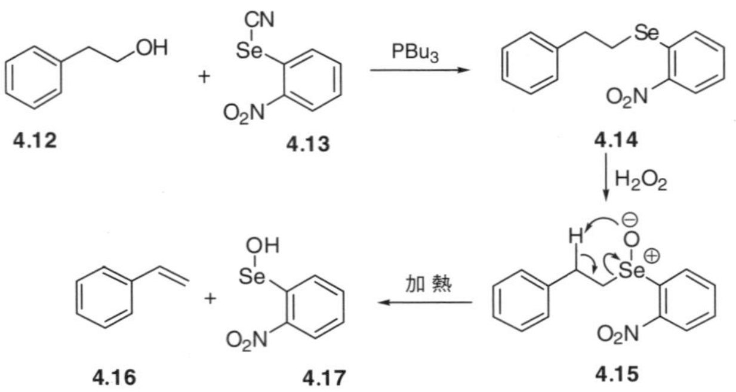

スキーム 4.13

セレンオキシドの熱分解によるアルケンの合成法について，もう一例をスキーム 4.14 に示す．**4.18** から得られるエノラートを PhSeBr あるいは PhSeSePh と反応さ

せるとセレニド **4.19** が得られる．**4.19** の酸化によりセレンオキシド **4.20** が生じ，ひき続きシン脱離により α,β-不飽和カルボニル化合物 **4.21** が得られる．

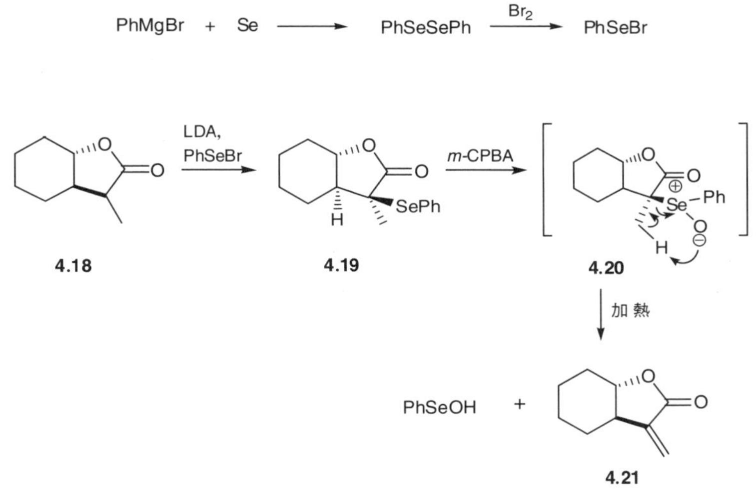

スキーム 4.14

　C－O 結合はより強い結合であり，また C=Z 結合の分極も弱いため，アルコールのエステルやチオエステルの脱離反応にはより高い温度が必要である（スキーム 4.15）．

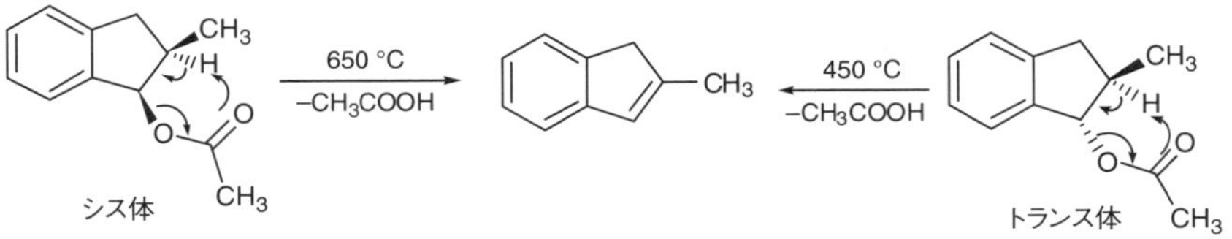

スキーム 4.15

　アルコールのキサントゲン酸エステル誘導体のチオエステル部位は，カルボン酸エステルよりもはるかに低い温度で脱離する．キサントゲン酸エステルの O－C=S 結合が S－C=O 結合に変換される過程は発熱反応であるため，この変換は容易に進行する．そのため，キサントゲン酸エステルはカルボン酸エステルよりもよい脱離基として作用する．キサントゲン酸エステルの熱分解によりアルケンを得る反応は，**Chugaev 反応**（あるいは Tschugaev）として知られている[12),13)]（スキーム 4.16）．

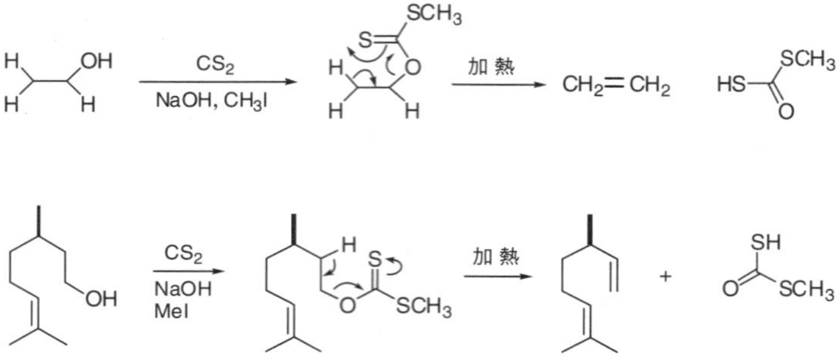

スキーム 4.16

ある種の第三級アルコールのキサントゲン酸エステルのカリウム塩は，熱分解によりアルケンを生じる[14]．この過程の総収率は，対応する S-メチルキサントゲン酸エステルを用いる古典的な Chugaev の手法による収率よりもはるかに高い場合がある．

4.2.3 エポキシド，チオ炭酸エステル，エピスルフィドの反応

3価のリンは酸素（および硫黄）に対して親和性があり，その性質を利用してエポキシドから脱酸素，あるいはエピスルフィドから脱硫反応によりアルケンが得られる．

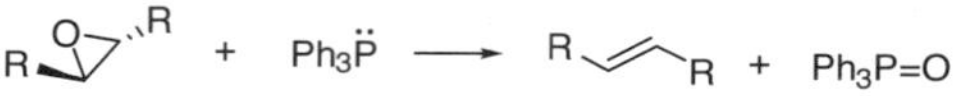

Corey と Winter は，1,2-ジオールとチオカルボニルジイミダゾール (**4.22**) をトルエンまたはキシレン中で加熱すると，環状チオ炭酸エステル **4.23** が得られることを見いだしている[15]．チオ炭酸エステル **4.23** は，ジオールを n-ブチルリチウムで処理した後，二硫化炭素とヨードメタンと反応させることによっても得られる．環状チオ炭酸エステル **4.23** を亜リン酸トリメチルとともに加熱すると，脱硫-脱炭酸が進行しアルケンが生じる（スキーム 4.17）．

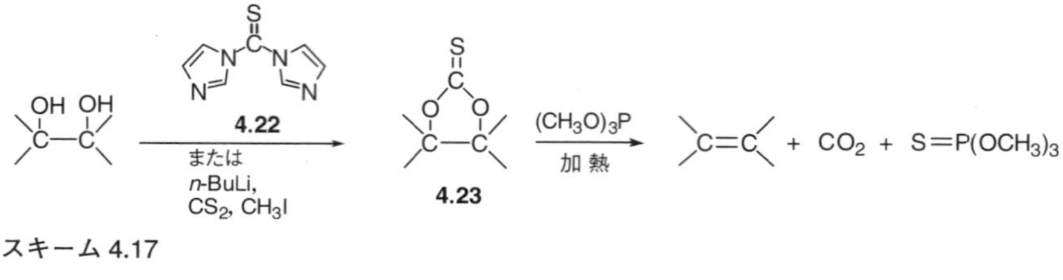

スキーム 4.17

ジアゾ化合物とチオケトンから得られるエピスルフィド類もホスフィンと反応し，ひき続き脱硫反応によりアルケンが生じる（§4.3.7を参照）．

4.3 カルボニル化合物のアルケニル化（アルキリデン化）

アルデヒド，ケトン，カルボン酸，アミド，エステル，ラクトンなどのカルボニル化合物のアルケニル化反応は，有機分子を構築する最も重要な手法の一つである．これらの反応では，二つの炭素骨格を組合わせることにより望みの位置に二重結合をもつアルケンを合成できる．これらの手法の立体選択性を理解するには，その反応機構を理解することが重要である．

カルボニル化合物から炭素－炭素二重結合を形成する際に，多種多様な試薬が用いられている．たとえば，Wittig試薬などのイリドやα-ヘテロ原子によって安定化されたカルボアニオンなどは，カルボニル化合物と反応し対応するアルケンを与える．

イリド
E = PR$_3$（Wittig 試薬）

E = ヘテロ原子 S または Si
（α-ヘテロ原子で安定化されたカルボアニオン）

反応は四員環中間体を経由して進行し，最終段階で酸素とヘテロ原子（E）が脱離することにより，カルボニル基が炭素－炭素二重結合へ変換される（スキーム4.18）．

スキーム4.18 イリドおよびα-ヘテロ原子で安定化されたカルボアニオンによるカルボニル化合物のアルケニル化

同一炭素上に2種の金属置換基をもつ試薬（$L_nM^2CH_2M^1L_n$）はカルボニル化合物と反応し，β-オキシメタル置換基をもつ有機金属化合物を生じ，ひき続き脱離反応によりアルケンを与える（スキーム4.19）．スキーム4.20に示すように，金属カ

ルベン化合物（$L_nM=CH_2$）もカルボニル化合物と反応しアルケンを生じる．活性メチレン化合物とカルボニル化合物の縮合反応もカルボニル基のアルケニル化の重要な手法であるが，本法は第3章§3.1.2で述べる．

スキーム 4.19

1,1-ジメタル試薬 → β-オキシメタル置換有機金属中間体

スキーム 4.20

金属カルベン種あるいはカルベン類縁体

本章では，カルボニル化合物のアルケニル化として，リンイリドを用いる Wittig 反応，有機ケイ素化合物を用いる Peterson 反応，有機硫黄化合物を用いる Julia アルケニル化，McMurry カップリング，Tebbe 試薬，Petasis 試薬，武田試薬などのチタン化合物を用いる反応，アルデヒドやケトンの触媒的アルケニル化，およびこれらに関連した反応について述べる．

4.3.1　Wittig 反応

Wittig 試薬（ホスホニウムイリド型あるいはホスホラン型）とアルデヒドやケトンからアルケンが生じる反応は **Wittig 反応**として知られている[16),17)]（スキーム

R_3P + $X-CHR^1R^2$ ⟶ [$R_3\overset{\oplus}{P}-CHR^1R^2$]$\overset{\ominus}{X}$ ⇌ $R_3\overset{\oplus}{P}-\overset{\ominus}{C}R^1R^2$ ⟷ $R_3P=CR^1R^2$ + BH

ホスホニウム塩　　　リンイリド　　　ホスホラン
　　　　　　　　　　　　　　　　　（Wittig 試薬）

$R_3P=CR^1R^2$ + R^4R^3CHO ⟶ $\underset{R^1}{\overset{R^2}{\diagdown}}C=C\underset{R^3}{\overset{R^4}{\diagup}}$ + $R_3P=O$

ホスホラン　　　　　　　　　　　　　　　　　　　　　　ホスフィンオキシド

スキーム 4.21

4.21).簡便かつ効率的であり,基質一般性が高く,また二重結合を位置特異的に導入できるため,Wittig反応はアルケンを合成する際によく用いられる手法である.ハロゲン化アルキルを用いる脱ハロゲン化水素やアルコールを用いる脱水反応などの脱離反応を用いた場合,得られるアルケンは位置異性体(置換基が多い異性体と置換基が少ない異性体の構造異性体)の混合物であるが,Wittig反応を用いた場合,炭素−炭素二重結合の位置は一義的に決まる.

Wittig試薬は,ホスホニウム塩を強塩基(PhLi, n-BuLi, リチウムジイソプロピルアミドなど)で処理することにより得られる.ホスホニウム塩は,ホスフィンとハロゲン化アルキルの反応により得られる.

ホスホランは,種々のアルデヒドやケトンに対して活性である(アルデヒドはケトンよりもはるかに反応性が高い).一般的には,ニトリル,エステル,アミド基,ニトロ基,アミノ基,ヒドロキシ基,ハロゲン,アルコキシ基とは反応しない.

分子内Wittig反応は,シクロアルケン類や複素環化合物の合成によく用いられる.たとえば,光学活性ホスホラン**4.24**をトルエン中で加熱すると,p-ニトロベンジル 2-メチル-(5R)-ペネム-3-カルボキシラート(**4.25**)が収率89%で得られる[18].

イリドの種類,カルボニル化合物の種類,反応条件などを選択することにより,Z-あるいはE-アルケンを高選択的に得ることができる.**不安定イリド**(non-stabilized ylide; R^1, R^2 = H,アルキル)はきわめて活性が高く,熱力学的に不安定なZ-アルケンを与える.一方,イリドのα位に電子求引性基(CN, CHO, COR,

不安定イリド:$R^1 \neq R^2$ = H またはアルキル
安定イリド: $R^1 \neq R^2$ = CN, CHO, COR, COOR

安定イリド

COOR など)をもつイリドは**安定イリド**(stabilized ylide)とよばれ,より安定性が高いが反応性は低い.

安定イリドは,熱力学的により安定な E-異性体を優先的に与える.たとえば,アミノアルデヒド **4.26** はホスホラン **4.27** によりアルケニル化され,おもに E-α,β-不飽和エステル **4.28** が収率 95% で得られる[19)].

4.26 + **4.27** → **4.28** 95% E

反応機構　Wittig による初期の論文では,反応はベタインの生成を経て進行し,ベタインが四員環化合物であるオキサホスフェタンへ異性化すると述べられている.これら二つのいずれかの中間体が開裂することによりアルケンが生じる.オキサホスフェタンの開裂によるアルケンの生成は立体特異的に進行する.すなわち,cis-オキサホスフェタンからは Z-アルケンが,$trans$-オキサホスフェタンからは E-アルケンが生じる.たとえば,不安定イリド **4.29** を 2-ブタノンに加えると,2 種のベタイン **A** と **B** の混合物が得られ,それぞれ対応するオキサホスフェタン **C** と **D** を生じる.$anti$-オキサホスフェタン **C** からは,シン脱離により E-アルケン **4.30** が得られる.一方,syn-オキサホスフェタンからは,Z-アルケン **4.31** が生じる(スキーム 4.22).塩が共存しない条件では,不安定イリドの反応は速度支配で進行すると考えられている.ここで,$erythro$-ベタイン **B** は不可逆的に生じるため,Z-アルケン **4.31** が生じる.

スキーム 4.22　塩が共存しない条件での不安定イリドの Wittig 反応機構

4.3 カルボニル化合物のアルケニル化

しかしながら安定イリドの反応の場合，E および F の生成は可逆的であり，その平衡は熱力学的により安定な *threo*-ベタイン E の側に偏っている．その結果，*E*-アルケンが優先的に生じる（スキーム 4.23）．

スキーム 4.23

アルデヒドと不安定イリドの Wittig 反応の場合，[2+2]付加環化に類似した反応によりオキサホスフェタンが生成する反応機構が一般的に受入れられている[20]．オキサホスフェタンは熱的に不安定で，室温以下でもアルケンとホスフィンオキシドに分解する．塩が共存しない条件では，ベタイン中間体は生じない．塩が共存しないイリドは，系中で発生させたカルベンとホスフィンの反応により調製できる．*syn*-オキサホスフェタンに対しては折れ曲がった四員環遷移状態 I が，*anti*-オキサホスフェタンに対しては平面構造の J が Vedejs らによって提案されている[20]．一

般的に, *anti*-オキサホスフェタン **J** は *syn*-オキサホスフェタン **I** よりも安定であり, 平衡条件においては（安定イリドを用いている場合）, *E*-アルケン生成物が優先的に得られる（スキーム 4.24）. 一方, 不安定イリドを用いる場合には速度支配により *Z*-アルケンが優先的に生じる.

I
折れ曲がり型

J
平面型（より安定）

syn-オキサホスフェタン **I** → 遅い → Z-アルケン

anti-オキサホスフェタン **J** → 速い → E-アルケン（主生成物）

スキーム 4.24

なお, 付加環化の立体選択性と平衡に関しては, カチオン, アニオン, 溶媒, 反応温度, 濃度, カルボニル化合物, ホスフィンの置換基などの多くの要因が関与している[21]).

Wittig 反応の Schlosser 改良法[22)] リチウム塩などの可溶性の金属塩が共存するとシス / トランス選択性は低下する. 不安定イリドとアルデヒドの通常の Wittig 反応では Z-アルケンが得られるが, Wittig 反応の **Schlosser 改良法** の場合, 不安定イリドから E-アルケンが得られる. ハロゲン化リチウムの存在下では, オキサホスフェタンの生成が観測できる場合も多いが, ベタインとハロゲン化リチウムの付加体も生じる. 平衡混合物にリチウム塩を加えると, オキサホスフェタンの生成と速度論的に生じる *erythro*-ベタインからの脱離が抑制される. この平衡はトランス生成物に寄っており, *anti*-アルケンが生じる（スキーム 4.25）.

Horner-Wittig 改良法 また別法として, ナトリウムアミド, 水素化ナトリウム, カリウム *t*-ブトキシドなどの塩基存在下, ホスフィンオキシドをアルデヒドと反応させるとアルケンが得られる[23)]. ホスフィンオキシドは, 水酸化アルキルトリフェニルホスホニウムの熱分解により得ることができる. 塩基によりホスフィンオキシドを脱プロトンした後, アルデヒドを加えると β-ヒドロキシホスフィン

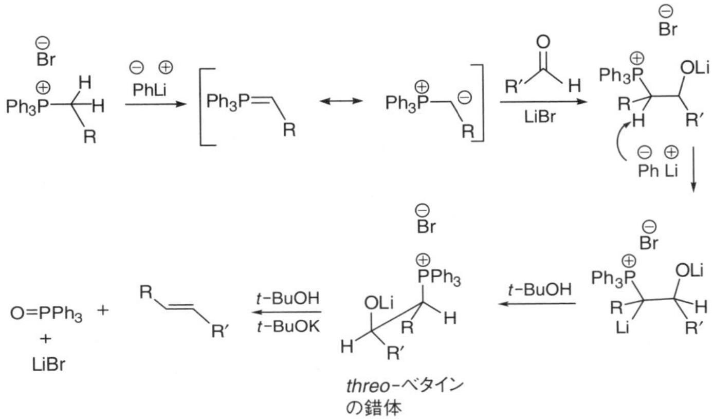

4.3 カルボニル化合物のアルケニル化

スキーム 4.25

オキシドの塩が生じ，ひき続き $Ph_2PO_2^-$ アニオンがシン脱離する．β-ヒドロキシホスフィンオキシドのリチウム塩は単離できることもあるが，対応するナトリウム塩やカリウム塩の場合，系中で脱離が進行しアルケンが生じる（スキーム 4.26）．

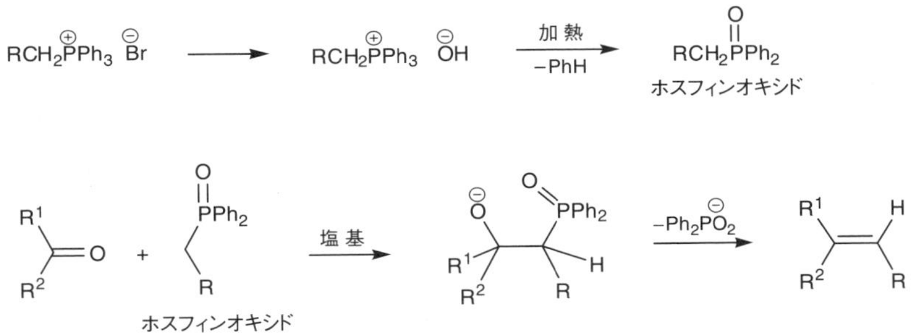

スキーム 4.26

脱離反応は立体特異的に進行するので，ベンズアルデヒドとホスフィンオキシドから得られる $erythro$-β-ヒドロキシホスフィンオキシドの場合 Z-異性体が生成し，対応するトレオ体からは E-異性体が生成する（スキーム 4.27）．

Horner-Wadsworth-Emmons（HWE）反応 Wittig アルケニル化反応と，ホスホン酸エステルを用いる改良法である **Horner-Wadsworth-Emmons（HWE）反応**[24] は互いに深く関連している．Wittig 反応ではホスホニウムイリドが用いられるのに対し，HWE 反応ではホスホン酸エステルにより安定化されたカル

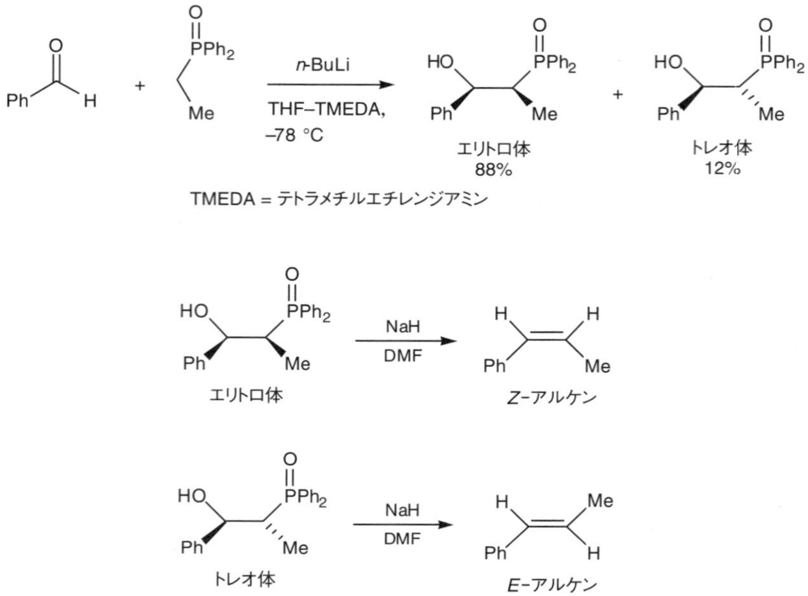

190   4. 炭素−炭素二重結合形成反応

[スキーム 4.27 の反応式]

TMEDA = テトラメチルエチレンジアミン

エリトロ体 88% トレオ体 12%

エリトロ体 → NaH / DMF → Z-アルケン

トレオ体 → NaH / DMF → E-アルケン

スキーム 4.27

ホスホン酸 **4.32** が用いられる．

　ホスホン酸エステルは，**Arbuzov 反応**（Arbuzov 転位），あるいはカルボン酸エステルの DMMP（メチルホスホン酸ジメチル）によるアルキル化により得られる（スキーム 4.28）．反応条件や試薬を適宜選択することにより，スキーム 4.29 に示すように，E-あるいは Z-アルケンを高い立体選択性で得ることができる[25]．たとえば，ヘプタ-6-エナール（**4.33**）を水素化ナトリウム存在下で **4.34** と反応させると E-

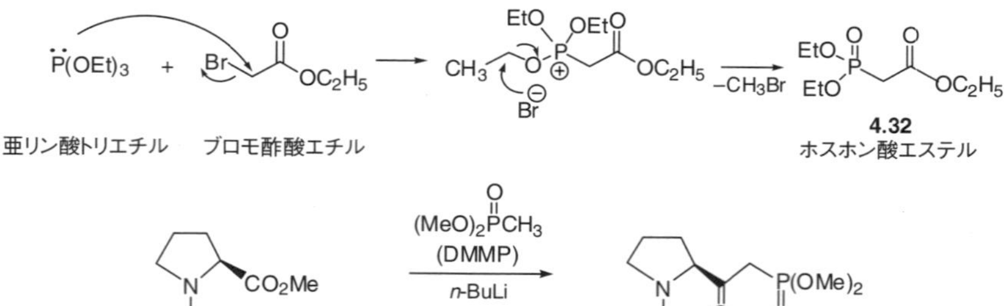

[スキーム 4.28 の反応式]

亜リン酸トリエチル + ブロモ酢酸エチル → → **4.32** ホスホン酸エステル

(MeO)$_2$PCH$_3$ (DMMP) / n-BuLi

スキーム 4.28

ノナジエン酸エステル **4.35** が得られるのに対し，塩基として n-BuLi を用いると Z-ノナジエン酸エステル **4.36** が主生成物として得られる．

スキーム 4.29

　Wittig 反応では，α,β-不飽和ケトンや立体的に込合ったケトンに対して反応性が低いこと，反応生成物をホスフィンオキシドから分離する必要があること，などが欠点である．一方，ホスホン酸エステルのアニオンは対応するホスホランよりも求核性が高いため，立体的に込合ったケトンでもアルケニル化できる．また，HWE 反応の際に生成するリン酸ジアルキル（$R_2PO_4^-$ あるいは R_2HPO_4）はホスフィンオキシドと異なり水溶性であり，反応後の除去が容易である．
　HWE 反応の反応機構は，Wittig 反応と類似している．

HWE 反応の Still–Gennari 改良法[26]　　低温や低極性溶媒中での反応，あるいは強塩基が関与する反応など，速度支配条件では Z-異性体が優先的に生成する．トリフルオロエチル基などの電子求引性基をもつホスホン酸エステルを用い，さらに THF 中でカリウムヘキサメチルジシラジド（KHMDS）のカリウムを捕捉するために 18-クラウン-6 を添加する反応条件下では，Z-アルケンが優先的に得られる．たとえば，アミノアルデヒドである Boc-D-アラニナール（**4.37**）とホスホン酸エステル **4.38** を 18-クラウン-6 存在下で反応させると，対応する Z-アルケニルカルボン酸エステル **4.39** が得られる．

[反応式: 4.37 + 4.38 → 4.39 (18-クラウン-6, KHMDS, THF)]

4.39 Z-アルケニルエステル 96%

不斉 Wittig 型反応　Wittig 型の反応では sp^3 不斉炭素が生じないため,不斉反応へ拡張する際には多少の工夫が必要である.しかしながら,反応点の隣接位や近傍にキラル中心を導入すれば,不斉 Wittig 型のアルケニル化が可能である[27].これまでに,1)ラセミ体のカルボニル化合物の速度論分割,2)ケトンの非対称化,3)光学活性アレンの合成,の3種類の不斉 Wittig 型反応が報告されている.

キラルなホスホニウムイリドや関連する試薬と,4位に置換基をもつシクロヘキサノンの反応により,軸性のキラリティーをもつアルケンが生じる.たとえば,4-メチルシクロヘキサノン(**4.40**)と不斉リン原子をもつキラルなイリド **4.41** の反応により,光学活性アルケン(S)-(+)-**4.42** が鏡像体過剰率(ee)43%で得られる[28].

[反応式: 4.40 + 4.41 → 4.42]

(S)-(+)-アルケン, 43% ee

塩基である KHMDS と 18-クラウン-6 の存在下,キラルなホスホン酸エステル **4.43** をメソジアルデヒド **4.44** や **4.46** と反応させると HWE 反応が進行し,ひき続き $NaBH_4$ で処理すると,高ジアステレオ選択的かつ高 E 選択的にモノアルケニル

[構造式: 4.43]

キラルなホスホン酸エステル
4.43

化生成物 **4.45** および **4.47** が主生成物として得られる[29]．同様に，メソジケトン **4.48** をキラルなホスホン酸エステル **4.49** と反応させると，α,β-不飽和エステル **4.50** が E 選択的に収率 95％，鏡像体過剰率 98％ で得られる[29]．

ケトンの非対称化に関する報告もあり，たとえば不斉配位子 **4.52** 存在下，アキラルなケトン **4.51** とアキラルなホスホニウムイリドを反応させると，α,β-不飽和エステル **4.53** が E 選択的に収率 58％，鏡像体過剰率 57％で得られる[30]．

4.3.2 Julia アルケニル化および改良型 Julia アルケニル化
（Julia-Kocienski アルケニル化）

Julia アルケニル化（訳者注：オレフィン化 olefination の方が一般的な表現）は **Julia-Lythgoe アルケニル化**ともよばれ[31]，フェニルスルホン **4.54** をアルデヒドやケトンと反応させた後，ナトリウムアマルガムで処理し還元的脱離させることによりアルケンを得る方法である．

X = Ac または Bz

Julia-Lythgoe アルケニル化では，反応条件により E-アルケンが優先的に生じる．たとえば，スルフィド **4.55** を m-CPBA で酸化することにより得られる **4.56** を

4.3 カルボニル化合物のアルケニル化 195

塩基およびアルデヒド **4.57** で処理した後,メタノール中でナトリウムアマルガム (Na–Hg) およびリン酸水素二ナトリウムで還元すると *E*-アルケン **4.58** が収率 68％で得られる[32]．

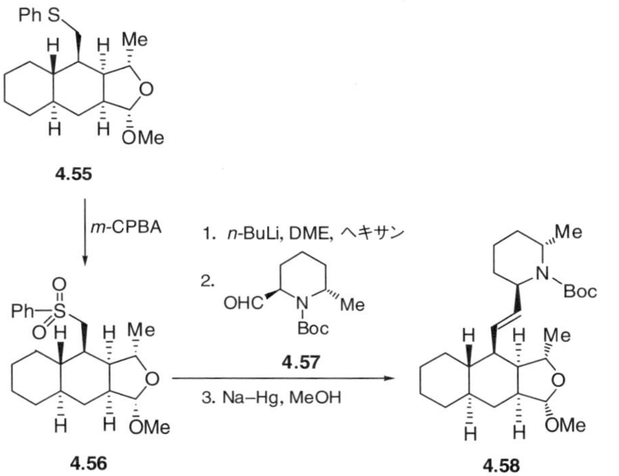

反応機構　*n*-BuLi がスルホンからプロトンを引抜きフェニルスルホニルカルボアニオン **A** が生じ,ひき続きアルデヒドと反応することによりアルコキシド **B** が得られる．アルコキシド **B** は系中でアセチル化され,対応するアセトキシスルホン **C** が生じる．さらにナトリウムアマルガムによる還元がビニルラジカル種を経由して進行し,熱力学的により安定な *trans*-アルケンを与える（スキーム 4.30）．

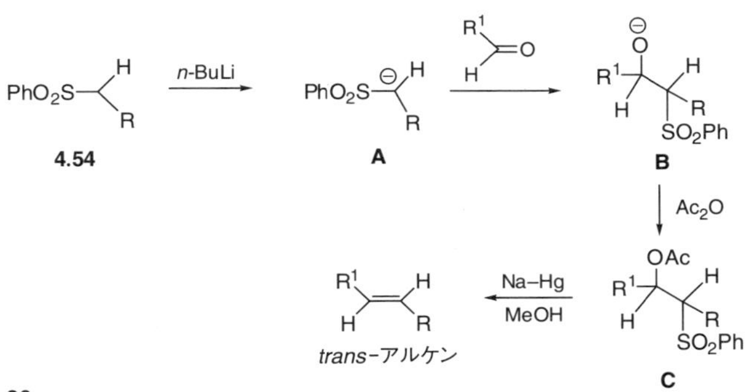

スキーム 4.30

ナトリウムアマルガムを用いるアセトキシスルホン **C** からの還元的脱離を含む Julia–Lythgoe アルケニル化の反応機構をスキーム 4.31 に示す.

スキーム 4.31 アセトキシスルホンの Na–Hg による還元の反応機構

カルボアニオンとアルデヒドの反応の後, アセチル化することにより得られるアシルオキシスルホン **C** は, ジアステレオマーの混合物であるが, いずれも同じ trans-アルケンへ変換される（スキーム 4.32）.

スキーム 4.32 アセトキシスルホンのジアステレオマー

この立体選択性は, 還元反応が平面構造をもつラジカル **D** を経て進行し, ラジカル **D** の炭素－炭素単結合が自由回転することによる（スキーム 4.33）. すなわち, **C** のいずれのジアステレオマーも同じラジカル中間体を経由することにより, 反応の E 選択性を説明できる. カルボアニオン **E** は, 立体配座としても立体配置としては不安定な構造ではあるが, 置換基 R と R^1 が最も離れるような配置が優先され, その結果 E-アルケンが生じる.

4.3 カルボニル化合物のアルケニル化

スキーム 4.33

　一方，Julia アルケニル化における MeOH 中でのアセトキシスルホン **C** とナトリウムアマルガムの反応は，まずアルケニルスルホン **F** が生成し，その後一電子移動を伴った均等開裂によりアルケンが生じる（スキーム 4.34）．Kech らは，重水素標識実験の結果に基づいてこの反応機構を提案している[33]．

スキーム 4.34

　ビニルラジカル **G** のシスおよびトランス異性体はこの段階で平衡にあり，トランス体の方がより安定であるため，アセトキシスルホン **C** のいずれのジアステレオマーからもトランス体の生成物が得られる（スキーム 4.35）．

　Julia-Lythgoe アルケニル化においては，Na-Hg の代わりにマグネシウムやヨウ化サマリウム（SmI$_2$）などの低毒性で高選択的な還元試薬を用いることもできる．たとえば，1,8-ジアザビシクロ[5.4.0]ウンデカ-7-エン（DBU）を用いるとアセトキシスルホン **C** から脱離によりビニルスルホン **F** が生成し，ひき続き 1,3-ジメチル-3,4,5,6-テトラヒドロ-2(1H)-ピリミジノン（DMPU）とメタノール存在下，

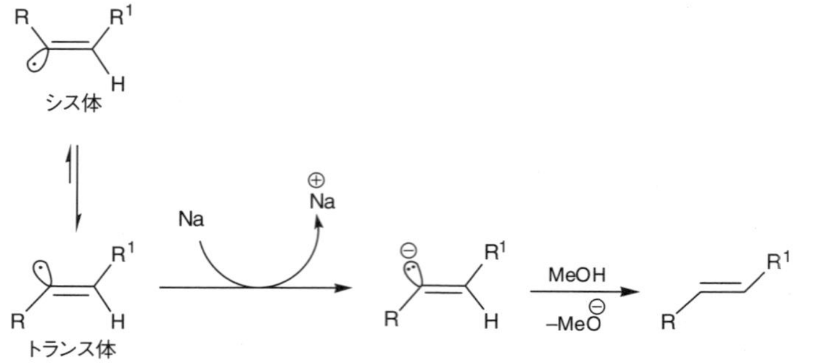

スキーム 4.35

SmI_2 を用いて還元的な脱離反応を行うと高選択的に E-アルケンが得られる(スキーム 4.36).

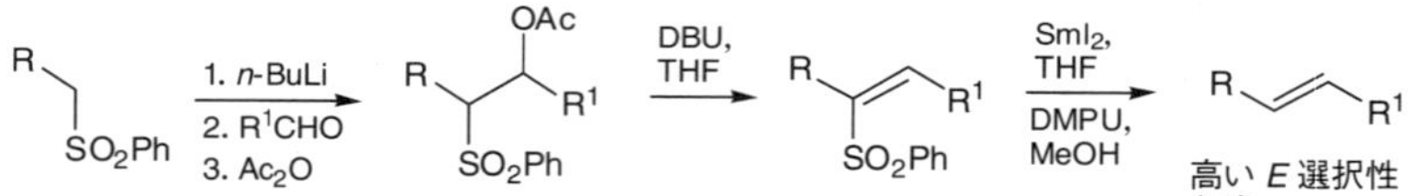

スキーム 4.36

SmI_2 を用いる反応も,Na-Hg による還元に対して提案された反応経路と同様な反応機構により進行する.DMPU の明確な役割はわかっていないが,SmI_2 の酸化還元電位が下がることにより反応が加速されると考えられている.

Julia-Lythgoe アルケニル化の欠点は,還元条件で反応する官能基を含む化合物を扱えないことである.置換基の数が少ないアルケンに対しても通常よい E 選択性を示すが,置換基の分岐が多くなると選択性はさらに向上する.

Julia-Kocienski アルケニル化として知られている改良型 Julia-Lythgoe アルケニル化は,2-ベンゾチアゾリルスルホン(RCH_2SO_2BT) **4.59** とアルデヒドから1段階でアルケンを得る方法であり,非常に高い E 選択性を実現できる.

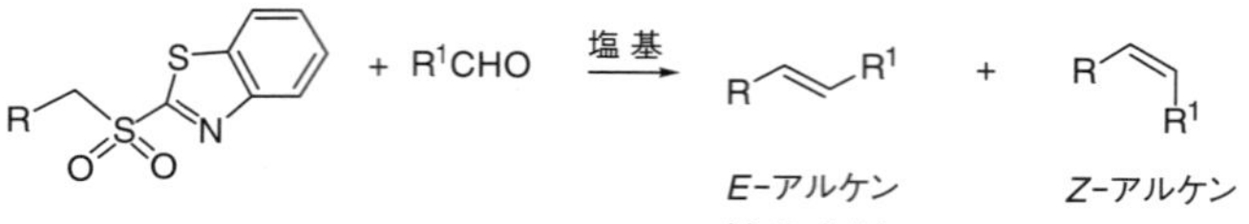

4.3 カルボニル化合物のアルケニル化　　　199

フェニルスルホンの代わりにベンゾチアゾールスルホン **4.59** を用いると反応経路が変わる．最初の段階であるスルホニルアニオン **4.60** のアルデヒドへの付加反応は可逆的で，アルコキシド中間体 **4.61** と **4.62** が生じる（スキーム 4.37）．アンチ中間体 **4.61** とシン中間体 **4.62** のいずれが生じるかは，ある程度反応条件の影響を受ける．

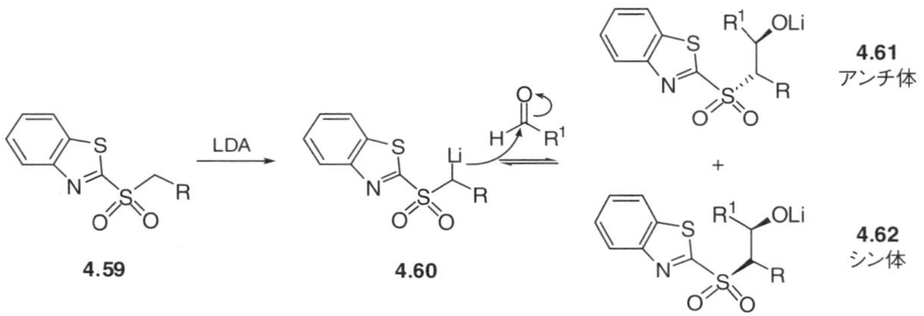

スキーム 4.37

このアルコキシド中間体 **4.61**，**4.62** は不安定であり，まず付加体 **4.63** あるいは **4.65** を形成した後，スルフィン酸塩 **4.64** あるいは **4.66** を生じる．スルフィン酸塩 **4.64**，**4.66** は自発的に二酸化硫黄とベンゾチアゾールのリチウム塩を脱離し，対応するアルケンを与える（スキーム 4.38）．

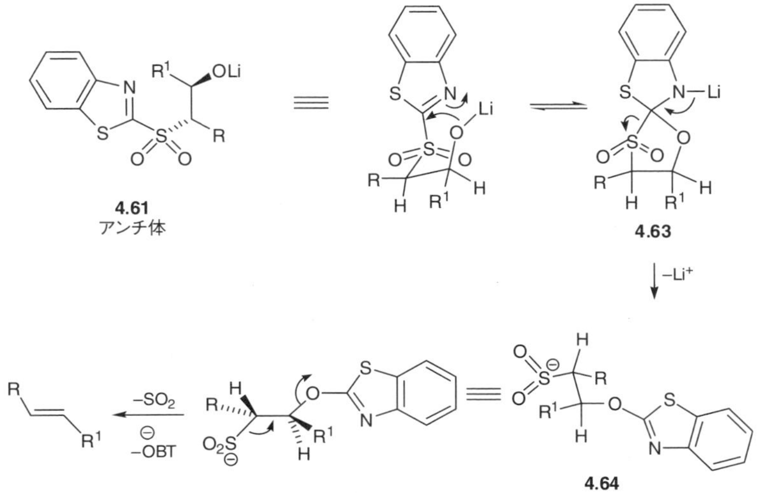

スキーム 4.38　Julia-Kocienski アルケニル化の反応機構（次ページにつづく）

スキーム 4.38 Julia-Kocienski アルケニル化の反応機構（つづき）

ベンゾチアゾリル基（BT）と同様に，ピリジル（Py），フェニルテトラゾリル（PT），t-ブチルテトラゾリル（TBT）などの複素環を含む置換基も同じ役割を果たし，立体選択性が異なる場合もある．

たとえば，シクロヘキサンカルバルデヒドとフェニルテトラゾール基をもつスルホン **4.67** の反応による trans-アルケン **4.68** の立体選択的合成法が，Kocienski らによって報告されている[34]．

Julia-Lythgoe アルケニル化を用いて，ハロゲン化アルケニルの立体選択的合成も可能である．α-ハロメチルトリフェニルホスホランを用いる Wittig 反応や $CrCl_2$ によるトリクロロアルカンの還元では，高 Z 選択的にハロゲン化アルケニルが得られる．入手容易な α-ハロメチルスルホンと種々のアルデヒドの Julia アルケニル化を最適条件で行うことにより，ハロゲン化アルケニルが良好な収率かつ高 E/Z 選択的に得られる[35]．

塩基 = LiHMDS, NaHMDS, KHMDS または LDA
添加剤 = HMPA, DMPU, $MgBr_2 \cdot Et_2O$ または $BF_3 \cdot Et_2O$

Julia アルケニル化と比較して，改良型 Julia アルケニル化では操作を 1, 2 段階短縮できる場合がある．また，E/Z 選択性はスルホニル基，溶媒，塩基などを選択することにより制御できる．

4.3.3 Peterson 反応

Peterson 反応[36]は，α-シリルカルボアニオンとカルボニル化合物（ケトンあるいはアルデヒド）から，中間体である β-ヒドロキシシランを経由しアルケンを得る反応である．シリルカルボアニオンがカルボニル化合物へ付加した後，反応液を水で後処理すると β-ヒドロキシシランがジアステレオマー混合物として得られる．β-ヒドロキシシランは単離可能な場合もある．同一の β-ヒドロキシシラン中間体から，cis-あるいは trans-アルケンを選択的に得ることも可能である（スキーム 4.39）．

スキーム 4.39

たとえば，*threo*-5-トリメチルシリルオクタン-4-オール (**4.69**) を酸（硫酸あるいは BF_3）で処理するとアンチ脱離により *cis*-オクタ-4-エン (**4.71**) が得られ，塩基（NaH あるいは KH）で処理するとシン脱離により *trans*-オクタ-4-エン (**4.72**) が得られる．*erythro*-5-トリメチルシリルオクタン-4-オール (**4.70**) を用いると，逆の選択性で反応が進行する（スキーム 4.40）．

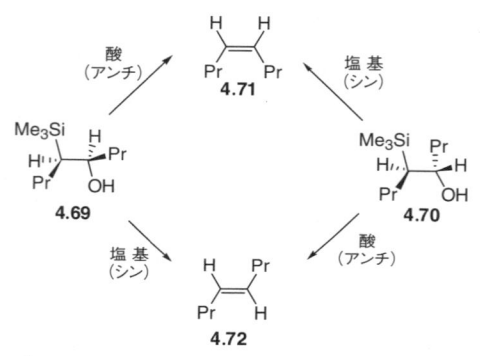

スキーム 4.40 *β*-ヒドロキシシランの Peterson 脱離

反応機構　Peterson アルケニル化では，*β*-ヒドロキシシラン中間体の二つのジアステレオマーを注意深く分離し，ひき続く脱離反応の際の2通りの反応条件を適宜選択することにより，望みのアルケンの立体異性体を合成することができる．

塩基触媒による脱離では，トリアルキルシリル基とヒドロキシ基由来の酸素原子がシンペリプラナーの位置関係であることが必要である．塩基が *β*-ヒドロキシシランに作用すると，シン脱離が起こる（スキーム 4.41）．

スキーム 4.41

塩基触媒による脱離は，脱プロトンした後にシリル基が 1,3-移動することによ

り進行する場合と，5配位ケイ素化合物である1,2-オキサシレタニドが生じた後の環状開環反応により進行する場合がある．

β-ヒドロキシシランを酸で処理すると，プロトン化の後にアンチ脱離が起こりアルケンが生じる（スキーム 4.42）．

スキーム 4.42

アルコキシドの反応性は金属カチオンの影響を受け，$Mg^{2+} \ll Na^+ < K^+$の順に大きくなる．この序列は酸素の電子密度が高くなる順番であり，この順序でアルコキシドの求核性が高くなる．α-シリルカルボアニオンが電子求引性基をもつPetersonアルケニル化反応の場合，β-ヒドロキシシランを単離せずに，直接アルケンが生じる．

付加反応の段階のジアステレオ選択性が低いため，安定化されていない試薬を用いる場合，反応は選択的ではない場合が多い．しかしながら，反応が立体選択的に進行する場合もあり，その理由は単純なモデルで説明できる（スキーム 4.43）．たとえば，ベンズアルデヒドとシリルカルボアニオンとの反応では，トリメチルシリル基などの立体的に小さなシリル基の場合にはトレオ体が生成物として得られる．この実験事実は，遷移状態においては二つの立体的に嵩高い置換基がアンチ配置であることを意味する．シリル基がトリメチルシリル基よりも立体的に大きくなると，逆にエリトロ体が主生成物として得られる．

スキーム 4.43

α-t-ブチルジフェニルシリルカルボニル化合物 **4.73** と有機金属化合物の反応は高ジアステレオ選択的に進行し，*erythro*-β-ヒドロキシシラン **4.74** が得られる．脱離反応が酸性条件の場合は*E*-アルケン，塩基性条件の場合は*Z*-アルケンが得られる（スキーム 4.44）[37]．

4. 炭素−炭素二重結合形成反応

4.73 → **4.74**

R^1 = Ph, Bu

R^2 = Me, Bu, Ph, i-Pr, ビニル
M = Li, MgBr

80–93%, Z > 85%
R^1 = Ph, Bu; R^2 = Me, Bu, Ph, ビニル

4.74
R^1 = Ph; R^2 = Bu

87%, E > 99%

スキーム 4.44

近年，ケイ素の代わりにゲルマニウム，スズ，鉛を用いる Peterson 反応も報告されており，この手法は今なお精力的に研究が行われている．

4.3.4 チタン化合物を用いる反応

Tebbe 試薬，**Petasis 試薬**，**武田試薬**，および**高井試薬**は，カルボニル化合物のアルケニル化に用いるきわめて一般的なチタン化合物である．Tebbe, Petasis 試薬は，いずれも同一の化学種であるチタノカルベン（$Cp_2Ti=CH_2$）（**4.75**）がカルボニル化合物と反応する．

McMurry アルケニル化

McMurry[38),39)]は，低原子価チタン（LVT; low-valent titanium）化合物を利用して，カルボニル化合物を還元的にアルケニル化する手法を開発した．用いる試薬（Ti(0)種と Ti(II)種の混合物と考えられている）は，$TiCl_4$ あるいは $TiCl_3$ を，Zn–Cu 合金，$LiAlH_4$，アルカリ金属などの還元試薬で還元することにより得られる．

（E および Z）

DME = 1,2-ジメトキシエタン   97%

4.3 カルボニル化合物のアルケニル化

反応機構 McMurry 反応の反応機構は未だに完全には解明されていない.しかしながら,反応機構に関する研究により,還元により生じた金属チタンの表面で反応が進行していることが示唆されている.一般的には,1) ケトンやアルデヒドの還元的二量化による炭素−炭素結合の形成,2) 1,2-ジオラート中間体(ピナコラート)から脱酸素による対応するアルケンの生成,の2段階が連続的に進行すると考えられている(スキーム 4.45)[40]. その際,TiO_2 が生成する.多くの場合,途中で生成するピナコール誘導体を単離することもできる.炭素−酸素結合の切断は,芳香族カルボニル化合物の場合が脂肪族カルボニル化合物の場合よりも速やかに進行する.ベンジル−酸素結合はアルキル−酸素結合よりも弱いため,反応速度が速くなる.

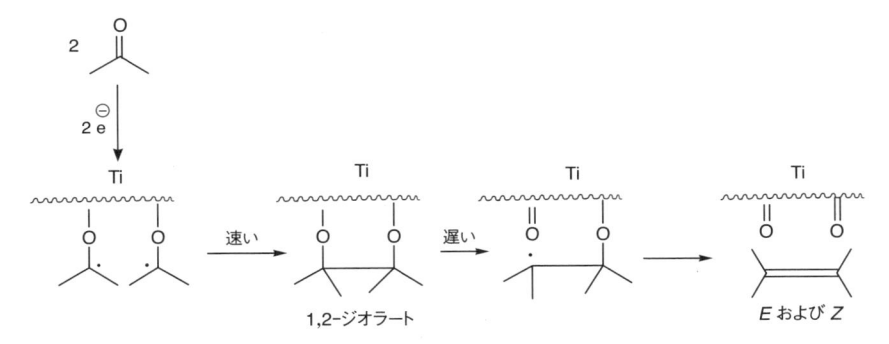

スキーム 4.45 アルデヒドおよびケトンの McMurry 還元的脱酸素反応の反応機構

カルボニル化合物の二量化では,対称アルケンが得られる[41),42]. たとえば,2-アダマンタノン(**4.76**)やレチナール(**4.78**)を $LiAlH_4$-$TiCl_3$ と反応させると,アダマンチリデンアダマンタン(**4.77**)および β-カロテン(**4.79**)が生成する.

芳香族アルデヒドの二量化は，置換スチルベンの合成に利用される[43]．分子間での非対称 McMurry 反応は複数の生成物の混合物が生じるため，一般的に有機合成では利用されない．しかしながら，それぞれスルホニル基とヒドロキシ基をもつ2種のアリールケトン **4.80** と **4.81** の反応は，クロスカップリング生成物 **4.82** を完全に立体選択的（Z 異性体 > 99％）に与える．

活性チタン金属表面において2種のカルボニル化合物が還元され，ラジカルアニオン種が発生し，ひき続きそれらのホモカップリングによりピナコラート中間体が生じる．その後金属の脱離と脱酸素が起こり，Z 異性体が得られる．この反応機構においてフェノキシ-Ti-スルホンが生成する際に，フェノキシ基とスルホン部位が同じ側に配置され，この立体配座により高い Z 立体選択性が達成される．

Stuhr-Hansen[44] は，アルデヒドやケトンの McMurry カップリングにおいてマイクロ波を照射するとアルケンが高収率で得られることを報告している．マイクロ波で加熱すると，通常の加熱と比べてきわめて短時間かつ80％以上の高収率で対応するアルケンが得られる．

ジアルデヒドやジケトンを基質とする分子内 McMurry カップリングは，種々のシクロアルケンを得る非常に有用な手法であり，三員環から36員環までの生成物が

得られる[45]. 中員環や大員環生成物は，通常 *E* 異性体が主生成物として得られる[46].

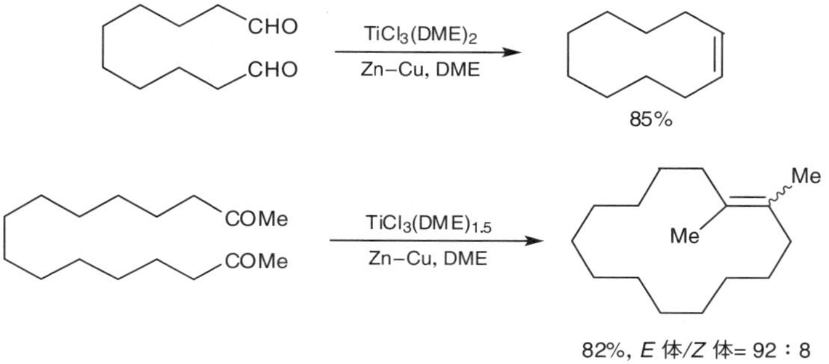

TiCl$_3$(DME)$_3$ と Zn-Cu 存在下，ビスベンズアルデヒド **4.83** の分子内 McMurry カップリングにより，対応するフェナントレン **4.84** が収率 45〜57% で得られる[47].

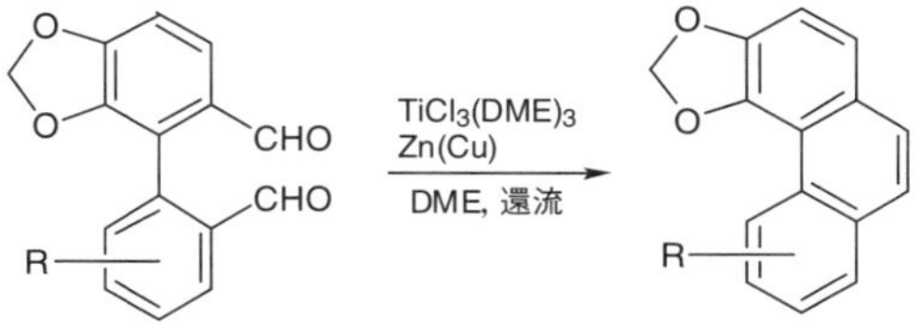

R = H; 4′,5′-O—CH$_2$—O—; 3′-OCH$_3$; 4′-OBn

Balu らは[40]，**Tyrlik 試薬**（ティルリック）(TiCl$_3$, Mg, THF) をアルデヒドやケトンのカップリング反応に利用した．しかしながら，ピリジンやカテコール，エチレングリコール，マンニトールなどのヒドロキシ基が基質中にある場合，主生成物はアルケンではなくジオールである．

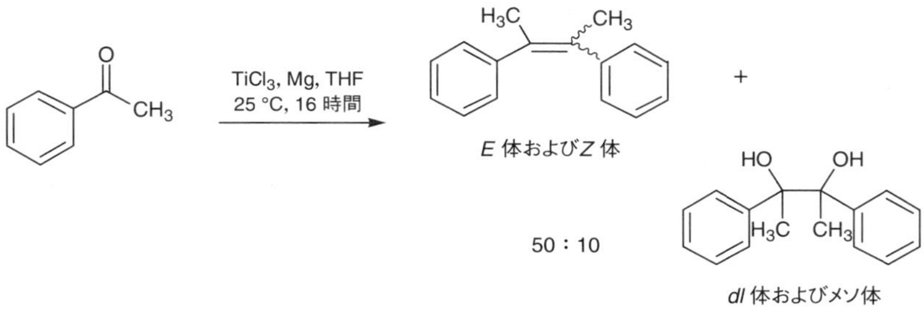

50 : 10

dl 体およびメソ体

Tebbe アルケニル化

Tebbe 試薬[48] (**4.85**) はカルボニル化合物[49]のメチレン化に使われる.

R = アルキルまたはアリール
R′ = H, NR$_2$, アルキル

Tebbe 試薬 (**4.85**) ではメチレンに 2 種の金属が結合しており,チタン上には二つシクロペンタジエニル (Cp) 環が配位し,チタンとアルミニウム原子が CH$_2$ 基と Cl 基で架橋されている.さらにアルミニウムには二つのメチル基が結合している.なおトリメチルアルミニウムと二塩化チタノセンとの反応が,Tebbe 試薬 (**4.85**) の最も簡便な合成法である[50),51)].

$$Cp_2TiCl_2 + 2\,Al(CH_3)_3 \longrightarrow CH_4 + Cp_2TiCH_2ClAl(CH_3)_2 + Al(CH_3)_2Cl$$
4.85

反応機構　ピリジンや THF などの電子供与性配位子が存在すると,Tebbe 試薬から非常に反応性の高いチタノセン-メチレン錯体 **4.75** が生じる.この錯体とカルボニル化合物との反応によりオキサチタナシクロブタン中間体 **4.86** が生じ,その中間体が即座に開裂し対応するアルケンが生成する[52)] (スキーム 4.46).Ⅳ価チタンは酸素親和性が高いため Tebbe 試薬 (**4.85**) は Wittig 試薬 (§4.3.1 参照) よりも反応性が高い.また Tebbe 試薬は Wittig 試薬よりも塩基性が弱いため,β脱離生成物が生成しない.

スキーム 4.46

4.3 カルボニル化合物のアルケニル化

一方塩基を用いない条件の場合，スキーム 4.47 に示す反応機構が提案されている[52]．

スキーム 4.47

Tebbe 試薬 (**4.85**) によりアルデヒドやケトンをアルケンに変換できる[53]．Tebbe 試薬 (**4.85**) とシクロヘキサノンをトルエン中で反応させると，対応するメチレンシクロヘキサンが収率 65% 以上で得られる．たとえば，4-フェニルシクロヘキサノン (**4.87**) と Tebbe 試薬 (**4.85**) の反応により (4-メチレン-1-シクロヘキシル)ベンゼン (**4.88**) が粗収率 96% で得られる[54]．

立体的に嵩高いケトンに対する反応では，Tebbe 試薬 (**4.85**) は Wittig 試薬よりも高収率でアルケンを与える[55]．

Tebbe 試薬 (**4.85**): 77%
Wittig 試薬 : 4%

Tebbe 試薬 (**4.85**) により，エステルをエノールエーテル (ビニルエーテル) に変換できる[56]．

4.85 を用いてラクトンをアルケニル化することもできる[57]．たとえば，THF 中で発生させた **4.85** をトルエンに溶解しジヒドロクマリン（**4.89**）と反応させると，3,4-ジヒドロ-2-メチレン-2H-1-ベンゾピラン（**4.90**）が収率 76% で得られる．

4.85 により，アミドはエナミンに変換される[58]．

Tebbe 試薬は酸塩化物と反応しチタンエノラートを生じる．

ケトンとエステル部位を両方もつ化合物に対して 1 当量の Tebbe 試薬（**4.85**）を反応させると，ケトン部位が選択的に反応する．一方，過剰量の Tebbe 試薬（**4.85**）が存在すると，いずれのカルボニル基もアルケニル化される．

Tebbe 試薬（**4.85**）を糖類との反応に用いると，キラルな α 炭素がラセミ化する

ことなくカルボニル基をメチレン化できる．たとえば，1-O-ホルミルグリコシド **4.91** のホルミル基を **4.85** でメチレン化すると，1-O-ビニルグリコシド **4.92** が得られる[59]．

Tebbe 試薬 **4.85** は，チオエステルや炭酸エステルのアルケニル化にも利用できる[60]．

Petasis 試薬

チタノセンジメチル（**4.93**）は **Petasis 試薬** とよばれ[61]，カルボニル化合物のメチレン化に利用できる．Petasis 試薬（**4.93**）は，塩化メチルマグネシウム，あるいはメチルリチウムを二塩化チタノセン（Cp_2TiCl_2）に作用させることにより得られる．カルボニル化合物を **4.93** とともにトルエン中で 60～65℃に加熱すると，対応するアルケンやエノールエーテルが得られる．

$$Cp_2TiCl_2 + 2\,MeLi \longrightarrow Cp_2TiMe_2 + 2\,LiCl$$
4.93

X = H, アルキル, アリール, ビニル, OR
R = アルキルあるいはアリール

Petasis 試薬（**4.93**）はアルミニウムを含んでおらず，Tebbe 試薬（**4.85**）の代替品として使用される．安定で純粋な固体として単離することも可能であり，トルエンや THF 溶液として直接使用することもできる．Wittig 反応と異なり，Petasis 試薬（**4.93**）はトルエン中で種々のアルデヒドやケトンと反応し，対応するアルケンが収率 40～90%で得られる．いくつかの反応例を以下に示す．

反応速度は遅いが，エステルやラクトンも **4.93** と反応し，対応するエノールエーテルが収率 40〜80％で得られる．

ラクタム，イミド，酸無水物，炭酸エステル，アシルシラン，チオエステル，セレノエステルなども，Petasis 試薬により対応するアルケンへ変換できる．

反応機構　Petasis 試薬（**4.93**）をトルエンや THF 中で 60℃に加熱すると，メタンの脱離により Cp_2TiCH_2（**4.75**）が生じ，この活性種がアルケニル化の反応機構にかかわっていると推定されている．しかしながら，いくつかの重水素標識実験に基づいて別の反応機構も提案されている．すなわち，Cp_2TiMe_2（**4.76**）にカルボニル基が配位し，ひき続きメチル基がカルボニル炭素へ移動する．その結果生成した付加体からメタンとチタノセンオキシドが脱離しアルケンが得られる機構である．

武田反応

低原子化チタン（LVT）化合物 **4.94** は，無水条件下 Cp_2TiCl_2，削状マグネシウムと $P(OEt)_3$ を THF 中で反応させることにより得られる．

試薬 **4.94** をチオアセタールやケトン，アルデヒドなどと反応させると対応するアルケンが生じる[62)〜66)]．

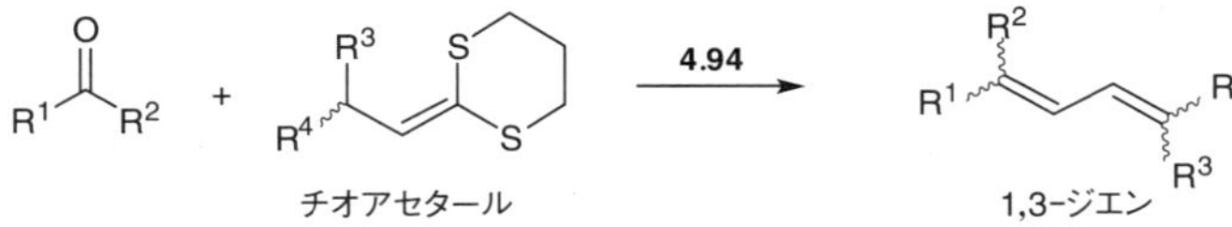

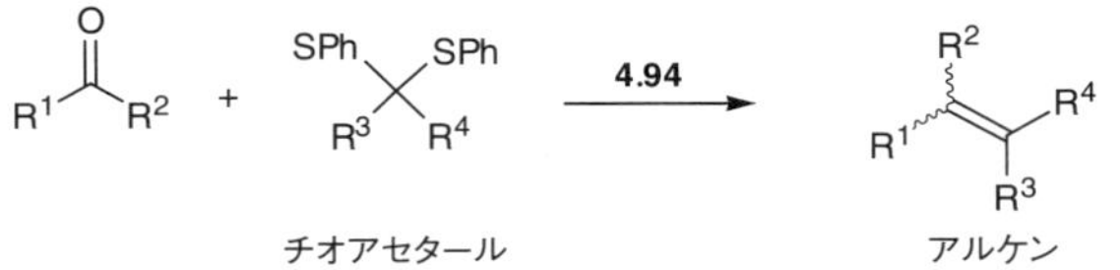

4.3 カルボニル化合物のアルケニル化　　213

この手法でエステルをアルケニル化するとエノールエーテルが生じ，ラクトンからは環状エノールエーテルが得られる．

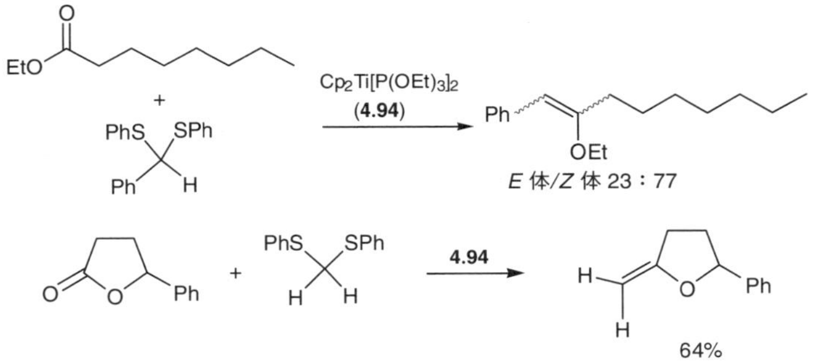

4.94 を用いてエステル **4.95** を分子内でアルケニル化すると，チタン–カルベン錯体 **4.96** を経てエノールエーテル **4.97** が得られる（スキーム 4.48）[67]．

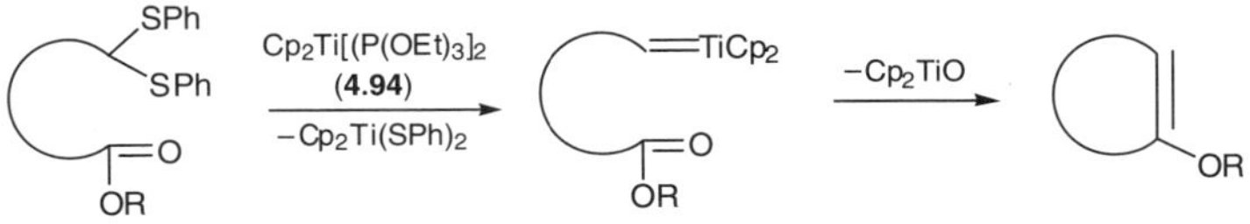

スキーム 4.48

たとえば，2-フェニル-7,7-ビス(フェニルチオ)ヘプタン酸メチル（**4.98**）を室温で **4.94** と反応させると，環状ビニルエーテル **4.99** が収率 68% で得られる．

反応機構　この反応には2種の反応経路が提案されている（スキーム4.49）．鍵中間体であるチタン–カルベン錯体 **A** が生じた後カルボニル化合物と反応し，オキサチタナシクロブタン **B** を経てアルケンが得られる経路Aと，ジェミナルジメタル種 **C** のカルボニル化合物への付加により生じる付加体 **D** から，$(TiCp_2SR)_2O$ が脱離しアルケンが得られる経路Bである．

スキーム 4.49

4.3.5 亜鉛（Zn）あるいはジルコニウム（Zr）化合物を用いる ケトンおよびアルデヒドのアルケニル化

遷移金属アルキリデン錯体は，カルボニル化合物のアルケニル化に用いることができるが，種々の1,1-ジメタル化アルカン（通常，アルケニル有機金属種へのヒドロメタル化により調製される）もカルボニル化合物のアルケニル化の有用な試薬である．

Nysted は，亜鉛化合物（**Nysted 試薬**，**4.100**）をケトンやアルデヒドのメチレン化に利用した[68),69)]．

亜鉛存在下，ポリハロゲン化アルカンとカルボニル化合物の還元的カップリング反応は，種々のハロゲン置換アルケンの合成に用いられる．たとえば，ベンズアルデヒドを有機亜鉛化合物 **4.101** と反応させると，トリフルオロメチル置換アルケン **4.102** が得られる（スキーム 4.50）．

スキーム 4.50

ハロゲン化アルケニル亜鉛 **4.103** のヒドロジルコニウム化により得られる亜鉛とジルコニウムの1,1-ジメタル試薬 **4.104** はカルボニル化合物と反応し，高 E 選択的にアルケンを与える（スキーム 4.51）．ケトンとの反応では，E/Z 異性体の混合物として得られる[70)]．

スキーム 4.51

216   4. 炭素-炭素二重結合形成反応

二塩化ジルコノセンは亜鉛存在下でジブロモメタンと反応し，メチレン-ジルコニウム錯体 **4.105** を生じる．**4.105** をカルボニル化合物のメチレン化に用いると末端アルケンが得られる[71]．

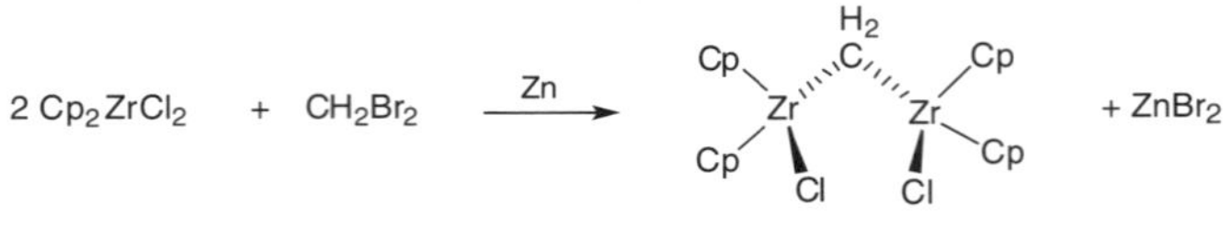

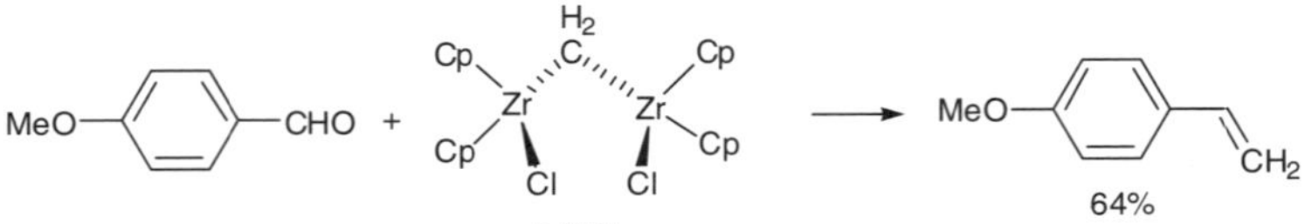

$$2\ Cp_2ZrCl_2 + CH_2Br_2 \xrightarrow{Zn} \textbf{4.105} + ZnBr_2$$

上記の反応機構としては，まずジルコニウム原子へカルボニル基の酸素原子が配位し，つぎにメチレン炭素がカルボニル炭素へ求核攻撃しメタラオキサシクロブタンが生成する．最後にジルコノセンが脱離することによりアルケンが生じる（スキーム 4.52）．

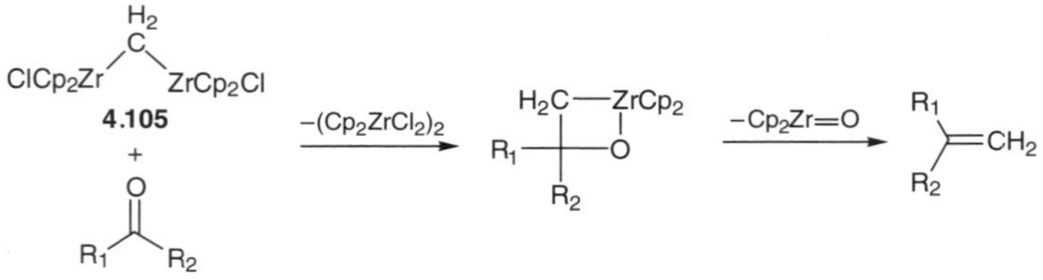

スキーム 4.52

4.3.6 Bamford-Stevens 反応および Shapiro 反応

Bamford-Stevens 反応[72]は，塩基を用いてトシルヒドラゾン **4.106** を分解することによりアルケンを生じる反応である．

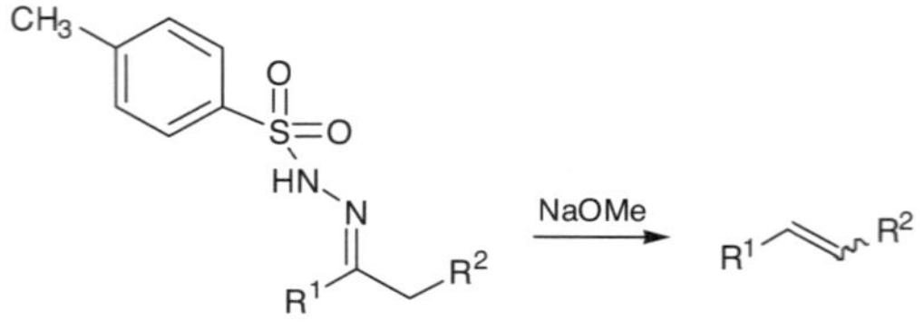

4.3 カルボニル化合物のアルケニル化　217

反応機構　Bamford–Stevens 反応の最初の段階は，トシルヒドラゾンを塩基で処理することによるジアゾ化合物 **A** の生成である．この反応の反応機構では，非プロトン性溶媒中ではカルベン **B**（経路 A），プロトン性溶媒中ではカルボカチオン **C**（経路 B）が関与する（スキーム 4.53）．非プロトン性溶媒を用いる場合，Z-アルケンが主生成物として得られるが，プロトン性溶媒中では E/Z-アルケンの混合物が得られる．いくつかの生成物が得られる場合，より多置換のアルケンが主生成物として得られる．

スキーム 4.53　Bamford–Stevens 反応の反応機構

ケトンやアルデヒドは，アルキルリチウム（n-ブチルリチウム）やリチウムジアルキルアミドなどの強塩基（2 当量）の存在下，トシルヒドラゾン中間体を経由してより置換基が少ないアルケンへ変換される．この反応は **Shapiro 反応**として知られている[73),74)]．たとえば，ショウノウ（**4.107**）を強塩基で処理すると，トシ

ルヒドラゾン中間体 **4.108** を経て 2-ボルネン（**4.109**）が得られる[75]．

n-ブチルリチウムなどの強塩基は，まずトシルヒドラゾンのプロトンを引抜き，つぎに酸性度の高い α-カルボニルプロトンを引抜きジアニオン **A** が生じる．ひき続き p-トルエンスルホン酸イオンが脱離し，さらに N_2 が脱離する．その結果ビニルリチウム **B** が生じ，プロトン化によりアルケンが得られる（スキーム 4.54）．

スキーム 4.54　Shapiro 反応の反応機構

4.3.7　Barton-Kellogg 反応

Barton-Kellogg 反応[76)~78)]は，ジアゾ化合物とチオケトンのカップリング反応によりエピスルフィドを生じる反応である．エピスルフィドにホスフィンあるいは銅粉末を作用させると脱硫反応が進行し，アルケンが得られる．この反応を先駆的に研究したのは Hermann Staudinger[79)] であり，そのため **Staudinger 型ジアゾチオケトンカップリング**ともよばれる．

4.3 カルボニル化合物のアルケニル化   219

反応機構　ジアゾ化合物は，ケトンをヒドラジンと反応させた後，酸化銀（I），あるいは［ビス(トリフルオロアセトキシ)ヨード］ベンゼンを用いて酸化することにより得られる．この反応に用いるチオケトンは，ケトンを五硫化リンと反応させることにより得られる．ジアゾ化合物とチオケトンの1,3-双極付加によりチアジアゾリン**A**が生じる．この中間体は不安定であり，窒素ガスの放出により生じるチオカルボニルイリド中間体**B**を経て，安定なエピスルフィドを生じる．トリフェニルホスフィンにより三員環が開裂し，Wittig反応（§4.3.1）に類似した経路によりスルファホスフェタン**C**が生じる．最後にスルファホスフェタン**C**が分解し，アルケンとトリフェニルホスフィンスルフィドが生じる（スキーム4.55）．

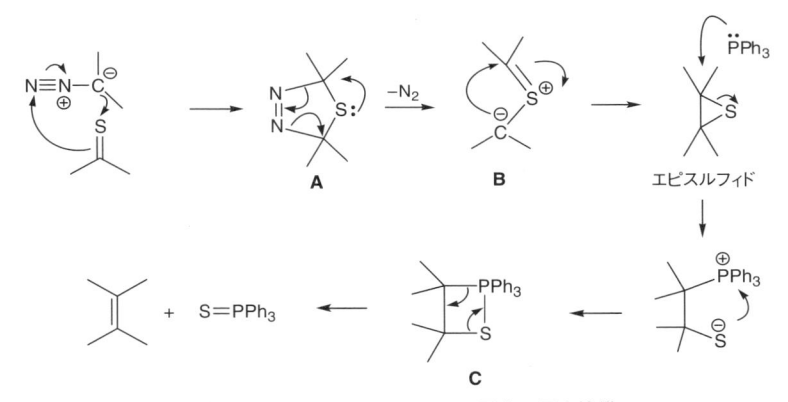

スキーム4.55　Barton-Kellogg反応の反応機構

この反応は2種の異なるケトンを用いることができる点で，**McMurry反応**（§4.3.4のMcMurryアルケニル化を参照）よりも優れている．すなわち，ジアゾーチオケトンカップリングは，ホモカップリングではなく形式的クロスカップリングである．

4.3.8　アルデヒドおよびケトンの触媒的アルケニル化[80]

Wittig反応（§4.3.1）およびその改良法は，アルデヒドやケトンをアルケニル化する非常に効率的かつ一般的な手法ではあるが，いくつかの欠点もある．それらの欠点を解決するために，遷移金属錯体を触媒として利用する新しい手法が開発されている[80]～[91]．たとえばMo触媒を用いて，アルデヒドを触媒的にアルケニル化する種々の反応が報告されている．Mo以外にも，Re, Ru, Rh, Feなどの金属も有用な触媒である．触媒的アルケニル化は非常に穏和な条件で進行し，反応時間の短

縮や高い選択性などが達成されている.

トリフェニルホスフィンとジアゾ酢酸エステル存在下,10%の $MoO_2(S_2CNEt_2)$ 触媒を用いて,種々のアルデヒドをアルケンへ変換できる[92]. 80℃で反応を行った場合アルケンの収率は83%であり,E異性体が主生成物である.Wittig反応の場合とは対照的に,芳香族アルデヒドよりも脂肪族アルデヒドの方が反応性が高く,電子供与性基を導入すると収率が向上する.

$P(OMe)_3$ と触媒量の (*meso*-テトラフェニルポルフィリン) 鉄塩化物 FeCl(TPP) の存在下,*p*-クロロベンズアルデヒドとフェニルジアゾメタンを反応させると,対応するアルケンが *E/Z* 異性体比 86:14 で得られるが収率はわずか 30% である.一方,対応するトシルヒドラゾンカリウム塩からフェニルジアゾメタンを系中で発生させると,得られるアルケンの *E/Z* 選択性は 97:3 であり,収率も 92% に向上する[93]. この手法は種々のアルデヒドに適用でき,Wittig 反応と比べてより実用的であるため,工業的にも応用されている.

これらの反応は,カルベン転位によるリンイリドの生成を経て進行していると推定されている(スキーム 4.56).

スキーム 4.56　FeCl(TPP) 触媒を用いるトシルヒドラゾンによるアルデヒドならびにケトンのアルケニル化の反応機構

この新手法は抗がん剤 **4.110** の合成に応用され,その有効性が示されている.通常用いる Wittig 反応の場合選択性が低いが,触媒的反応では 97:3 の *E/Z* 選択性で目的化合物が得られる.

4.3 カルボニル化合物のアルケニル化

(スキーム: 3,5-ジメトキシベンズアルデヒド + 4-メトキシベンズアルデヒド トシルヒドラゾン → 1. t-BuOK 2. FeCl(TPP), PTC, P(OMe)₃, トルエン, 40 °C → 4.110)

PTC：相間移動触媒（塩化メチル-n-オクチルアンモニウム）

カルボニル化合物の触媒的アルケニル化の他の例として，アセトフェノンとジアゾ酢酸エチルの反応がある．この反応は安息香酸を添加剤とし，FeCl(TPP) を触媒として進行し，収率 84% で Z/E 異性体の混合物（59：41）を与える．

(スキーム: アセトフェノン + N₂CHCO₂Et ジアゾ酢酸エチル → 安息香酸, FeCl(TPP), Ph₃P → 4.111 アルケン Z 体/E 体 59：41 (84%))

反応機構　この反応は，金属カルベン-ホスホランを経由する反応機構で進行すると考えられている．Fe(III)ポルフィリン種は，系中でジアゾ化合物により触媒活性種である Fe(II)ポルフィリン種に還元される．カルボニル酸素が酸によ

スキーム 4.57　アルデヒドおよびケトンの触媒 FeCl(TPP) によるアルケニル化の反応機構

りプロトン化されることによりケトンが活性化され,カルボニル基はより強力な求電子試薬としてホスホランと反応する(スキーム 4.57).

4.4 アルキンの還元

アルキンは溶解金属を用いる反応条件において *trans*-アルケンに還元される.

一方アルキンを *cis*-アルケンに還元する方法としては,被毒触媒を用いる触媒的水素化や,ヒドロホウ素化生成物のプロトン化などが知られている.他の反応例や反応機構については第 6 章 §6.2 で述べる.

引用文献

1. Li, A.-H., Dai, L.-X. and Aggarwal, V. K., *Chem. Rev.*, **1997**, *97*, 2341.
2. Aube, J., *Chemtracts – Org. Chem.*, **1988**, *1*, 461.
3. Yamaguchi, M. and Hirama, M., *Chemtracts – Org. Chem.*, **1994**, *7*, 401.
4. Marcantoni, E., Massaccesi, M., Petrini, M., Bartoli, G., Bellucci, M. C., Bosco, M. and Sambri, L., *J. Org. Chem.*, **2000**, *65*, 4553.
5. Sommer, L. H., Bailey, D. L. and Whitmore, F. C., *J. Am. Chem. Soc.*, **1948**, *70*, 2869.
6. Butcher, T. S., Zhou, F. and Detty, M. R., *J. Org. Chem.*, **1998**, *63*, 169.
7. Ranu, B. C. and Jana, R., *J. Org. Chem.*, **2005**, *70*, 8621.
8. Cope, A. C., Foster, T. T. and Towle, P. H., *J. Am. Chem. Soc.*, **1949**, *71*, 3929.
9. Bluthe, N., Malacria, M. and Gore, J., *Tetrahedron Lett.*, **1984**, *25*, 2873.
10. Cope, A. C. and LeBel, N. A., *J. Am. Chem. Soc.*, **1960**, *82*, 4656.
11. Grieco, P. A., Gilman, S. and Nishizawa, M., *J. Org. Chem.*, **1976**, *41*, 1485.
12. Mori, K., Suguro, T. and Masuda, S., *Tetrahedron Lett.*, **1978**, *19*, 3447.
13. Chugaev, L., *Chem. Ber.*, **1899**, *32*, 3332.
14. Rutherford, K. G., Ottenbrite, R. M. and Tang, B. K., *J. Chem. Soc. C*, **1971**, 582.
15. Corey, E. J. and Winter, R. A. E., *J. Am. Chem. Soc.*, **1963**, *85*, 2677.
16. Horton, D. and Turner, W. N., *Tetrahedron Lett.*, **1964**, *5*, 2531.
17. Corey, E. J. and Hopkins, P. B., *Tetrahedron Lett.*, **1982**, *23*, 1979.
18. Maryanoff, B. E. and Reitz, A. B., *Chem. Rev.*, **1989**, *89*, 863.
19. Pihko, P. M. and Koskinen, A. M. P., *J. Org. Chem.*, **1998**, *63*, 92.; Narita, M., Otsuka, M., Kobayayashi, S., Ohno, M., Umezawa, Y., Morishima, H., Saito, S., Takita, T. and Umezawa, H. *Tetrahedron, Lett.*, **1982**, *23*, 525.; Itaya, T., Fujii, T., Evidente, A., Randazzo, G., Surico, G. and Iacobellis, N. S., *Tetrahedron Lett.*, **1986**, *27*, 6349.
20. Vedejs, E., Meier, G. P. and Snoble, K. A. J., *J. Am. Chem. Soc.*, **1981**, *103*, 2823.
21. Schlosser, M., Schaub, B., Oliveira-Neto, J. D. and Jeganathan, S., *Chimia*, **1986**, *40*, 244.
22. Schlosser, M., and Christmann, K. F., *Angew. Chem., Int. Ed. Engl.*, **1966**, *5*, 126.
23. Horner, L., Hoffman, H., Wippel, H. G. and Klahre, G., *Chem. Ber.*, **1959**, *92*, 2499.
24. Wadsworth, W. S. and Emmons, W. D., *J. Am. Chem. Soc.*, **1961**, *83*, 1733.
25. Denmark, S. E. and Middleton, D. S., *J. Org. Chem.*, **1998**, *63*, 1604.
26. Still, W. C. and Gennari, C., *Tetrahedron Lett.*, **1983**, *24*, 4405.
27. Rein, T. and Reiser, O. *Acta Chem. Scand.*, **1996**, *50*, 369.
28. Bestmann, H. J. and Lienert, J., *Angew. Chem., Int. Ed. Engl.*, **1969**, *8*, 763.
29. Kann, N. and Rein, T., *J. Org. Chem.*, **1993**, *58*, 3802.
30. Toda, F. and Akai, H., *J. Org. Chem.*, **1990**, *55*, 3446.
31. Julia, M. and Paris, J.-M., *Tetrahedron Lett.*, **1973**, *14*, 4833.
32. Hart, D. J., Li, J., Wu, W.-L. and Kozikowski, A. P., *J. Org. Chem.*, **1997**, *62*, 5023.

33. Keck, G. E., Savin, K. A. and Weglarz, M. A., *J. Org. Chem.*, **1995**, *60*, 3194.
34. Blakemore, P. R., Cole, W. J., Kocienski, P. J. and Morley, A., *Synlett*, **1998**, 26.
35. Lebrun, M.-E., Marquand, P. L. and Berthelette, C., *J. Org. Chem.*, **2006**, *71*, 2009.
36. Peterson, D. J., *J. Org. Chem.*, **1968**, *33*, 780.
37. Barbero, A., Blanco, Y.,Garcia, C. and Pulido, F. J., *Synthesis*, **2000**, 1223.
38. McMurry, J. E., *Chem. Rev.*, **1989**, *89*, 1513.
39. Blaszczak, L. C. and McMurry, J. E., *J. Org. Chem.*, **1974**, *39*, 258.
40. Balu, N., Nayak, S. K. and Banerji, A., *J. Am. Chem. Soc.*, **1996**, *118*, 5932.
41. Lenoir, D., Malwitz, D. and Meyer, B., *Tetrahedron Lett.*, **1984**, *25*, 2965.
42. McMurry, J. E. and Fleming, M. P., *J. Am. Chem. Soc.*, **1974**, *96*, 4708.
43. Becker, K. B., *Synthesis*, **1983**, 341.
44. Stuhr-Hansen, N., *Tetrahedron Lett.*, **2005**, *46*, 5491.
45. McMurry, J. E. and Kees, K. L., *J. Org. Chem.*, **1977**, *42*, 2655.
46. McMurry, J. E., Lectka, T. and Rico J. G., *J. Org. Chem.*, **1989**, *54*, 3748.
47. Gies, A-E. and Pfeffer, M., *J. Org. Chem.*, **1999**, *64*, 3650.
48. Tebbe, F. N., Parshall, G. W. and Reddy, G. S., *J. Am. Chem. Soc.*, **1978**, *100*, 3611.
49. Beadham, I. and Micklefield, J., *Curr. Org. Synth.*, **2005**, *2*, 231.
50. Herrmann, W. A., *Adv. Organomet. Chem.*, **1982**, *20*, 159.
51. Straus, D. A., *Encyclopedia of Reagents for Organic Synthesis*, Wiley, New York, **2000**.
52. Hartley, R. C., Li, J., Main, C. A. and McKiernan, G. J., *Tetrahedron*, **2007**, *63*, 4825.
53. Stork, G. and Hagedorn, A. A., *J. Am. Chem. Soc.*, **1978**, *100*, 3609.
54. Cannizzo, L. F. and Grubbs, R. H., *J. Org. Chem.*, **1985**, *50*, 2316.
55. Pine, S. H., Shen, G. S. and Hoang, H., *Synthesis*, **1991**, 165.
56. Pine, S. H., Zahler, R., Evans, D. A. and Grubbs, R. H., *J. Am. Chem. Soc.*, **1980**, *102*, 3270.
57. Burton, J. W., Clark, J. S., Derrer, S., Stork, T. C., Bendall, J.G. and Holmes, A. B., *J. Am. Chem. Soc.*, **1997**, *119*, 7483.
58. Pine, S. H., Pettit, R. J., Geib, G. D., Cruz, S. G., Gallego, C. H., Tijerina, T. and Pine, R. D., *J. Org. Chem.*, **1985**, *50*, 1212.
59. Yuan, J., Lindner, K. and Frauenrath, H., *J. Org. Chem.*, **2006**, *71*, 5457.
60. Hartley, R. C. and McKiernan, G. J., *J. Chem. Soc., Perkin Trans. 1*, **2002**, 2763.
61. Petasis, N. A. and Bzowej, E. I., *J. Am. Chem. Soc.*, **1990**, *112*, 6392.
62. Horikawa, Y., Watanabe, M., Fujiwara, T. and Takeda, T., *J. Am. Chem. Soc.*, **1997**, *119*, 1127.
63. Takeda, T., Watanabe, M., Nozaki, N. and Fujiwara, T., *Chem. Lett.*, **1998**, 115.
64. Rahim, M. A., Taguchi, H.,Watanabe, M., Fujiwara T. and Takeda, T., *Tetrahedron Lett.*, **1998**, *39*, 2153.
65. Takeda, T., Watanabe, M., Rahim, M. A. and Fujiwara, T., *Tetrahedron Lett.*, **1998**, *39*, 3753.
66. Fujiwara, T., Iwasaki, N. and Takeda, T., *Chem. Lett.*, **1998**, 741.
67. Rahim, M. A., Sasaki, H., Saito, J., Fujiwara, T. and Takeda, T., *Chem. Commun.*, **2001**, 625.
68. Nysted, L. N., *US Patent 3 865 848*, **1975**; *Chem. Abstr. 83*, **1975**, 10406q.
69. Matsubara, S., Sugihara, M. and Utimoto, K., *Synlett*, **1998**, 313.
70. Tucker, C. E. and Knochel, P., *J. Am. Chem. Soc.*, **1991**, *113*, 9888.
71. Tour, J. M., Bedworth, P. V. and Wu, R., *Tetrahedron Lett.*, **1989**, *30*, 3927.
72. Bamford, W. R. and Stevens, T. S., *J. Chem. Soc.*, **1952**, 4735.
73. Shapiro, R. H., *Org. React.*, **1976**, *23*, 405.
74. Kolonko, K. J. and Shapiro, R. H. *J. Org. Chem.*, **1978**, *43*, 1404.
75. Shapiro, R. H. and Duncan, J. H., *Org. Synth. Coll.*, **1988**, *6*, 172.
76. Barton, D. H. R. and Willis, B. J., *J. Chem. Soc., Chem. Commun.*, **1970**, 1225.
77. Kellogg, R. M. and Wassenaar, S., *Tetrahedron Lett.*, **1970**, *11*, 1987.
78. Kellogg, R. M., *Tetrahedron*, **1976**, *32*, 2165.
79. Staudinger, H. and Siegwart, J., *Helv. Chim. Acta*, **1920**, *3*, 833.
80. Kühn, F. E. and Santos, A. M., *Mini-Rev. Org. Chem.*, **2004**, *1*, 55.
81. Santos, A. M., Romão, C. C. and Kühn, F. E., *J. Am. Chem. Soc.*, **2003**, *125*, 2414.
82. Zhang, X. and Chen, P., *Chem. Eur. J.* **2003**, *9*, 1852.
83. Cheng, G., Mirafzal, G. A. and Woo, L. K., *Organometallics*, **2003**, *22*, 1468.

84. Mirafzal, G. A., Cheng, G. and Woo, L. K., *J. Am. Chem. Soc.*, **2002**, *124*, 176.
85. Grasa, G. A., Moore, Z., Martin, K. L., Stevens, E. D., Nolan, S. P., Paquet, V. and Lebel, H., *J. Organomet. Chem.*, **2002**, *658*, 126.
86. Lebel, H. and Paquet, V., *Org. Lett.*, **2002**, *4*, 1671.
87. Lebel, H., Paquet, V. and Proulx, C., *Angew. Chem., Int. Ed.*, **2001**, *40*, 2887.
88. Fujimura, O. and Honma, T., *Tetrahedron Lett.*, **1998**, *39*, 625.
89. Ledford, B. E. and Carreira, E. M., *Tetrahedron Lett.*, **1997**, *38*, 8125.
90. Herrmann, W. A., Roesky, P. W., Wang, M. and Scherer, W., *Organometallics*, **1994**, *13*, 4531.
91. Herrmann, W. A. and Wang, M., *Angew. Chem., Int. Ed. Engl.*, **1991**, *30*, 1641.
92. Lu, X., Fang, H. and Ni, Z., *J. Organomet. Chem.*, **1989**, *373*, 77.
93. Aggarwal, V. K., Fulton, J. R., Sheldon, C. G. and deVicente, J., *J. Am. Chem. Soc.*, **2003**, *125*, 6034.

5

遷移金属を利用する
炭素—炭素結合形成反応

有機金属化合物(organometallic compound)は,"炭素—金属結合をもつ化合物"と定義される.ホウ素,ケイ素,ゲルマニウム,ヒ素,テルルなどの**半金属**(metalloid)を含む有機化合物も,しばしば有機金属化合物として取扱われる.有機金属化合物は有機合成において欠くことのできない重要な役割を担っている.たとえば,Grignard 試薬は 100 年以上も前に見いだされており,研究生活を通じ Grignard 反応を一度も利用することのない化学者はほとんどいないはずである[1].

遷移金属を含む結合様式や反応機構は,典型元素の場合とはまったく異なっており,典型元素では達成できない合成反応が可能となる.すなわち,ほとんどの遷移金属は空の,あるいは部分的に満たされた d 軌道をもち,種々の官能基を可逆的に配位させることができる.そのため遷移金属は,従来の試薬を用いた反応では実現不可能であった多くの分子変換を実現しており,遷移金属を含む有機金属化学は,この 10 年の間に目覚ましい発展を遂げている.

一方,触媒とはそれ自身が恒常的な化学変化を受けずに,化学反応の反応速度を変化させることができる物質のことである.**白金族元素**(platinum group of metals; Ru, Rh, Pd, Os, Ir, Pt の総称)は,特徴的な触媒として利用されている.たとえばパラジウム錯体は,多くの重要な C—C,C—O,C—N 結合形成反応の触媒として利用されている(スキーム 5.1).

$$R^1-X^1 + R^2-H \xrightarrow{Pd\ 触媒} R^1-R^2 + HX \qquad \text{Heck 反応}$$

$$R^1-X + R^2-M \xrightarrow{Pd\ 触媒} R^1-R^2 + MX \qquad \text{鈴木, Stille, 熊田, 檜山 および 薗頭 カップリング}$$

$$Ar-X + R^2-NH_2 \xrightarrow[\text{塩基}]{Pd\ 触媒} \underset{\text{アリールアミン}}{Ar-NHR^2} + H-X \qquad \text{Hartwig–Buchwald カップリング}$$

スキーム 5.1

パラジウム錯体の一例として $Pd[P(o-CH_3C_6H_4)_3]_2$ は,Hartwig-Buchwald(ハートウィグ バックワルド)カップリング反応として知られている C—N 結合形成反応において触媒として働く(スキーム 5.2).

226   5. 遷移金属を利用する炭素－炭素結合形成反応

$$R\text{-}C_6H_4\text{-}X + \underset{H}{\overset{R^2}{N}}\text{-}C_6H_4\text{-}R^1 \xrightarrow[\text{塩基}]{Pd[P(o\text{-}CH_3C_6H_4)_3]_2} R\text{-}C_6H_4\text{-}\underset{R^2}{N}\text{-}C_6H_4\text{-}R^1$$

$$P(o\text{-}C_6H_4Me)_3 + Pd(dba)_2 \xrightarrow{\text{ベンゼン}} Pd[P(o\text{-}C_6H_4Me)_3]_2$$

dba = ジベンジリデンアセトン(PhCH=CHCOCH=CHPh)

スキーム 5.2

均一系触媒反応（homogeneous catalysis；反応媒体に可溶な触媒を用いる反応）にはいくつかの欠点がある．特に触媒の再利用が難しいことが大きな問題であり，高価な触媒や配位子を失うことを意味する．この問題を解決するには，**不均一系パラジウム触媒反応**（heterogeneous Pd catalysis；反応媒体に不溶なパラジウム触媒を用いる反応）[2),3)]の利用が効果的である．不均一系パラジウム触媒では，パラジウムが活性炭，ゼオライト，モレキュラーシーブ，金属酸化物，粘土，アルカリ金属塩，アルカリ土類金属塩，有機ポリマー，多孔質ガラスなどの固体担体に固定化されている．そして多くの固体担持パラジウム触媒が市販されている．また有機金属試薬と有機ハロゲン化物との炭素－炭素結合形成カップリング反応は，固体担持型パラジウム触媒を用いる場合も，従来の均一系触媒を用いる反応と同じ反応機構で進行する．

有機合成の重要な課題の一つは，キラルな化合物を単一の鏡像異性体（エナンチオマー）として合成することである．特に高エナンチオ選択的な遷移金属触媒反応を開発する際に，新規な不斉配位子の設計と合成は重要な課題である．実際に不斉反応において高い選択性を達成するためには，不斉配位子を立体的に，あるいは電子的に調節（チューニング）することがきわめて重要である．そのため，有効な不斉配位子には，入手のしやすさや安定性などの特性に加え，チューニングのしやすさも求められる．さまざまな触媒的不斉反応のために，BINAP[4)〜6)]（**5.1**），DIPAMP[7)]（**5.2**），DIOP[8)]（**5.3**），CHIRAPHOS[9)]（**5.4**）などの多くの優れた不斉ホ

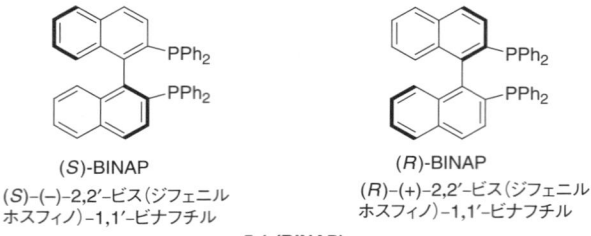

(S)-BINAP
(S)-(-)-2,2'-ビス(ジフェニル
ホスフィノ)-1,1'-ビナフチル

(R)-BINAP
(R)-(+)-2,2'-ビス(ジフェニル
ホスフィノ)-1,1'-ビナフチル

5.1 (BINAP)

スフィン配位子が開発されている．**不斉遷移金属錯体**（chiral transition metal complex）を利用することで不斉分子変換が達成されており，その有機合成における重要性はますます大きくなっている．たとえば，BINAP などの不斉ジホスフィンが配位したルテニウムやロジウムの錯体は，さまざまな官能基のエナンチオ選択的還元反応においてきわめて有効であることが見いだされている（第1章§1.5，および第6章を参照）．この章では，不斉遷移金属錯体を触媒として用いる不斉炭素－炭素結合形成反応について解説する．

(R,R)-DIPAMP   (S,S)-DIPAMP

ビス［(2-メトキシフェニル)フェニルホスフィノ］エタン
または
エチレンビス［(2-メトキシフェニル)フェニルホスフィン］

5.2 (DIPAMP)

(R,R)-(−)-DIOP   (S,S)-(−)-DIOP

trans-4,5-ビス(ジフェニルホスフィノメチル)-2,2-ジメチル-1,3-ジオキソラン

5.3 (DIOP)

(R,R)-CHIRAPHOS   (S,S)-CHIRAPHOS

trans-2,3-ビス(ジフェニルホスフィノ)ブタン

5.4 (CHIRAPHOS)

なおこの章では，遷移金属を触媒や反応試薬として利用する炭素－炭素結合形成反応を取扱うが，分子変換そのものよりも反応機構を中心に解説する．

5.1　遷移金属触媒による炭素－炭素結合形成反応

遷移金属塩や遷移金属錯体はさまざまな有用な分子変換反応の触媒となるが，こ

の章では，炭素－炭素結合形成反応への応用について議論する．最近 50 年間に，多くの新たな炭素－炭素結合形成反応が見いだされた．それらのなかに，二つの中性の有機分子を触媒の作用で結合させるカップリング反応とよばれる反応がある．遷移金属触媒による炭素－炭素カップリング反応は，有機化学における最も有力な合成手法の一つであり，この分野の重要な例としてパラジウム触媒による Heck 反応がある．

5.1.1 Heck 反応

Heck 反応は，1960 年代末に溝呂木[10]と Heck（2010 年ノーベル化学賞受賞者）[11),12)]により独立に見いだされたが，Heck により合成上有用な反応に改良され，アルケニル芳香族化合物を合成する際の最も重要な反応となった[13)~20)]．

古典的な Heck 反応は，0 価パラジウム種によるアルケンとハロゲン化アリールやハロゲン化アルケニルのカップリング反応であり，実験室で簡便に扱える反応条件で進行する（スキーム 5.3）．触媒サイクルにおいて副生するハロゲン化水素を中和するために，トリブチルアミンやトリエチルアミンなどの嵩高いアミンを塩基として用いる．そして Heck 反応は，トランス置換アルケンを与える．

スキーム 5.3　Heck 反応

通常 Heck 反応では，Pd(OAc)$_2$ や Pd$_2$(dba)$_3$·CHCl$_3$ の存在下，化学量論量の無機塩基，あるいは有機塩基が用いられる[18]．Heck の初期の条件ではホスフィン配位子を用いなかったが，改良条件ではトリフェニルホスフィンが通常使用される．Pd(PPh$_3$)$_4$ は触媒としてよく利用されるが，この錯体はあらかじめ別途調製しても，Pd(OAc)$_2$ と PPh$_3$ から系中で調製してもよい．この反応はさまざまな官能基に対して許容性があり，また種々の単純アルケン類が容易に安価で入手できるので，Heck 反応は非常に有用な反応である．この反応が見いだされて以来，用いる基質それぞれにおいてより良い結果を得るために，反応条件が最適化された．

有機ハロゲン化物の反応性は，Ar−I ＞ Ar−Br ＞ Ar−Cl の順である．塩化アリールは，対応する臭化物やヨウ化物より安価かつ多くの種類の誘導体を入手できるが，それらを Heck 反応に用いた場合，反応は非常に遅い．塩化アリールを用いる Heck 反応の場合は，ジシクロヘキシルメチルアミン Cy$_2$NMe 存在下，ビス(トリ-t-ブチルホスフィン)パラジウム Pd[P(t-Bu)$_3$]$_2$ が，非常に穏和な条件で汎用性の高い触媒として作用する．たとえば，クロロベンゼン (**5.5**) とメタクリル酸ブチル (**5.6**) との反応により，立体選択的に三置換アルケンである α-メチルケイ皮酸ブチル (**5.7**) が得られる．同様に，4-クロロベンゾニトリル (**5.8**) とスチレン (**5.9**) から化合物 **5.10** が得られる．**5.8** のような電子求引性基により活性化された塩化アリールの Heck 反応において Pd[P(t-Bu)$_3$]$_2$ 触媒を用いると，室温でも反応は進行する．

通常の Heck 反応は分子間反応であるが，分子内 Heck 反応も炭素−炭素結合形成カップリング反応として利用できる．実際に複雑な多環式化合物を構築するのに非常に有効な手法であり，天然物合成などにも応用されている[14]．

反応機構[21]

Heck 反応は有機合成における非常に有力な手法であるが，この反応の発見以降，反応機構に関しては多くの議論がなされている．一般的に認められている Heck 反応の反応機構をスキーム 5.4 に示す．

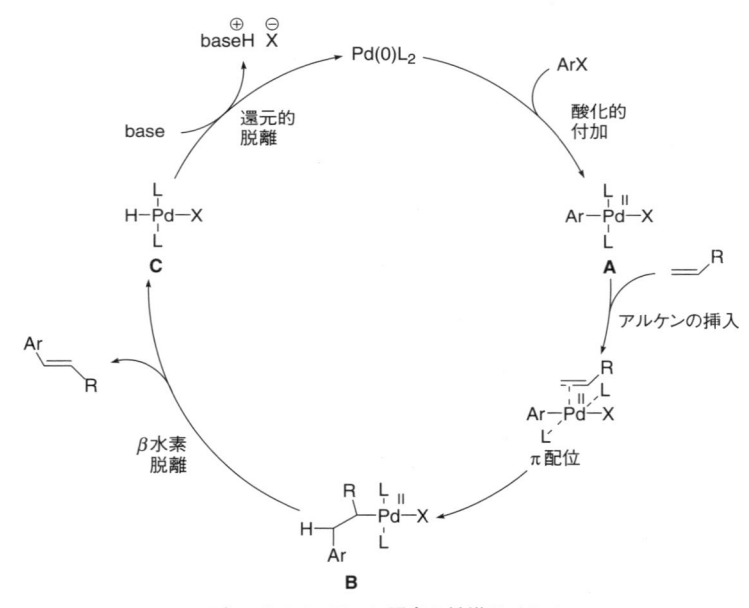

スキーム 5.4　Heck 反応の触媒サイクル

II 価パラジウム種を Heck 反応の触媒前駆体として用いる場合，触媒サイクルに取込まれる前に 0 価パラジウム種に還元される必要がある．まず初めに，ハロゲン化アリールが Pd(0) 種に酸化的付加することにより，アリールパラジウム(II)錯体 **A** が生じる．アルケンが Pd−Ar 結合に挿入すると，アルキルパラジウム(II)中間体 **B** を経て，ひき続く β 水素脱離によりアルケン生成物が得られる．塩基の作用によりヒドリドパラジウム(II)錯体 **C** は触媒活性種である Pd(0) 錯体へ還元され，触媒サイクルが完結する（スキーム 5.4）．

上記の触媒サイクル以外に，アニオン種が介在する反応機構も提唱されている．

この場合，Ar-X の [PdL$_2$OAc]$^-$ への酸化的付加により生じる中間体 **A** を経て，アルケンの挿入により中間体 **B** が生じる．ひき続く β 水素脱離により **C** とカップリング生成物が得られる．**C** から還元的脱離により [PdL$_2$OAc]$^-$ が再生し，触媒サイクルが完結する（スキーム 5.5）．

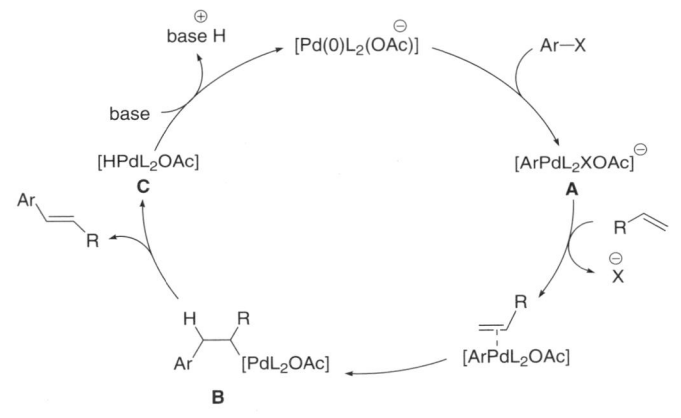

スキーム 5.5 アニオン種が介在する Heck 反応の反応機構

不斉 Heck 反応　多くの天然物の全合成において，その重要な反応段階に不斉 Heck 反応は利用されている．パラジウムに配位した不斉配位子の作用により，不斉炭素上の絶対立体配置を制御することができる．多種多様な不斉配位子が不斉 Heck 反応に応用されるが[22)～24)]，野依により開発された BINAP[25)] が最もよく利用されている．Pd-BINAP 種を発生させる際に用いる前駆体の選択は重要であり，Pd(OAc)$_2$ の方が Pd$_2$(dba)$_3$·CHCl$_3$ よりも効果的である．最初のエナンチオ選択的分子内 Heck 反応は，柴崎，Overman らによって独立に報告された．

柴崎の研究グループ[26)] は，(R)-BINAP を不斉配位子として用いて，プロキラルなヨウ化アルケニル **5.11** のエナンチオ選択的分子内 Heck 環化反応により cis-デカリン **5.12** を得ている．塩基としては炭酸銀，溶媒としては N-メチル-2-ピロリドン（NMP）が使用される．

5.11 → Pd(OAc)$_2$(3 mol%)–(R)-BINAP (9 mol%), Ag$_2$CO$_3$ (2 当量), 60 °C, N-メチル-2-ピロリドン (NMP) → **5.12**
収率 74%, 46% ee

柴崎の報告と同じ年に，Overman の研究グループも類似の報告をしている[27]．Pd(OAc)$_2$-(R,R)-DIOP を触媒とし，Et$_3$N 存在下にベンゼン中でトリエニルトリフラート **5.13** を反応させると，室温で Heck 環化反応が連続的に 2 回進行し，スピロ環化合物 **5.14** が収率 90％，45％ ee（鏡像体過剰率）で得られる．

複雑な化合物の合成に Heck 反応を利用する際には，新たに生成する炭素－炭素結合の位置選択性，立体選択性を制御する必要がある．5-エキソ，あるいは 6-エキソ環化が優位に進行するため，分子内 Heck 反応では挿入段階で生じる環構造の環員数により位置選択性を制御できる．非環状アルケンへの挿入による Heck 反応では通常位置異性体の混合物が得られるが，シクロアルケンなどの環状アルケンを Heck 反応の基質とした場合，σ-アルキルパラジウム(II)中間体 **A** が生成する．中間体 **A** にはシン-β 水素は一つしか存在しないので，シン水素脱離により生成物 **B** のみが得られる（スキーム 5.6）．

スキーム 5.6

Pd-BINAP 触媒による **5.15** の不斉 Heck 反応は高エナンチオ選択的に進行し，3-アルキル-3-アリールオキシインドール **5.16** が 71〜98％ ee で得られる[28]．この手法により，さまざまなアリール基やヘテロアリール基をオキシインドール骨格に

導入できるため，この不斉合成法はさまざまなインドールアルカロイドをエナンチオ選択的に合成する際にきわめて有効である[29]．

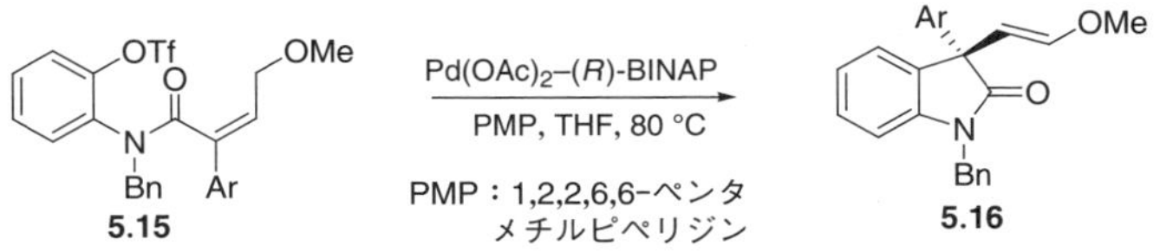

Ar = Ph: 収率 86%, 84% ee
Ar = 1-ナフチル: 収率 92%, 92% ee

分子間 Heck 反応において BINAP（**5.1**）やその誘導体は，中程度のエナンチオ選択性を示すが，ホスフィノオキサゾリン類 **5.17** の方がよい配位子である．

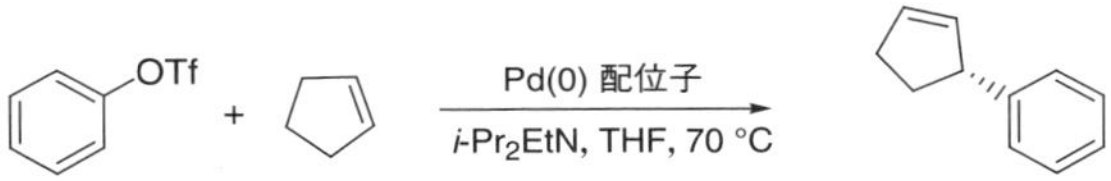

(S)-t-Bu-PHOX (**5.17**): 85% ee
BINAP (**5.1**): 36% ee

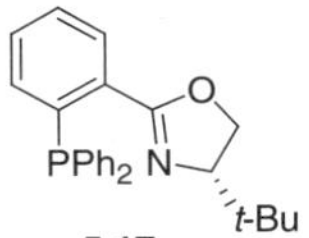

5.17
(S)-t-Bu-PHOX
（配位子）

5.1.2 アリル位置換反応

Pd, Ir, Mo, W などの遷移金属を触媒として用いる種々の求核試薬との不斉アリル位置換反応は，有機合成において広く利用されており，不斉炭素−炭素結合形成反応において重要な役割を果たしている．Trost, Helmchen, Pfaltz らは，おもにプロキラルな求電子試薬によるマロン酸エステル類の直接的アリル化を検討している[30),31)]．

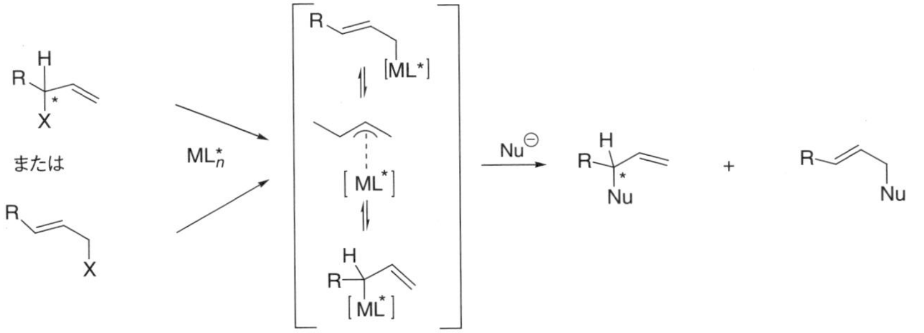

スキーム 5.7

一方，プロキラルな求核試薬を用いる反応はきわめて少ないが，活性メチレン化合物や，塩基存在下で単一のエノラートを生じるカルボニル化合物を用いる例が，近年報告されている．

Pd 触媒を用いるアリル位置換反応は π-アリル錯体を経て進行するので，分枝した基質，直鎖状の基質のいずれを用いても同一の生成物が得られる（スキーム 5.7）．

立体化学　Pd(0) 錯体によりアリル位の脱離基が置換され，立体配置の反転を伴ってカチオン性 π-アリルパラジウム種 **A** を与える．この錯体は電子不足であり，適当なソフト求核試薬の攻撃により，立体配置の反転を伴って最終生成物を与える．その結果，反応全体としては立体化学は保持される（スキーム 5.8）．

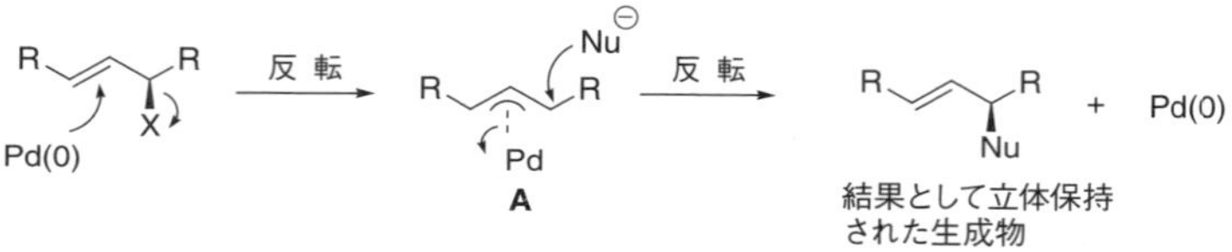

X = ハロゲン, OCOR（カルボキシラート）, O_2COR（カルボナート）
$Nu^{\ominus}$ = $RC(EWG)_2^{\ominus}$; EWG = COR, CO_2R, SO_2Ph

スキーム 5.8

位置選択性　Pd 錯体を触媒として用いた場合，アリル位置換反応は通常，立体的に空いた側で進行する．もし両側が似ている（しかし同一ではない）場合は，生成物は混合物として得られる（スキーム 5.9）．しかし近年開発された配位子を用いると，立体的により込合った側で置換反応が進行した生成物を得ることもできる．

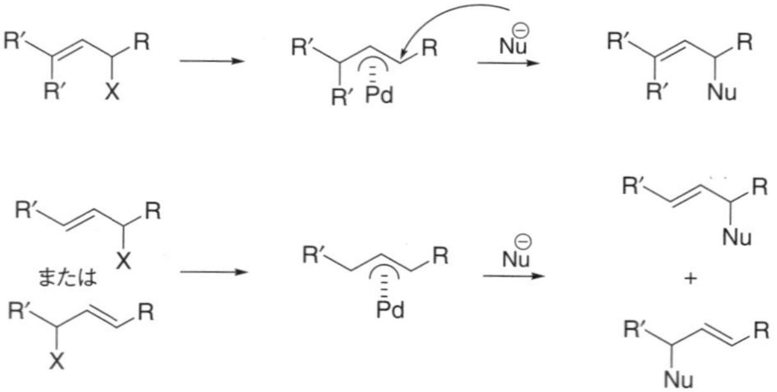

スキーム 5.9

Trost によるエナンチオ選択的アリル位置換反応

不斉配位子 **5.20** は，キラルなジアミン **5.18** と 2-(ジフェニルホスフィノ)安息香酸（**5.19**）から合成でき，Trost らによりエナンチオ選択的アリル位置換反応に利用されている[32)〜34)]．

新規ホスフィン配位子 **5.21** は Zhang らにより合成され，Pd 触媒による 2-シクロヘキセニルエステルのエナンチオ選択的アルキル化に利用されている[35)]．この配位子を用いると，S 体と R 体の酢酸エステルをきわめて効率的に識別でき，R 体のみが反応する．

エナンチオ選択的 辻アリル位置換反応

Pd 触媒を用いる辻アリル位置換反応[36),37)]によるエノールの炭酸エステルからアリルケトンへのエナンチオ選択的な変換反応は，Behenna，Stoltz らによってさまざまな不斉配位子を用いて検討されている[38)]．たとえば，$Pd_2(dba)_3$ と不斉配位子の存在下，炭酸アリルエノールを反応させると脱炭酸を伴ったアリル化が進行し，

対応するα位に不斉第四級炭素をもつα-アリルシクロヘキサノン誘導体が得られる．この反応の不斉誘導において，P(リン)/N(窒素)-混合型の配位子がより効果的であり，たとえば (S)-t-Bu-PHOX 配位子 **5.17** を用いると，**5.22** からシクロヘキサノン **5.23** が収率 96%，88% ee で得られる．

パラジウム触媒が直鎖状のアキラルな生成物を与える傾向があるのに対して，イリジウム触媒は通常キラルな分枝型の生成物を優先的に生じる．[IrCl(cod)]$_2$-P(OPh)$_3$ 触媒は，アリル位アルキル化，アリル位アミノ化に効果的である[39]．

イリジウム触媒によるエナンチオ選択的アリル位置換反応は，β置換α-アミノ酸の合成に利用できる[40),41)]．たとえば，ジフェニルイミノグリシナート **5.25** を求核剤前駆体として，リン酸(3-アリールアリル)ジエチル **5.24** のイリジウム触媒によるエナンチオ選択的アリル位置換反応において，不斉二座亜リン酸エステル配位

子 **5.26** を用いると最高 98% ee で置換生成物が得られる．この反応では，塩基の選択により，ジアステレオマーの関係にある置換生成物 **5.27a** と **5.27b** を選択的につくり分けることができる．

5.1.3　銅あるいはニッケル触媒によるカップリング反応

ハロゲン化アリール，あるいはハロゲン化アルケニルのホモカップリングである Ullmann 型反応は，化学量論量以上の銅を用いることにより高温で容易に進行する．銅粉末が 0 価金属として利用される．1901 年に報告されている古典的な Ullmann 反応は，二つの芳香族化合物から炭素－炭素結合を生成する反応として利用されてきた．

0 価ニッケル化合物も，ハロゲン化アリールからビフェニル類の合成や，ハロゲン化アルケニルからの 1,3-ジエン類の合成に利用することができる．ビス(1,5-シクロオクタジエン)ニッケル Ni(cod)$_2$ は，この種のカップリング反応に用いる 0 価ニッケル源として最も適している．

上記の反応の反応機構は，Tsou と Kochi ら[42)]により検討された（スキーム 5.10）．Ar－Br の NiL$_4$ への酸化的付加によって生じるハロゲン化アリールニッケル **A** が，ハロゲン化アリールと反応することによりビアリール類が生成する．

スキーム 5.10

銅触媒によるアルキンのホモカップリングや，Ni(0)触媒によるハロゲン化アリールのホモカップリングはよく知られているが，合成的により有用な銅触媒によるアルキン類のクロスカップリングは Cadiot と Chodkiewicz により初めて見いだされた．

Cu(I)触媒による末端アルキンとハロゲン化アルキニルのクロスカップリング反応はジイン生成物を与え，**Cadiot-Chodkiewicz カップリング**として知られている[43]．

反応機構 まず初めに，アルキン末端の水素が塩基により脱プロトンされた後，銅(I)アセチリドが生じる．ひき続くハロゲン化アルキニルの酸化的付加，中間体 **B** からの還元的脱離によりジイン **C** が得られる（スキーム 5.11）．

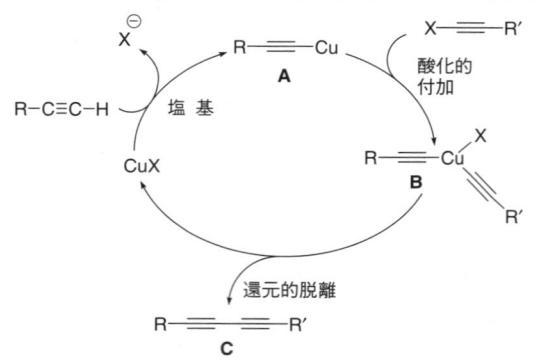

スキーム 5.11

Castro-Stephens カップリング[44),45)] の場合も，銅(I)アセチリドとハロゲン化アリールの反応によりジアリールアセチレンが得られる．

5.2 遷移金属触媒による有機金属化合物と有機ハロゲン化物および関連する求電子試薬とのカップリング反応

有機金属化合物と有機ハロゲン化物との反応は，炭素－炭素結合を形成させる直接的な手法ではあるが，副反応が競合するためカップリング生成物の収率が低い場合が多い．遷移金属触媒を利用する有機金属化合物(R^2-M^1)と有機ハロゲン化物(R^1-X)，あるいは関連する試薬とのカップリング反応は，炭素－炭素結合を形成させるための最も重要な手法であり，カップリング生成物が高収率で得られる[46)〜52)]．

$$R^2-M^1 \; + \; R^1-X \; \xrightarrow{\text{金属触媒}} \; R^2-R^1 \; + \; M^1-X$$

ニッケル(II)錯体を触媒として用いる有機マグネシウム化合物とハロゲン化アルケニル，あるいはハロゲン化アリールとの反応は，1972年に，熊田と玉尾，および Corriu らによって独立に報告された．パラジウム触媒による Grignard 試薬の反応は，村橋らによって最初に報告された．根岸らは，Pd，Ni 触媒による有機アルミニウム，有機亜鉛，有機ジルコニウム化合物の反応を見いだした．これらの初期の発見の後，多くの有機金属化合物が，遷移金属触媒によるクロスカップリング反応の求核試薬として利用されている．たとえば，有機リチウム（村橋），有機スズ（右田，Stille ら），1-アルケニル銅(I)（Normant），有機ケイ素（檜山）などである．ホウ素に結合した有機基は非常に弱い求核性しか示さないが，適当な塩基で活性化した有機ホウ素化合物を用いる Pd(II)触媒クロスカップリング反応は，さまざまな選択的炭素－炭素結合形成反応に応用できる非常に一般的な手法であることがわかっている．

X = I, Br, Cl または OTf
M^1 = SnR_3 (Stille カップリング)
   BR_2 または $B(OR)_2$ (鈴木–宮浦カップリング)
   $SiR_{(3-n)}F_n$ (檜山カップリング)
   $Si(OR)_3$ (玉尾–伊藤カップリング)

反応機構 クロスカップリング反応の触媒として，ニッケル錯体とパラジウム錯体が最もよく研究されているが，反応機構はパラジウムに関する検討がほとんどである．パラジウム触媒による有機金属化合物と有機ハロゲン化物（あるいは有機トリフラート）とのクロスカップリング反応は，スキーム 5.12 に示す一般的な反応機構により進行する．

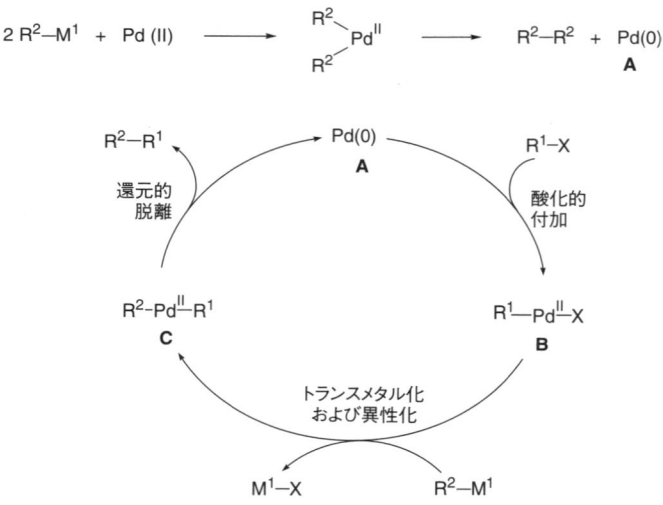

$$2\,R^2\text{--}M^1 + Pd(II) \longrightarrow \underset{R^2}{\overset{R^2}{>}}Pd^{II} \longrightarrow R^2\text{--}R^2 + Pd(0)$$
$$\hspace{10cm}\textbf{A}$$

[触媒サイクル図：Pd(0) **A** → (R¹–X による酸化的付加) → R¹–Pd^{II}–X **B** → (トランスメタル化および異性化，M¹–X と R²–M¹) → R²–Pd^{II}–R¹ **C** → (還元的脱離，R²–R¹) → Pd(0) **A**]

スキーム 5.12 有機金属化合物のパラジウム触媒によるクロスカップリング反応の触媒サイクル

Pd(0) である **A** は，Pd(II)種が有機金属化合物 R^2–M^1 により還元されることにより生成する．すなわち Pd(II)種へのトランスメタル化，ひき続く還元的脱離により，ホモカップリング生成物である R^2–R^2 とともに Pd(0)種 **A** が生じる．クロスカップリング反応では，求電子試薬に対し小過剰の有機金属化合物が用いられることが多いが，その理由の一つは，触媒活性種である Pd(0)種の調製に有機金属化合物が少量消費されるからである．

Pd(0)触媒種 **A** が生じた後，触媒サイクルはつぎの 3 段階の素反応により進行する．1) 求電子試薬 R^1–X が Pd(0) へ**酸化的付加**（oxidative addition）し Pd(II)中間体 **B** が生じ，2) ひき続く **B** への有機金属化合物 R^2–M^1 による**トランスメタル化**（transmetallation）が進行し，3) それに続く**異性化**（isomerization）（p.247，スキーム 5.16 参照）により中間体 **C** が生じる．最後に，適当なシン配置をもつ中間体 **C** から，**還元的脱離**（reductive elimination）によりカップリング生成物である R^2–R^1 が生成するとともに Pd(0)触媒種が再生し，触媒サイクルが完結する（スキー

ム 5.12). なお, 触媒サイクルにおける律速段階は酸化的付加である.

パラジウム触媒としては, $Pd(PPh_3)_4$, $PdCl_2(PPh_3)_2$, $Pd(OAc)_2/PPh_3$ (あるいは他のホスフィン配位子) がよく用いられる. 反応性の低い基質の場合には, 他のPd触媒を使用する場合もある. 求電子試薬 R^1-X の相対的な反応性は, I > OTf > Br ≫ Cl の順に小さくなる.

クロスカップリング反応に用いられる種々の求電子試薬 (R^1-X) は, ハロゲン (あるいは類似の脱離基) が結合している炭素原子の混成状態により, $C_{sp^2}-X$ (アリール, アルケニル, アシル), $C_{sp}-X$ (アルキニル), $C_{sp^3}-X$ (アリル, ベンジル, プロパルギル, アルキル) に分類される. C_{sp^2} に分類される求電子試薬 (アリール, ヘテロアリール, アルケニル, アレニル, アシル求電子試薬) は, 通常良好な反応性を示す. ヨードメタンを除けば, sp^3 求電子試薬の反応は遅く, 遷移金属触媒による $C_{sp^3}-C_{sp^3}$ 結合形成反応の成功例は少ない. その理由は, ハロゲン化アルキル (あるいはスルホン酸アルキル) の金属中心への酸化的付加が遅いことに加えて, 酸化的付加によって生じるアルキル-金属錯体 **A** (スキーム 5.13) からの $β$ 水素脱離が熱力学的に優位なためである. したがって, ハロゲン化アルキルのクロスカップリング反応を実現するためには, $β$ 水素脱離を抑えながら酸化的付加と還元的脱離を促進する必要があり, 現在も盛んに多くの研究が行われている[53].

スキーム 5.13

5.2.1 Grignard(グリニャール)試薬のカップリング反応

活性化されていないハロゲン化アルキルと, 有機マグネシウム化合物との銅触媒によるクロスカップリング反応は, 1960年代後半からすでに知られており, おそらく最も詳細に研究されているアルキル-アルキルカップリング反応である[48]. この手法の最大の欠点は, 有機クプラート (銅アート) 試薬を調製するために化学量論量の銅塩が必要なことであり, そのため1当量のアルキル基が生成物に取込まれ

ずに消費される.

熊田と玉尾[54]，およびCorriu[55]らが独立に，ニッケル(II)塩（あるいはニッケル(II)錯体）を触媒とするGrignard試薬とハロゲン化アリール，ハロゲン化アルケニルとのクロスカップリング反応を報告した後，Pd触媒によるGrignard試薬のカップリング反応が村橋らにより最初に報告された[56].

$$R^2MgX^1 + R^1-X^2 \xrightarrow{Pd(0) 触媒} R^2-R^1 + MgX^1X^2$$

熊田カップリング

Grignard試薬と有機ハロゲン化物（アルケニル，アリール，ヘテロアリールのハロゲン化物あるいはトリフラート）とのNi(II)触媒によるクロスカップリング反応は，**熊田カップリング**とよばれている[54),55)]．たとえば，m-ジクロロベンゼン（**5.28**）と臭化 n-ブチルマグネシウム（**5.29**）とのクロスカップリングは，ジクロロ[1,2-ビス(ジフェニルホスフィノ)エタン]ニッケル(II)［$NiCl_2(dppe)$］存在下で進行し，m-ジ(n-ブチル)ベンゼン（**5.30**）が94%で得られる[56]．同様に $NiCl_2(dppe)$ 存在下，塩化ビニル（**5.31**）と臭化1-ナフチルマグネシウム（**5.32**）との反応により，1-ビニルナフタレン（**5.33**）が80%で得られる[56].

dppe = 1,2-ビス(ジフェニルホスフィノ)エタン ; $Ph_2PCH_2CH_2PPh_2$

この反応の利点はGrignard試薬が入手容易なことである．多種多様なGrignard試薬が市販されており，市販されていないGrignard試薬も対応するハロゲン化物から容易に調製できる．他の利点としては，多くの場合に室温あるいはそれ以下の温度で反応が進行することである．一方，Grignard試薬と反応する多くの官能基（たとえば $-OH$, $-NH_2$, $C=O$ など）を含む基質が利用できないことは，この手法の欠点である．

活性化されていない塩化アリールを基質とする熊田カップリングも近年報告され

5.2 有機金属化合物と求電子試薬とのカップリング反応

ている．たとえば，$Pd_2(dba)_3$ と IPr·HCl〔塩化 1,3-ビス(2,6-ジイソプロピルフェニル)イミダゾリウム〕の存在下で，4-クロロトルエン（**5.34**）と臭化フェニルマグネシウム（**5.35**）をジオキサン-THF（テトラヒドロフラン）中で反応させると，生成物である 4-フェニルトルエン（**5.36**）を収率 99％ で単離できる[57]．

$$CH_3-C_6H_4-Cl + BrMg-C_6H_5 \xrightarrow[\text{ジオキサン-THF}]{\text{Pd}_2(\text{dba})_3 (1 \text{ mol\%}) \atop \text{IPr·HCl} (1 \text{ mol\%})} CH_3-C_6H_4-C_6H_5 + MgBrCl$$

5.34　　　　**5.35**　　　　　　　　　　　　　**5.36**
　　　　　　　　　　　　　　　　　　　　　　　99％

IPr·HCl

反応機構　ジオルガノニッケル中間体 **A** は，ジハロゲン化ジホスフィンニッケル（L_2NiX_2）と Grignard 試薬（R^2MgX^1）との反応により生じる．錯体 **A** は有機ハロゲン化物（R^1-X^2）と反応し，ハロゲン化有機ニッケル錯体 **B** へ変換される．錯体 **B** は Grignard 試薬 R^2MgX^1 とさらに反応し，新たなジオルガノニッケル錯体 **C** を生成する．錯体 **C** は有機ハロゲン化物（R^1-X^2）との反応によりクロスカップリング生成物である R^1-R^2 を生じ，錯体 **B** が再生することにより触媒サイクルが完結する（スキーム 5.14）．

$$L_2NiX_2 + 2R^2MgX^1 \longrightarrow \underset{\mathbf{A}}{L_2NiR^2_2} + 2MgXX^1 \xrightarrow{R^1-X^2} R^2-R^2 + \underset{\mathbf{B}}{L_2NiR^1X^2}$$

$$\underset{\mathbf{B}}{L_2Ni\genfrac{}{}{0pt}{}{X^2}{R^1}} \xrightarrow{R^2MgX^1} \underset{\mathbf{C}}{L_2Ni\genfrac{}{}{0pt}{}{R^2}{R^1}} + MgX^1X^2$$

$$\mathbf{C} \xrightarrow{R^1-X^2} R^1-R^2 \text{ (再生 } \mathbf{B}\text{)}$$

スキーム 5.14

Grignard 試薬を用いる Ni あるいは Pd 触媒によるクロスカップリング反応は，ハロゲン化プリンを基質として 8 位，6 位にアリール基やアルキル基を導入する際に利用されている．

R' = TMS; R = Me, アリル, アリール

R' = TBS; R = フェニル, アルキル

dppf = 1,1'-ビス(ジフェニルホスフィノ)フェロセン

単純な脂肪族ヨウ化物と種々の Grignard 試薬とのクロスカップリングの最初の例は 1986 年に報告され，系中で調製した Pd(0)(dppf) 触媒を用いている．しかし報告されている条件では，生成物としてアルカンとアルケンの混合物が得られる．一方近年，$NiCl_2$(dppf) などのニッケル触媒を用いることにより，ヨードネオペンチル誘導体と Grignard 試薬とのクロスカップリング反応が報告されている[58]．

R = Ph, H
R^2 = Me, Et

$NiCl_2$(dppf) 存在下で芳香族 Grignard 試薬を用いると，最も良好な結果が得られる[59]．たとえば，ヨウ化ネオペンチル (**5.37**) と Grignard 試薬 **5.35** を $NiCl_2$(dppf) 存在下で反応させると **5.38** が収率 86% で得られる．

Ni 触媒による Grignard 試薬と塩化アルキル，臭化アルキル，あるいはアルキルトシラート (R^1–X^2) とのクロスカップリング反応が，ブタ-1,3-ジエンの添加により著しく加速されることが近年見いだされている[60]．たとえば，臭化 n-デシル (**5.39**) と塩化 n-ブチルマグネシウム (**5.29**) との反応は，イソプレン (**5.40**) 添

加剤と $NiCl_2$ 存在下で進行し，テトラデカン (**5.41**) を92％で与える．$Ni(acac)_2$ や $Ni(cod)_2$ を用いた場合も **5.41** を高収率で得ることができる．

$$R^1-X^2 + R^2MgX^1 \xrightarrow[\text{イソプレン (1 当量)}]{\text{触媒 (3 mol\%)}} R^1-R^2$$

R^1 = アルキル ; X^1, X^2 = Cl, Br, OTs
R^2 = アルキル, アリール

$$n\text{-}C_{10}H_{21}Br + n\text{-BuMgCl} \xrightarrow[\text{(5.40)}]{NiCl_2} n\text{-}C_{14}H_{30}$$
5.39　　　**5.29**　　　　　　　　**5.41**
　　　　　　　　　　　　　　　　　　92％

第一級，第二級アルキル，およびアリール Grignard 試薬を用いると，対応するクロスカップリング生成物が高収率で得られるが，ハロゲン化アルケニルマグネシウムは同様の条件下では反応しない．

反応機構　ブタ-1,3-ジエンは Ni(0) を Ni(II)種 **A** に変換する際に重要な役割を果たしている．Ni(II)中間体 **A** は酸化的付加を受けることなく，Grignard 試薬とトランスメタル化する．すなわち，$NiCl_2$ が反応することにより，Ni(II) は Ni(0) に還元され，生じた Ni(0) 種は2当量のブタ-1,3-ジエンと反応しビス(π-アリル)ニッケル錯体 **A** へ変換される．錯体 **A** はハロゲン化アルキルに対してほとんど反応性を示さないが，Grignard 試薬とは反応するため，**A** は R^2MgX^1 とのトランスメタル化により中間体 **B** を生じる．錯体 **B** に対してハロゲン化アルキル (R^1-X^2) が酸化的付加するとジアルキルニッケル錯体 **C** が生じ，ひき続き還元的脱離によりカップリング生成物 R^1-R^2 が生じるとともに最初の錯体 **A** が再生される（スキーム 5.15）．

スキーム 5.15

5.2.2 有機スズ化合物のカップリング反応

Stille カップリング (スティル)

パラジウム錯体を触媒とする有機スズ化合物（アリールおよびアルケニルスズ）とハロゲン化アリールなどの求電子試薬との反応は，Stille カップリングとよばれ，広範囲に利用できる炭素－炭素結合形成法である[61)〜63)]．

$$\text{R}{-}\text{C}_6\text{H}_4{-}\text{X} \ + \ \text{R}^2{-}\text{SnR}_3 \ \xrightarrow[\text{塩基}]{\text{Pd 触媒}} \ \text{R}{-}\text{C}_6\text{H}_4{-}\text{R}^2$$

$\text{R}^2 = $ アリールおよびアルケニル

有機スズ化合物は水に対して安定であり，さらに多くの官能基と反応しないことから，この反応は最もよく利用されるカップリング反応である．一方，スズ化合物の毒性や低極性は，Stille 反応の欠点である．ボロン酸やその誘導体を用いる鈴木カップリングには，このような Stille カップリングの欠点がない．しかし鈴木カップリング，熊田カップリング，Heck カップリング，薗頭カップリング（§5.2.5 参照）は塩基性条件下で進行するのに対し，Stille 反応は中性条件下で行うことができる．

[反応式: OHC-フラン-Br + Me₃Sn-ピリミジン-SMe →（PdCl₂(PPh₃)₂，中性条件）→ OHC-フラン-ピリミジン-SMe，100%]

塩化アリールは電子的に不活性であり，通常は酸化的付加を受けないが，パラジウムのトリシクロヘキシルホスフィン（PCy₃）錯体を触媒として用いて，K_3PO_4存在下 1,4-ジオキサン中でフェニルトリブチルスズ（PhBu₃Sn）と反応させると，対応するビアリールを高収率で与える[64)]．

[反応式: R-C₆H₄-Cl + C₆H₅-SnBu₃ →（Pd(OAc)₂−PCy₃，1,4-ジオキサン，K₃PO₄）→ R-C₆H₄-C₆H₅]

R = 4-OCH₃, 2-OCH₃, 4-CH₃, 2-CH₃

2′-トリフラート-2-スタニル-(Z)-2-ブテンアニリド **5.42** とヨウ化アリール，あるいはヨウ化ヘテロアリールとの Stille クロスカップリングは，官能基選択的に進行し，2′-トリフラート-2-アリール（あるいはヘテロアリール）-(Z)-2-ブテンアニリド **5.43** を高収率で与える[28)]．ヨウ化物の Pd(0) への酸化的付加がトリフラートの酸化的付加よりも速いため，この反応の官能基選択性が達成される[65)]．

5.2 有機金属化合物と求電子試薬とのカップリング反応

反応機構 Stille 反応と，有機求電子試薬を用いる Heck 反応との間には関連性がある．両反応の最初の段階である酸化的付加は同一ではあるが，Heck 反応ではトランスメタル化は起こらない．一方，Stille 反応ではトランスメタル化が関与しており，Sn から Pd へ有機基 R^2 が移動すると同時に，二つの置換基がカップリングし R^1-R^2 が生成する．Sn 上に二つ以上の置換基がある場合，おのおのの置換基のトランスメタル化のしやすさは，アルキニル＞アルケニル＞アリール＞アリル～ベンジル≫アルキル，の順になる．

最初に提案された Stille 反応の反応機構をスキーム 5.16 に示す．一般的な反応機

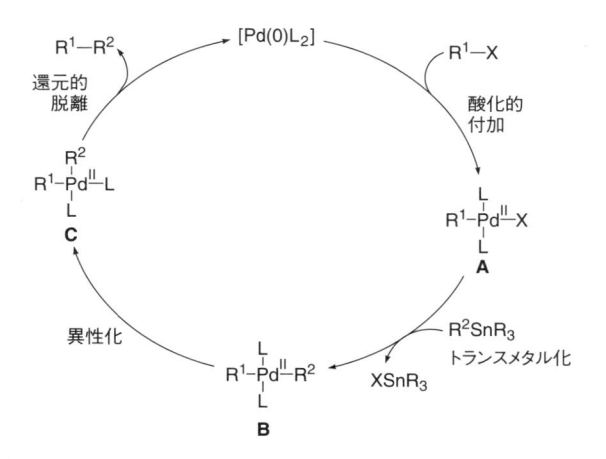

スキーム 5.16

構では，$Pd(0)L_n$（$L = PPh_3$）錯体が触媒活性種と考えられ，それが有機求電子試薬 R^1-X と反応し錯体 **A** が生じる．有機スズ化合物とのトランスメタル化は最も遅い段階であり，錯体 **B** を与える．トランス体からシス体への異性化により錯体 **C** が得られ，ひき続き還元的脱離によりカップリング生成物 R^1-R^2 が生じる．なお，Stille カップリングにおいて最も頻繁に用いられる求電子試薬は，有機ヨウ化物，有機臭化物，有機トリフラートである[66]．

ハロゲン化プリンは，有機スズ化合物とクロスカップリングにより反応する．

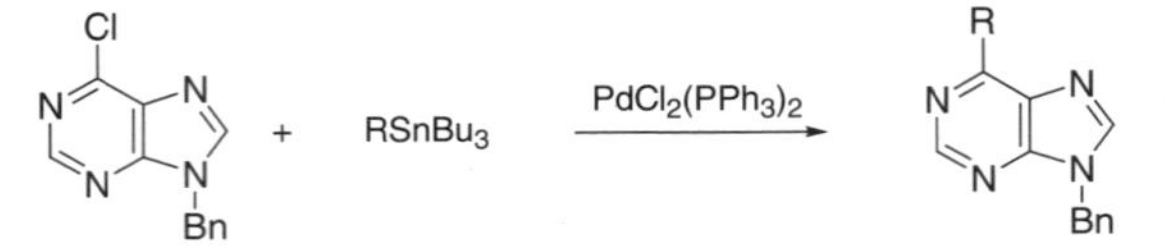

R = アリール, ヘテロアリール, アルケニル, アルキル

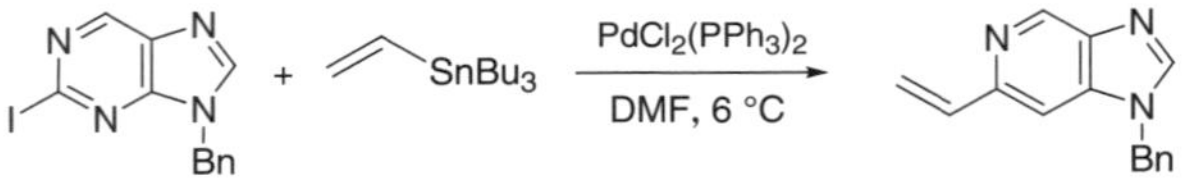

Stille カップリングによりオリゴエンも合成できる[67]．

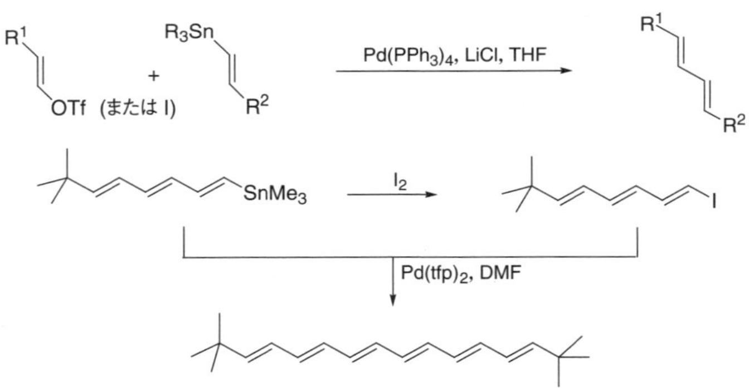

tfp = トリ(2-フリル)ホスフィン

5.2.3 有機ホウ素化合物のカップリング反応
鈴木-宮浦カップリング

　鈴木-宮浦反応は，有機ホウ素化合物（アリールボロン酸，あるいはビニルボロン酸）と有機（アリール，あるいはアルケニル）ハロゲン化物や有機（アリール，あるいはアルケニル）トリフラートとのクロスカップリングであり*，塩基存在下，パラジウム触媒により進行する[50]．芳香族ヨウ化物を用いると，この反応は非常に効率よく進行する．また，鈴木-宮浦クロスカップリング反応は，ビアリール類を合成する場合に最も広く利用されている手法である．最も頻繁に利用されるパラジウム触媒は $Pd(PPh_3)_4$ であるが，$PdCl_2(PPh_3)_2$ や $Pd(OAc)_2$ とホスフィン配位子の

---

*　（訳注）　鈴木 章は，R.F.Heck，根岸英一とともに 2010 年ノーベル化学賞を授与された．

5.2 有機金属化合物と求電子試薬とのカップリング反応

組合わせも有効である．Stille カップリングで用いる有機スズ化合物は高価で毒性があることから，鈴木-宮浦カップリングがより望ましい手法である．

$$\text{Ph-B(OH)}_2 + \text{Br-C}_6\text{H}_4\text{-CHO} \xrightarrow[\text{Na}_2\text{CO}_3,\ i\text{-PrOH, H}_2\text{O}]{\text{Pd(OAc)}_2\ (0.3\ \text{mol\%})\ \text{PPh}_3\ (0.9\ \text{mol\%})} \text{Ph-C}_6\text{H}_4\text{-CHO}\quad 87\%$$

ハロゲン化物の代わりにトシラート（擬ハロゲン化物）を，また有機ボロン酸の代わりにボロン酸エステルを用いることもできる．

[反応式: フラノン-OTs + (HO)₂B-Ar-R → PdCl₂(PPh₃)₂ (5 mol%), 8 当量 KF (2 M 水溶液), THF, 60 °C, 約 12 時間]

[反応式: PhBr + ピナコールボロン酸エステル(o-OC(O)NMe₂) → Pd(PPh₃)₄ (3 mol%), トルエン, H₂O, 還流, NaHCO₃]

[反応式: シクロヘキセニル-CH=CH-B(カテコール) + (Z)-PhCH=CHBr → Pd(PPh₃)₄, NaOEt, EtOH → ジエン生成物]

反応機構 この反応の最初の段階では，Stille カップリングの場合と同様に，有機ハロゲン化物の Pd(0) 錯体への酸化的付加によりパラジウム(II)中間体 **A** が生

[触媒サイクル図:
Pd(0) → ArX との酸化的付加で Ar–Pd(II)–X (**A**)
A + NaOH → Ar–Pd(II)–OH + NaX
Ar–Pd(II)–OH + Ar'B(OH)₂ → トランスメタル化 (Ar'B(OH)₃⁻ 経由, NaOH)
→ Ar'–Pd(II)–Ar (**B**)
B → 還元的脱離で Ar–Ar' と Pd(0)]

スキーム 5.17

成する．その後，Pd(II)-OH 錯体と，塩基により活性化されたボロン酸がトランスメタル化することで錯体 **B** が生成する．この中間体から還元的脱離により，クロスカップリング生成物が生じ，同時に触媒活性をもつ Pd(0)種が再生する（スキーム 5.17）．

多くの場合，酸化的付加が反応の律速段階であり，シス錯体が最初に生じた後に，すぐにトランス-σ-パラジウム(II)錯体へ異性化する．この反応は，ハロゲン化アルケニルの立体配置を完全に保持したまま進行する．また，ハロゲン化アリル，ハロゲン化ベンジルに関しては，立体配置は反転する．なお，脱離基の相対的な反応性は，$I^- >$ OTf$^- >$ Br$^- \gg$ Cl$^-$の順である．

加熱やマイクロ波の照射により，無溶媒条件での鈴木カップリング反応が開発されている．パラジウム粉末とともに，塩基としてのフッ化カリウムとアルミナの混合物が使用される[68]．

$$\text{PhI} + \text{HO-B(OH)-C}_6\text{H}_4\text{-Me} \xrightarrow[\text{100 °C, 無溶媒}]{\text{Pd(0)/ KF-Al}_2\text{O}_3} \text{Ph-C}_6\text{H}_4\text{-Me}$$

C-X 結合は遷移金属への酸化的付加により活性化されるが，通常の基質では，sp あるいは sp^2 炭素が求電子中心に直接，あるいは求電子中心のすぐ隣の位置に結合している．脂肪族 C-X 結合の遷移金属への酸化的付加の反応性はかなり低い．しかし，1992 年に鈴木の研究グループは，Pd(PPh$_3$)$_4$ を触媒として用いることにより，ヨウ化アルキルとアルキルボランのカップリングが 60 °C で中程度の収率（50〜71 %）で進行することを見いだしている[69]．この条件下では，エステル，ケタール，シアノ基など広い官能基許容性がある．

$$C_{10}H_{21}I + (9\text{-BBN})\text{-Bu} \xrightarrow[K_3PO_4, \text{ジオキサン}]{\text{Pd(PPh}_3)_4} C_{14}H_{30}$$

$$CH_3I + (9\text{-BBN})\text{-(CH}_2)_{10}\text{CO}_2\text{Me} \xrightarrow[K_3PO_4, \text{ジオキサン}]{\text{Pd(PPh}_3)_4} CH_3(CH_2)_{10}CO_2Me$$

Charette はこの手法を応用して，ヨードシクロプロパンと種々のボロン酸およびボロン酸エステルとのカップリングにより，ポリシクロプロパン構造をもつ天然物を合成している[70]．

$$\text{R-cyclopropyl-B(OCH}_2\text{CH}_2\text{CH}_2\text{O)} + \text{I-CH}_2\text{-cyclopropyl-CH}_2\text{-OR'} \xrightarrow{\text{PPh}_3, \text{Pd(OAc)}_2} \text{R-cyclopropyl-CH}_2\text{-cyclopropyl-CH}_2\text{-OR'}$$

R = アルキル，アルコキシ
R' = H，ベンジル

E-トシラート **5.44** または Z-トシラート **5.46** とアリールボロン酸とのクロスカップリングは，$PdCl_2(PPh_3)_2$，Na_2CO_3 水溶液存在下，THF 中で立体特異的に進行し，それぞれ対応する三置換 E- および Z-α,β-不飽和エステル **5.45**，**5.47** を与える[71]．

X = OMe, CN, CHO, F
Ar = XC_6H_4

5.2.4 有機シラン化合物のカップリング反応

檜山らの先駆的な研究により，求核的な活性化剤の存在下，適当な官能基をもつ有機シラン類が Pd 触媒によるクロスカップリング反応に用いることができることが見いだされた[52]．クロロシラン，フルオロシラン，アルコキシシランなどが種々の求電子試薬とのカップリングに用いられる．

檜山カップリング

檜山カップリングは，有機シラン[72),73)]（ビニル，エチニル，アリルシラン）と有機ハロゲン化物（ハロゲン化アリール，ハロゲン化アルケニル，ハロゲン化アリル）とのパラジウム触媒によるクロスカップリング反応である．クロロアリルパラジウム二量体$(\eta^3\text{-}C_3H_5PdCl)_2$ とトリス（ジエチルアミノ）スルホニウムジフルオロトリメチルシリカート（TASF）あるいはフッ化テトラブチルアンモニウム（TBAF）が触媒として用いられる．このカップリング反応では，フッ化物イオンは活性化剤として作用し，カップリングの前段階としてアニオン性の超原子価ケイ素中間体が生成し，このケイ素中間体からパラジウムにトランスメタル化が起こる．

[反応スキーム図]

対応する有機スズ化合物や有機ホウ素化合物に比べて，有機ケイ素化合物はほとんど毒性がなく，酸素に対する反応性も低い点で檜山カップリング反応は優れている．

さらにこの反応の立体特異性や位置選択性は特筆すべきであり，ハロゲン化アルケニルの二重結合の幾何異性を保持したまま反応は進行する．

ビニル（2-ピリジル）シラン **5.48** と有機ハロゲン化物とのパラジウム触媒クロスカップリング反応により，置換ビニル（2-ピリジル）シラン **5.49** が高収率で得られる．この反応の反応機構には，カルボメタル化が含まれる（スキーム 5.18）．

[スキーム図：5.48, 5.49, およびカルボメタル化機構]

スキーム 5.18

しかし，Pd-TBAF 系を上記の反応に用いると，ケイ素からパラジウムへのトラ

ンスメタル化がフッ化物イオンにより促進されるため，反応経路がカルボメタル化からトランスメタル化に変化すると推測されている（スキーム 5.19）．

$$\text{Ph}\diagdown\text{Si(Me}_2\text{)(2-Py)} + \text{PhI} \xrightarrow[\text{TBAF}]{\text{PdCl}_2(\text{CH}_3\text{CN})_2} \text{Ph}\diagdown\text{Ph} \quad 91\%$$

5.48

$$R\diagdown\text{Si} + R^1-\text{Pd}-X \xrightarrow{\text{トランスメタル化}} R\diagdown\text{Pd}-R^1 \xrightarrow{-\text{Pd}(0)} R\diagdown R^1$$

スキーム 5.19

5.2.5 有機銅化合物のカップリング反応

Pd 触媒によるアルキニル化反応は，薗頭(そのがしら)カップリングとよばれ，種々のアルキンの合成に幅広く利用されている．この反応は，アルキンを基質として用いる Heck 反応と，Cu により促進される Castro-Stephens 反応の組合わせといえる[74]（スキーム 5.20）．

$$R^2-\text{C}\equiv\text{C}-\text{Cu} + XR^1 \longrightarrow R^1-\text{C}\equiv\text{C}-R^2 \quad \text{Castro–Stephens 反応}$$

$$R^2-\text{C}\equiv\text{C}-\text{H} + XR^1 \xrightarrow{\text{PdL}_n,\ \text{塩基}} R^1-\text{C}\equiv\text{C}-R^2 \quad \text{Heck アルキニル化}$$

$$R^2-\text{C}\equiv\text{C}-\text{H} + XR^1 \xrightarrow[\text{塩基}]{\text{PdL}_n,\ \text{CuI}} R^1-\text{C}\equiv\text{C}-R^2 \quad \text{薗頭 アルキニル化}$$

スキーム 5.20

薗頭(そのがしら)カップリング

Pd 触媒による末端アルキンとハロゲン化アリール，あるいはハロゲン化アルケニルとのクロスカップリングは，共触媒として Cu(I)存在下で進行し，アリールアルキンあるいはエンインを与える．この反応は，薗頭健吉らにより最初に報告され，薗頭カップリングとよばれる[75]．トリエチルアミン，あるいはジエチルアミンが溶媒として使用される．

$$R^1-X + H-\text{C}\equiv\text{C}-R^2 \xrightarrow[\text{アミン}]{\text{Pd 触媒, CuI}} R^1-\text{C}\equiv\text{C}-R^2$$

R^1 = アリール，アルケニル
X = Br, I

$Ph-C\equiv C-H$ + (2-bromo-nitrobenzene) $\xrightarrow[\text{Et}_2\text{NH, 室温, 3 時間}]{\text{PdCl}_2(\text{PPh}_3)_2, \text{CuI}}$ (2-nitrophenyl-C≡C-Ph) 90%

$Me-C\equiv CH$ + (2-bromotoluene) $\xrightarrow[\text{Et}_3\text{N, 24 °C}]{\text{PdCl}_2(\text{PPh}_3)_2, \text{CuI}}$ (2-methylphenyl-C≡C-Me) 86%

$Ph-C\equiv CH$ + (2-bromopyridine) $\xrightarrow[\text{Et}_3\text{N, 室温}]{\text{PdCl}_2(\text{PPh}_3)_2, \text{CuI}}$ (2-(phenylethynyl)pyridine) 99%

$Ph-C\equiv CH$ + (5-bromo-2-furoyl chloride) $\xrightarrow[\text{Et}_3\text{N, ベンゼン, 室温, 15 時間}]{\text{PdCl}_2(\text{PPh}_3)_2, \text{CuI}}$ (5-(phenylethynyl)-2-furoyl chloride) 80%

この反応に最もよく利用される触媒系は，Et_2NH 中で $\text{PdCl}_2(\text{PPh}_3)_2$-CuI，あるいは R_2NH か R_3N 中で $\text{Pd}(\text{PPh}_3)_4$-CuI である．たとえばアリールアセチレン類は，CuI 存在下，塩基であるトリエチルアミン（Et_3N）と THF 溶媒中で Pd 触媒により臭化アリールと末端アルキンから合成できる．

(ArBr) + $H-C\equiv C-R^2$ $\xrightarrow[\text{Et}_3\text{N, THF}]{\text{PdCl}_2(\text{PPh}_3)_2, \text{CuI}}$ (Ar-C≡C-R^2)

R = CHO, COMe, CO_2Me
R^2 = Me_3Si, Ph, n-Bu

反応機構　$\text{Pd}(\text{PPh}_3)_4$ などの Pd 触媒は，炭素－ハロゲン結合への酸化的付加により有機ハロゲン化物を活性化する．銅（I）ハロゲン化物は末端アルキンと反応し，銅アセチリドを生成する．この銅アセチリドがカップリング反応の活性種として作用し，酸化的付加段階のつぎに，トランスメタル化が起こる．提案されている触媒サイクルをスキーム 5.21 に示す．

5.2 有機金属化合物と求電子試薬とのカップリング反応

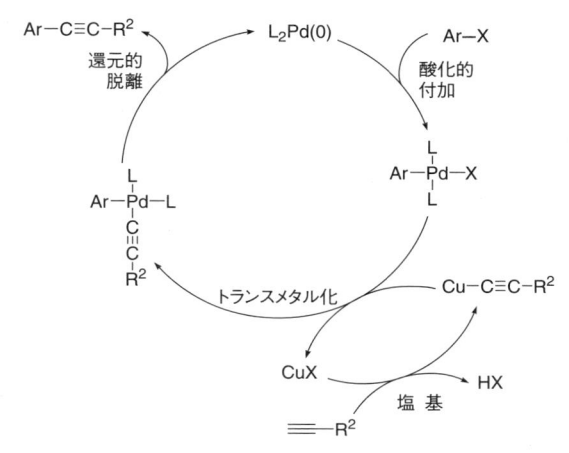

スキーム 5.21 薗頭カップリングの触媒サイクル

5.2.6 有機亜鉛化合物のカップリング反応

不活性,あるいはきわめて反応性の乏しい有機亜鉛化合物も,遷移金属触媒,特にPdやNiなどの錯体の作用により高活性な試薬となり,種々の一般的な求電子試薬と反応する.たとえばPd触媒を用いると,有機亜鉛化合物のカルボニル基への付加反応が進行する.

福山カップリング

Pd触媒による有機亜鉛化合物とチオエステルとのカップリング反応は,福山カップリングとして知られている[76]).

$$R-\underset{\underset{O}{\parallel}}{C}-SEt + R^2ZnI \xrightarrow[\text{トルエン}]{PdCl_2(PPh_3)_2} R-\underset{\underset{O}{\parallel}}{C}-R^2$$

反応機構 チオエステルのPd(0)錯体への酸化的付加の後,トランスメタル化,ひき続く還元的脱離により最終生成物が生じる(スキーム 5.22).

スキーム 5.22

根岸カップリング

根岸英一（2010年ノーベル化学賞受賞）らは，PdやNiを触媒として，有機亜鉛，有機アルミニウム，有機ジルコニウム化合物と有機ハロゲン化物（あるいは有機トリフラート）とのクロスカップリング反応を報告している[77]．ニッケル触媒であるテトラキス（トリフェニルホスフィン）ニッケル $Ni(PPh_3)_4$ は，4当量の PPh_3 存在下，THF 中で無水 $Ni(acac)_2$ に1当量の DIBAH（水素化ジイソブチルアルミニウム，DIBAL あるいは DIBAL-H とも略される）を反応させて系中で調製する．一方 Pd 触媒は，THF 中で $PdCl_2(PPh_3)_2$ （1 mmol）に DIBAH（2 mmol）を反応させることにより調製する．

$$Ni 触媒 = Ni(acac)_2 + DIBAH + PPh_3 (1:1:4)$$
$$Pd 触媒 = PdCl_2(PPh_3)_2 + DIBAH (1:2)$$

たとえば，ヨウ化 (E)-1-オクテニル，t-ブチルリチウムと無水塩化亜鉛から系中で調製した塩化(E)-1-オクテニル亜鉛 (**5.50**) を，ヨウ化(E)-1-ヘキセニル (**5.51**) と Pd 触媒 $Pd(PPh_3)_4$ 存在下でクロスカップリングさせると，($5E,7E$)-5,7-テトラデカジエン **5.52** が収率95%で得られる（スキーム 5.23）．

表5.1に示すとおり，(E)-1-アルケニルアランや (E)-1-アルケニルジルコニウム誘導体をハロゲン化アリール (ArX) と Ni 触媒存在下で反応させると，対応するクロスカップリング生成物が良好な収率で得られる．

5.2 有機金属化合物と求電子試薬とのカップリング反応

スキーム 5.23

表 5.1 Ni 触媒による (*E*)-1-アルケニルアランおよび (*E*)-1-アルケニルジルコニウム誘導体とハロゲン化アリール (**ArX**) の反応

R^2M	ArX	収率
1-ヘキセニル Al(*i*-Bu)$_2$	4-ブロモトルエン	84%
1-ヘキセニル Al(*i*-Bu)$_2$	ヨードベンゼン	91%
1-ヘキセニル ZrCp$_2$–Cl	4-ブロモベンゾニトリル	92%
1-ヘキセニル ZrCp$_2$–Cl	ヨードベンゼン	96%

同様に，Pd 触媒，あるいは Ni 触媒により (*E*)-1-アルケニルアランとハロゲン化アルケニルを反応させると，対応するジエンが立体特異的に得られる（スキーム 5.24）．

5. 遷移金属を利用する炭素−炭素結合形成反応

$n\text{-}C_8H_{17}\text{-}CH=CH\text{-}Al(i\text{-}Bu)_2$ + $I\text{-}CH=CH\text{-}n\text{-}C_4H_9$ →(Pd 触媒)→ $n\text{-}C_8H_{17}\text{-}CH=CH\text{-}CH=CH\text{-}n\text{-}C_4H_9$ (*E,E*) 90%

$n\text{-}C_8H_{17}\text{-}CH=CH\text{-}Al(i\text{-}Bu)_2$ + $I\text{-}CH=CH\text{-}n\text{-}C_4H_9$ →(Ni 触媒)→ $n\text{-}C_8H_{17}\text{-}CH=CH\text{-}CH=CH\text{-}n\text{-}C_4H_9$ (*Z,E*) 57%

スキーム 5.24

種々のアルケニル金属化合物のなかで，Zn, Zr, Al のアルケニル金属化合物が Pd 触媒クロスカップリング反応において良好な結果を示す．

反応機構　Pd あるいは Ni 触媒によるアルケニル−アルケニルおよびアルケニル−アリールカップリング反応は，スキーム 5.25 に図示した経路で進行すると考えられている．触媒サイクルには，酸化的付加，トランスメタル化，還元的脱離が含まれる．

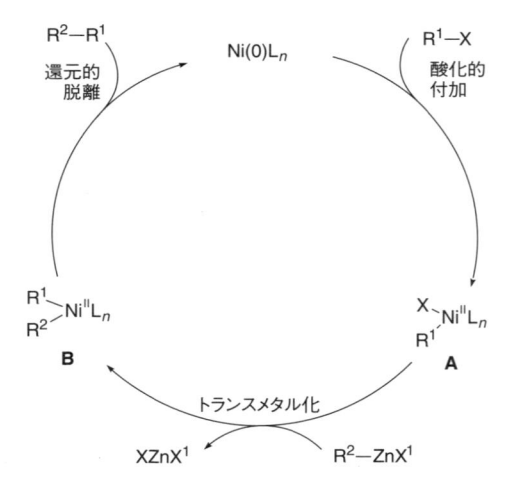

触媒サイクル:
- $R^2\text{-}R^1$ (還元的脱離) → $Ni(0)L_n$
- $Ni(0)L_n$ + $R^1\text{-}X$ (酸化的付加) → A: $X\text{-}Ni^{II}L_n\text{-}R^1$
- A + $R^2\text{-}ZnX^1$ (トランスメタル化) → B: $R^1\text{-}Ni^{II}L_n\text{-}R^2$ + $XZnX^1$

スキーム 5.25

有機ハロゲン化物（$R^1\text{-}X$）が低原子価ニッケル $Ni(0)L_n$ により活性化されると，ハロゲン化有機 Ni(II) 錯体 **A** が生じる．有機臭素化物（$R^1\text{-}Br$）を用いた場合に生成する L_nNiR^1Br 錯体 **A** は，ひき続き R^2ZnBr 試薬とトランスメタル化することで Ni(II)R^2R^1 錯体 **B** を生じる．その際，$ZnBr_2$ が副生成物として得られる．Ni(II)

5.2 有機金属化合物と求電子試薬とのカップリング反応

R^2R^1 錯体 **B** はさらに還元的脱離を受け，最後にクロスカップリング生成物として R^2-R^1 が生成するとともに，低原子価ニッケル種が再生される．一般的な根岸カップリング反応の反応機構をスキーム 5.25 に図示する．

有機亜鉛化合物は官能基許容性が高いため，根岸カップリングは他のクロスカップリングよりも有利な場合が多い．このカップリングにより，ビアリール類に限らず広い範囲のカップリング生成物を得ることができる．

通常有機亜鉛化合物は，Grignard 試薬，あるいは有機リチウム化合物と $ZnCl_2$ とのトランスメタル化によって系中で調製して用いる．それ以外の方法としては，有機ハロゲン化物に Zn(0) が酸化的に挿入することによっても有機亜鉛化合物が調製され，ハロゲン化アリールとのカップリングに用いることができる．たとえば，活性化されていない臭化アルキルあるいは塩化アルキルから得られる有機亜鉛化合物は，Pd あるいは Ni 触媒存在下，ハロゲン化アリールと高収率でクロスカップリング生成物を与える（スキーム 5.26)[78],[79]．

スキーム 5.26

根岸カップリング反応は，置換ピリミジンや置換プリンの合成にも利用されている．

根岸らは，Mg, B, Al, Sn のアルキニル金属を用いる Pd 触媒によるアルキニル化反応を報告している．だが，B や Sn を用いる手法は，それぞれ鈴木アルキニル化，Stille アルキニル化とよばれることもある．根岸らは 1978 年に，アルキニル亜鉛化合物とハロゲン化アリール，ハロゲン化アルケニルとの Pd 触媒によるアルキニル化反応を報告している[80]．

5.2 有機金属化合物と求電子試薬とのカップリング反応

　(E)-1-クロロ-1-リチオブタ-1,3-ジエン（**5.53**）が塩化 n-ヘキシルジルコノセン（**5.54**）へ挿入すると，アルケニルジルコニウム化合物（**5.55**）が生成する．Pd(0)触媒カップリングにより，**5.55** は **5.56**, **5.57** などのハロゲン化アルケニルや **5.58** のようなハロゲン化アリルと反応し，それぞれ対応するカップリング生成物，(1E,3E)-3-ヘキシル-1-フェニルヘキサ-1,3,5-トリエン（**5.59**），(3E,5E)-4-ヘキシルテトラデカ-1,3,5-トリエン（**5.60**），(E)-4-ヘキシルヘプタ-1,3,6-トリエン（**5.61**）を与える．これらの有機ジルコニウム種は，銅，ニッケル，パラジウムなどの触媒を用いる炭素—炭素結合形成反応に利用でき，有機合成上有用である[81]（スキーム 5.27）．

スキーム 5.27

　根岸クロスカップリング反応の最近の進歩により，二つの sp^3 炭素を触媒的にカップリングできるようになった．この反応により，カップリングしたアルカンが最終生成物として得られる[82]．離れた位置にアルケン部位をもつ第一級ハロゲン化物も，Ni 触媒により二つの sp^3 炭素間のクロスカップリング反応に用いることができる[83]．

引用文献

1. Urbanski, T., *Chem. Ber.*, **1976**, *12*, 191.
2. Heitbaum, M., Glorius, F. and Escher, I., *Angew. Chem., Int. Ed.*, **2006**, *45*, 4732.
3. Yin, L. and Liebscher, J., *Chem. Rev.*, **2007**, *107*, 133.
4. Cai, D., Payack, J. F., Bender, D. R., Hughes, D. L., Verhoeven, T. R. and Reider, P. J., *Org. Synth. Coll.*, **2004**, *10*, 112.
5. Cai, D., Payack, J. F., Bender, D. R., Hughes, D. L., Verhoeven, T. R. and Reider, P. J., *Org. Synth.*, **1999**, *76*, 6.
6. Noyori, R., *Science*, **1990**, *248*, 1194.
7. Higham, L. J., Clarke, E. F., Müller-Bunz, H. and Gilheany, D. G., *J. Organomet. Chem.*, **2005**, *690*, 211.
8. Kagan, H. B. and Dang, T.-P., *J. Am. Chem. Soc.*, **1972**, *94*, 6429.
9. Fryzuk, M. D. and Bosnich, B., *J. Am. Chem. Soc.*, **1977**, *99*, 6262.
10. Mizoroki, T., Mori, K. and Ozaki, A., *Bull. Chem. Soc. Jpn.*, **1971**, *44*, 581.
11. Heck, R. F., *J. Am. Chem. Soc.*, **1968**, *90*, 5518.
12. Heck, R. F. and Nolley, J. P., *J. Org. Chem.*, **1972**, *37*, 2320.
13. Bräse, S. and de Meijere, A., *Metal-Catalyzed Cross-Coupling Reactions* (eds F. Diederich and P. J. Stang) Wiley, New York, **1998**, Chapter 3.
14. Beletskaya, I. P. and Cheprakov, A. V., *Chem. Rev.*, **2000**, *100*, 3009.
15. Heck, R. F., *Comprehensive Organic Synthesis, Vol. 4* (ed. B. M. Trost) Pergamon, New York, **1991**, Chapter 4.3.
16. Heck, R. F., *Org. React.*, **1982**, *27*, 345.
17. Crisp, G. T., *Chem. Soc. Rev.*, **1998**, *27*, 427.
18. de Meijere, A. and Meyer, F. E., *Angew. Chem., Int. Ed. Engl.*, **1994**, *33*, 2379.
19. Jeffery, T., *Advances in Metal-Organic Chemistry, Vol. 5* (ed. L. S. Liebeskind) JAI, London, **1996**, pp. 153-260.
20. Cabri, W. and Candiani, I., *Acc. Chem. Res.*, **1995**, *28*, 2.
21. Amatore, C. and Jutand, A., *J. Organomet. Chem.*, **1999**, *576*, 254.
22. Andersen, N. G., Parvez, M. and Keay, B. A., *Org. Lett.*, **2000**, *2*, 2817.
23. Kiely, D. and Guiry, P. J., *Tetrahedron Lett.*, **2002**, *43*, 9545.
24. Imbos, R., Minnaard, A. J. and Feringa, B. L., *J. Am. Chem. Soc.*, **2002**, *124*, 184.
25. Noyori, R., Ohkuma, T., Kitamura, M., Takaya, H., Sayo, N., Kumobayashi, H. and Akutagawa, S., *J. Am. Chem. Soc.*, **1987**, *109*, 5856. (第1章の文献19〜22もみよ)
26. Sato, Y., Sodeoka, M. and Shibasaki M., *J. Org. Chem.*, **1989**, *54*, 4738.
27. Shibasaki, M., Boden, C. D. J. and Kojima, A., *Tetrahedron*, **1997**, *53*, 7371.
28. Dounay, A. B., Hatanaka, K., Kodanko, J. J., Oestreich, M., Overman, L. E., Pfeifer, L. A. and Weiss, M. M., *J. Am. Chem. Soc.*, **2003**, *125*, 6261.
29. Lebsack, A. D., Link, J. T., Overman, L. E. and Stearns, B. A., *J. Am. Chem. Soc.*, **2002**, *124*, 9008.
30. Heck, R. F., *Comprehensive Organic Synthesis, Vol. 4*, Pergamon, New York, **1991**, p. 585.
31. Williams, J. M. J., *Synlett*, **1996**, 705.
32. Trost, B. M., *Acc. Chem. Res.*, **1996**, *29*, 355.
33. Trost, B. M. and Vranken, D. L. V., *Chem. Rev.*, **1996**, *96*, 395.
34. Trost, B. M., Krueger, A. C., Bunt, R. C. and Zambrano, J., *J. Am. Chem. Soc.*, **1996**, *118*, 6520.
35. Longmire, J. M., Wang, B. and Zhang, X., *Tetrahedron Lett.*, **2000**, *41*, 5435.
36. Tsuji, J., Takahashi, H. and Morikawa, M., *Tetrahedron Lett.*, **1965**, *6*, 4387.
37. Tsuji, J., Shimizu, I., Minami, I., Ohashi, Y., Sugiura, T. and Takahashi, K., *J. Org. Chem.*, **1985**, *50*, 1523.
38. Behenna, D. C. and Stoltz, B. M., *J. Am. Chem. Soc.*, **2004**, *126*, 15044.
39. Helmchen, G., Dahnz, A., Dübon, P., Schelwies, M. and Weihofen R., *Chem. Commun.*, **2007**, 675.

40. Kanayama, T., Yoshida, K., Miyabe, H. and Takemoto, Y., *Angew. Chem., Int. Ed.*, **2003**, *42*, 2054.
41. Kanayama, T., Yoshida, K., Miyabe, H., Kimachi, T. and Takemoto, Y., *J. Org. Chem.*, **2003**, *68*, 6197.
42. Tsou, T. T. and Kochi, J. K., *J. Am. Chem. Soc.*, **1979**, *101*, 7547.
43. Chodkiewicz,W. and Cadiot, P., *Compt. Rend.*, **1955**, *241*, 1055.
44. Castro, C. E. and Stephens, R. D., *J. Org. Chem.*, **1963**, *28*, 2163.
45. Stephens, R. D. and Castro, C. E., *J. Org. Chem.*, **1963**, *28*, 3313.
46. Diederich, F. and Stang, P. J. (eds), *Metal-Catalyzed Cross-Coupling Reactions*, Wiley-VCH, New York, **1998**.
47. Murahashi, S., Yamamura, M., Yanagisawa, K., Mita, N. and Kondo, K., *J. Org. Chem.*, **1979**, *44*, 2408.
48. Lipshutz, B. H. and Sengupta, S., *Org. React.*, **1992**, *41*, 135.
49. Stille, J. K., *Angew. Chem., Int. Ed. Engl.*, **1986**, *25*, 508, および引用文献.
50. Miyaura, N. and Suzuki, A., *Chem. Rev.*, **1995**, *95*, 2457.
51. Hatanaka, Y. and Hiyama, T., *J. Am. Chem. Soc.*, **1990**, *112*, 7793.
52. Hatanaka, Y. and Hiyama, T., *Synlett*, **1991**, 845.
53. Frisch, A. C. and Beller, M., *Angew. Chem., Int. Ed.*, **2005**, *44*, 674.
54. Tamao, K., Sumitani, K. and Kumada, M., *J. Am. Chem. Soc.*, **1972**, *94*, 4374.
55. Corriu, R. J. P. and Masse, J. P., *J. Chem. Soc., Chem. Commun.*, **1972**, 144.
56. Yamamura, M., Moritani, I. and Murahashi, S., *J. Organomet. Chem.*, **1975**, *91*, C39.
57. Kasatkin, A. and Whitby, R. J., *J. Am. Chem. Soc.*, **1999**, *121*, 7039.
58. Castle, P. L. and Widdowson, D. A., *Tetrahedron Lett.*, **1986**, *27*, 6013.
59. Yuan, K. and Scott,W. J., *Tetrahedron Lett.*, **1989**, *30*, 4779.
60. Terao, J.,Watanabe, H., Ikumi, A., Kuniyasu, H. and Kambe, N., *J. Am. Chem. Soc.*, **2002**, *124*, 4222.
61. Stille, J. K., *Angew. Chem., Int. Ed. Engl.*, **1986**, *25*, 508.
62. Farina, V., *Pure Appl. Chem.*, **1996**, *68*, 73.
63. Farina, V., Krishnamurthy, V. and Scott,W. J., *The Stille Reaction*, Wiley, New York, **1998**.
64. Bedford, R. B., Cazin, C. S. J. and Hazelwood, S. L., *Chem. Commun.*, **2002**, 2608.
65. Alcazar-Roman, L. M. and Hartwig, J. F., *Organometallics*, **2002**, *21*, 491.
66. Casado, A. L., Espinet, P. and Gallego, A. M., *J. Am. Chem. Soc.*, **2000**, *122*, 11771.
67. Kiehl, A., Eberhardt, A., Adam, M., Enkelmann, V. and Müllen, K., *Angew. Chem., Int. Ed. Engl.*, **1992**, 31,1588.
68. Kabalka,G.W., Pagni, R. M. and Hair, C. M., *Org. Lett.*, **1999**, *1*, 1423.
69. Ishiyama, T., Miyaura, N. and Suzuki, A., *Chem. Lett.*, **1992**, 691.
70. Charette, A. B. and De Freitas-Gil, R. P., *Tetrahedron Lett.*, **1997**, *38*, 2809.
71. Baxter, J. M., Steinhuebel, D., Palucki, M. and Davies, I. W., *Org. Lett.*, **2005**, *7*, 215.
72. Hatanaka, Y. and Hiyama T., *J. Org. Chem.*, **1988**, *53*, 918.
73. Hiyama, T. and Hatanaka, Y., *Pure Appl. Chem.*, **1994**, *66*, 1471.
74. Negishi, E. and Anastasia, L., *Chem. Rev.*, **2003**, *103*, 1979.
75. Sonogashira, K., Tohda, Y. and Hagihara, N., *Tetrahedron Lett.*, **1975**, *16*, 4467.
76. Tokuyama, H., Yokoshima, S., Yamashita, T., Lin, S.-C., Li, L. and Fukuyama, T., *J. Braz. Chem. Soc.*, **1998**, *9*, 381.
77. Negishi, E., Takahashi, T., Baba, S., Horn, D. E. V. and Okukado, N., *J. Am. Chem. Soc.*, **1987**, *109*, 2393.
78. Negishi, E., *Acc. Chem. Res.*, **1982**, *15*, 340.
79. Huo, S., *Org. Lett.*, **2003**, *5*, 423.
80. King, A. O., Negishi, E., Villani, Jr., F. J. and Silveira, Jr. A., *J. Org. Chem.*, **1978**, *43*, 358.
81. Matsushita, H. and Negishi, E., *J. Am. Chem. Soc.*, **1981**, *103*, 2882.
82. Anderson, T. J. and Vicic,D. A., *Organometallics*, **2004**, *23*, 623.
83. Giovannini, R., Stüdemann, T., Dussin, G. and Knochel, P., *Angew. Chem., Int. Ed. Engl.*, **1998**, *37*, 2387.

6

還　　元

　還元は，合成的に最も有用な反応の一つである．還元過程は，H_2 の付加（水素化），脱酸素，電子の獲得，の三つの形式に分類される．一方，還元に使用される試薬は，1) 水素と触媒（触媒的水素化），2) 金属水素化物，3) 金属と水素源，4) 水素移動試薬の4種に分類される．

6.1　炭素－炭素二重結合の還元
　炭素－炭素二重結合のような極性のない二重結合の還元には，極性のない試薬が使用される．数ある還元の手法のなかで，触媒的水素化反応が最も一般的である．

6.1.1　触媒的水素化
　水素の多重結合への付加を**水素化**（hydrogenation）という．水素化反応全体では発熱反応であるが，高い活性化エネルギーのために通常の条件では反応が進行しない．しかしながら，触媒の添加により水素化反応が進行する．
　特に，白金族金属（Pt, Pd, Ru, Rh, Os, Ir）が触媒として有効である．これらの触媒は，不均一系触媒と均一系触媒の二つに分けられる．
　不均一系触媒作用（heterogeneous catalysis）　　不均一系触媒は，金属が細かく分散している場合と担体の上に吸着している場合があり，反応溶媒に溶けずに2層のまま反応が進行する．アルケンの水素化の例として，水素と触媒としてパラジウム-炭素（Pd-C）を用いたオレイン酸（**6.1**）の還元により，オクタデカン酸（**6.2**）を与える反応と，エタノール溶媒中，Raney ニッケルによるシンナミルアルコール（**6.3**）の還元により 3-フェニルプロパン-1-オール（**6.4**）を与える反応をあげる．

$$CH_3(CH_2)_7CH=CH(CH_2)_7COOH \xrightarrow[]{H_2 \atop 5\% \text{ Pd–C}} CH_3(CH_2)_{16}COOH$$
　　　　　　　　6.1　　　　　　　　　　　　　　　　　　　　　**6.2**

Ph-CH=CH-CH$_2$OH $\xrightarrow[\text{EtOH}]{H_2, \text{ Raney Ni}}$ Ph-CH$_2$-CH$_2$-CH$_2$OH
　　　　6.3　　　　　　　　　　　　　　　　**6.4**

6.1 炭素-炭素二重結合の還元

茶色の酸化白金 $PtO_2 \cdot H_2O$ は **Adams 触媒**（アダムス）とよばれ，水素と処理することにより微粉末状の黒い金属となる．この試薬は，酢酸やエタノール中でアルケンの水素化に使用される．

HOOC-CH=CH-COOH →(H_2, PtO_2)→ HOOC-CH$_2$-CH$_2$-COOH

マレイン酸　　　　　　　　コハク酸

反応機構　金属表面上の原子は，強い金属-金属結合を生成することができないので，金属固体の内部の原子と異なる性質をもつ．白金，パラジウム，あるいは **Raney** ニッケル（ラネー）として知られる微粉末状のニッケルなどの不均一系触媒の表面上には，水素原子と基質の両方，あるいはそのどちらかが結合できる部分がある．詳細な機構は未だに明らかではないが，触媒的水素化はスキーム 6.1 に示したように進行することが知られている．まずはじめに，水素とアルケン分子が触媒表面に吸着され，おそらく金属-水素 σ 結合が生成する．一方アルケンの π と $π^*$ 軌道が，金属の適当な軌道と相互作用をする．つぎに二つの水素原子が，金属表面から二重結合の炭素へ順次移動する．その結果生成した飽和炭化水素は，原料のアルケンと比べて金属表面への吸着力が低下し，触媒表面から離れる．水素原子は一つずつ移動するが，この反応はとても速く，多くの場合二つの水素は炭素-炭素二重結合の同じ側から付加し，シン付加（syn-addition）で進行する〔二重結合の反対側から水素が付加する場合は，アンチ付加（anti-addition）という〕．

スキーム 6.1　金属触媒の表面上での水素化の機構

水素とニッケル，あるいは白金触媒を用いた 1,2-ジメチルシクロペンテン（**6.5**）の還元は，*cis*-1,2-ジメチルシクロペンタン（**6.6**）を立体選択的に与える．

6.5 →(H_2, Ni)→ **6.6**

水素化の触媒により，水素の付加より先に二重結合の移動やシス-トランス異性化が進行する場合がある．その場合，反応は立体選択的ではない．

カルボニル基や芳香環などの他の官能基がある場合にも，触媒的水素化により選択的に炭素－炭素二重結合が還元される．(R)-リモネン (**6.7**) には二つの二重結合があるが，ニッケル金属により水素化をすれば，そのうち一つだけが選択的に還元され (R)-カルボメンテン (**6.8**) が得られる．

均一系触媒作用（homogeneous catalysis）　均一系触媒あるいは溶解性金属錯体は，反応物と1相系で反応する．均一系触媒による水素化は穏やかな条件でも進行し，高い選択性を達成する．たとえば，白金族の金属錯体である **Wilkinson 触媒**[1] $[Rh(PPh_3)_3]^+Cl^-$ (**6.9**) や **Vaska 錯体**[2] $[Ir(PPh_3)_2(CO)]^+Cl^-$ は，均一系水素化において特に優れた触媒である．Wilkinson 触媒は，カルボニル基，亜硝酸基，ニトロ基，スルフィド基などの他の官能基が存在しても，立体障害の少ない炭素－炭素二重結合を選択的に還元する．

カルボン　　カルボタナセトン

反応機構　16電子錯体である Wilkinson 触媒 (**6.9**) は，一つあるいは二つのトリフェニルホスフィンが解離し，14 または 12 電子錯体となる．その金属錯体

6.1 炭素−炭素二重結合の還元

触媒が**酸化的付加**（oxidative addition）することにより水素が活性化される．ひき続き金属に対してアルケンがπ配位し，**分子内ヒドリド移動**（intramolecular hydride transfer），つぎに**還元的脱離**（reductive elimination）によりアルカンが解離し，触媒系が完結する（スキーム 6.2）．

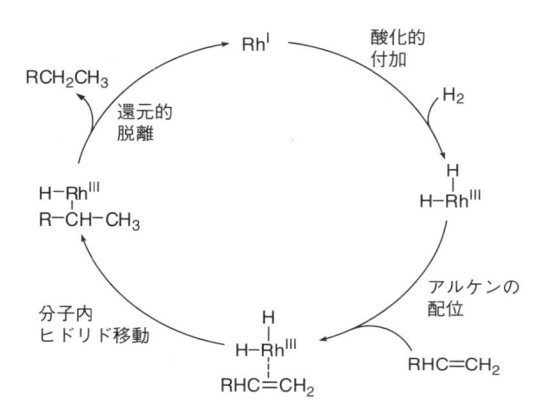

スキーム 6.2 水素化の触媒サイクルの概略

触媒的不斉水素化（asymmetric catalytic hydrogenation） 適切な光学活性配位子と組合わせれば，金属は光学活性（キラル）な触媒となる．キラルな触媒を使用したプロキラルなアルケンの不斉水素化は高い光学（不斉）収率で進行し，触媒により達成された選択性のなかでも最も成功した例の一つである．立体的な要因も触媒表面での基質の方向性を決定し，水素化の立体化学を支配する．白金族の金属から活性な不斉触媒を調製するために使用された最も重要な不斉二座リン配位子として，DIPAMP（**5.2**），DIOP（**5.3**），CHIRAPHOS（**5.4**）があげられる．また野依ら[3),4)]は，不斉二座リン配位子として (S)-BINAP と (R)-BINAP（2,2′-ビス(ジフェニルホスフィノ)-1,1′-ビナフチル）（**6.10** と **6.11**）を用いて，均一系触媒によ

(S)-(−)-BINAP
(**6.10**)

(R)-(+)-BINAP
(**6.11**)

る高選択的な不斉反応を達成した．BINAP 配位子（**6.10** と **6.11**）は，対応する BINOL（2,2′-ジヒドロキシ-1,1′-ビナフチル）から調製される．たとえば，(*R*)-BINOL（**6.12**）から，ビストリフラートあるいは Grignard 試薬を経由して (*R*)-BINAP は合成される（スキーム 6.3）．BINAP は，二つのナフチル基を結ぶ単結合の周りが自由回転できないためにキラルである．ナフチル基の二つのπ平面が成す角度は約 90 度であり，鏡像異性体が存在する．現在では (*S*)-BINAP，(*R*)-BINAP ともに市販されている．

スキーム 6.3　(*R*)-BINOL から (*R*)-BINAP の合成スキーム

二座リン配位子，なかでも BINAP 配位子をもつルテニウム錯体は，エナミドの炭素－炭素二重結合の水素化に頻繁に使用される[5)~7)]．たとえば，Ru-BINAP 触媒 [Ru(OAc)$_2$binap]（**6.13**）により，α-(アシルアミノ)アクリル酸 **6.14** より *N*-アシルアミノ酸 **6.15** がエナンチオ選択的に合成できる．

二座リン配位子である DIPAMP（**5.2**）のロジウム錯体を用いた α-(アシルアミノ)アクリル酸 **6.16** のエナミド部分の二重結合の還元は，パーキンソン病の治療薬である L-ドーパ（**6.17**）の合成における鍵反応である．

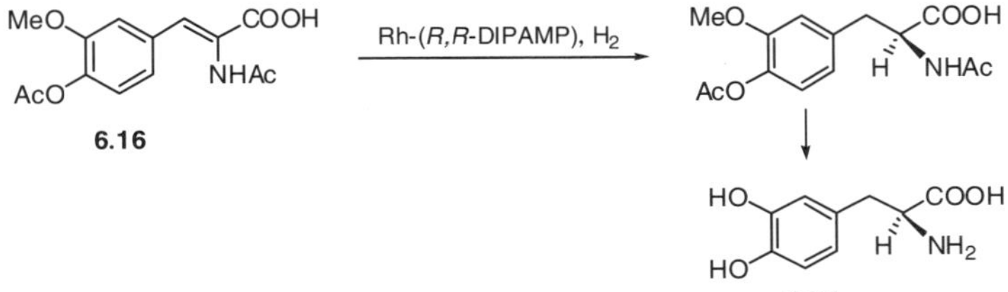

6.1 炭素—炭素二重結合の還元

α-(アシルアミノ)アクリル酸類である **6.18**, **6.14**, **6.20** の不斉水素化において不斉触媒 **6.22** を用いれば，N-ベンゾイル-(S)-ロイシン (**6.19**)，N-ベンゾイル-(S)-フェニルアラニン (**6.15**)，N-アセチル-(S)-フェニルアラニン (**6.21**) などのアミノ酸が高い鏡像体過剰率（それぞれ 94，92，98% ee）で得られる[8),9)]．

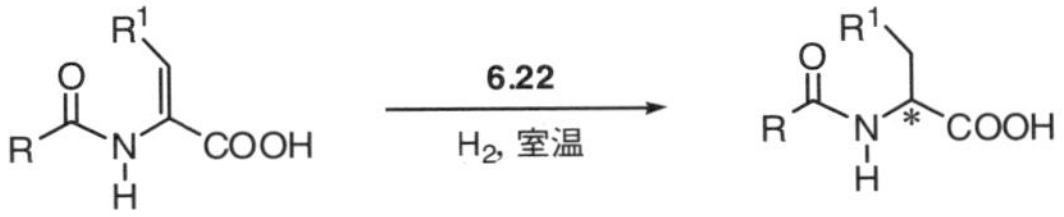

	R	R^1	
6.18:	Ph	CH(CH$_3$)$_2$	**6.19**
6.14:	Ph	Ph	**6.15**
6.20:	CH$_3$	Ph	**6.21**

6.22 = [ロジウム-(R,R)-1,2-ビス{N-メチル(ジフェニルホスフィノ)-アミノ}シクロヘキサン]ヘキサフルオロリン酸塩錯体

Ru(OAc)$_2$BINAP 錯体を用いて，ゲラニオール (**6.23**) やネロール (**6.25**) などのアリルアルコールを還元した場合，(R)-シトロネロール[10)] (**6.24**) と (S)-シトロネロール (**6.26**) がそれぞれ高収率かつ高光学収率で得られる（スキーム 6.4）．

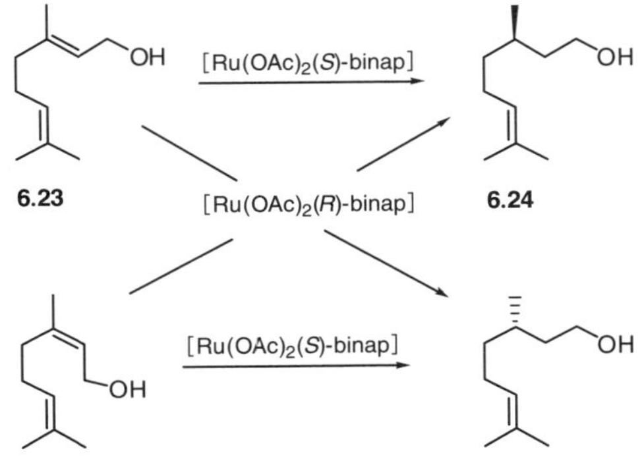

スキーム 6.4

6.1.2 水素移動試薬

アルケンへの水素のシン付加を行う金属触媒を用いない方法として，不安定な化合物であるジイミド（N_2H_2）を用いる反応が知られている．この反応は，窒素ガスの脱離を伴い，きわめて発熱的である．ジイミド試薬は通常ヒドラジンの酸化により合成されるが，不安定であるため調製したらすぐに用いた方がよい．また，ジイミドにはシス-トランスの異性体が存在するが，シス体のみが還元剤として働く．

[IrCl(cod)]$_2$ と系中で水素源となる 2-プロパノールを用いると，α,β-不飽和ケトンの炭素－炭素二重結合の水素化が進行する[11]．

COD: シクロオクタ-1,5-ジエン

6.2 アセチレンの還元
6.2.1 触媒的水素化

金属触媒（Ni，Pt，Ru などがよく用いられる）の表面上での水素によるアルキンの還元により，対応するアルカンが得られる．

ブタ-2-イン　　ブタ-2-エン　　ブタン

一方，酢酸鉛とキノリンを含んだ炭酸カルシウム上に担持することにより被毒させて活性を下げたパラジウム触媒（**Lindlar 触媒**（リンドラー））[12]を用いれば，アルキンをアルケンに還元することが可能である．この場合も反応は立体選択的であり，炭素－炭素三重結合の同じ側から二つの水素が付加し，cis-アルケンが得られる．

6.2 アセチレンの還元

$CH_3-C\equiv C-CH_3$ ブタ-2-イン $\xrightarrow[\substack{Pd/CaCO_3 \\ 酢酸鉛-キノリン \\ (Lindlar触媒)}]{H_2}$ cis-ブタ-2-エン

$\xrightarrow{Lindlar 触媒}$ 94%, >99% ee
ジャポニルア

6.2.2 溶解金属

NaあるいはLi存在下，化学量論量のアルコールを含んだ液体アンモニア中，アルキンは還元されtrans-アルケンを与える．この還元は**Birch還元**[13),14)]として知られ，きわめて選択的な反応であり，還元がさらに進行したアルカンをまったく与えず，またtrans-アルケンのみが完全に立体選択的に得られる．

$R-C\equiv C-R \xrightarrow[EtOH]{Na または Li, NH_3(液体)}$ (trans-alkene)

反応機構 リチウム金属は，炭素－炭素三重結合に1電子を供与する．その結果生成したラジカルアニオン **A** はプロトン化を受け，ビニルラジカル **B** を与える．さらに1電子が供与され，ビニルアニオン **C** (ここで，trans-ビニルアニオンの方が，cis-ビニルアニオンより安定である）が生成し，最後にプロトン化によりtrans-アルケンが得られる（スキーム 6.5).

スキーム 6.5

6.2.3 金属水素化物

水素化ジイソブチルアルミニウム[15)] (i-Bu$_2$AlH) により，アルキンはアルケンに

還元される.また水素化アルミニウムリチウム（LiAlH$_4$）も三重結合を還元することができる.

$$R-C\equiv C-\underset{OH}{\underset{|}{C}}R^1R^2 \xrightarrow{LiAlH_4} \underset{R^1\ R^2}{\underset{|}{C}}=C\underset{OH}{H}$$

LiAlH$_4$とTiCl$_4$などの遷移金属塩化物の等モル混合物を用いると，アルキンが選択的にアルケンに還元され，Z体が主生成物として得られる.

$$CH_3(CH_2)_2C\equiv C(CH_2)_2CH_3 \xrightarrow[-40\,°C]{LiAlH_4\text{-}TiCl_4}$$

CH$_3$(CH$_2$)$_2$ (CH$_2$)$_2$CH$_3$ (cis) 73% + CH$_3$(CH$_2$)$_2$ H / H (CH$_2$)$_2$CH$_3$ 16% + CH$_3$(CH$_2$)$_6$CH$_3$ 11%

また，水素化ビス(2-メトキシエトキシ)アルミニウムナトリウム[16]（Red-Alあるいは SMEAH）を用いると，プロパルギルアルコールのトランス還元が完全に立体選択的に進行し，E体のアリルアルコールが得られる．Red-Alの代わりに種々の溶媒中 LiAlH$_4$ を用いると選択性は低下する．

$$Me_3Si-{\equiv}-CH_2OH \xrightarrow[\substack{Et_2O,\text{トルエン}\\20\,°C}]{\substack{NaAlH_2(OCH_2CH_2OMe)_2\\(\text{Red-Al あるいは SMEAH})}} \underset{H\ \ \ CH_2OH}{\underset{\diagup\ \ \diagdown}{Me_3Si\ \ \ H}}$$

3-トリメチルシリル-プロパ-2-イン-1-オール

(E)-3-トリメチルシリル-プロパ-2-エン-1-オール 70%

Chan は，Red-Al を用いる立体選択的な還元により，プロパルギルアルコール **6.27** より E-アリルアルコール **6.28** を収率 83% で得ている[17].

6.27 → (Red-Al) → **6.28** 83%

6.2.4 ヒドロホウ素化-プロトン化

アルキンに対しヒドロホウ素化，ひき続きプロトン化分解を行っても，cis-アルケ

ンが得られる[18].

6.3 ベンゼンとその誘導体の還元
6.3.1 触媒的水素化
　触媒としてRaneyニッケルを用い水素加圧すれば，ベンゼンの触媒的水素化が進行し，3当量の水素が付加する．まず始めに，ベンゼンはシクロヘキサジエンに，つぎにシクロヘキセンに還元される．シクロヘキサジエンやシクロヘキセンの還元は，ベンゼン（すなわち芳香環）の還元より速い．同様にニッケル触媒存在下，ナフタレンの触媒的水素化により，テトラリン，さらにデカリンが生成する．

6.3.2 Birch還元
　芳香環のBirch還元は，液体アンモニア中リチウムやナトリウムなどのアルカリ金属が溶解した電子豊富な溶液中で行われる（したがって，金属-アンモニア還元とよばれることもある）．過剰の$LiNH_2$や$NaNH_2$の生成を抑えるために，t-ブチルアルコールやエタノールがプロトン源としてよく使用される．主生成物は1,4-ジエンであり，反応は$trans$-アルケンを与えるアルキンの還元と似ている[19),20)]（§6.2.2）．

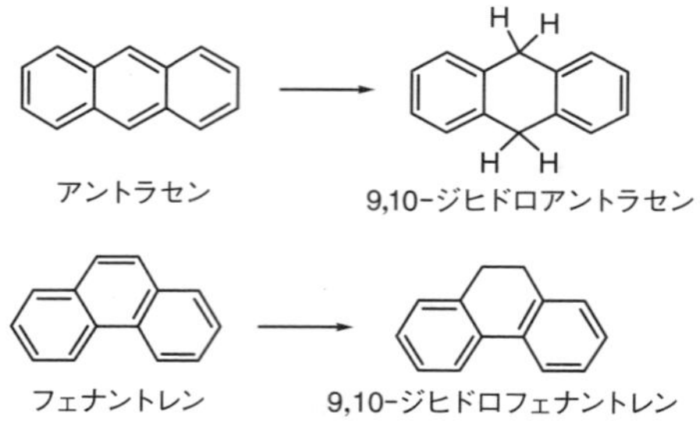

H H
H H
アントラセン
9,10-ジヒドロアントラセン
フェナントレン
9,10-ジヒドロフェナントレン

反応機構　Birch 還元の反応機構では，プロトン化を伴って二つの電子が段階的にベンゼン環に付加する．初めの電子の付加では，いくつもの共鳴構造を描けるラジカルアニオン **A** が生成する．つぎに，弱酸であるアンモニアやエタノールによりプロトン化されラジカルが非局在化した **B**，さらに 2 回目の電子の付加を受けシクロヘキサジエニルアニオン **C** が生成する．そのアニオンは三つの炭素に非局在化しているが，中心の炭素がプロトン化を受ける（スキーム 6.6）．生成物中の共役していない二つの二重結合は，液体アンモニア還流条件（−33 ℃）では還元されない．

e⊖
NH3
etc.
EtOH
−EtO⊖
H H
ラジカルアニオン
A
B
e⊖
シクロヘキサ-1,4-ジエン
C

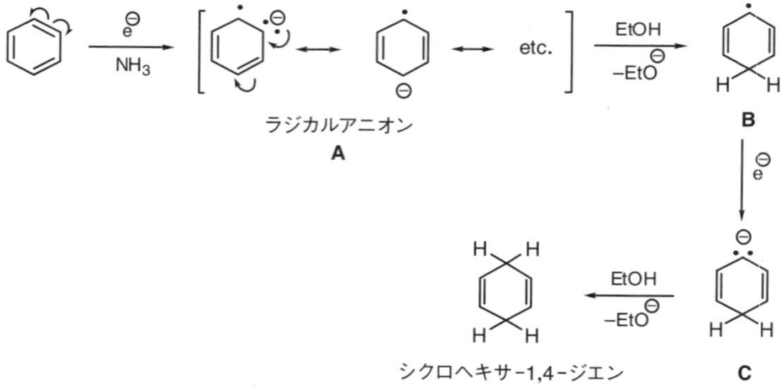

スキーム 6.6

ベンゼン環上の置換基は Birch 還元の位置選択性に影響を及ぼす．2 回目のプロトン化はほとんどの場合 1 回目のプロトン化と反対側のパラ位で起こるので，位置選択性は 1 回目のプロトン化の位置により決定される．エーテルやアルキル基のような電子供与性基の場合，置換基に対しメタ位がプロトン化されやすく，一方カルボニル基などの電子求引性基の場合，パラ位がプロトン化されやすい．この選択性は，それぞれの中間体である **6.29** と **6.30** の安定性により説明できる．

6.4 カルボニル化合物の還元

[Reaction schemes showing Birch reduction of substituted benzenes with M, NH₃/EtOH: electron-donating groups (R = OCH₃, CH₃, NR₂) give 2,5-dihydro products; electron-withdrawing groups (R = COOH, COR, NO₂) give 1,4-dihydro products. Anisole gives two dihydro products with Li, NH₃/EtOH. Benzoic acid gives 1,4-dihydrobenzoic acid (90%) with Li, NH₃/EtOH. Intermediates 6.29 and 6.30 shown as sodium carbanions.]

6.29　**6.30**

　アリールエーテルの還元は，合成上特に有用な Birch 還元の応用である．たとえばメトキシ基は電子供与性基なので，メトキシベンゼンは予想どおり 1,4-ジエンに還元される．この生成物の二重結合のうち一つはエノールエーテルなので容易に加水分解され，さらに二重結合がより安定な共役系へ異性化することにより，α,β-不飽和ケトンが得られる[21]．

[Reaction scheme: Anisole → Li, NH₃ → 1-methoxy-2,5-cyclohexadiene (80%) → H₃O⁺, pH 2–3 → cyclohex-3-enone → H₃O⁺, pH 1 → cyclohex-2-enone]

6.4　カルボニル化合物の還元

　アルデヒドやケトンの還元は通常，炭素－酸素二重結合への水素の付加により進行しアルコールを与える．一方，還元的にカルボニル基をメチレン基に変換するた

めには，完全に酸素を除く必要がありこの過程は**脱酸素**（deoxygenation）とよばれる．

カルボニルをアルコールに変換する方法として，水素と Pt，Pd，Ni，Ru などの触媒を用いる触媒的水素化，ジボランの反応，アルコール性あるいはアミン溶媒中，リチウム，ナトリウム，カリウムを用いる還元などが報告されている．しかしながら，カルボニル化合物の還元に使用される最も一般的な還元剤は，ヒドリド供与体である．

6.4.1 触媒的水素化

アルデヒドは容易に水素化を受けてアルコールとなるが，ケトンの還元は立体障害のため困難である．水素化分解（§6.7 を参照）は，カルボニル，特に芳香環に結合しているカルボニルの触媒的還元における副反応の一つである．Pd と H_2 はカルボニルより速くアルケンを還元する．カルボニル基の還元には Pt 触媒がよく用いられる．たとえば，前記した Adams 触媒は，$FeCl_3$ を促進剤として用いることにより 2-ナフトアルデヒド（**6.31**）を還元し，収率 80％でアルコール **6.32** を与える．促進剤である $FeCl_3$ を過剰量添加した場合には，生成物として 2-メチルナフタレン（**6.33**）が生成する．また，$BaSO_4$ に担持した Pd と水素によりアルデヒド **6.31** を還元しても **6.33** が得られる．

Rosenmund 還元[22),23)]　触媒的水素化の一つであり，被毒した Pd-$BaSO_4$（硫黄とキノリンを触媒毒として共存させる）を用いると，酸塩化物からアルデヒドが得られる．

6.4 カルボニル化合物の還元

Rosenmund 還元の反応機構は，スキーム 6.7 に示すとおりである．

スキーム 6.7

チオアセタールを経由するカルボニル基のメチレンへの還元　Clemmensen 還元（§6.4.3）や Wolff-Kishner 還元（§6.4.4）と異なり，この方法は強酸や強塩基の使用を避けられるが，2 段階が必要である．最初の段階では，アルデヒドやケトンをチオアセタールに変換し，2 段階目は Raney ニッケル存在下，チオアセタールをアセトン溶媒中で還流する．この還元法は **Mozingo 還元**として知られ，2 段階目ではヒドラジンも還元剤として使用できる．

イミンを経由するカルボニル基のアミンへの還元（還元的アルキル化）　アミンとケトンあるいはアルデヒドの縮合により生成するイミン（不安定なので通常単離しない）の水素化は，還元的アルキル化（訳注：還元的アミノ化の方が一般的）として知られている．

$H_3C-CO-CH_3$ + $NH_2CH_2CH_2OH$ $\xrightarrow[\text{PtO}_2, \text{EtOH, 25 °C}]{\text{H}_2 \text{ (2 気圧)}}$ $\left[\begin{array}{c} H_3C \\ H_3C \end{array} \right. C=NCH_2CH_2OH \left. \right]$ ⟶

イミン

$\begin{array}{c} H_3C \\ H_3C \end{array}$ CHNHCH$_2$CH$_2$OH 94–95%

シアノ水素化ホウ素ナトリウム（NaBH$_3$CN）も，還元的アルキル化に使用される．

不斉還元　1980 年代に野依らによって開発されたルテニウム（II）-BINAP 錯体は，α-ケトエステル，α-ヒドロキシケトン，α-アミノケトンなどの官能基をもつケトンの不斉水素化において最も有効な触媒であった．それらの官能基がルテニウム金属中心に配位し，その結果生じるキレート構造が高いエナンチオ選択性のために重要だと考えられた．

すなわち，還元されるケトンの酸素原子がドナー配位子として働き，残りの官能基（-NH$_2$，-OH や C=O）により五あるいは六員環のキレート構造が形成される．β-ジケトン **6.34** や β-ヒドロキシケトン **6.36** はジオール **6.35** や **6.37** を与え，β-ケトエステル **6.38** や α-ケトエステル **6.40** は β-ヒドロキシエステル **6.39** や α-ヒドロキシエステル **6.41** を与える．また，α-アミノケトン **6.42** は，β-ヒドロキシアミン **6.43** に還元される．RuX$_2$(R)- あるいは (S)-BINAP を用いるこれらの水素化は，高エナンチオ選択的かつ高ジアステレオ選択的に進行する．

6.34 → **6.35**
H_2, [RuCl$_2$ (S)-binap]

6.36 → **6.37** 98% ee
H_2, [RuX$_2$ (S)-binap] X = OAc, Cl, Br

6.38 → **6.39** 100%, > 99% ee
H_2, [RuBr$_2$ (R)-binap] EtOH

6.40 → **6.41** 83% ee
H_2, [Ru(OAc)$_2$ (S)-binap]

6.4 カルボニル化合物の還元　　279

[反応式: 6.42 (H₃C-CO-CH₂-NMe₂) → H₂, [Ru(OAc)₂ (S)-binap], EtOH → 6.43 ((R)-CH₃-CH(OH)-CH₂-NMe₂) 72%, 96% ee]

6.4.2 金属水素化物

　金属水素化物によるカルボニル化合物の還元は，ヒドリドのカルボニル基への求核付加とみることができる．ヒドリドアニオンがアルデヒドやケトンへ付加することによりアルコキシドアニオンが生成し，プロトン化によりアルコールが得られる．アルデヒドは第一級アルコール，ケトンは第二級アルコールを与える．

[反応機構: C=O + H⁻ → CH-O⁻ → H₃O⁺ → CH-OH]

　水素化アルミニウムリチウム（LiAlH₄）と水素化ホウ素ナトリウム（NaBH₄）の二つが，ヒドリド源として頻繁に使用される．

$$4\ \mathrm{LiH} + \mathrm{AlCl_3} \longrightarrow \mathrm{LiAlH_4} + 3\ \mathrm{LiCl}$$
$$4\ \mathrm{NaH} + \mathrm{B(OMe)_3} \longrightarrow \mathrm{NaBH_4} + 3\ \mathrm{MeONa}$$

　LiAlH₄やNaBH₄を修飾することにより，新たな選択性をもつ還元剤が開発されている[24]．たとえば，水素化トリエチルホウ素リチウム（LiBHEt₃）はスーパーヒドリド（super hydride）とよばれ，最も強力な還元剤である．

$$\mathrm{BEt_3} + \mathrm{LiH} \xrightarrow{\text{THF, 65 ℃, 15 分}} \mathrm{LiBHEt_3}$$

　LiAlH₄やNaBH₄はともに，極性二重結合であるアルデヒドやケトンのカルボニル基を還元するが，アルケンやアルキンなどの非極性多重結合を通常還元しない．

[反応式: ベンズアルデヒド → 1. LiAlH₄ 2. H₃O⁺ または NaBH₄, CH₃OH → ベンジルアルコール (PhCH₂OH)]

[反応式: アセトフェノン (PhCOCH₃) → 1. LiAlH₄ 2. H₃O⁺ または NaBH₄, CH₃OH → 1-フェニルエタン-1-オール (PhCH(OH)CH₃)]

反応機構　前述したように，アルデヒドやケトンへヒドリドアニオンが付加しアルコキシドアニオンが生成し，ひき続きプロトン化を受けることにより対応するアルコールが得られる．

$$\underset{R}{\overset{R}{\diagdown}}C=O \xrightarrow[H-BH_3\ Na]{} \underset{R}{\overset{R}{\diagdown}}\underset{H}{\overset{O-BH_3\ Na}{|}}C \xrightarrow{H_3O^+} \underset{R}{\overset{R}{\diagdown}}\underset{H}{\overset{OH}{|}}C$$

LiAlH$_4$ による還元では，系中で生成する**アルミニウムアルコキシド中間体**（alkoxyaluminate intermediate）が不溶性であるため，生成物であるアルコールを単離する前に注意深く加水分解する必要がある（スキーム 6.8）．多くの場合，水によりアルミニウムアルコキシド中間体を加水分解できるが，飽和塩化アンモニウムあるいは希塩酸が必要な場合もある．NaBH$_4$ による還元では，アルコール性溶媒により自動的に加水分解される．

スキーム 6.8

水素化アルミニウムリチウムは非常に活性が高く，カルボン酸，酸塩化物，酸無水物，エステル，ラクトン，アミド，ラクタム，イミン，ニトリル，ニトロ基を還元することができる．たとえば，-COCl，-CO$_2$H，-CO$_2$Et，-CHO および >CO は適切な溶媒を用いれば -CH$_2$OH または >CHOH に還元される．

$$R-\overset{O}{\overset{\|}{C}}-OH \xrightarrow[2.\ H_3O^+]{1.\ LiAlH_4} RCH_2OH$$

安息香酸メチル → ベンジルアルコール

6.4 カルボニル化合物の還元

反応機構 $LiAlH_4$ によるカルボン酸, エステルの還元の反応機構をスキーム 6.9 とスキーム 6.10 に示した. カルボン酸の酸性プロトンが先に反応し, つぎに, 通常のアルミニウムアルコキシド中間体を経てカルボニル基の還元が進行する.

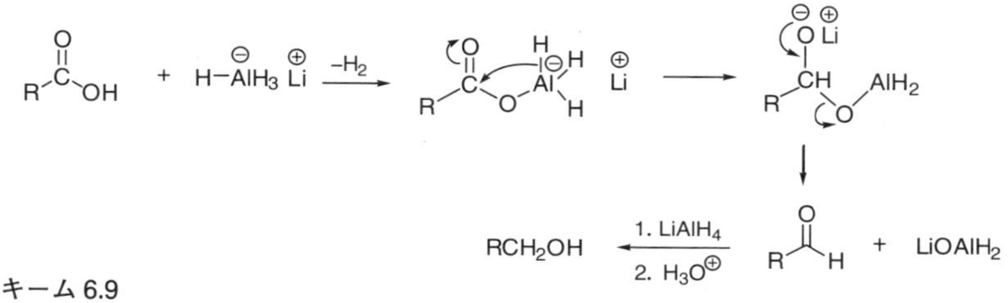

スキーム 6.9

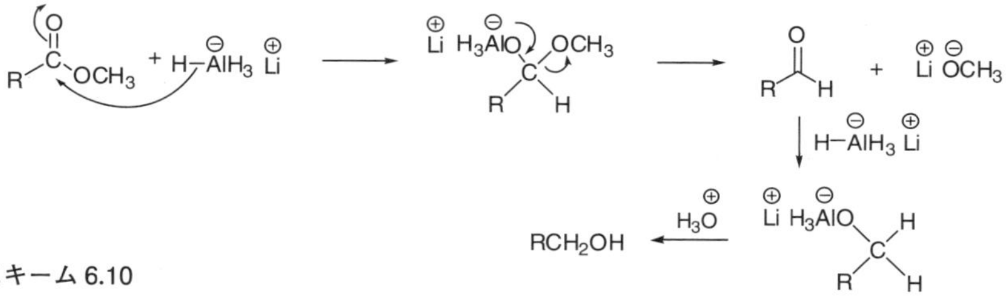

スキーム 6.10

アラン (AlH_3) もカルボン酸をアルコールに還元する.

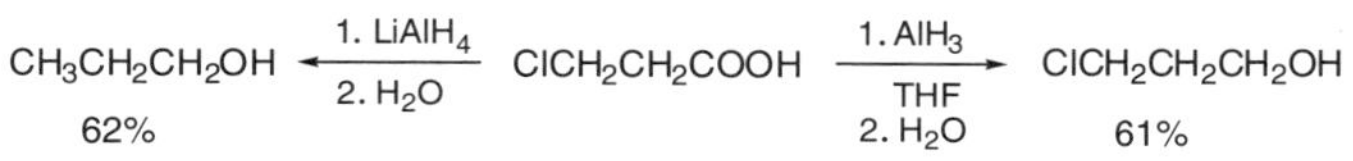

$$CH_3CH_2CH_2OH \xleftarrow[\text{2. H}_2\text{O}]{\text{1. LiAlH}_4} ClCH_2CH_2COOH \xrightarrow[\text{2. H}_2\text{O}]{\substack{\text{1. AlH}_3 \\ \text{THF}}} ClCH_2CH_2CH_2OH$$
62%　　　　　　　　　　　　　　　　　　　　61%

水素化アルミニウムリチウムはアミドをアミンに還元する. 反応機構をスキーム 6.11 に示す.

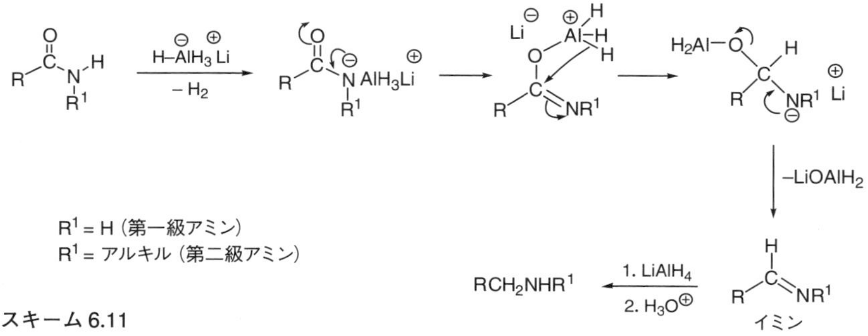

R^1 = H (第一級アミン)
R^1 = アルキル (第二級アミン)

イミン

スキーム 6.11

アセトアニリドの還元は，ジクロロメタン（塩化メチレン）溶媒中，水素化ホウ素テトラ-n-ブチルアンモニウムにより進行し，反応後塩酸で処理することにより収率 74% で N-エチルアニリン塩酸塩を与える[25]．

NaBH$_4$ はプロトン性溶媒中，エステル，アミド，ニトロ基やハロゲンとは反応せず，アルデヒドとケトンのみを還元する．

NaBH$_4$ と HCN から調製されるシアノ水素化ホウ素ナトリウム NaBH$_3$CN は反応性が低く，より選択性が高い．pH 3〜4 の酸性条件下でアルデヒドやケトンを還元し，酸ハロゲン化物やエステルを還元しない．

LiAlH$_4$ による還元は，多くの場合室温あるいはそれ以下で迅速に進行し，しかも副反応が進行しない．エーテル中に懸濁，あるいは溶解させた過剰量の水素化アルミニウムリチウムに対し，還元したい基質をゆっくり加える（**通常添加法**）．一方，還元したい極性基とは別に還元されうる官能基をもつ基質で極性基のみを選択的還元したい場合は，**逆添加法**を用いるとよい．すなわち，反応系中に還元剤が過剰量存在しないように，還元剤 LiAlH$_4$ を還元したい基質に対してゆっくり加える．この逆添加法により，シンナムアルデヒド（**6.44**）はシンナミルアルコール（**6.3**）に還元される．通常添加法では，二重結合も還元されジヒドロシンナミルアルコール（**6.4**）が得られる．

6.4 カルボニル化合物の還元

[構造式: シンナミルアルコール **6.3** ← LiAlH₄ 逆添加法 — シンナムアルデヒド **6.44** — LiAlH₄ 通常添加法 → 3-フェニル-1-プロパノール **6.4**]

酸塩化物のアルデヒドへの還元　酸塩化物を選択的に還元し，過還元によるアルコールの生成なしにアルデヒドのみを得ることは，有機合成において最も有用な合成変換の一つである．最近までこのような選択的還元は困難であり，触媒的水素化（たとえば Rosenmund 還元，§6.4.1 参照）により達成された例が最も多かった．一方近年，望みの合成変換を実現する新しい還元剤が開発された．そのような酸塩化物の部分還元によりアルデヒドを与える試薬として，水素化ホウ素ビス（トリフェニルホスフィン）銅[26)〜28)]，水素化トリ-t-ブトキシアルミニウムナトリウム，あるいはリチウム[29)]，シアノ水素化ホウ素-銅錯体塩[30)] $[Cu(PPh_3)_2(BH_3)\text{-}(CN)]_2$，アニオン性鉄カルボニル錯体[31),32)] やテトラキス（トリフェニルホスフィン）パラジウム（0）$(Pd(PPh_3)_4)$ 存在下でのトリ-n-ブチルスズヒドリド[33)] $(n\text{-}Bu)_3SnH$ などがあげられる．

N,N-ジメチルホルムアミド溶媒中，水素化ホウ素ナトリウムを用いボランの捕捉剤として等モル以上のピリジンを添加すると，脂肪族，ならびに芳香族酸塩化物から，収率70%以上で対応するアルデヒドを直接的に得ることができ[34)]，過還元によるアルコールの生成はわずかに5〜10%である．

[反応式: R-C(=O)-Cl + NaBH₄, ピリジン / THF, DMF, 0 ℃ → R-C(=O)-H ; R = Ph, Ar, アルキル]

水素化アルミニウムリチウムを化学修飾すれば，官能基の選択的還元が可能となる．たとえば，水素化トリ-t-ブトキシアルミニウムリチウム $LiAlH(t\text{-}BuO)_3$ はより選択的な還元剤であり，アルデヒドやケトンを還元する一方，エステルやエポキシドの還元は遅く，ニトリルやニトロ基はまったく還元されない．低温（−78 ℃）でこの水素化トリ-t-ブトキシアルミニウムナトリウムにより酸塩化物が選択的に還元されるので，カルボン酸からアルデヒドへの変換が可能である．この条件ではニトロ基は還元されないので，3,5-ジニトロ安息香酸（**6.45**）から，選択的還元により2段階で3,5-ジニトロベンズアルデヒド（**6.47**）へ誘導できる．すなわち，カルボン酸 **6.45** を3,5-ジニトロ安息香酸塩化物に変換し，ひき続き $LiAlH(O\text{-}t\text{-}Bu)_3$ による還元でアルデヒド **6.47** が得られる．

6. 還元

[化合物 6.45 (3,5-ジニトロ安息香酸) → SOCl₂ → 6.46 (酸塩化物) → LiAlH(O-t-Bu)₃ → 6.47 (アルデヒド)]

酸塩化物と0.5当量のLiAlH₄を0℃で反応させ，系中で生成するアルミニウムアルコキシド中間体を単離せずにPCC（pyridinium chlorochromate，クロロクロム酸ピリジニウム）やPDC（pyridinium dichromate，二クロム酸ピリジニウム）を用いて室温で酸化することも可能である[35]．

[反応スキーム：RCOCl + LiAlH₄ (0 ℃) → [RCH₂O-AlH₃]⁻ → (H₃O⁺) RCH₂OH，または (PCC または PDC) → RCHO．R = Ph, Ar, アルキル]

水素化アミノホウ素リチウム $LiBH_3NR_2$ は，LiAlH₄ と同程度の高い反応性と選択性をもつ還元剤であり，アルデヒド，ケトン，エステル，アミドをアルコールに還元する．しかしながら，R基が嵩高い水素化アミノホウ素リチウムの場合は，アミドはアミンに還元される．

水素化ジイソブチルアルミニウム（DIBAL）は，常温ではエステルやケトンをアルコールまで還元するが，低温で反応させた場合，エステルからアルデヒドが得られる．

[反応スキーム：CH₂=CHCH₂COOC₂H₅ (エステル) → 1. [(CH₃)₂CHCH₂]₂AlH (DIBAL) 2. H₃O⁺ → CH₂=CHCH₂CHO (アルデヒド)]

Red-Al〔水素化ビス(2-メトキシエトキシ)アルミニウムナトリウム〕は，N-メチル-2-ピロリドン（N-methyl-2-pyrrolidone, NMP）存在下，エステルをアルデヒドに還元することができる．アミンを添加しない場合はアルコールまで還元される[36]．

6.4 カルボニル化合物の還元

[反応式: ジメチル 2,6-ナフタレンジカルボキシレート + Red-Al, NMP / トルエン → 2,6-ナフタレンジカルボアルデヒド]

　LiAlH$_4$ のエーテル溶液に，3当量のエタノール，あるいは1.5当量の酢酸エチルを加えることにより調製される水素化トリエトキシアルミニウムリチウム LiAlH(OEt)$_3$ (LTEAH) も，芳香族ならびに脂肪族第三級アミドを対応するアルデヒドに還元する．

[反応式: シクロヘキサンカルボン酸ジメチルアミド → 1. LiAlH(OEt)$_3$, Et$_2$O 2. H$_3$O$^\oplus$ → シクロヘキサンカルボアルデヒド]

[反応式: ブタン酸ジメチルアミド → 1. LiAlH(OEt)$_3$ 2. H$_3$O$^\oplus$ → ブタナール]

　塩化アルミニウム (AlCl$_3$) やその他のルイス酸の添加により，水素化アルミニウムリチウムの反応性を変化させることができる[37)〜41)]．AlCl$_3$ を LiAlH$_4$ に種々の比で加えるとその混合物はもとの LiAlH$_4$ より反応性が低下し，結果として還元剤としての基質特異性が上昇する．たとえば，AlCl$_3$ と LiAlH$_4$ の 1:1 の混合物は，エステル，アルデヒド，ケトンをアルコールに還元するが，炭素−ハロゲン (C−X) 結合やニトロ基は反応しない．

[反応式: Br−CH$_2$CH$_2$COOCH$_3$ → LiAlH$_4$−AlCl$_3$ (1:1) / エーテル → Br−CH$_2$CH$_2$CH$_2$OH]

[反応式: 4-ニトロベンズアルデヒド → LiAlH$_4$−AlCl$_3$ (1:1) / エーテル → 4-ニトロベンジルアルコール, 75%]

　ジボラン (diborane, B$_2$H$_6$) も種々のカルボニル基を還元する．金属水素化物と比べ，ジボランはより求電子的な還元剤であり，その証拠として炭素−炭素二重結合にも付加する（ヒドロホウ素化）．

[反応式: (CH$_3$)$_3$CCHO → BH$_3$ → (CH$_3$)$_3$CCH$_2$OH]

ボランはルイス酸であり，電子豊富な部分と反応する．したがってボランのカルボニル還元は，求電子的なボランが求核的な酸素原子に付加することにより起こる（スキーム 6.12）．

スキーム 6.12

カルボニル還元の立体選択性 二つの鏡像異性体のうち一方のみ（enantiopure）の第二級アルコールを与えるカルボニル基の**不斉還元**（asymmetric reduction）は，現代の有機化学においてきわめて重要な反応である．カルボニル炭素に異なる置換基をもつカルボニル基はプロキラル中心であり，分子中に別のキラル中心がなければ，ヒドリドによる re 面あるいは si 面からの付加により生成物をラセミ体として与える．

絶対立体配置 R 体と S 体を決定した方法と似た手順により，re 面と si 面は決定される．

1. カルボニル基を紙面上に描く．
2. カルボニル炭素に結合している三つの置換基の優先順位を決定する．
3. a，b，c の順番が反時計回りなら si 面，時計回りなら re 面となる．
4. re 面と si 面への付加により，両鏡像異性体が生成するなら（スキーム 6.13），その re 面と si 面は "エナンチオトピック" であるという．
5. 求核試薬（この場合は H⁻）が si 面から付加すれば，R 体が生成する（スキー

スキーム 6.13 実像と鏡像（鏡像異性）の関係にある遷移状態から，ラセミ体の生成物が得られる

6.4 カルボニル化合物の還元

ム 6.13).

6. 求核試薬（この場合は H^-）が re 面から付加すれば，S 体が生成する（スキーム 6.13).
7. 基質であるカルボニル化合物がキラルである場合は，re 面と si 面はジアステレオトピックであり，re 面と si 面への付加によりジアステレオマーの関係にある生成物が得られる（スキーム 6.15 とスキーム 6.16).
8. 不斉合成では二つの鏡像異性体のうち一方が過剰に生成し，そのような反応を"エナンチオ選択的"という.

アルデヒドやケトンの不斉還元を達成するためにいくつかの方法がある．たとえば，不斉触媒やキラル試薬がエナンチオ選択的還元に使用される.

Morrison と Mosher は，エナンチオ選択的還元に用いるキラル試薬を開発した．キラル試薬は，絶対立体配置が知られているキラル中心をもつ天然物と $LiAlH_4$ などの還元剤から調製される．たとえば，シンコナアルカロイドである（−)-キニンと（+)-キニジンから調製されるキラル試薬（**6.48** と **6.49**）存在下，$LiAlH_4$ によりアセトフェノンを還元すれば，(R)-アルコールが 48% ee で，また (S)-アルコールが 23% ee でそれぞれ得られる.

一方，すでに不斉炭素をもつカルボニルの還元はジアステレオマーを与える．そのキラル中心が反応するカルボニル基の隣接部である場合，そのキラリティーはカルボニル基に付加する試薬の接近に影響を及ぼす.

前式のような場合の不斉誘導の大きさは **Cram 則**（**Cram モデル**）により説明される．ケトンのカルボニル基に隣接するキラル中心が R_S（小さい置換基），R_M（中程度の大きさの置換基），R_L（大きい置換基）の三つの置換基をもつ場合，ケトンは回転異性体のなかで，カルボニル基が α 炭素上の置換基である R_M と R_S の間に位置する配座，すなわち，カルボニル基に結合している R 基に対して大きな置換基 R_L がシン（syn）に位置する回転異性体となる．カルボニル基は立体的に空いた側から攻撃される（スキーム 6.14）．したがって，小さい置換基 R_S と中程度の大きさの置換基 R_M の嵩高さの違いが大きければ大きいほど，反応の選択性は上昇する．

スキーム 6.14

しかしながら，還元剤がケトンの立体配座に影響してジアステレオ選択性に影響を及ぼす場合もある．小さい置換基 R_S と中程度の大きさの置換基 R_M の嵩高さが近い場合，上記のモデルで選択性を正確に予測することはできない．さらにこのモデルは，大きな置換基 R_L とカルボニル基に結合している R との相互作用をあまり考慮しておらず，あまり正しいとはいえない．

一方 **Felkin-Ahn** モデルでは，求核試薬のカルボニル基への攻撃が大きな置換基 R_L に隣接する σ 結合に対してアンチペリプラナーの方向から起こる．さらに求核試薬の攻撃は，スキーム 6.16 よりもスキーム 6.15 に示した方向から起こりやすい．すなわち，スキーム 6.15 では求核試薬が小さい置換基 R_S と近いのに対し，スキーム 6.16 ではより嵩高い置換基 R_M と近い．

スキーム 6.15

6.4 カルボニル化合物の還元

スキーム 6.16

カルボニル基に隣接する置換基（Z）が孤立電子対（酸素や窒素原子である場合が多い）をもつ場合，反応試薬とキレートを形成するため立体配座が固定される（スキーム 6.17）．

スキーム 6.17　キレートを形成したカルボニル基に対して，空間的に空いた方向から求核試薬が攻撃する

このようなキレート形成を経る反応の立体選択性は，一般に非常に高い．

環状ケトンの還元に関しては，Cram 則や Felkin-Ahn モデルが適用できない場合が多く，単純なモデルはまだない．

ヒドリドによる環状ケトンの還元における生成物の立体選択性は，環状ケトンの構造や用いるヒドリドの性質に影響を受ける．置換シクロヘキサノンの還元では立体配座が固定されているため，シクロヘキサン環の環反転による生成物の相互変換は起こらない．そのような場合，アキシアル方向からの攻撃の方が，エクアトリアル方向よりも優先して起こる．たとえば，4-t-ブチルシクロヘキサノン（**6.50**）を $NaBH_4$ あるいは $LiAlH_4$ で還元した場合，$trans$-4-t-ブチルシクロヘキサノール（**6.51**）がそれぞれ収率 86%，92% で得られる．$LiBH(s$-$Bu)_3$（L-selectride）のような嵩高いヒドリドを用いた場合には選択性はさらに上昇し，**6.51** のみが得られる．

	6.51	
$NaBH_4$	86%	14%
$LiAlH_4$	92%	8%
$LiBH(s$-$Bu)_3$	>99%	0%

しかしながら，カルボニル基の両側の立体的な環境が異なる場合には，嵩高いヒドリド試薬は以下に示すようにより立体的に空いた方向から近づく．

	LiAlH$_4$ または BH$_3$	25%	75%
	R$_2$BH	100%	~0%

環状ケトンの還元において，LiAlH$_4$ と NaBH$_4$ の反応機構はまったく異なる．LiAlH$_4$ による還元は反応物に近い遷移状態（スキーム 6.18）を含むのに対し，NaBH$_4$ による還元は生成物に近い遷移状態（スキーム 6.19）を含む．C3 あるいは C5 のアキシアル位に嵩高い置換基がある場合，立体的要因により LiAlH$_4$ による還元ではエクアトリアル方向からの攻撃が優先する．立体的要因以外でエクアトリアル方向からの攻撃が優先する説明としては，ねじれひずみ あるいはアンチペリプラナーになる必要性に基づく Felkin-Ahn モデルがある．

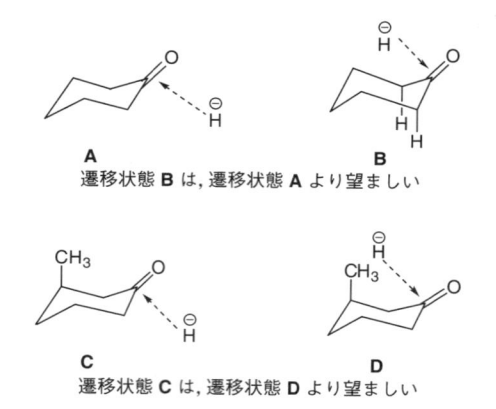

遷移状態 B は，遷移状態 A より望ましい

遷移状態 C は，遷移状態 D より望ましい

スキーム 6.18 LiAlH$_4$ による還元における立体化学の説明

したがって，カルボニル基に対して 3 位にアキシアル置換基がある場合，アキシアル方向からの付加は進行しにくい．

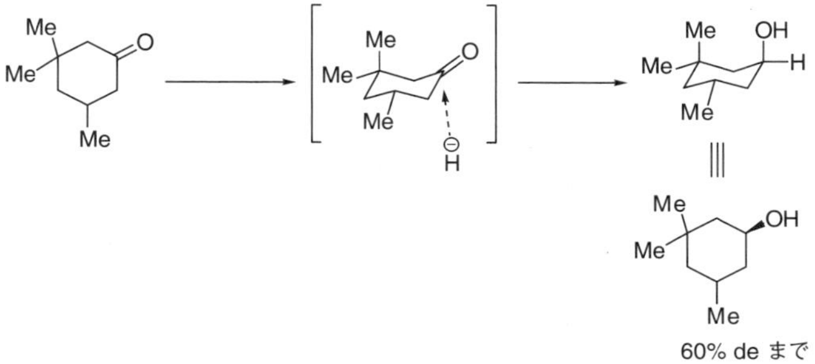

6.4 カルボニル化合物の還元

60% de まで

遷移状態 F は，遷移状態 E より望ましい

遷移状態 G は，遷移状態 H より望ましい

スキーム 6.19　NaBH₄ による還元における立体化学の説明

　キラルなボランを用いると，カルボニルの還元により不斉が誘起され，高い鏡像体過剰率でアルコールが得られる．

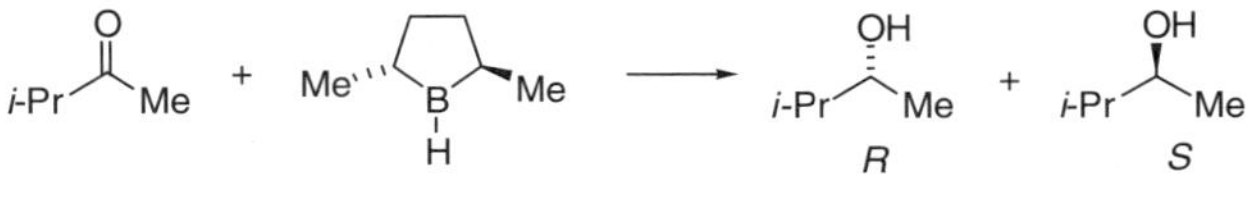

　ボランとキラルなオキサザボロリジン触媒 (**CBS 触媒**) によるケトンのエナンチオ選択的な還元は，Corey-Bakshi-柴田法として知られている[42),43)]．2-メチル-CBS-オキサザボロリジンの両鏡像体 (**6.52，6.53**) により，プロキラルなケトン，イミンやオキシムが還元され，キラルなアルコール，アミン，アミノアルコールがきわめて高い収率，鏡像体過剰率で得られる．

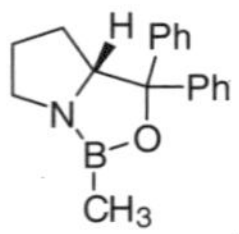

6.52 (R)-2-メチル-CBS-オキサザボロリジン

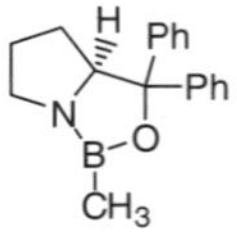

6.53 (S)-2-メチル-CBS-オキサザボロリジン

Ph-CO-Me → (BH$_3$-THF, 25 °C, **6.53**) → Ph-CH(OH)-Me 96.5% ee

β-クロロプロピオフェノン → (BH$_3$-THF, 25 °C, **6.53**) → (R)-(+)-3-クロロ-1-フェニルプロパン-1-オール

→ (**6.52**, BH$_3$) → 92%, 91.5% ee

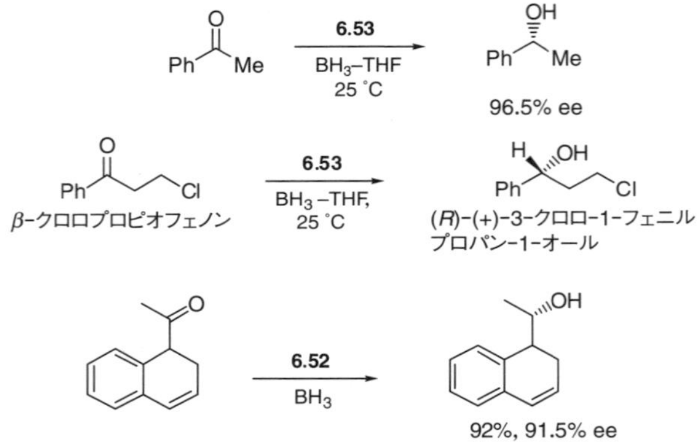

反応機構　**6.53**によるカルボニル化合物の還元[44]の反応機構はスキーム 6.20 に示すとおりである.

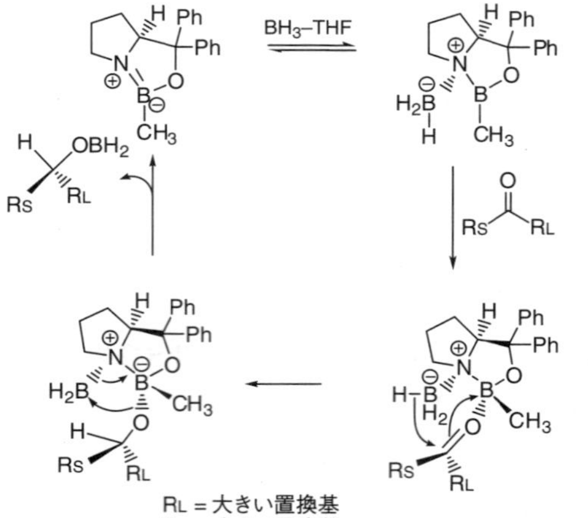

スキーム 6.20

R$_L$ = 大きい置換基
R$_S$ = 小さい置換基

6.4 カルボニル化合物の還元

Midland ら[45]は, β-アルキル-9-ボラビシクロ[3.3.1]ノナン(9-BBN)類により, 穏やかな反応条件下ベンズアルデヒドがベンジルアルコールに還元されることを見いだした. さらに, (+)-α-ピネン (**6.54**), (−)-β-ピネン (**6.55**), (−)-カンフェン (**6.56**), (+)-3-カレン (**6.57**) などの光学活性なテルペン類から, キラルな β-アルキル-9-BBN が合成される.

6.54
(+)-α-ピネン

6.55
(−)-β-ピネン

6.56
(−)-カンフェン

6.57
(+)-3-カレン

たとえば, **6.58** は α-ピネン **6.54** と 9-BBN の反応により調製される.

α-ピネン **6.54** + 9-BBN — THF, 加熱 → β-IPC-9-BBN (β-3-ピナニル-9-BBN) **6.58**

これらのキラルな試薬により, ヒドリドをアルキル基のキラル中心からカルボニル基の新しいキラル中心に移動させることができ, 結果として還元されたアルコールに不斉誘起される. たとえば **6.58** の β 水素は, カルボニル化合物の不斉還元により移動し, 1 当量のピネンが生成する. なおこのピネンは再利用され, また不斉還元に利用できる.

R-CO-R′ + β-IPC-9-BBN **6.58** → **6.54** + B-O-CHRR′ → HO-CHRR′ アルコール

(+)-α-ピネン(**6.54**), (−)-β-ピネン(**6.55**), (−)-カンフェン(**6.56**), (+)-3-カレン (**6.57**) のような光学活性なピネン類より得られるキラルな β-アルキル-9-BBN である **6.58**, **6.59**, **6.60**, **6.61** を用いるベンズアルデヒド-1-d の還元について, スキーム 6.21 に示す.

(+)-α-ピネン (**6.54**) のヒドロホウ素化によりジイソピノカンフェイルボラン (IPC)$_2$BH (**6.62**) が得られる.

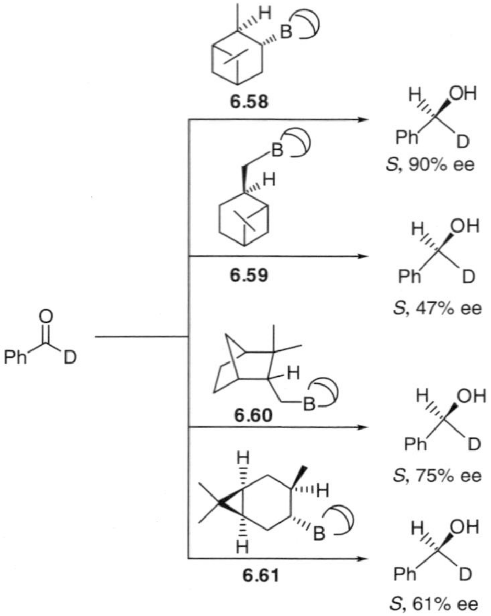

スキーム 6.21

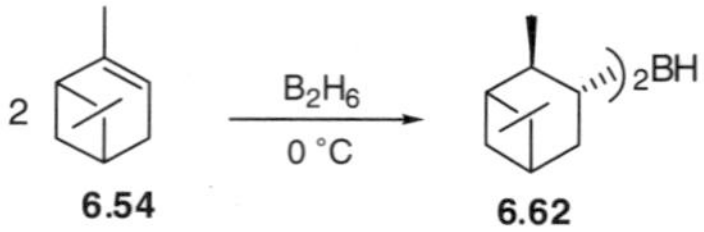

6.62 の場合，ヒドリド移動はキラル中心から1原子離れた場所で起こる．そのため，(IPC)$_2$BH (**6.62**) あるいは (IPC)$_2$BD を用いるケトンの還元では，得られるアルコールの鏡像体過剰率が低い（スキーム 6.22）．

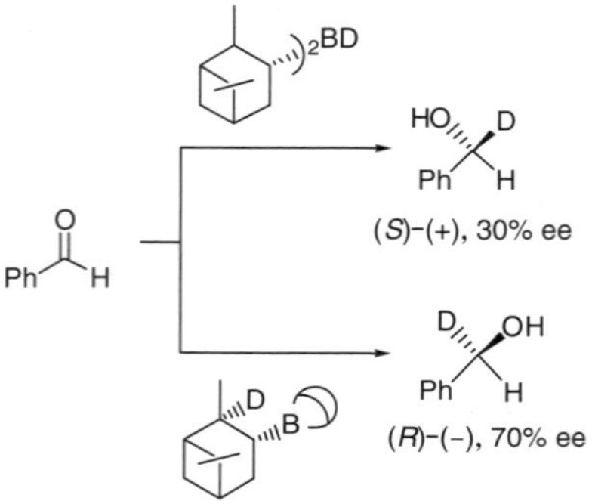

スキーム 6.22

キラルなアルキル基をもつ水素化 β-3-ピナニル-9-ボラタビシクロ[3.3.1]ノニルリチウム (**6.63**) を用いた場合，ケトンは−78 ℃で対応する光学活性なアルコールへ還元される．環状の反応機構でキラル中心から直接的にヒドリドが移動する **6.58** の場合と異なり，**6.63** からのヒドリド移動はキラル中心から 1 原子離れた場所で起こるため，この還元による選択性は低い（スキーム 6.23）．

スキーム 6.23

(IPC)$_2$BCl (**6.64**) の場合も，β 水素が移動し 1 当量の α-ピネンが生成するとともに不斉還元が進行する．この試薬は α-t-アルキルケトンや α-ハロケトンなどのアリールアルキルケトンの不斉還元に最も適している．(IPC)$_2$BCl の合成法を下に示す．

シラン類（たとえば Ph$_2$SiH$_2$）も不斉触媒 **6.65** 存在下，ケトンを不斉還元する[46]．

ルイス酸存在下における α-アルキル-β-ケトエステルのカルボニル還元の立体選

択性は，用いるルイス酸，還元剤，溶媒に依存する．たとえば，四塩化チタン（$TiCl_4$）存在下ジクロロメタン溶媒中での，BH_3-Py による β-ケトエステル **6.66** の還元では，シン体 / アンチ体比が 95：5 以上で，ジアステレオ選択的にシン体の **6.67** が得られる．一方，THF（テトラヒドロフラン）溶媒中，塩化セリウム（$CeCl_3$）存在下，水素化ホウ素トリエチルリチウム（$LiBHEt_3$）による β-ケトエステル **6.66** の還元では，アンチ体 / シン体比が 90：10 以上でジアステレオ選択的にアンチ体の **6.68** が得られる．なお，シン体とはねじれ配座において R^2 と OH が分子の同じ側に存在することを意味し，一方，アンチ体とは反対側に存在することを意味する（スキーム 6.24）．

R^1 = Me, Ph
R^2 = Me, Bn, アリル, プロパルギル
R^3 = Et, t-Bu

スキーム 6.24

β-ケトエステルの還元における立体選択性の違いは，反応に用いたルイス酸のキレート能の違いにより説明できる．上記の例では，四塩化チタンの方が塩化セリウムよりもキレート能が高い．Felkin-Ahn モデルによれば，カルボニルへの求核試薬（この場合はヒドリド）の付加における相対的な配座では，L，M，S 置換基はカルボニルに対してねじれ配座となり，ヒドリドは小さい S 置換基の側から付加する．一方ルイス酸が存在する場合，それがカルボニル基の酸素原子に配位する．金属に配位可能なヘテロ原子をもつ置換基がカルボニル基の隣にある場合は，強くキレート形成する．ヒドリドが空間的に空いた側から付加するモデルを **Cram 環状モデル**という．

ルイス酸として四塩化チタンを用いた場合，β-ケトエステルと四塩化チタンの錯体は配座 **A** と **B** の平衡にある．そして配座 **B** における R^2 とカルボニル酸素との立体反発により配座 **A** の方がより安定である．したがって，ヒドリドは配座 **A**

6.4 カルボニル化合物の還元

において空間的に空いた側から付加し，syn-アルコール **6.67** をジアステレオ選択的に与える（スキーム 6.25）．

スキーム 6.25

一方，塩化セリウムはキレート能が低いルイス酸であり，立体選択性は四塩化チタンの場合と逆になる．その理由は開環型 Felkin-Ahn モデルで説明できる．β-ケトエステルと塩化セリウムの錯体中で最も安定な配座である **C** に対して，空間的に空いた側からヒドリドが付加し，anti-アルコール **6.68** が生成する．配座 **D** は R^1 と R^2 の立体反発により配座 **C** よりも不安定である（スキーム 6.26）．

スキーム 6.26

6.4.3 金属とプロトン源

還元過程を考えるうえで，求電子的，あるいは不飽和な官能基に対する金属の電子供与能は有用であり，それは標準酸化還元電位（V）によって表される．

Li(Li$^+$) K(K$^+$) Na(Na$^+$) Mg(Mg^{2+}) Al(Al^{3+}) Ti(Ti^{3+}) Zn(Zn^{2+}) Fe(Fe^{3+}) Sn(Sn^{2+})
−3.05 −2.93 −2.71 −2.37 −1.66 −1.21 −0.76 −0.44 −0.14

電位の値から，金属のもつ還元能力の定性的な順番は以下のとおりである．

$$Li > K > Na > Mg > Al ≒ Ti > Zn > Fe > Sn$$

カルボニル基や共役 π 電子系は，液体アンモニア溶媒中リチウム，ナトリウム，カリウムなどの金属により還元される．活性化した亜鉛やマグネシウムなどにより，プロトン源存在下，アルデヒドやケトンが還元される．

Clemmensen 還元　アルデヒドやケトンは，加熱条件下，水銀と亜鉛の合金（亜鉛アマルガムという）と塩酸の溶液中で還元される．

まず，カルボニル基の α 位にあるヒドロキシ基，アルコキシ基，ハロゲンなどの官能基が還元され，つぎに，残ったアルデヒドやケトンが炭化水素化合物へ還元される．

金属が溶解すると 2 電子を放出し，C=O 結合が還元される．亜鉛アマルガム中で水銀は還元反応に直接的には関与せず，金属の活性な清浄表面を提供する．

スキーム 6.27

6.4 カルボニル化合物の還元

還元の反応機構の詳細は不明であるが[47]，スキーム 6.27 に示した経路で進行すると考えられている．

アルカリ金属による還元　アルカリ金属の還元における溶媒として炭化水素，エーテルが使用されるが，液体アンモニアが最も一般的である．アルコールはアルカリ金属と激しく反応するので，共溶媒として使用される．アルデヒドは溶媒であるアンモニアと反応し不活性なイミンとなるので，この方法では一般にアルデヒドは還元されない．

反応機構　リチウム，ナトリウム，カリウムは一電子移動機構によりケトンを還元する．まず最初の一電子移動により**ケチル**（ketyl）とよばれる**ラジカルアニオン A** が生成する．いったん活性種が生成するとスキーム 6.28 に示したいくつかの形式でさらに反応が進行する．プロトン源がある場合はケチルはプロトン化を受け，オキシルラジカル **B** が生成する．ひき続き 2 度目の一電子移動によりアルコキシド **C** となり，プロトン化によりアルコール **D** が得られる．

別の形式としては，ケチル **A** の二量化によりピナコールの金属塩 **E** となる．さらに水やエタノールと同程度の強さの酸によりプロトン化すれば，ピナコール生成物 **F** を単離できる．なお，スキーム 6.28 中の H^+ は，アンモニア，アルコールやアンモニウムカチオン（液体アンモニア中では強酸）などのプロトン源を表す．

スキーム 6.28

液体アンモニア中でのベンゾフェノンの還元では，生成物としてアルコールとピナコールの両方が得られる．この反応においてケチル中間体はフェニル基により安定化され，炭素原子のプロトン化と二量化が競争し，それぞれの金属アルコキシドが生成した後加水分解することにより生成物が単離される．ベンゾフェノン（ジフェニルケトン）は濃紺色のケチルを生成し，それは酸性水素をもたない溶媒中では安定である．そのような性質を利用してベンゾフェノンケチルは，炭化水素やエーテルなどの溶媒の精製において，酸化作用を及ぼす不純物あるいは酸性不純物の指示

薬として広く使用されている.

$$C_6H_5{-}C({=}O){-}C_6H_5 \xrightarrow[\text{2. H}_2\text{O}]{\text{1. Li, NH}_3(\text{液体})} C_6H_5{-}CH(OH){-}C_6H_5 + C_6H_5{-}C(OH)(C_6H_5){-}C(OH)(C_6H_5){-}C_6H_5$$

ピナコール生成物を選択的に得たい場合は,マグネシウムなどの活性の低い金属がよく用いられる.マグネシウムを水銀との合金(マグネシウムアマルガム)として活性化し,ルイス酸を添加した場合に最もよい結果が得られた.金属アルコキシドの加水分解によりピナコール生成物が得られる.

$$H_3C{-}C({=}O){-}CH_3 \xrightarrow[\substack{C_6H_6 \\ \text{還流}}]{\text{Mg-Hg}} [(H_3C)_2C{-}O]_2Mg^{2+} \xrightarrow{H_2O} (H_3C)_2C(OH){-}C(OH)(CH_3)_2$$

チタンは酸素との間に非常に強い結合を生成し,二量体中間体から二酸化チタンとして酸素を除き,生成物としてジオールではなくアルケンを与える(§4.3.4 の McMurry アルケニル化を参照).

ナトリウムで処理することにより,エステルでも同様な還元が進行する.このような形式の還元のなかで最も有用なのは,**アシロイン縮合**(acyloin condensation)である.炭素上でのプロトン化を防ぐため通常炭化水素系溶媒を用い,このアシロイン縮合により α-ヒドロキシケトンが得られる.

$$C_3H_7{-}C({=}O){-}OC_2H_5 \xrightarrow[\text{2. H}_2\text{O}]{\text{1. Na, トルエン}} C_3H_7{-}C({=}O){-}CH(OH){-}C_3H_7 + 2\,C_2H_5OH$$

$$\text{(環状ジエステル)} \xrightarrow[\text{2. H}_2\text{O}]{\text{1. Na, キシレン}} \text{(シクロアルカノン-2-オール)} + 2\,C_2H_5OH$$

エタノールなどのプロトン源を用いた場合,ナトリウムはエステル,アルデヒド,ケトンをアルコールに還元する.この反応は **Bouveault–Blanc 還元**(ブーボー・ブラン)といわれるが[48],金属水素化物によるカルボニルの還元の方が高い収率でアルコールを与える.

反応機構　エステルの還元はスキーム 6.29 に示すように,金属からの一電子移動,エタノールによるプロトン化の機構で進行する.

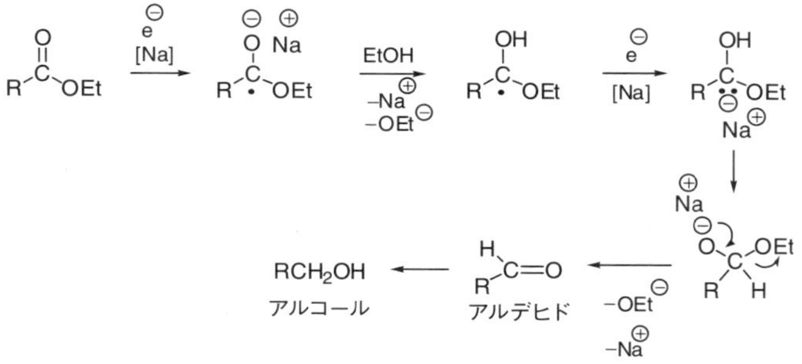

6.4 カルボニル化合物の還元   301

スキーム 6.29

6.4.4 水素移動試薬

Wolff-Kishner 還元　ケトンをヒドラゾンに誘導し，その分解によりメチレンとする還元は **Wolff-Kishner 還元**として知られている．ケトンは，水酸化カリウム水溶液中でヒドラジン（NH_2NH_2）とともに加熱される．この反応の変法が **Huang-Minlon 法**[49]であり，ヒドラゾンはエチレングリコール中 200 ℃で塩基とともに加熱される．たとえばシクロペンタノンは，ジエチレングリコール（DEG）中ヒドラジンと水酸化カリウムとともに加熱することで，シクロペンタンに還元される．アルデヒドも同様にメチル基に還元される．

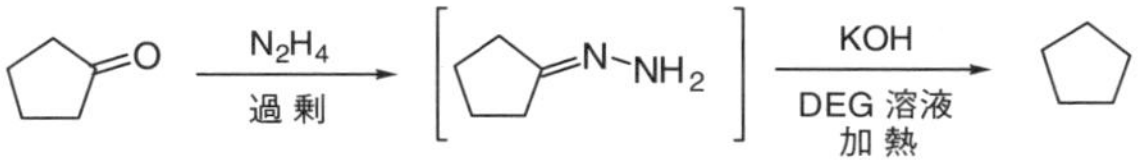

反応機構　この反応では，まずケトンが対応するヒドラゾン **A** に変換され，ひき続き塩基触媒による二重結合の移動（互変異性）でアゾ異性体 **B** が生成する．そして窒素 N_2 の脱離によりカルボアニオン **C** となり，最後にプロトン化を受けてアルカンとなる（スキーム 6.30）．

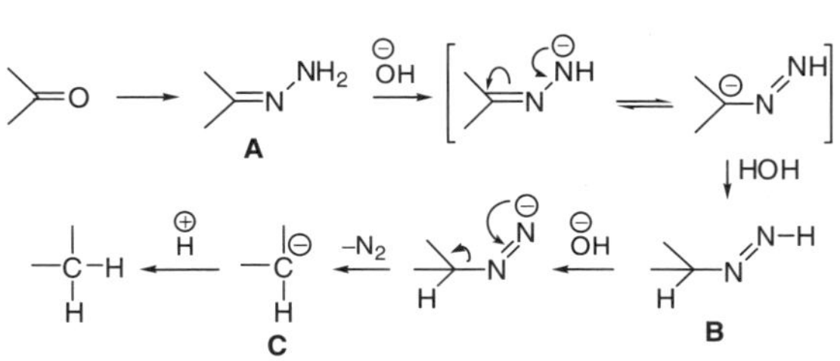

スキーム 6.30

この反応は強塩基条件なので，塩基に対して不安定な化合物には使用できない．

不斉還元 1990年代に野依らは，キラルジホスフィンとキラルジアミン配位子をもつルテニウム錯体を基盤とする第二世代の不斉還元触媒を開発した．これらの触媒を用いれば，第一世代と異なり配位性官能基がなくてもケトンの不斉還元が可能である．たとえば，**野依第二世代ルテニウム触媒 6.69** を用いれば，塩基としてt-ブトキシカリウム存在下，官能基をもたない単純ケトンからキラルアルコールが得られる．反応機構検討の結果，基質が直接的に金属中心に配位せずに触媒反応が進行していることがわかった．触媒 **6.69** は，金属付近への基質の固定化とヒドリド移動の二つの役割を果たしている[50),51)]．

水素移動型反応では，2-プロパノールやギ酸などのヒドリド供与体により金属水素化物（この場合は，水素化ルテニウム）が生成する．上記した二機能型の反応機構により，金属ヒドリドのヒドリドは選択的にケトンへ移動する（スキーム 6.31）．なお，金属水素化物は系中でヒドリド供与体により再生される．

スキーム 6.31

BINAP（**6.10** と **6.11**）（野依らが開発した不斉配位子）あるいは P-Phos 配位子 **6.70**（Albert Chan が開発した配位子で，BINAP 類よりも活性かつ選択性が高い）をもつ触媒と DAIPEN（**6.71**），DPEN（**6.72**）などの 1,2-ジアミン，あるいは 1,4-ジアミン **6.73** などの補助配位子を組合わせると，従来困難とされていた基質の水素化に有効である．たとえばテトラロンは，ルテニウム触媒 **6.74** により効率的に還元される．また，イソブチロフェノンのような立体的に込み合った芳香族ケトンの水素化も，ルテニウム触媒 **6.75** により可能である．

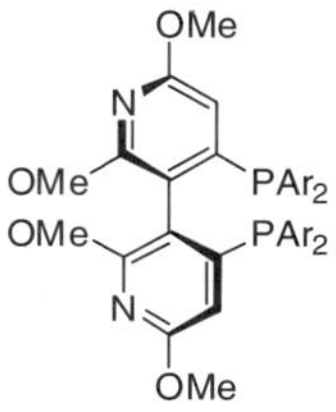

6.4 カルボニル化合物の還元

6.70

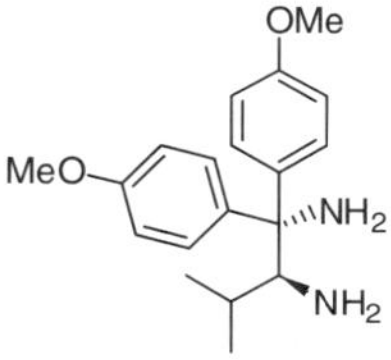

(S)-DAIPEN
6.71

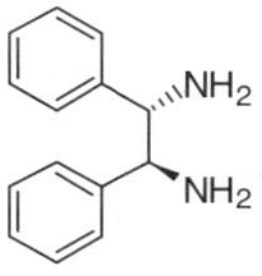

(S,S)-DPEN
6.72

R = Me, H
6.73

1,2-ジアミン補助配位子   1,4-ジアミン補助配位子

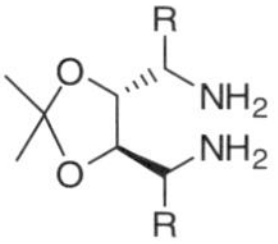

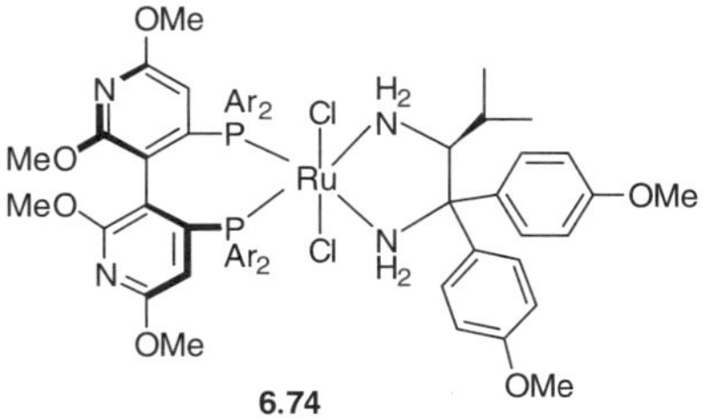

6.74 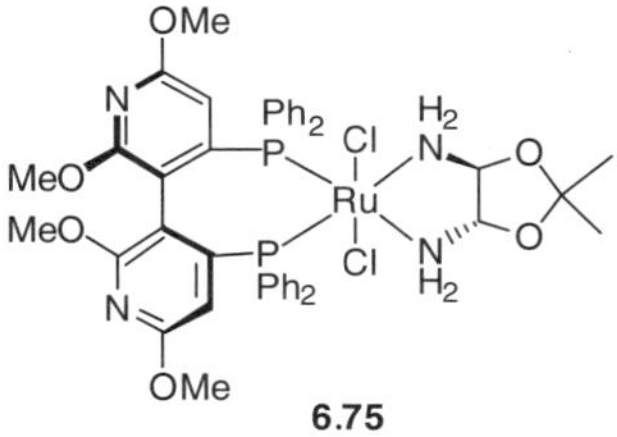   **6.75**

P-Phos と 1,2-あるいは 1,4-ジアミン補助配位子をもつ Ru 触媒

値段の高いホスフィン配位子を用いなくても，（スルホニル-ジアミン）塩化ルテニウム（アレーン）触媒 **6.76** とプロパン-2-オールやギ酸のような水素供与体に，塩基を添加すると，水素移動型不斉還元が進行する[52)〜55)]．

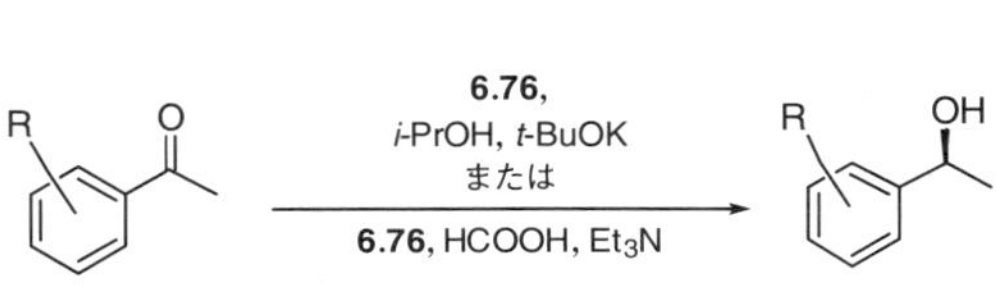

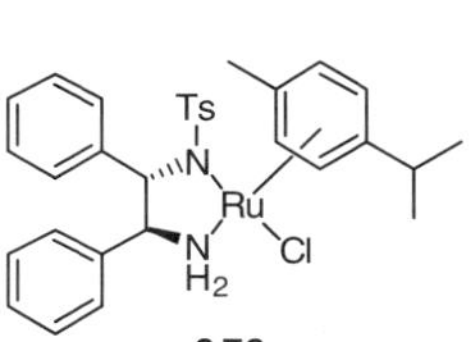

6.76

[Ts-dpen RuCl(p-cymene)]
触媒

このような均一系触媒を用いれば，炭素－炭素二重結合，ニトロ基，芳香環，芳香環－ハロゲン結合などがあっても，カルボニルの炭素－酸素二重結合のみを選択的に還元することができる．

ピロリジンとオキサゾリン骨格から成る配位子[56] **6.77** と [IrCl(cod)]$_2$ により，アセトフェノンのエナンチオ選択的な還元が進行し，光学活性なアルコール（41～49% ee）が得られる．

6.5　α,β-不飽和アルデヒドとケトンの還元

α,β-不飽和カルボニル化合物の選択的な 1,2-還元により不飽和アルコール，あるいは 1,4-還元により飽和カルボニル化合物を得る方法がいくつも知られている[57]．

6.5.1　触媒的水素化

ルテニウム錯体 **6.78** と **6.79** により，α,β-不飽和カルボニル化合物の 1,2-還元が進行する＊．

6.78 = RuHCl(PPh$_3$)$_3$
6.79 = RuCl$_2$(PPh$_3$)$_4$

＊（訳注）原著での触媒の構造に誤りがあるため，図を差替えた．

6.5.2 ヒドリド試薬

一般にヒドリド試薬は炭素−炭素二重結合や三重結合とは反応しないが，α, β 位にカルボニル基などの極性基がある場合は反応する．たとえば，金属水素化物（$LiAlH_4$，$NaBH_4$）による α, β-不飽和ケトンの還元では，特に $NaBH_4$ を用いた場合 1,4-還元により飽和アルコールが得られることがある．しかしながら DIBAL や 9-BBN を用いた場合は，1,2-還元，すなわち C=O 還元のみが進行する．

反応機構 1,4-還元生成物は，ヒドリドの β 炭素への共役付加により生成する．その結果生成したエノラートがケトンへ異性化し，その飽和ケトンの還元により飽和アルコールが得られる（スキーム 6.32）．

スキーム 6.32

α, β-不飽和ケトンの二重結合ではない側の置換基が小さい場合，あるいは α, β-不飽和アルデヒドの場合は 1,2-還元が優先して起こる．

アラン（AlH_3）は 2-シクロペンテノンを還元し不飽和アルコール，すなわち 1,2-還元体を主生成物として与える．ルイス酸であるアランは最初にカルボニル酸素と錯形成し，ひき続き四中心の遷移状態を経てヒドリドがカルボニル基に移動する．一方 $LiAlH_4$ の場合，カルボニル基との配位が弱いので 1,2-還元と 1,4-還元の両方が進行する．しかしながら，$LiAlH_4$ を用い −70 ℃でシクロペンタ-2-エノンの還元を行えば，1,2-還元体の不飽和アルコールが主生成物として得られる．

メタノール溶媒中，水素化ホウ素ナトリウムによる α, β-不飽和ケトンの位置選択的な 1,2-還元において，**塩化セリウム**(Ⅲ)は効率的な触媒であり，セリウム−$NaBH_4$ 試薬は **Luche 試薬**として知られている．金属塩がカルボニル基の酸素に配

位しケトンを活性化することにより,カルボニル炭素への付加反応が進行しやすくなる[58)～60)].

6.5.3 溶解金属

典型的な Birch 還元条件下で,α,β-不飽和アルデヒド,ケトン,エステルは還元されてエノラートとなり,それを反応性の高いアルキル化剤やその他の求電子試薬により捕捉することができる[61),62)].

反応機構　α,β-不飽和ケトンの二つの官能基の π 電子系は共役しているので,金属還元剤から生じた電子の付加により生成するラジカルアニオン **A** は共鳴安定化している.通常ラジカルアニオンは,β 炭素にプロトン化(あるいは他の求電子

スキーム 6.33

付加）を受けるが，**A** の場合はエノキシルラジカル **B** に変換され，その後すぐに電子を受取り，エノラートアニオン **C** を生成する．つぎにこのエノラートのプロトン化あるいはアルキル化により飽和ケトン **D** あるいは **E** を与える．反応条件によっては **D**，**E** はさらに還元される（スキーム 6.33）．

　プロトン性共溶媒を加えずに液体アンモニア中でリチウム還元を行った場合は，エノラートアニオン **C** は安定であり，ハロゲン化アルキル（R-X）などの求電子試薬を加えると反応する．一方エタノールなどのプロトン性共溶媒を加えた場合は，エノラートアニオン **C** はプロトン化を受け，その結果生成するケトン **D** はさらにアルコールまで還元される．通常ラジカルアニオン中間体 **C** は β 炭素にプロトン化を受けるが，液体アンモニア中ではこの反応は速くない．

6.6　ニトロ，N-オキシド，オキシム，アジド，ニトリル，ニトロソ化合物の還元

6.6.1　触媒的水素化

　ロジウム，白金，パラジウムなどの金属触媒存在下，ニトリルの水素化は中間体としてイミンを経由して第一級，第二級，第三級アミンを与える．一方水素量を調節したり，あるいは反応系中に十分な量の水がある場合は，還元体としてアルデヒドやアルコールが得られる．芳香環上のニトロ基やニトロソ基は，白金やパラジウムなどの金属触媒による水素化で対応するアミンが得られる．脂肪族ニトロ化合物の場合は，生成物であるアミンにより触媒が被毒されるため還元されにくい．高選択的な 1%白金-炭素（Pt-C）触媒を用いれば，クロロニトロベンゼンのニトロ基のみが水素化され，クロロアニリンが得られる．

6.6.2 水素化物

ニトリルやアミドの還元によるアミンへの変換は有機合成上重要であるが，難しいプロセスである．これまでに，金属ヒドリド錯体を用いるニトリル[63]やアミド[64]~[67]の還元が報告されている．

たとえば，$LiAlH_4$ を用いたニトリルの還元によりアミンが得られる．

反応機構 $LiAlH_4$ を用いたニトリルの還元により，まずイミノアラナート **A** が生成し，ひき続き水素移動，二重結合の異性化によりイミノアラナート **B** が生成する．最後に，イミノアラナート **B** の加水分解によりアミンが得られる（スキーム 6.34）．

スキーム 6.34

$LiBH_3N(CH_3)_2$ もニトリルをアミンに還元する．

ニトリルをアミンに還元するその他の便利で効率的な方法としては，ジクロロメタン還流下，水素化ホウ素テトラ-n-ブチルアンモニウムを用いる方法がある．この還元剤により，シアノ基，アミド基が選択的に還元され，芳香環上の他のエステル，ニトロ基，ハロゲンなどはまったく還元されない．たとえば，p-シアノトルエン（**6.80**）は，ジクロロメタン溶媒中水素化ホウ素テトラ-n-ブチルアンモニウムにより還元され，さらに塩酸で処理することにより収率 87% で p-メチルベンジルアミン塩酸塩（**6.81**）を与える．

6.6 ニトロ, N-オキシド, オキシム, アジド, ニトリル, ニトロソ化合物の還元

```
        C≡N                              CH₂NH₂·HCl
         |          1. (n-Bu)₄N⊕BH₄⊖         |
      [Ar]         ─────────────────→     [Ar]
         |            CH₂Cl₂                 |
        CH₃          2. HCl                 CH₃
                                            87%
        6.80                                6.81
```

しかしながら，LiAlH(OEt)₃ や DIBAL などの反応性の低い還元剤を用いた場合は，イミノアラナート **A** や **B**（スキーム 6.34）は生成せず，中間体であるイミニウム塩が加水分解されてアルデヒドを与える．Red-Al も良好な収率でアルデヒドを与える．

```
                    1. LiAlH(OEt)₃ または DIBAL
                    2. H₃O⊕
CH₃CH₂CH₂CN   ─────────────────────────→   CH₃CH₂CH₂CHO


    OH              1. Red-Al               OH
    |              ───────────→             |
 [cyclopentyl]      2. H₃O⊕            [cyclopentyl]
    |                                       |
    C≡N                                    CHO
```

DIBAL（水素化ジイソブチルアルミニウム）を用いたニトリルの反応では，イミノアラン **A** が生成し，イミン **B** を経て加水分解によりアルデヒドが得られる（スキーム 6.35）．

```
                                    H                           H              H
                  H—Al(i-Bu)₂       \                           \              \
R—C≡N:        ─────────────→        C=N—Al(i-Bu)₂  H₂O/H⊕    [  C=NH  ]  ─→   C=O
                  (DIBAL)          /                           /              /
                                   R                           R              R
                                        A                          B
```

スキーム 6.35

オキシム（-CH=NOH）やアジ化メチル基（-CH₂N₃）も LiAlH₄ によりアミン（-CH₂NH₂）に還元される．第一級の脂肪族ニトロ化合物は酸素原子を失いアミンに還元されるが，ニトロベンゼンはアニリンには還元されず，ジアゾ化合物に変換される．

```
                    1. LiAlH₄
                    Et₂O/還流
R   NO₂         ─────────────→      R   NH₂
 \ /               2. H₃O⊕            \ /
 CH₂                                  CH₂
```

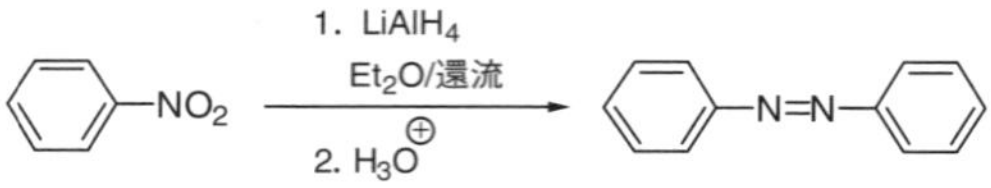

310   6. 還　元

$C_6H_5NO_2 \xrightarrow[\text{2. }H_3O^{\oplus}]{\text{1. LiAlH}_4,\ Et_2O/還流} C_6H_5-N=N-C_6H_5$

シアノ水素化ホウ素ナトリウムはエナミンをアミンに還元する．またジボランはニトリルをアミンに還元するが，ニトロ基を還元しない．

6.6.3 金属とプロトン源

芳香族ニトロ化合物は，塩酸中で鉄やスズによって還元され芳香族アミンを与える．

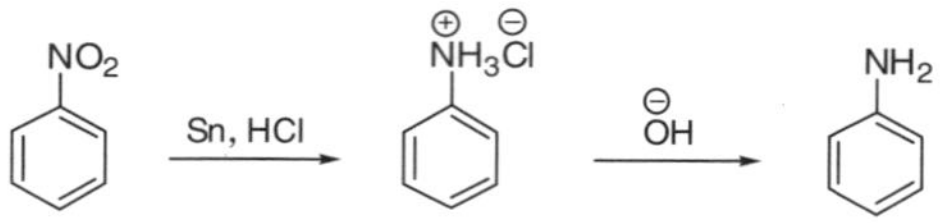

$C_6H_5NO_2 \xrightarrow{\text{Sn, HCl}} C_6H_5NH_3^{\oplus}Cl^{\ominus} \xrightarrow{{}^{\ominus}OH} C_6H_5NH_2$

反応機構　ニトロベンゼンのアニリンへの還元機構は，スキーム 6.36 に示す．

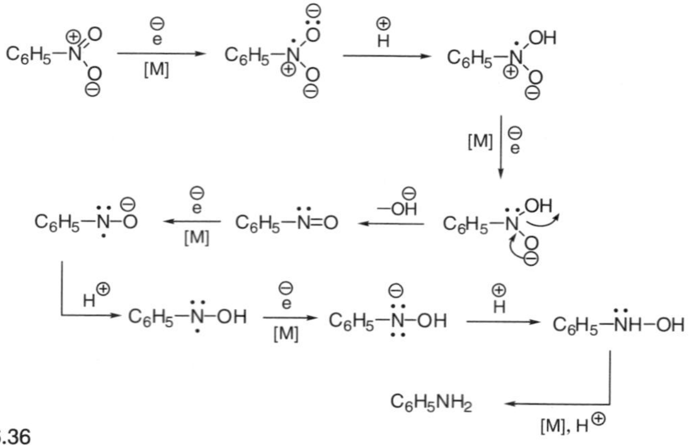

スキーム 6.36

塩基条件下アミンは，ニトロ化合物と反応してアゾキシベンゼン，アゾベンゼン，ヒドラゾベンゼンを与えることがある（スキーム 6.37）．

6.6 ニトロ, N-オキシド, オキシム, アジド, ニトリル, ニトロソ化合物の還元

スキーム 6.37

m-ジニトロベンゼンは，硫化ナトリウムにより m-ニトロアニリン，さらに m-フェニレンジアミンへ段階的に還元される．

ニトロソベンゼンとオキシムも，金属とプロトン源により対応するアミンに還元される．

6.6.4 トリフェニルホスフィン

3価リンの酸素（あるいは硫黄）への親和性を利用した反応が数多く知られている．たとえば，トリフェニルホスフィンは N-オキシドの酸素を取りアミンを与える．この際に生成するトリフェニルホスフィンオキシドはきわめて安定な極性化合物であり，多くの場合容易に分離・除去することができる．

Staudinger反応により，アジドはアミンに変換される．ここで，トリフェニルホスフィンはアジドの穏和な還元剤として働く[68]．

$$R^1R\text{CH-N}_3 \xrightarrow[-N_2]{PPh_3} R^1R\text{CH-N=PPh}_3 \xrightarrow{H_2O} R^1R\text{CH-NH}_2$$

反応機構[69),70)]　トリフェニルホスフィンがアジドと反応しホスホアジド **A** を生成し，環状遷移状態を経て窒素の発生とともにイミノホスホラン **B** を与える．つぎに水で反応系を処理することにより，アミンとともに安定なトリフェニルホスフィンオキシドが得られる（スキーム6.38）．

スキーム 6.38

6.7 水素化分解

触媒的水素化によるアリル位，あるいはベンジル位のC−O，C−N，C−X，C−S，N−N，N−O，O−O結合，さらにはシクロプロパン，エポキシド，アジリジンの開環など単結合の開裂は，**水素化分解**（hydrogenolysis）として知られている．またPdなどの金属触媒存在下，塩基条件では**脱ハロゲン**（dehalogenation）が進行し，反応性の高さは，I > Br > Cl > Fの順である．

Raneyニッケルと水素によるチオアセタールの水素化は，C−S結合を切断し脱硫反応が進行する．

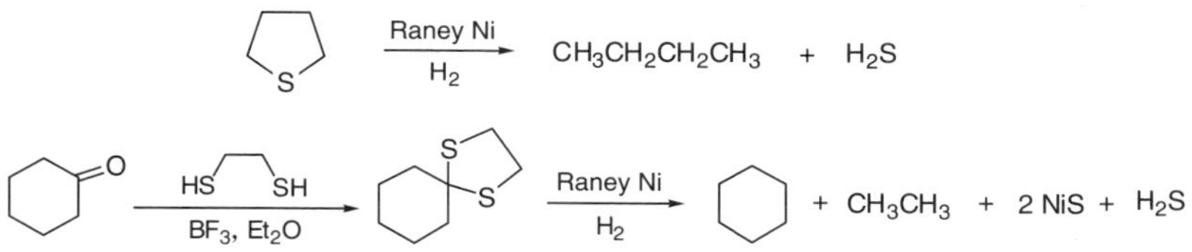
Raney Ni
H2
CH3CH2CH2CH3 + H2S
HS SH
BF3, Et2O
Raney Ni
H2
+ CH3CH3 + 2 NiS + H2S

亜鉛と酢酸などの金属とプロトン源の組合わせにより2-ハロケトンはケトンへ還元される.

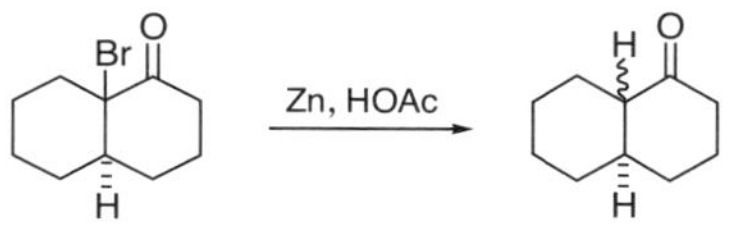
Br
Zn, HOAc

金属水素化物により，第一級ならびに第二級ハロゲン化物は炭化水素に還元される．水素化スズ（*n*-Bu)$_3$SnH が C−X を切断する場合もある.

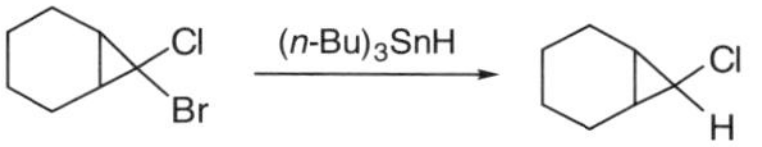
Cl
Br
(n-Bu)3SnH
Cl
H
97%（異性体混合物）

Red-Al は，脂肪族ならびに芳香族ハロゲン化物を炭化水素に還元する．ハロゲン化アルキルの還元的脱ハロゲンには，スーパーヒドリド（水素化トリエチルホウ素リチウム LiBHEt$_3$）が最もよく使用される．この還元剤により，エポキシドの還元的開環反応も進行する.

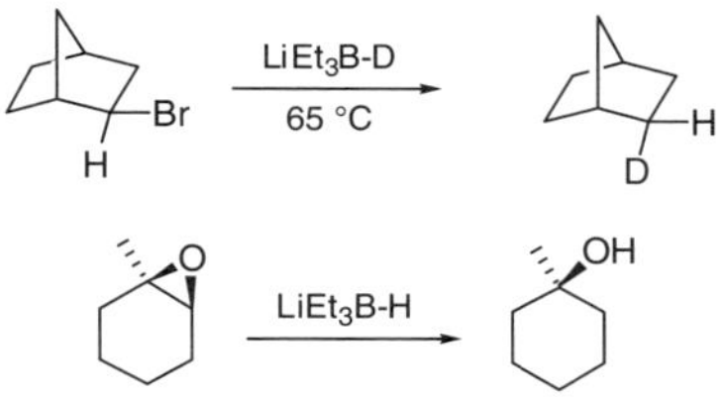
Br
H
LiEt3B-D
65 °C
H
D
O
LiEt3B-H
OH

LiAlH$_4$ 還元により，スルホン酸エステルから C−O 結合の開裂を伴って炭化水素が得られる．たとえば，メントールトシラート（**6.82**）から収率 60% でメンタン（**6.83**）が得られる.

6. 還　元

6.82 → (1. LiAlH₄, エーテル 還流, 1.5 時間; 2. H₃O⁺) → **6.83**

引 用 文 献

1. Osborn, J. A., Jardine, F. H., Young, J. F. and Wilkinson, G., *J. Chem. Soc. A.*, **1966**, 1711.
2. Vaska, L. and DiLuzio, J. W., *J. Am. Chem. Soc.*, **1962**, *84*, 679.
3. Noyori, R., *Angew. Chem., Int. Ed.*, **2002**, *41*, 2008.
4. Noyori, R., Kitamura, M. and Ohkuma, T., *Proc. Natl. Acad. Sci. U.S.A.*, **2004**, *101*, 5356.（第1章の文献 21, 22 および第5章の文献 25, 26 も参照）
5. Ohta, T., Takaya, H., Kitamura, M., Nagai, K. and Noyori, R., *J. Org. Chem.*, **1987**, *52*, 3174.
6. Noyori, R., Ohta, M., Hsiao, Y., Kitamura, M., Ohta, T. and Takaya, H., *J. Am. Chem. Soc.*, **1986**, *108*, 7117.
7. Takaya, H., Ohta, T., Sayo, N., Kumobayashi, H., Akutagawa, S., Inoue, S., Kasahara, I. and Noyori, R., *J. Am. Chem. Soc.*, **1987**, *109*, 1596.
8. Kashiwabara, K., Hanaki, K. and Fujita, J., *Bull. Chem. Soc. Jpn.*, **1980**, *53*, 2275.
9. Onuma, K., Ito, T. and Nakamura, A., *Bull. Chem. Soc. Jpn.*, **1980**, *53*, 2016.
10. Gramatica, P., Manitto, P., Ranzi, B. M., Delbianco, A. and Francavilla, M., *Experientia*, **1982**, *38*, 775.
11. Camus, A., Mestroni, G. and Zassinovich, G., *J. Organomet. Chem.*, **1980**, *184*, C10.
12. Papillon, J. P. N. and Taylor, R. J. K., *Org. Lett.*, **2002**, *4*, 119.
13. Blomquist, A. T., Liu, L. H. and Bohrer, J. C., *J. Am. Chem. Soc.*, **1952**, *74*, 3643.
14. Birch, A. J. and Smith, H., *Quart. Revs. (London)*, **1958**, *12*, 17.
15. Granitzer, W. and Stütz, A., *Tetrahedron Lett.*, **1979**, *20*, 3145.
16. Jone, T. K. and Denmark, S. E., *Org. Synth. Coll.*, **1990**, *7*, 524.
17. Chan, K. K., Specian, A. C. and Saucy, G., *J. Org. Chem.*, **1978**, *43*, 3435.
18. Corey, E. J. and Kang J., *Tetrahedron Lett.*, **1982**, *23*, 1651.
19. Birch, A. I., *J. Chem. Soc.*, **1944**, 430.; **1945**, 809.; **1946**, 593.; **1949**, 2531.
20. Webster, F. X. and Silverstein, R. M., *Synthesis*, **1987**, 922.
21. Subba Rao, G. S. R., *Pure Appl. Chem.*, **2003**, *75*, 1443.
22. Rosenmund, K.W., *Ber. Chem.*, **1918**, *51*, 585.
23. Mossettig, E. and Mozingo, R., *Org. React.*, **1948**, *4*, 362.
24. Hajós, A., *Complex Hydrides and Related Reducing Agents in Organic Synthesis*, Elsevier, Amsterdam, **1979**.
25. Wakamatsu, T., Inaki, H., Ogawa, A.,Watanabe, M. and Ban, Y., *Heterocycles*, **1980**, *14*, 1437.
26. Fleet, G. W. J., Fuller, C. J. and Harding, P. J. C., *Tetrahedron Lett.*, **1978**, *19*, 1437.
27. Sorrell, T. N. and Spillane, R. J., *Tetrahedron Lett.*, **1978**, *19*, 2473.
28. Sorrell, T. N. and Pearlman, P. S., *J. Org. Chem.*, **1980**, *45*, 3449.
29. Brown, H. C. and Rao, B. C. S., *J. Am. Chem. Soc.*, **1958**, *80*, 5377.
30. Hutchins, R. O. and Markowitz, M., *Tetrahedron Lett.*, **1980**, *21*, 813.
31. Watanabe, Y., Mitsudo, T., Tanaka, M., Yamamoto, K., Okajima, T. and Takegami, Y., *Bull. Chem. Soc. Jpn.*, **1971**, *44*, 2569.
32. Cole, T. E. and Pettit, R., *Tetrahedron Lett.*, **1977**, *18*, 781.
33. Four, P. and Guibe, F., *J. Org. Chem.*, **1981**, *46*, 4439.
34. Babler, J. H., *Synth. Commun.*, **1982**, *12*, 839.

35. Cha, J. S. and Chun, J. H., *Bull. Korean Chem. Soc.*, **2000**, *21*, 375.
36. Hagiya, K., Mitsui, S. and Taguchi, H., *Synthesis*, **2003**, 823.
37. Brown, H. C. and Krishnamurthy, S., *Tetrahedron*, **1979**, *35*, 567.
38. Walker, E. R. H., *Chem. Soc. Rev.*, **1976**, *5*, 23.
39. Gaylor, N. G., *Complex Metal Hydrides*, Wiley-Interscience, New York, **1956**, p. 107.
40. Nystrom, R. F. and Brown, W. G., *J. Am. Chem. Soc.*, **1947**, *69*, 1197.
41. Hill, A. J. and Nason, E.H., *J. Am. Chem. Soc.*, **1924**, *46*, 2236.
42. Corey, E. J., Shibata, S. and Bakshi, R. K., *J. Org. Chem.*, **1988**, *53*, 2861.
43. Corey, E. J. and Link, J. O., *Tetrahedron Lett.*, **1989**, *30*, 6275.
44. Koning, C. B., Giles, R. G. F., Green, I. R. and Jahed, N. M., *Tetrahedron Lett.*, **2002**, *43*, 4199.
45. Midland, M. M., Tramontano, A. and Zderic, S. A. *J. Organomet. Chem.*, **1977**, *134*, C17.
46. Brunner, H., Riepl, G. and Weitzer, H., *Angew. Chem., Int. Ed. Engl.*, **1983**, *22*, 331.
47. DiVona, M. L. and Rosnati, V., *J. Org. Chem.*, **1991**, *56*, 4269.
48. Chaussard, I., Combellas, C., and Thiebault, A., *Tetrahedron Lett.*, **1987**, *28*, 1173.
49. Huang-Minlon, *J. Am. Chem. Soc.*, **1946**, *68*, 2487.; Huang-Minlon, *J. Am. Chem. Soc.*, **1949**, *71*, 3301.
50. Doucet, H., Ohkuma, T., Murata, K., Yokozawa, T., Kozawa, M., Katayama, E., England, A. F., Ikariya, T. and Noyori, K., *Angew. Chem., Int. Ed.*, **1998**, *37*, 1703.
51. Noyori, R. and Ohkuma, T., *Angew. Chem., Int. Ed.*, **2001**, *40*, 40.
52. Fujii, A., Hashiguchi, S., Uematsu, N., Ikariya, T. and Noyori, R., *J. Am. Chem. Soc.*, **1996**, *118*, 2521.
53. Uematsu, N., Fujii, A., Hashiguchi, S., Ikariya, T. and Noyori, R., *J. Am. Chem. Soc.*, **1996**, *118*, 4916.
54. Hashiguchi, S., Fujii, A., Haack, K.-J., Matsumura, K., Ikariya, T. and Noyori, R., *Angew. Chem., Int. Ed. Engl.*, **1997**, *36*, 288.
55. Haack, K.-J., Hashiguchi, S., Fujii, A., Ikariya, T. and Noyori, R., *Angew. Chem., Int. Ed. Engl.*, **1997**, *36*, 285.
56. McManus, H. A., Barry, S. M., Andersson, P. G. and Guiry, P. J., *Tetrahedron*, **2004**, *60*, 3405.
57. Larock, R. C., *Comprehensive Organic Transformation*, Wiley-VCH, New York, **1989**, pp. 8–17.
58. Luche, J. L., *J. Am. Chem. Soc.*, **1978**, *100*, 2226.
59. Luche, J. L. and Gemal, A. L., *J. Am. Chem. Soc.*, **1979**, *101*, 5848.
60. Morisso, F. D. P., Wagner, K., Hörner, M., Burrow, R. A., Bortoluzzi, A. J. and Costa, V. E. U., *Synthesis*, **2000**, 1247.
61. Taschner, M. J. and Shahripour, A. *J. Am. Chem. Soc.*, **1985**, *107*, 5570.
62. Ling, T., Chowdhury, C., Kramer, B. A., Vong, B. G., Palladino, M. A. and Theodorakis, E. A., *J. Org. Chem.*, **2001**, *66*, 8843.
63. Umino, N., Iwakuma, T. and Itoh, N., *Tetrahedron Lett.*, **1976**, *17*, 2875, およびその引用文献.
64. Umino, N., Iwakuma, T. and Itoh, N., *Tetrahedron Lett.*, **1976**, *17*, 763, およびその引用文献.
65. Tsuda, Y., Sano, T. and Watanabe, H., *Synthesis*, **1977**, 652.
66. Kuehne, M. E. and Shannon, P. J., *J. Org. Chem.*, **1977**, *42*, 2082.
67. Basha, A. and Rahman, A., *Experientia*, **1977**, *33*, 101.
68. Thomas, S., Collins, C. J., Cuzens, J. R., Spiciarich, D., Goralski, C. T. and Singaram, B., *J. Org. Chem.*, **2001**, *66*, 1999.
69. Tian, W. Q. and Wang, Y. A., *J. Org. Chem.*, **2004**, *69*, 4299.
70. Lin, F. L., Hoyt, H. M., van Halbeek, H., Bergman, R. G. and Bertozzi, C. R., *J. Am. Chem. Soc.*, **2005**, *127*, 2686.

7

酸　　化

7.1 アルコールの酸化

　アルコールからアルデヒドやケトンへの酸化は，有機化学において最も有用な変換反応の一つである．単純な第一級あるいは第二級アルコールは，気相では熱した銅表面にさらすことにより脱水素される（**脱水素反応** dehydrogenation reaction）．しかし，溶液中においてアルコールの酸化を行う際には，ヒドロキシ基の水素を適切な原子（団）と置換する必要がある．これらの原子（団）がα水素と同時に脱離することにより酸化反応が進行する．第一級および第二級アルコールから調製した次亜塩素酸エステルの分解はこのような反応の一例である．

$$RCH_2OH + 熱した\ Cu \longrightarrow RCHO + H_2$$
$$RCH_2OCl + 塩基 \longrightarrow RCHO + H\text{-}Cl$$

　同様にして，トリメチルアミンN-オキシドに対してアルコールのp-トルエンスルホン酸エステルを求核置換させた後，塩基で処理すると，カルボニル化合物とトリメチルアミンが得られる．

$$RCH_2OTs \xrightarrow[-OTs]{\overset{\ominus}{O}-\overset{\oplus}{N}(CH_3)_3} R-\underset{H}{\overset{H}{C}}-\overset{\oplus}{O}-N(CH_3)_3 \xrightarrow{塩基} RCHO + N(CH_3)_3$$

7.1.1　クロム（Ⅵ）

　第一級や第二級アルコールの酸化で最も一般的に用いられる試薬は，クロム酸（H_2CrO_4）である．この場合，アルデヒドの段階で反応を止めることは難しく，第一級アルコールはカルボン酸にまで酸化されるが，反応系中からアルデヒドを除去することにより，良好な収率でアルデヒドが得られることもある．

$$RCH_2OH \xrightarrow{[O]} R\overset{O}{\underset{}{-}}H \xrightarrow{[O]} R\overset{O}{\underset{}{-}}OH$$

生成したアルデヒドを連続的に蒸留によって反応系外に取出すことができればアルデヒドを単離することができる

7.1 アルコールの酸化

一方，第二級アルコールはケトンを与える．

$$\text{PhCH(OH)CH}_3 \xrightarrow[\text{H}_2\text{SO}_4, \text{H}_2\text{O}]{\text{K}_2\text{Cr}_2\text{O}_7} \text{PhCOCH}_3$$

水溶液中で三酸化クロム（CrO_3）は，H_2CrO_4, $Cr_2O_7^{2-}$, $H_2Cr_2O_7$, $HCr_2O_7^-$, CrO_4^{2-}, $HCrO_4^-$ などいくつかの Cr(VI)化学種の平衡状態で存在する．最も安定な化学種は，pHや溶媒の種類，濃度によって決まる．高希釈条件下では，主として**ニクロム酸アニオン**（$Cr_2O_7^{2-}$）の形で存在する．

$$2\,H\text{-}O\text{-}CrO_2\text{-}O^{\ominus} \rightleftharpoons {}^{\ominus}O\text{-}CrO_2\text{-}O\text{-}CrO_2\text{-}O^{\ominus} + H_2O$$
ニクロム酸アニオン

濃度が高い場合は，$(CrO_3)_n$ と H_2CrO_4 が主として存在する．アルコールがカルボニル化合物に酸化される際に，Cr(VI)は Cr(III)に還元される．しかし，反応機構を詳細にみると，Cr(V)と Cr(IV)もアルコールの酸化に関与していることがわかる．Cr(VI)は通常 $HCrO_4^-$ と CrO_3，Cr(IV)は通常 $HCrO_3^-$ として存在する．クロム酸と酸触媒，水を含めたアルコールの酸化反応は以下の反応式で表される．

$$3\,R_2CH\text{-}OH + 2\,H_2CrO_4 + 6\,H^{\oplus} \longrightarrow 3\,R_2C\text{=}O + 2\,Cr^{3+} + 8\,H_2O$$

反応機構　Cr(VI)によるアルコールの酸化の機構をスキーム 7.1 に示す．一般的には，塩基がクロム酸エステルのプロトンを引抜き，クロム酸イオンが脱離する

$$R_2CH\text{-}OH + H_2CrO_4 \xrightleftharpoons{H^{\oplus}} R_2CH\text{-}OCrO_3H + H_2O$$
クロム酸エステル

$$\downarrow \text{遅い}\ H_2O$$

$$R_2C\text{=}O + HCrO_3^{\ominus}\ (IV) + H_3O^{\oplus}$$

A, **B**

スキーム 7.1

分子間反応（**A**）を経るとされているが，分子内反応である経路 **B** も起こりうる．このとき H_2CrO_3 や $HCrO_3^-$ に含まれる Cr(Ⅳ) イオンは，さらに Cr(Ⅲ) イオンに還元される．また，アルコールの一部はラジカル機構で酸化されると考えられている．

アルコールのカルボニル化合物への酸化では，さまざまな Cr(Ⅵ) 試薬が種々の条件で用いられる．たとえば，CrO_3 は酢酸水溶液中，あるいは無機酸を含む溶媒中で使用する．二クロム酸ナトリウムは，無機酸あるいは無機塩基を触媒としてアセトン-水の混合溶媒（含水アセトン）中で用いる場合と，触媒を添加せず酢酸中で用いる場合がある．そのほか，CrO_3-ピリジン錯体やクロム酸 *t*-ブチルエステルも用いられる．

Jones 試薬　Jones 試薬[1),2)]（CrO_3, H_2SO_4, H_2O, アセトン）は第二級アルコールをケトンへ酸化する際に用いられる．たとえば，イソボルネオール（**7.1**）は CrO_3 と H_2SO_4 によってショウノウ（カンファー）（**7.2**）へ酸化される．第一級アルコールが Jones 試薬により酸化されアルデヒドを与える場合もあるが，強酸水溶液中で反応を行うため，通常はカルボン酸にまで酸化される場合が多い．

Jones 酸化の反応条件下では，エステル，ケトン，アミン，アルケンなどの官能基をもつ複雑なアルコールを酸化することができる．たとえば，3-ヒドロキシペンタ-4-エン酸エチル（**7.3**）を Jones 試薬で酸化すると，3-オキソペンタ-4-エン酸エチル（Nazarov 試薬，**7.4**）[3),4)] が生成する．

反応機構　Jones 酸化はクロム酸エステル中間体を経由して進行する[*]．このクロム酸エステルがE2脱離を起こすことによりカルボニル生成物が得られる（ス

---

[*]（訳注）　クロム酸エステル中間体の生成は，アルコールがクロム原子を攻撃する機構の方が一般的である．

キーム 7.2）．酸化剤は暗い赤橙色（Cr(Ⅵ)の色），Cr(Ⅲ)は通常緑色を呈するので，反応の進行は容易に観察することができる．酒気検知器は，この呈色反応を利用している．

スキーム 7.2

ベンジルアルコールからベンズアルデヒドへの酸化は Jones 試薬自体ではうまく進行しないが，シリカゲルに担持させた Jones 試薬を用い，CH_2Cl_2 中で反応を行うと目的物が得られる[1),2)]．

X = CH_3, OCH_3, NO_2, Cl

CrO_3-ピリジン錯体　ピリジン存在下 CrO_3 を用いるアルコールからアルデヒド・ケトンへの酸化は，**Sarett 酸化**として知られる[5)]．Sarett はステロイドを合成する際に CrO_3-ピリジン錯体を使用した．Sarett 試薬は第一級アルコールの酸化にはあまり適さないが，ベンジルアルコール，アリルアルコール，第二級アルコールの酸化では，目的のカルボニル化合物を高収率で与える．

$C_6H_5CH=CH-CH_2OH$ →(CrO_3-ピリジン)→ $C_6H_5CH=CH-CHO$
シンナミルアルコール　　　　　シンナムアルデヒド
　　　　　　　　　　　　　　　　80%

Collins 試薬　Sarett 酸化の欠点は，溶媒であるピリジン中から生成物を単離するのが困難なことである．そこで，CrO_3 とピリジンを混合して生じる Sarett 酸化の活性種を単離し，CH_2Cl_2 中で用いることがある（**Collins 試薬**）．この試薬を用いることにより，第一級アルコールから良好な収率でアルデヒドを得ることができる[6)]．

CrO_3(無水) + ピリジン(無水) ⟶ [Py-N-CrO_3-N-Py]

2 Py·CrO$_3$ / CH$_2$Cl$_2$
(Collins 試薬)

クロロクロム酸ピリジニウム（PCC） Corey と Suggs は塩酸中 CrO_3 とピリジンを混合することにより PCC を調製した[7]。PCC は CH_2Cl_2 中で第一級および第二級アルコールの酸化に用いられる。アリルアルコールの酸化には PCC より **Collins 試薬**を用いるのが効果的である。

$$CrO_3 + \text{ピリジン} \xrightarrow{HCl} \text{[PyN-H]}^+ \text{CrO}_3\text{Cl}^- \quad (PCC)$$

$$\underset{R^1}{\overset{R}{\text{CHOH}}} \xrightarrow{PCC} \underset{R^1}{\overset{R}{\text{C=O}}}$$

$$CH_3(CH_2)_5CH_2OH \xrightarrow[CH_2Cl_2]{PCC} CH_3(CH_2)_5CHO$$
ヘプタン-1-オール　　　　　　　ヘプタナール
　　　　　　　　　　　　　　　　93%

ニクロム酸ピリジニウム（PDC） PCC は酸性の試薬であるため，反応の際に問題が生じることがある．そのような場合は中性の試薬である **PDC**[8),9)] を用いると解決できることが多い．たとえば，ゲラニオール（**7.5**）は，DMF 中 PDC を用いることによって収率 92% でゲラニアール（**7.6**）へと酸化される．

[構造式: ゲラニオール 7.5 → ゲラニアール 7.6、試薬 (PyH)$_2$·$Cr_2O_7^{2-}$ PDC / DMF]

しかし，シトロネロール（**7.7**）のような共役していないアルコールを DMF 中 PDC で酸化すると，対応するカルボン酸 **7.8** が得られる．一方，シトロネロールを CH_2Cl_2 中 PDC で酸化した場合は，アルデヒド **7.9** が得られる．

7.1 アルコールの酸化

[構造式: 7.9 CHO ← PDC, CH₂Cl₂ ← 7.7 CH₂OH → PDC, DMF, 25℃ → 7.8 COOH]

CrO₃-ジメチルピラゾール　CrO₃-3,5-ジメチルピラゾールの CH_2Cl_2 溶液も，第一級アルコールのアルデヒドへの酸化，あるいは第二級アルコールのケトンへの酸化に用いられる[10]．

[反応式: 1-フェニルエタノール → (CrO₃・ジメチルピラゾール, CH₂Cl₂) → アセトフェノン]

Sarret 酸化や Collins 酸化，Corey の PCC や PDC による酸化は，スキーム 7.1 と類似した反応機構で進行する．まず，アルコールが CrO_3 と反応してクロム酸エステルを与える．このクロム酸エステルから塩基（ピリジン）がプロトンを引抜くことにより，目的の酸化物（アルデヒドやケトン）と $HCrO_3^-$ が生成する．分子内反応でプロトンが移動することにより，酸化物と H_2CrO_3 が生成する機構も考えられる．

7.1.2 過マンガン酸カリウム

Cr(Ⅵ) によるアルコールの酸化は酸触媒により進行するが，過マンガン酸カリウムは酸性条件でも塩基性条件でも使用することができる．

$$RCH_2OH + KMnO_4 \xrightarrow[H_2O]{^-OH} RCOOK + MnO_2 \xrightarrow{H_3O^+} RCOOH$$

アルコールが塩基によりアルコキシドへ変換され，このアルコキシドがヒドリドを失ってカルボニル化合物が生成する（スキーム 7.3）．$HMnO_4^{2-}$ [Mn(Ⅴ)] は素早く不均化を起こして Mn(Ⅳ) と Mn(Ⅵ) になる．一般的には，塩基性条件下での過マンガン酸カリウムを用いた酸化における最終生成物は MnO_2 である．

322   7. 酸　　化

$$\underset{R^1}{\overset{R}{C}}\!\!\!\begin{array}{c}H\\|\\OH\end{array} + {}^{\ominus}OH \rightleftharpoons \underset{R^1}{\overset{R}{C}}\!\!\!\begin{array}{c}H\\|\\O^{\ominus}\end{array} + H_2O$$

$$\downarrow MnO_4^{\ominus}$$

$$\underset{R^1}{\overset{R}{C}}\!=\!O + H\overset{V}{Mn}O_4^{2-}$$

$$\downarrow$$

$$\overset{IV}{Mn} + \overset{VI}{Mn}$$

スキーム 7.3

　$KMnO_4$ とクラウンエーテルであるジベンゾ-18-クラウン-6（パープルベンゼン）(**7.10**) は，第一級アルコールやアルデヒドをカルボン酸に酸化する際に用いられる．

7.10

　過マンガン酸バリウム（$BaMnO_4$）も第一級および第二級アルコールをアルデヒドやケトンへ酸化する際に使用される．この場合はアルデヒドやケトンがさらに酸化されることはない．

7.1.3　二酸化マンガン（MnO_2）

　二酸化マンガンは，アリルアルコールをアルデヒドへ酸化する試薬として広く用いられる．ベンジルアルコールや不活性なアルコールの酸化にも用いられる．

ベンジルアルコール　$\xrightarrow[CCl_4]{MnO_2}$　ベンズアルデヒド

$H_3C-CH=CH-CH_2OH$　$\xrightarrow[ペンタン]{MnO_2}$　$H_3C-CH=CH-CHO$
クロトニルアルコール　　　　　　　　　クロトンアルデヒド
　　　　　　　　　　　　　　　　　　　　　70%

7.1 アルコールの酸化

レチノール（ビタミン A） →[MnO$_2$/ペンタン] レチナール

最後の例のように，この反応では二重結合の異性化は進行しない．MnO$_2$ を Bestmann-大平試薬[11a]と組合わせて使うと，活性化されたアルコールを末端アルキンへ変換することができる[11b]．

反応機構 MnO$_2$ による酸化では，まずアルコールが MnO$_2$ に吸着され，MnO$_2$ に配位するとされている[12]．その後一電子移動とプロトン移動によりラジカルが生成し，Mn(Ⅳ)は Mn(Ⅲ)へ還元される．ひき続きもう一度一電子移動が起こり，カルボニル生成物が放出され Mn(OH)$_2$ が水を失う(スキーム 7.4)．この酸化反応の機構については，マンガン酸エステルの形成を伴うイオン的な機構も提唱されている[13]．

スキーム 7.4

金属によるアルコールの酸化の際には，有毒な廃棄物の処理に費用がかかるという問題が常に生じる．そのため，Ley と Griffith が開発した過ルテニウム酸テトラプロピルアンモニウム酸化剤（TPAP）に代表される触媒反応が大いに注目を浴びてきた（§7.1.6 参照）．しかし，金属をまったく利用しない酸化反応は，特にそれが酸化剤の再生・再利用が可能な反応ならば，金属触媒反応よりずっと環境負荷の低い反応となりうる．金属を用いないアルコールの酸化法として一般的なのは，TEMPO（2,2,6,6-テトラメチルピペリジン N-オキシル）/オキソン（複塩である 2KHSO$_5$・KHSO$_4$・K$_2$SO$_4$ の商品名で，KHSO$_5$ ペルオキソ硫酸カリウムが酸化剤），あるいは TEMPO/N-クロロスクシンイミド酸化[14]，Dess-Martin 酸化（§7.1.5 参

照),Swern酸化(§7.1.4参照),およびこれらの変法である.

7.1.4 ジメチルスルホキシドを用いる酸化

ジメチルスルホキシド(DMSO)を用いると,非常に穏和な条件でアルコールをアルデヒドやケトンへ酸化することができ,他の多くの官能基は影響を受けない.アルコールのDMSO溶液を種々の求電子的な脱水剤によって処理すると,アルコールはアルデヒドやケトンに酸化され,DMSOは揮発性の液体であるジメチルスルフィド(DMS,沸点37℃)に還元される.この反応は-50℃以下で行うが,純粋なDMSOは18℃で凝固するため,共溶媒としてCH_2Cl_2やTHFが必要となる.

反応機構 まず求電子試薬(E^+)がDMSOの酸素と反応し,硫黄原子の求電子性を高めた**A**を与える.**A**の硫黄原子とアルコールの酸素原子が結合し,**B**となる.ひき続き塩基がプロトンを引抜いてイリド**C**を生じる.その後の脱離過程は,他のアルコールの酸化で提唱されている機構と同様である.塩基としてトリエチルアミンを加える場合もある(訳注:塩基を加える方が一般的である).この有用な反応の一般的に受入れられている反応機構をスキーム7.5に示す.

スキーム7.5

さまざまな求電子試薬がDMSOによる酸化に用いられる.たとえば**Pfitzner-Moffatt酸化**[15)～17)]では,アルコールはDMSOとDCC(ジシクロヘキシルカルボジイミド)によりアルデヒドやケトンに酸化される.生じたアルコキシスルホニウムイリド**C**が転位することにより,アルデヒドやケトンを与える(スキーム7.6).

7.1 アルコールの酸化

スキーム 7.6

しかし，**Swern 酸化**[18] (スワン) の方が収率がよく副生成物も少ないため，Pfitzner–Moffatt 酸化よりもよく用いられる．たとえば，12-ヒドロキシドデカン酸メチル (**7.11**) を CH_2Cl_2 中 DMSO と塩化オキサリル $(COCl)_2$ で処理した後，トリエチルアミンを加えることにより，12-オキソドデカン酸メチル[19] (**7.12**) が収率 87% で得られる．

7.11 → (1. 塩化オキサリル DMSO, CH_2Cl_2 2. Et_3N) → **7.12** 87%

Swern 酸化では，塩化オキサリルと DMSO が反応して塩化ジメチルスルホニウム (**A**) が生じ，これがアルコールと反応しアルコキシスルホニウムイオン中間体 **B** が生成する．ひき続き塩基 (通常トリエチルアミン) が中間体 **B** のプロトンを引抜いてイリド **C** を与える．つぎに **C** の分解により，ジメチルスルフィド (DMS) と目的物であるアルデヒドまたはケトンが得られる (スキーム 7.7)．この反応は，温度を $-60 \sim -78\,°C$ 付近に保って行うことが重要である．

スキーム 7.7

　Swern 酸化の問題点は，**Pummerer 転位**(ブメラー)（§1.6.1 のスキーム 1.26 参照）による副生成物の生成である．反応温度を $-78\,°C$ に保つのはこの副反応を抑えるためであるが，塩化オキサリルの代わりに無水トリフルオロ酢酸を使うと，反応温度を $-30\,°C$ まで上昇させることができる．塩基にジイソプロピルアミンを用いるのも副反応を抑える方法の一つである．

　Swern 酸化の変法として **Corey-Kim 酸化**(コーリー・キム)[20),21)]がある．DMS（Me_2S）を Cl_2 あるいは N-クロロスクシンイミド（NCS）で処理して生じるジメチルクロロスルホニウムイオン（**A**）がアルコールと反応し，スルホキソニウム錯体 **B** を与える．この **B** と塩基（Et_3N）が反応してイリド **C** が生成し，DMS の再生を伴ってアルデヒドやケトンが得られる（スキーム 7.8）．

　たとえば，4-t-ブチルシクロヘキサノール（**7.13**）をトルエン中 DMS と NCS で処理し，Et_3N を作用させると，4-t-ブチルシクロヘキサノン（**7.14**）が収率 100% で得られる．

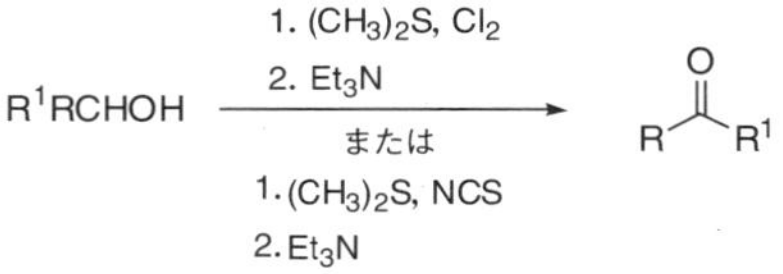

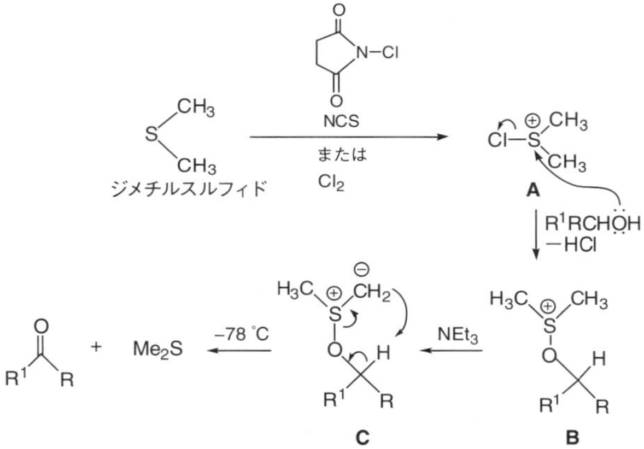

R¹RCHOH
1. (CH3)2S, Cl2
2. Et3N
または
1. (CH3)2S, NCS
2. Et3N
R
R¹
O

ジメチルスルフィド
NCS
または
Cl2
A
R¹RCHOH
−HCl
NEt3
B
C
−78 °C
Me2S

スキーム 7.8

DMS は悪臭を放つことが問題である．そこで，この問題点を改善した**無臭の試薬を用いる Corey-Kim 酸化や Swern 酸化の例**[22),23)]がいくつか報告されている．たとえば，無臭のドデシルメチルスルフィド（Dod-S-Me）は Corey-Kim 酸化における DMS の代替化合物である．

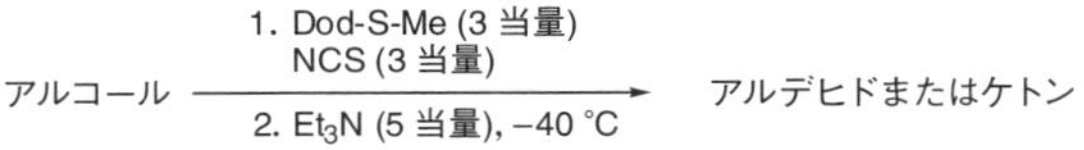

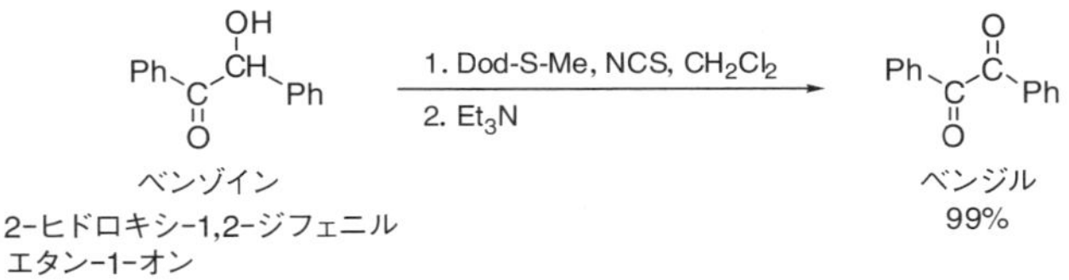

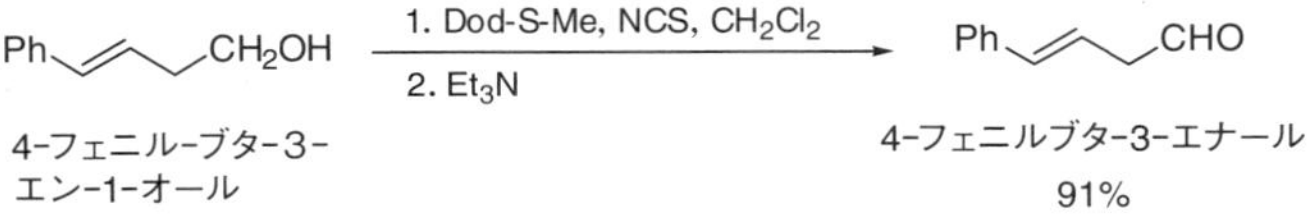

アルコール
1. Dod-S-Me (3 当量)
NCS (3 当量)
2. Et3N (5 当量), −40 °C
アルデヒドまたはケトン

1. Dod-S-Me, NCS, CH2Cl2
2. Et3N
ベンゾイン
2-ヒドロキシ-1,2-ジフェニルエタン-1-オン
ベンジル
99%

Ph
CH2OH
1. Dod-S-Me, NCS, CH2Cl2
2. Et3N
CHO
4-フェニル-ブタ-3-エン-1-オール
4-フェニルブタ-3-エナール
91%

同様に，Swern 酸化でドデシルメチルスルホキシド（$C_{12}H_{25}SOCH_3$）を使うと，悪臭のある DMS の代わりに無臭の Dod-S-Me が生成する．

$$R^1R\text{CHOH} \xrightarrow[\text{(Swern 酸化)}]{\substack{\text{1. }(CH_3)_2SO,\,(COCl)_2 \\ \text{2. Et}_3N}} R^1R\text{C=O} + (CH_3)_2S$$

$$R^1R\text{CHOH} \xrightarrow{\substack{\text{1. }C_{12}H_{25}S(O)CH_3,\,(COCl)_2 \\ \text{2. Et}_3N}} R^1R\text{C=O} + C_{12}H_{25}SMe\;\text{(Dod-S-Me)}\;無臭$$

この Dod-S-Me は，回収して過ヨウ素酸ナトリウムによりドデシルメチルスルホキシドへ再酸化することができる．

$$C_{12}H_{25}SMe \xrightarrow[\text{CHCl}_3,\,H_2O,\,\text{MeOH}]{\text{NaIO}_4} C_{12}H_{25}S(O)CH_3$$

アルコールの DMSO 酸化は，塩基を添加しなくても行うことができる．たとえば，ベンジルアルコールを HBr などの酸の存在下 DMSO で酸化すると，対応するベンズアルデヒドが高収率で得られる[24]．芳香環に電子供与性基をもつベンジルアルコールの方が，電子求引性基をもつ場合より収率がよい．

$$R\text{-C}_6H_4\text{-CH}_2OH + \text{DMSO} \xrightarrow{\text{HBr}} R\text{-C}_6H_4\text{-CHO}\quad 71\text{–}96\%$$

R = H, CH_3, NO_2, Cl, OH, OCH_3

7.1.5 Dess-Martin ペルヨージナン（DMP）

Dess-Martin 試薬（**7.16**）は超原子価ヨウ素化合物の一つである．DMP は o-ヨード安息香酸から **7.15** を経て調製される．

o-ヨード安息香酸 $\xrightarrow[\text{H}_2SO_4]{\text{KBrO}_3}$ o-ヨードキシ安息香酸（**7.15**）$\xrightarrow{\text{Ac}_2O,\,\text{TsOH}}$ DMP（**7.16**）

7.1 アルコールの酸化

DMPによるアルコールのアルデヒドまたはケトンへの酸化には，クロムやDMSOを用いた酸化と比較して有利な点がいくつかある．たとえば反応時間が短いこと，収率がよいこと，後処理が簡便なことがあげられる[25]．アルデヒドやケトンがカルボン酸にまで酸化されることはほとんどない．DMPはベンジルおよびアリルアルコールを容易に効率よく酸化する際に実用的な試薬であり，一方飽和アルコールを用いた場合は反応の進行が遅い．また，スルフィドやエノール，エーテル，フラン，第二級アミドなどのヒドロキシ基以外の官能基をもつアルコールでも，DMPにより選択的に酸化することができる．たとえば，3,4,5-トリメトキシベンジルアルコール (**7.17**) を CH_2Cl_2 中DMPで酸化すると，3,4,5-トリメトキシベンズアルデヒド (**7.18**) が収率94％で得られる．

反応機構 Dess-Martin酸化では，まずDess-Martinペルヨージナン (**7.16**) とよばれるトリアセトキシペルヨージナンが，第一級または第二級アルコールと反応してアルコキシジアセトキシペルヨージナン**A**を生じる．ひき続き**A**が酢酸イオンを一つ失った後，さらにもう1分子のアルコールと反応してペルヨージナン**B**が生成し，これがアルデヒドまたはケトンと酢酸を放出し**C**となる．ペルヨージ

スキーム 7.9

ナン **A** からゆっくりと酢酸が脱離し，アルデヒドやケトンと **D** を生じる可能性もある（スキーム 7.9）．

 o-ヨードキシ安息香酸（**7.15**）もアルコールの酸化に用いられる[26]．

7.1.6 過ルテニウム酸テトラプロピルアンモニウム（TPAP）

10-[3′-メトキシ-2′-(メトキシメトキシ)フェニル]デカン-1-オール（**7.19**）を TPAP[$(C_3H_7)_4NRuO_4$]で酸化すると，対応するアルデヒド 10-[3′-メトキシ-2′-(メトキシメトキシ)フェニル]デカナール（**7.20**）が定量的に得られる[27]．TPAP は **Ley-Griffith** 試薬（レイ グリフィス）とよばれることもある．

同様の方法で，プロパン-2-オールはアセトンに，シクロブタノールはシクロブタノンに酸化される．TPAP は高価な触媒であり，N-メチルモルホリン N-オキシド（NMO）あるいは酸素により再酸化して用いる[28]．アルデヒドがカルボン酸まで過剰酸化されるのを防ぐためには，反応で生じる水をモレキュラーシーブ（脱水剤）で取除く必要がある．系中に水が存在するとアルデヒドの水和物の濃度が上昇し，この水和物がさらに TPAP と反応して，カルボン酸になるためである．**7.21** を NMO 存在下 TPAP 酸化すると，良好な収率で **7.22** を与える[29]．

反応機構 TPAP 酸化の反応機構は，非ラジカル的な Cr(VI)による酸化の機構と同様である．まず，過ルテニウム酸イオン(perruthenate)がアルコールと反応してルテニウム(VII)酸エステル **A** となり，続く脱離反応によりアルデヒドとルテニウム(V)酸 **B** を生じる（スキーム 7.10）．NMO がルテニウム(V)酸を過ルテニウム酸へ再酸化する反応は，ルテニウム(V)酸とアルコールの反応よりも速く進行すると考えられている．

7.1 アルコールの酸化

$$RCH_2-OH \xrightarrow[\text{NMO, } CH_2Cl_2]{\text{TPAP}} \underset{\text{4Å モレキュラーシーブ}}{} \quad \mathbf{A} \longrightarrow RCHO + HO-Ru \quad \mathbf{B}$$

スキーム 7.10

7.1.7 酸化銀と炭酸銀

酸化銀(I)(Ag_2O)は，溶液中 $AgNO_3$ と過剰量の NaOH を混合することにより反応系中で調製され，第一級アルコールをカルボン酸へ酸化する際に用いられる．たとえば，ドデカン-1-オールは Ag_2O によって酸化されドデカン酸になる[30]．

$$CH_3(CH_2)_{10}CH_2OH \xrightarrow{Ag_2O} CH_3(CH_2)_{10}COOH$$
ドデカン-1-オール　　　　　　　ドデカン酸

炭酸銀は強力な酸化剤ではないが，アルコールをカルボニル化合物へ酸化する際にきわめて有用な試薬である．炭酸銀を**セライト**(Celite)上に担持したものは **Fetizon 試薬**[31]（フェチゾン）として知られ，第一級アルコールをアルデヒドに（つまり **7.5** を **7.6** に），第二級アルコールをケトンに酸化する．

$$\mathbf{7.5} \xrightarrow[C_6H_6, \text{還流}]{Ag_2CO_3(\text{セライト担持})} \mathbf{7.6}$$

Ag_2O-セライトは，第一級アルコールよりも第二級アルコールを選択的に酸化する．

$$\xrightarrow[\text{セライト}]{Ag_2CO_3} \quad 80\%$$

反応機構[32]　　まずアルコールが炭酸銀に吸着され，プロトン化されたカルボニル化合物が生じる．炭酸イオンがこのカルボニル化合物からプロトンを受取ることにより，目的のカルボニル化合物が得られる．プロトンを受取った炭酸イオンは分解して CO_2 と H_2O を生じる（スキーム 7.11）．

スキーム 7.11

硝酸銀（$AgNO_3$）をペルオキソ二硫酸カリウム（$K_2S_2O_8$）で酸化することにより調製される酸化銀(Ⅱ)(AgO)は，アルコールをアルデヒド，ケトン，またはカルボン酸に酸化する際に用いられる．

7.1.8 Oppenauer 酸化
オッペナウアー

第二級アルコールは，アルミニウムイソプロポキシド $Al(O\text{-}i\text{-}Pr)_3$，あるいはカリウム t-ブトキシド KO-t-Bu 存在下で加熱還流すると，酸化されてケトンを生じる．溶媒として使用するアセトンなどのケトンは還元され，プロパン-2-オールなどのアルコールを生じる．この反応は **Oppenauer 酸化** として知られている．

Oppenauer 酸化の逆反応である **Meerwein-Ponndorf-Verley 還元** は，プロパン-2-オールなどのアルコールの存在下でケトンをアルコールに還元する反応である．カリウム t-ブトキシドは第一級アルコールの酸化に利用される．不飽和アルコールを酸化する際には，$Al(O\text{-}i\text{-}Pr)_3$ のアセトン溶液がしばしば用いられる．第一級

アルコールを酸化する際には，p-ベンゾキノンなどの反応性の高い水素受容体を用いる必要がある．

反応機構　まず，アルコールとアルミニウムアルコキシドにより形成される錯体 **A** がケトン（水素受容体）と反応し，Al が配位した錯体 **B** が生成する．ひき続き環状の遷移状態を経て水素原子の転位が起こり，アルコールの酸化物であるケトンが得られる．このとき同時に生じるアルミニウムアルコキシド **C** からプロパン-2-オールが放出される（スキーム 7.12）．

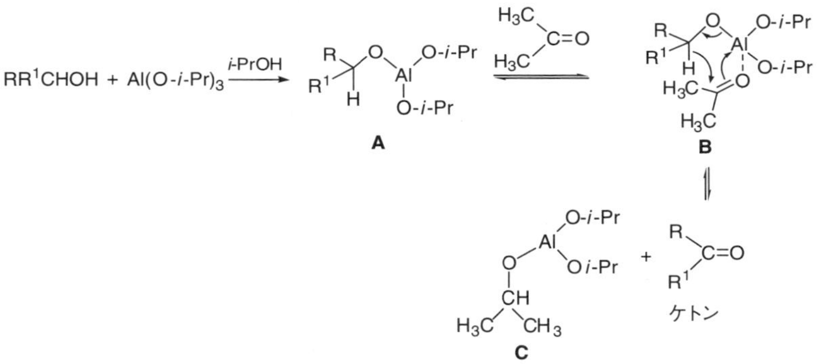

スキーム 7.12

カリウム t-ブトキシドを用いた Oppenauer 酸化の機構をスキーム 7.13 に示す．

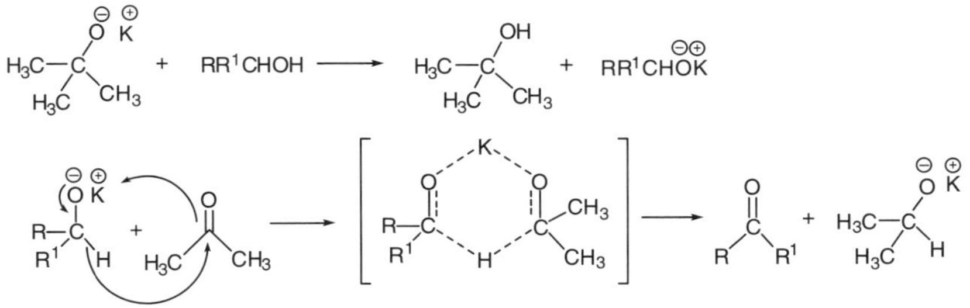

スキーム 7.13

7.2　アルデヒドとケトンの酸化

アルデヒドはケトンよりはるかに容易に酸化される．**Tollens 試験**（トレンス），**Benedict 試験**（ベネディクト），**Fehling 試験**（フェーリング）は，アルデヒドの酸化されやすい性質を利用している．Tollens 試薬（$AgNO_3$，NH_4OH，$NaOH$，H_2O）の場合は Ag^+，Benedict 試薬（硫酸銅-ク

エン酸錯体の塩基性溶液）と Fehling 試薬（硫酸銅-酒石酸錯体の塩基性溶液）の場合は Cu^{2+} がアルデヒドの酸化剤である．

$$2\,Ag(NH_3)_2^{\oplus} + RCHO + 3\,{}^{\ominus}OH \longrightarrow 2\,Ag\downarrow + RCOO^{\ominus} + 4\,NH_3 + 2\,H_2O$$

$$2\,Cu^{2+}(錯体中) + RCHO + 5\,{}^{\ominus}OH \longrightarrow \underset{赤色}{Cu_2O\downarrow} + RCOO^{\ominus} + 3\,H_2O$$

$Cu(OH)_2$ の生成を防ぐため，Cu^{2+} はクエン酸イオンあるいは酒石酸イオンと錯形成させて用いる．Benedict 試薬の場合は Na_2CO_3，Fehling 試薬の場合は NaOH が用いられる．$K_2Cr_2O_7\cdot H_2SO_4$，PDC-DMF，過マンガン酸カリウムなどの強い酸化剤だけでなく，酸化銀（Ag_2O，AgO）などの穏和な酸化剤でもアルデヒドをカルボン酸に酸化することができる．空気中の酸素でさえもゆっくりではあるがアルデヒドをカルボン酸や過酸に酸化する．この反応はラジカル機構で進行していると考えられている．

反応機構 アルデヒドの $Cr(VI)$ による酸化の機構は詳細に研究されている（スキーム 7.14）．まずアルデヒドの水和物が生成し，これが $Cr(VI)$ と反応してクロム酸エステル **B** を与える．塩基がクロム酸エステル **B** からプロトンを引抜き，$HCrO_3^-$ が脱離する（E2 脱離）と同時にカルボン酸を生じる．

スキーム 7.14

7.2 アルデヒドとケトンの酸化

ケトンは KMnO₄(塩基性条件下)などの強力な酸化剤により酸化され,カルボン酸を与える.HNO₃ もケトンをカルボン酸へ酸化するが,その場合原料のケトンよりも炭素数の少ないカルボン酸が得られる.

$$CH_3CH_2-CO-CH_3 \xrightarrow[\text{加熱}]{HNO_3} CH_3CH_2COOH + CH_3COOH$$

環状ケトンを塩基性または酸性条件下 KMnO₄ を用いて酸化するとジカルボン酸が得られる.市販のアジピン酸はシクロヘキサノンの酸化により合成されている.酸化剤はエノール体と反応する.

シクロヘキサノン $\xrightarrow[\text{2. }H_3O^+]{\text{1. }KMnO_4,\ NaOH,\ H_2O}$ アジピン酸

酸化銀　穏和な酸化剤である酸化銀(I)[33] (Ag₂O)も,アルデヒドをカルボン酸へ酸化する.

チオフェン-3-カルバルデヒド $\xrightarrow[NaOH]{Ag_2O}$ チオフェン-3-カルボン酸 (97%)

フルフラール $\xrightarrow[NaOH]{Ag_2O}$ フラン-2-カルボン酸

反応機構　Ag₂O によるアルデヒドのカルボン酸への酸化の反応機構を,スキーム 7.15 に示す.

$$RCHO + Ag-O-Ag \longrightarrow [\text{tetrahedral intermediate}] \longrightarrow 2Ag + RCOOH$$

スキーム 7.15

酸化銀(II)は，高価で入手しにくいためにあまり用いられない．Coreyは，AgOとNaCNを用いて97％の収率でベンズアルデヒドを安息香酸へ酸化している[34]．

$$\text{PhCHO} \xrightarrow[\text{MeOH}]{\text{AgO, NaCN}} \text{PhCOOH} \quad 97\%$$

二酸化セレン(SeO_2)による酸化[35),36)] 　二酸化セレンは，アリル位およびベンジル位のC－H結合を酸化する際に有効な試薬である．また，アルデヒドとケトンを1,2-ジカルボニル化合物に酸化する（つまり，メチレン部位を酸化してカルボニル基にする）こともできる．

アセトフェノン → フェニルグリオキサール 70%
（SeO_2／ジオキサン水溶液）

シクロヘキサノン → シクロヘキサン-1,2-ジオン 20%
（SeO_2／ジオキサン水溶液）

アセトン → メチルグリオキサール 60%
（SeO_2／ジオキサン水溶液）

反応機構 　カルボニル化合物のエノール体 **A** が二酸化セレンと反応してセレノエノールエステル **B** を生じる．この **B** が酸化的に転位して **C** となり，**C** からセ

スキーム 7.16

レンと水が脱離してジカルボニル化合物を与える（スキーム 7.16）．

Baeyer-Villiger 酸化（バイヤー ビリガー）　鎖状ケトン（$RCOR^1$）は過酸（ペルオキシ酸，RCO_2OH）により酸化されてエステルを与える．環状ケトンからはラクトンが得られる．

ブタン-2-オン　→（CH_3CO_3H／$CHCl_3$）→　酢酸エチル

シクロペンタノン　→（CH_3CO_3H／$CHCl_3$）→　δ-ラクトン

ショウノウ　→（$KHSO_5$ または 過安息香酸）→

7.2

シクロヘプタノンやシクロオクタノンをジクロロメタン（DCM）中室温で m-クロロ過安息香酸（m-CPBA）と反応させると，対応するラクトンであるオキサシクロオクタン-2-オンとオキサシクロノナン-2-オンがそれぞれ収率 47%，49% で得られる[37),38)]．

n = 2: 47% オキサシクロオクタン-2-オン
n = 3: 49% オキサシクロノナン-2-オン

反応機構　まず，プロトン化されたアルデヒドまたはケトン **A** に過酸が求核攻撃し，ペルオキシ酸エステル **B** を生じる．つぎに，アルキル基が正に荷電した酸素上に転位し，**B** からカルボキシラートが脱離することにより，プロトン化されたカルボン酸エステル **C** が生成する．最後に塩基が **C** のプロトンを引抜き，目的のエステルが得られる（スキーム 7.17）．

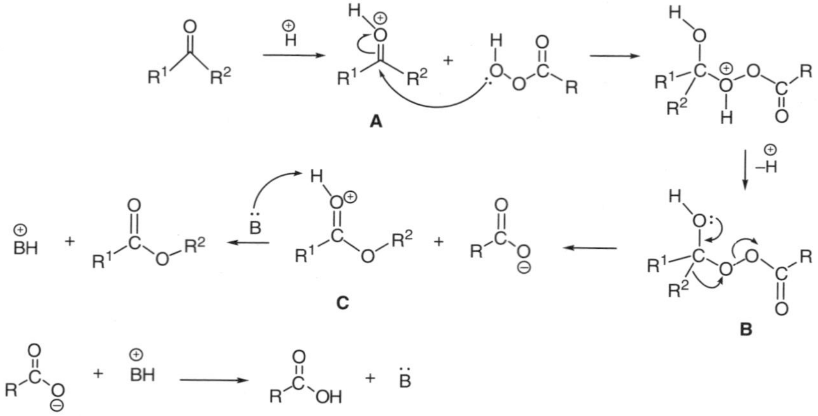

スキーム 7.17

不斉 Baeyer-Villiger 酸化　1994 年，Bolm ら[39)]は，触媒量のキラルな Cu および Ni 錯体 (**7.23**) 存在下，不斉 Baeyer-Villiger 反応による光学活性なラクトン合成を報告した．なお，この反応に用いている酸化剤は通常とは異なる．

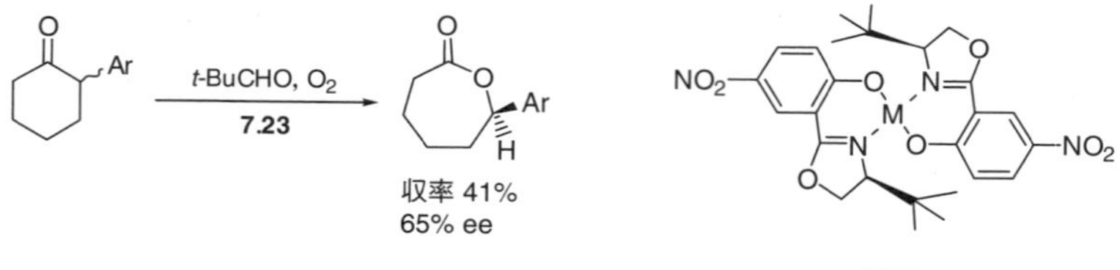

収率 41%
65% ee

7.23
(M = Cu, Ni)

Strukul らは，キラルな Pt 触媒 (**7.24**) の存在下，過酸化水素を用いて 2-アルキルシクロアルカノン類をエナンチオ選択的に酸化している[40)]．

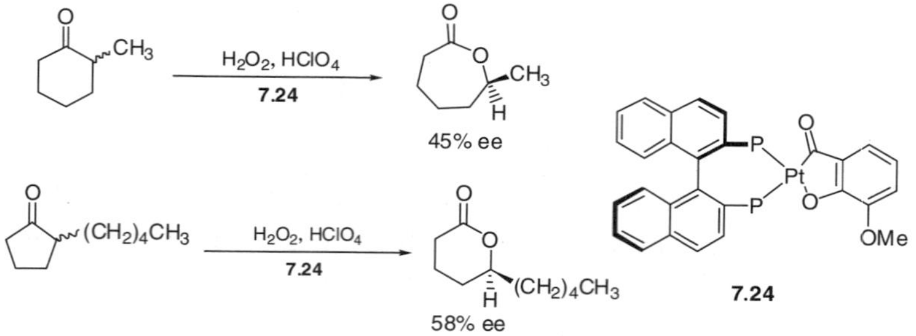

45% ee

58% ee

7.24

Sharpless-香月錯体(Ti(O-i-Pr)$_4$, t-BuOOH, 光学活性な酒石酸エステル) は, アリルアルコールの不斉エポキシ化に用いられることで有名な触媒であるが, 環状ケトンの不斉ラクトン化に利用されることもある[41],[42]. たとえば, プロキラルなシクロブタノンおよびラセミ体のシクロブタノン(**7.25**, **7.27**)は, Sharpless-香月錯体によってエナンチオ選択的にラクトン **7.26**, **7.28** へ変換される[43].

Lopp らは, Sharpless-香月錯体の不斉配位子として, 酒石酸エステルの代わりに TADDOL ($\alpha,\alpha,\alpha',\alpha'$-テトラフェニル-1,3-ジオキソラン-4,5-ジメタノール, **7.29**) などを用いた反応を報告している[44].

7.3 フェノールの酸化

フェノール類は, ヒドロキシ基が結合した炭素上に水素をもたないにもかかわらず, 比較的容易に酸化される. フェノールをクロム酸により酸化して得られる有色の生成物のなかには p-ベンゾキノン (1,4-ベンゾキノン, あるいは単純にキノンともよばれる) が含まれる. ジヒドロキシベンゼン (ヒドロキノン, **7.30**) およびカテコール (**7.32**) は, Jones 試薬などの穏和な酸化剤によって酸化され, それぞれ p-ベンゾキノン (**7.31**), o-ベンゾキノン (**7.33**) を与える. **Fremy 塩** (**7.34**) は, フェノール類を収率よくかつ特異的に o- あるいは p-ベンゾキノンに酸化する (なお, m-キノンは存在しえない化合物である).

Fremy塩(ニトロソニスルホン酸二カリウム NO(SO$_3$K)$_2$, **7.34**)を用いるフェノール類からベンゾキノン類への酸化は **Teuber反応**[45),46)](トイバー)として知られている．ラジカル反応剤としては NO(SO$_3$Na)$_2$（ニトロソニスルホン酸二ナトリウム）を使用する場合もある．

反応機構　まず，Fremy塩（**7.34**）がフェノールのヒドロキシ基の水素を引抜き，フェノキシルラジカルが生成する．このラジカルは共鳴により安定化されている．ひき続き **A** または **B** がもう1当量の Fremy塩と反応し，シクロヘキサジエノン中間体 **C** または **D** を生じる．この場合に，**C**，**D** のいずれが生成するかは置換基 R により決定される．さらに **C** または **D** から HN(SO$_3$K)$_2$ が脱離し，対応するベンゾキノン **E** または **F** を与える（スキーム 7.18）．

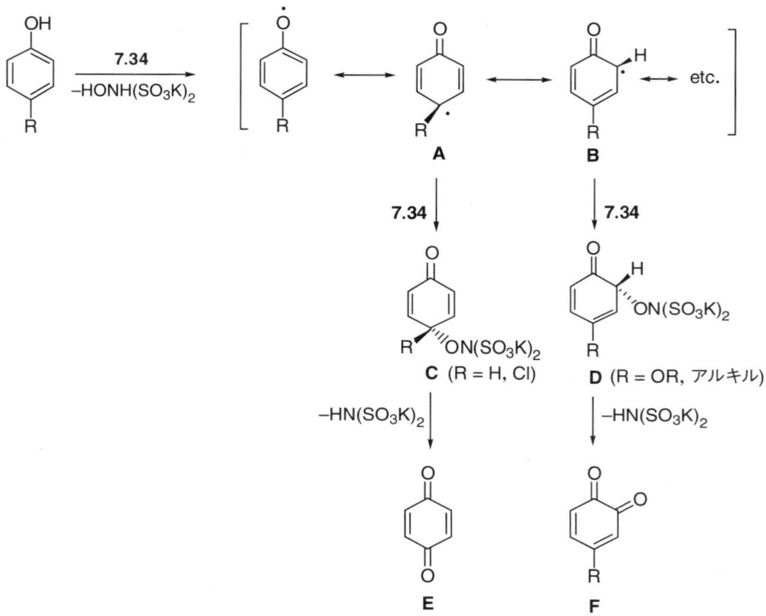

7.3 フェノールの酸化   341

スキーム 7.18

　たとえば，3,4-ジメチルフェノール（**7.35**）は Fremy 塩（**7.34**）とリン酸二水素ナトリウムを用いて 4,5-ジメチル-o-ベンゾキノン（**7.36**）へ酸化される[47),48)]．2-[(Z)-ヘプタデサ-10′-エニル]-6-メトキシフェノール（**7.37**）を同様の方法で酸化すると，収率 87% でイリスキノン（**7.38**）が得られる[27)]．

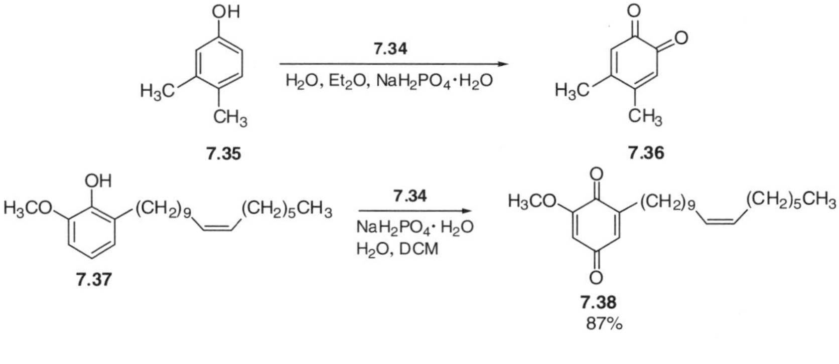

　1-ナフトールも Fremy 塩で酸化することができる．生成物が o-，p-ナフトキノ

ンのいずれになるかは，ヒドロキシ基に対してパラ位にある置換基 R の種類によって決まり，両方が生成する場合もある．

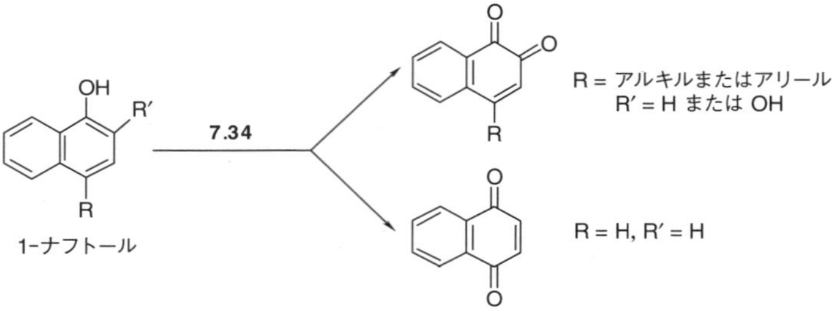

R = アルキルまたはアリール
R' = H または OH

R = H, R' = H

1-ナフトール

2-ナフトールの酸化では，通常ラジカル中間体 **A** および **B** を経由して2種類の o-ナフトキノンが生成する．

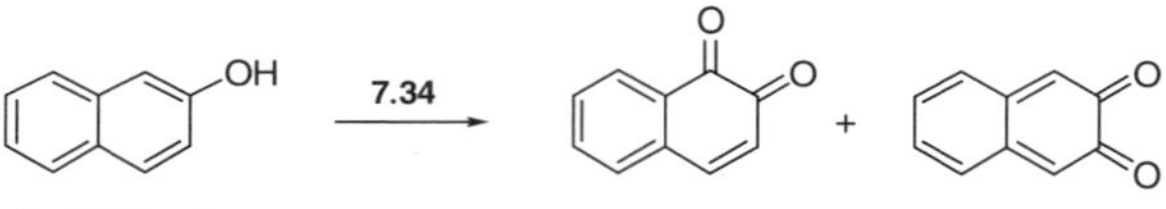

2-ナフトール　　　　o-ナフトキノン

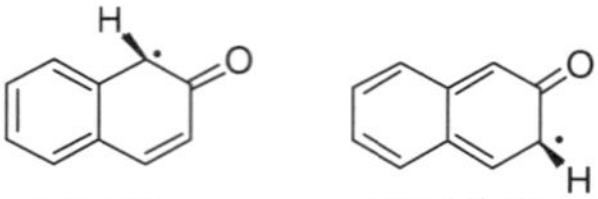

より安定　　より不安定
A　　　　**B**

サルコミン（**7.39**）とよばれるコバルト錯体は，パラ位に置換基をもたないフェノールを酸化し対応する p-ベンゾキノンを与える．たとえば，2,6-ジ-t-ブチルフェノール（**7.40**）が 2,6-ジ-t-ブチル-p-ベンゾキノン（**7.41**）へ酸化される．

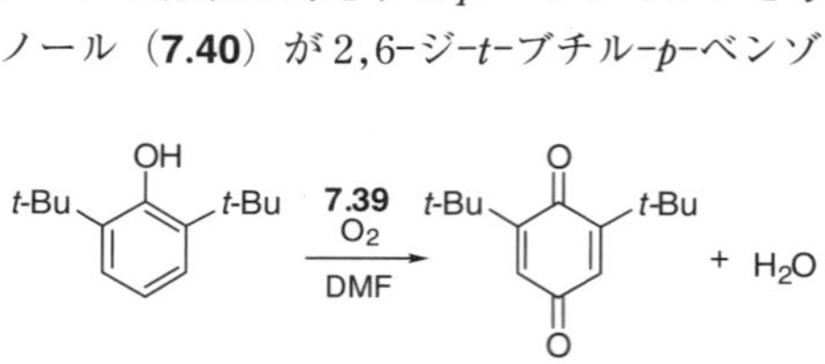

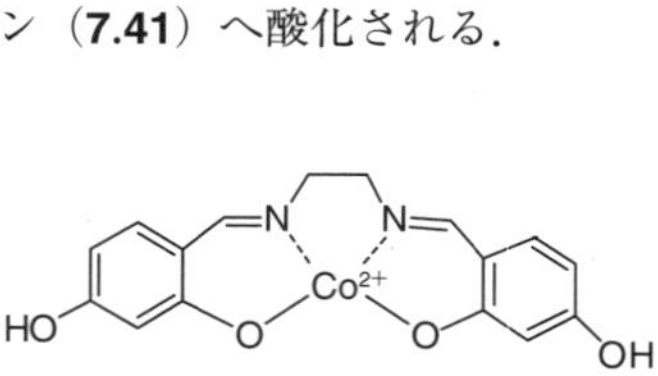

塩基性条件下でペルオキソ二硫酸カリウム（$K_2S_2O_8$）を用いてフェノールを酸化すると p-ヒドロキノンが生じる．この反応は **Elbs 過硫酸酸化**[49]（エルブス）として知られている．Elbs はペルオキソ二硫酸アンモニウムを用いて 2-ニトロフェノール（**7.42**）

を酸化し，2-ニトロ-p-ヒドロキノン（**7.43**）を合成しているが，フェノール類のヒドロキシ化にはカリウム塩を用いるのが一般的である．

反応機構[50]　フェノキシドのパラ位の炭素がペルオキソ二硫酸イオンの過酸部位の酸素に求核攻撃し，中間体のペルオキソ一硫酸塩 **7.44** が生じる．この **7.44** が加水分解され，p-ヒドロキノン **7.30** が得られる．

7.4　エポキシ化

アルケンを過酸（ペルオキシ酸，RCO_3OH）で酸化すると，**エポキシド**（epoxide）あるいは**オキシラン**（oxirane）とよばれる環状エーテルが得られる（**Prilezhaev反応**）．一般的に過酸化物の酸素－酸素結合は弱く，さらに過酸の場合は分極しているためアシルオキシ基側の酸素が負に，ヒドロキシ基側の酸素が正に荷電している．過酸によるエポキシ化反応は，すべての結合開裂・生成がバタフライ型遷移状態を経由し1段階で進行する協奏反応であるため，つねにシン選択的に進行し，転位が起こることはほとんどない．アルケンのエポキシ化に用いられる過酸としては，過安息香酸，**m-CPBA**（m-クロロ過安息香酸），モノペルオキシフタル酸マグネシウム（**MMPP**）が最も一般的である．

穏和な条件下で選択的かつ収率よくアルケンをエポキシ化する場合には，過酢酸 CH_3CO_3H を用いる方法もある[51]．この反応では二座窒素配位子をもつトリマンガン錯体 $[Mn_3L_2(OAc)_6]$ が触媒として用いられる．

触媒= $[Mn_3L_2(OAc)_6]$；　L = dipy, ppei
ppei = 2-ピリジナール-1-フェニルエチルイミン
dipy = 2,2'-ジピリジル

不斉エポキシ化反応[52]　アルケンの触媒的不斉エポキシ化反応は，20年以上にわたり多くの研究者により検討された反応である．キラルなエポキシドは，プロキラルな C＝C 結合をエナンチオ選択的に酸化する，あるいはプロキラルな C＝O 結合をエナンチオ選択的にアルキリデン化（たとえばイリドやカルベンの付加，**Darzens 反応**（ダルツェンス）など）することによって得られる．**Sharpless 不斉エポキシ化**（シャープレス）(SAE: Sharpless asymmetric epoxidation) はアリルアルコールをエポキシ化する反応である．マンガン-サレン錯体と NaOCl を用いる **Jacobsen エポキシ化**（ジェイコブセン）[53),54)] は，シスアルケンのエポキシ化に適している．トランスアルケンのエポキシ化にはジオキシランを用いるのがよい（第1章，§1.5.3 参照）．

Sharpless 不斉エポキシ化は，過去30年の間に発見された反応のなかで最も重要な反応の一つである．この反応はアリルアルコールの二重結合部位が高収率かつ高い光学純度でエポキシドへ変換される．触媒としてチタンテトライソプロポキシド $Ti(O\text{-}i\text{-}Pr)_4$，キラルな添加剤として L-(+)-酒石酸ジエチル（(+)-DET，**7.45**）

収率 97%
86% ee

収率 97%
86% ee

あるいは D-(−)-酒石酸ジエチル（(−)-DET, **7.46**），酸化剤として化学量論量の *t*-ブチルペルオキシド（*t*-BuOOH, TBHP）が用いられる（§1.5，第1章の引用文献[28)~30)]参照）．

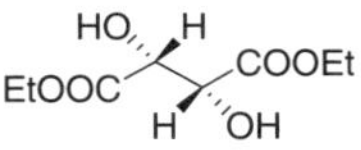

L-(+)-酒石酸ジエチル
7.45

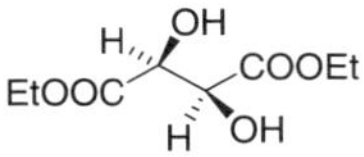

D-(−)-酒石酸ジエチル
7.46

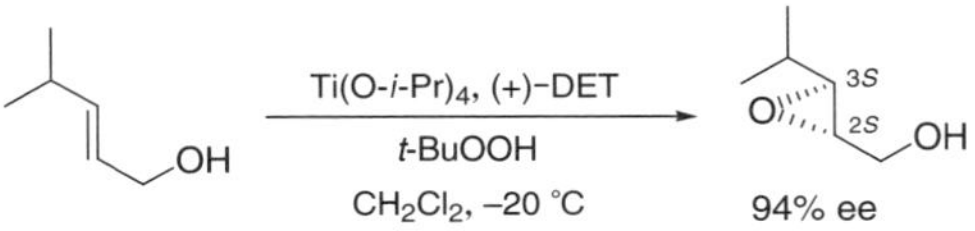

94% ee

反応機構　Sharpless 不斉エポキシ化の反応機構は非常に複雑である．光学活性な酒石酸ジエチル（**7.45** もしくは **7.46**）の影響により，生成するエポキシドの立体化学が決まる．ヒドロキシ基が右下にくるようにアリルアルコールを配置する（スキーム 7.19）と，L体の **7.45** を用いた場合は下方から，D体の **7.46** を用いた場合は上方からエポキシ化が進行する．

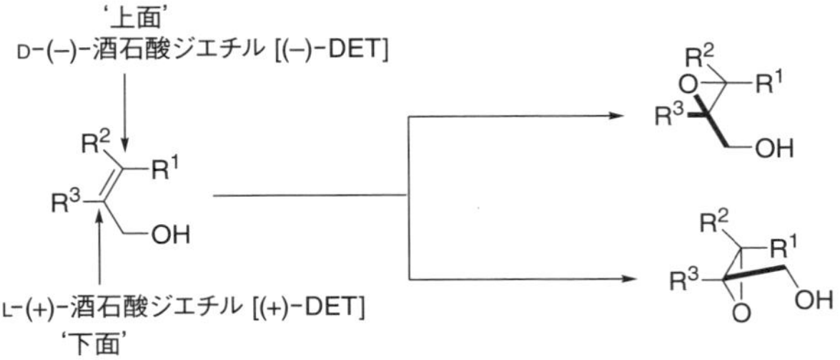

スキーム 7.19

本反応の触媒活性種は，不斉配位子 DET と酸化剤 *t*-BuOOH が Ti に配位することにより形成される化学種 **7.47** である．**7.47** は二つの金属中心を DET のヒドロキシ基が架橋した二量体構造をとる Ti 錯体で，全体としては二つの八面体が一辺を共有して並んだ構造である（スキーム 7.20）．Sharpless エポキシ化の立体制御モデルとして Sharpless モデルや Corey モデル，Hoffmann モデルなどが提唱されているが，いずれもこのような二量体構造を経由して反応が進行すると考察している．

7.47

$$Ti(O\text{-}i\text{-}Pr)_4 + DET \longrightarrow Ti(DET)(O\text{-}i\text{-}Pr)_2 + 2\ i\text{-}PrOH$$

$$2\ Ti(DET)(O\text{-}i\text{-}Pr)_2 \longrightarrow [Ti(DET)(O\text{-}i\text{-}Pr)_2]_2$$

$$\downarrow t\text{-}BuOOH\ (反応試薬)$$

$$[Ti_2(DET)_2(O\text{-}i\text{-}Pr)_2(t\text{-}BuOO)(アリルアルコール)] \xleftarrow{アリルアルコール} [Ti_2(DET)_2(O\text{-}i\text{-}Pr)_3(t\text{-}BuOO)]$$

7.47
+
i-PrOH

+
i-PrOH

スキーム 7.20

　t-BuOOH がアリルアルコールを攻撃する方向は，酒石酸ジエチルの立体化学によって決まる．酒石酸ジエチルのエステル部位が外側に張り出しているため，アリルアルコールと t-BuOOH が Ti に配位する方向が制限される．

　Sharpless らはほかにも 2 種類の新しい不斉エポキシ化触媒を開発している．一つ目は，Ti(O-i-Pr)$_4$ と酒石酸アミド（**7.48**）を 2：1 の比率で混合して得られる錯体である．

$R^1 = R^2 = NHCH_2Ph$

$R^1 = R^2 = N\text{（ピペリジル）}$

$R^1 = R^2 = NHCH_2CH_2CH_3$

7.48

　この Ti(O-i-Pr)$_4$-酒石酸アミド（**7.48**）系の場合，Ti に対する配位子の量を厳密に制御することによりエポキシ化の立体選択性を逆転させることができる．例として，Ti(O-i-Pr)$_4$-酒石酸アミド錯体による（E)-α-フェニルシンナミルアルコールのエポキシ化反応を以下に示す．

7.4 エポキシ化

Sharpless らが開発した二つ目の新しい不斉エポキシ化触媒は，$TiCl_2(O\text{-}i\text{-}Pr)_2$ を用いる.

アリルアルコール **7.49** のエポキシ化を $-20\ ℃$ で $Ti(O\text{-}t\text{-}Bu)_4$，（＋）-DET，TBHP（1：1：1）を用いて行うと，鏡像体過剰率（ee）51％でエポキシド **7.50** が得られる．同じエポキシ化を $Ti(O\text{-}i\text{-}Pr)_4$ を用いて行った場合は 15％ ee である．しかし，このエポキシ化を $TiCl_2(O\text{-}i\text{-}Pr)_2$ を用いて行うと，中間体 **7.51** を経て，**7.50** とは逆の絶対立体配置をもつエポキシド **7.52** が 68％ ee で得られる.

リン原子と窒素原子という2種類の配位部位のあるハイブリッド型四座配位子（PNNP）をもつルテニウム錯体 ［$RuCl_2(PNNP)$］（**7.53**）は，官能基をもたないア

ルケンをエナンチオ選択的にエポキシ化する．酸化剤としてはおもに H_2O_2 水溶液が用いられる．この反応はエナンチオ選択的であり，スチレン (**7.54**) をこの方法でエポキシ化すると，対応するキラルなエポキシド **7.55** が生成する[55]．

$$\underset{\textbf{7.54}}{\text{PhCH=CR}^1\text{R}^2} \xrightarrow[\text{CH}_2\text{Cl}_2, \text{H}_2\text{O}_2, \text{室温}]{\textbf{7.53} (1 \text{ mol\%})} \underset{\substack{\textbf{7.55} \\ 42\% \text{ ee} \\ R^1 = R^2 = H}}{\text{epoxide}} + \text{アルデヒド (副生成物)}$$

過酸化水素とペンタフルオロフェニル Pt(II) 錯体 **7.56** は，官能基をもたない末端アルケンをエナンチオ選択的にエポキシ化することができる[56]．

$$\text{CH}_2=\text{CHCH}_2\text{R} \xrightarrow[\substack{\text{H}_2\text{O}_2, \text{DCE} \\ -25\,°\text{C} \text{から} 20\,°\text{C} \\ 5–48\text{時間}}]{\textbf{7.56}} \text{epoxide-R}$$

収率 27–99%, 58–87% ee

$$\xrightarrow[\text{H}_2\text{O}_2, \text{DCE}]{\textbf{7.56}}$$

R' = H, Me　　　　収率 66–96%, 63–98% ee

DCE = ジクロロエタン

錯体 **7.56**: [(P^P)Pt(C₆F₅)(OH₂)]⁺ CF₃SO₃⁻

(P^P) = (R,R)-1,2-ビス(ジフェニルホスフィノ)エタン誘導体

ジオキシランは中性条件下でアルケンをエポキシ化する際にきわめて有用な試薬である．ジオキシランは，水と有機溶媒の二相系または均一な混合溶液中，オキソン (ペルオキソ一硫酸カリウム，$KHSO_5$) をケトン (通常はアセトン) と反応させ容易に調製することができる．ジオキシランによるエポキシ化は，ジオキシラン

$$(\text{CH}_3)_2\text{C=O} + \text{オキソン} \xrightarrow[\text{H}_2\text{O}]{\text{NaHCO}_3} \underset{\text{オキシラン}}{(\text{CH}_3)_2\text{C}(\text{OO})}$$

7.4 エポキシ化

の酸素原子がアルケンに移動し,エポキシドが生成すると同時にケトン(アセトン)が再生するため,触媒的に反応が進行する.

trans-スチルベン + [ジメチルジオキシラン] → (アセトン,室温,6時間) → trans-スチルベンオキシド 収率 100%

H_3C-CH=CH-CH_2CH_2-OBn + [ジメチルジオキシラン] → (n-$Bu_4N^+HSO_4^-$, CH_2Cl_2, H_2O) → エポキシド 87%

Shi エポキシ化は,フルクトース誘導体 **7.57** を触媒とし,オキソンを用いて高い鏡像体過剰率でエポキシドを与える反応である[57),58)]. オキソン自体はエポキシ化反応だけでなく,DMF 存在下アルデヒドをカルボン酸へ酸化する際にもよく用いられる.

R-CH=CH-R^1 → (**7.57**, オキソン, H_2O, CH_3CN, pH 10.5) → エポキシド

反応機構 **7.57** の存在下でオキソンを用いたアルケンのエポキシ化の機構をスキーム 7.21 に示す.

スキーム 7.21

7.5 ジヒドロキシ化

不飽和結合をもつ有機化合物に，ジヒドロキシ化によって酸素原子を導入すると，1,2-ジオールが生じる．アルケンから 1,2-ジオールを合成する場合には，過酸を用いてアルケンをエポキシドに変換してから加水分解する，あるいは OsO_4 や $KMnO_4$，RuO_4，$Cr(VI)$ 化合物などをアルケンと反応させる．

アルケンを冷却した過マンガン酸カリウムの希薄溶液（中性あるいは塩基性），または四酸化オスミウムと亜硫酸水素ナトリウム（$NaHSO_3$）と反応させると，ジヒドロキシ化された生成物（グリコール）がシン選択的に得られる．グリコールの収率という点では OsO_4 が $KMnO_4$ より高いが，OsO_4 は非常に高価であり，しかも毒性が高いという難点がある．$KMnO_4$ を用いた反応では，反応の進行とともに $KMnO_4$ の紫色が消失し，MnO_2 の茶色沈殿が生成する．これがアルケンの検出に利用される **Baeyer 試験**（バイヤー）の原理である．

反応機構 酸化剤が $KMnO_4$，OsO_4 のいずれの場合も，この反応は負に荷電した酸素原子が形成する四面体の中心に金属原子（Mn もしくは Os）が位置する環状中間体を経由して進行すると考えられている．求電子的な金属原子の空の d 軌道が周囲の酸素原子を超えて炭素－炭素二重結合まで伸び，二重結合から金属に電子が供与される．このとき，求核的な酸素原子から反結合性 π 軌道へ電子が流れ込む逆供与も同時に起こり，結果として環状金属中間体 **A** あるいは **B** が生成する（スキーム 7.22）．

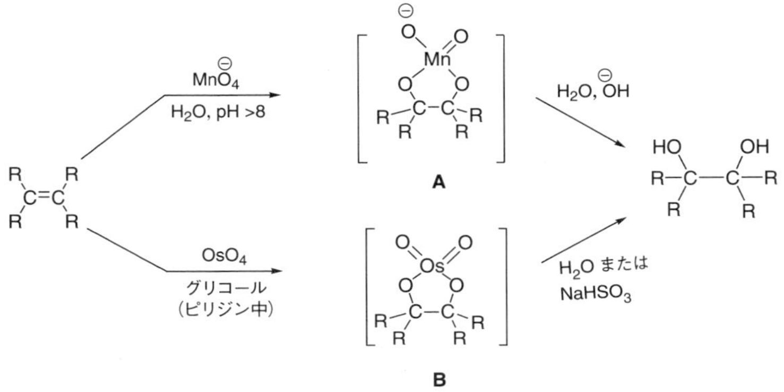

7.5 ジヒドロキシ化

スキーム 7.22

KMnO$_4$ によるアルケンのジヒドロキシ化の機構をスキーム 7.23 に示す.

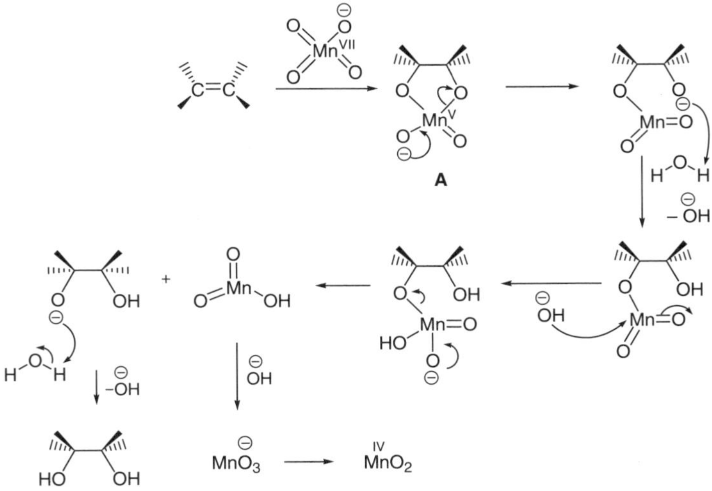

スキーム 7.23

スキーム 7.23 に示されるとおり,このジヒドロキシ化はシン選択的に進行する.オスミウムを用いた反応では,OsO$_4$ とアルケンの付加環化反応によって生成した環状中間体を単離することが可能である.四酸化オスミウムは高価で毒性が高いことから,この反応では通常触媒量の四酸化オスミウムとともに,再酸化剤(TBHP や塩素酸ナトリウム,フェリシアン酸カリウム,NMO など)を用いて四酸化オス

ミウムを再生する．たとえば，アルケンから1,2-ジオールをシン選択的に生成する **Upjohn** ジヒドロキシ化では，OsO_4 を触媒量，NMO などの再酸化剤を化学量論量使用する．

N-メチルモルホリン-*N*-オキシド (NMO)

オスミウムを用いたジヒドロキシ化反応の中間体である環状オスミウム酸エステルは，OsO_4 とアルケンの [3+2] 付加環化反応によって生成する．このエステルは [2+2] 付加環化反応にひき続き転位が起こることにより生成する可能性もある．アキラルな配位子である 4-ジメチルアミノピリジン（DMAP）やピリジン（Py）などの第三級アミンは付加環化反応を促進する（スキーム 7.24）．

スキーム 7.24

7.5 ジヒドロキシ化

NMO 存在下における OsO_4 によるアルケンのジヒドロキシ化の触媒サイクルをスキーム 7.25 に示す.

スキーム 7.25

スキーム 7.26

OsO$_4$ とアルケンが付加環化する際には，[2+2] よりも [3+2] 付加環化反応の方がエネルギー的に有利であることが量子化学計算により示されている．

アルケンは **Prevost 法**（プレボスト）によってジオールへ酸化される．この反応では，まずアルケンにヨウ素と酢酸銀が反応し $trans$-1,2-ジアセチル化体が生成し，ひき続き加水分解により $trans$-1,2-ジオールとなる（スキーム 7.26）．Prevost 反応の Woodward 変法では，水中でモノエステルが生じた後，加水分解により cis-ジオールが得られる．

不斉ジヒドロキシ化 Sharpless はアルケンのジヒドロキシ化の際に不斉配位子を導入し，光学活性なジオールを得る触媒系（AD-mix-β あるいは AD-mix-α）を開発した．不斉配位子としては，フタラジン（PHAL）あるいはピリダジン（PYR）などのヘテロ環化合物を，ジヒドロキニジン（DHQD）またはジヒドロキニン（DHQ）と結合させて用いる（§1.6，第1章の引用文献[32]参照）．

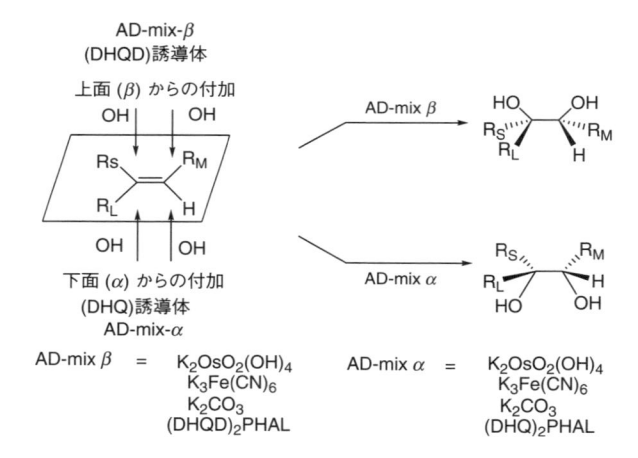

不斉ジヒドロキシ化の例を以下に示す．§1.6 も参照のこと．

収率 65%
41% ee

7.6 アミノヒドロキシ化

AD-mix-β を用いてスチレンをジヒドロキシ化すると，対応するビシナルジオールが収率 73%，鏡像体過剰率 96% ee で得られる[59]．

アンチ-ジヒドロキシ化　エポキシドは酸性水溶液中で開裂し，グリコールを与える．酸触媒からプロトン移動が起こることによってエポキシドの共役酸が生成し，これが水などの求核試薬の攻撃を受ける．その結果，二重結合が**アンチ-ジヒドロキシ化**された化合物が生成する．

シス体の二置換エポキシド（これは対応するシスアルケンから得られる）は，酸または塩基によって *trans*-ジオールへ変換される（スキーム 7.27）．

スキーム 7.27

7.6 アミノヒドロキシ化

非対称置換アルケンのアミノヒドロキシ化では，ジヒドロキシ化の場合と異なり，生成物であるアミノアルコールが二つの位置異性体の混合物となる可能性がある．しかし，Sharpless 不斉ジヒドロキシ化と同じ触媒系を適用すると，位置選択的かつエナンチオ選択的にアミノヒドロキシ化を行うことが可能である．

356   7. 酸　　化

$$\text{R}^1\text{CH}=\text{CHR}^2 \xrightarrow[\substack{\text{1.1–3 当量 MNClX} \\ t\text{-BuOH, 50\% H}_2\text{O}}]{\substack{\text{不斉配位子 L*} \\ \text{K}_2\text{OsO}_2(\text{OH})_4}} \text{R}^1\text{CH(OH)CH(NHX)R}^2$$

L* = (DHQ)$_2$-PHAL または (DHQD)$_2$-PHAL

X–N(Cl)⁻ M⁺ = R–SO$_2$–N(Cl)⁻ Na⁺   R = p-CH$_3$C$_6$H$_4$（クロラミン T), CH$_3$

RO–C(O)–N(Cl)⁻ Na⁺   R = p-CH$_3$C$_6$H$_4$, CH$_3$

R–C(O)–N(Br)⁻ Li⁺   R = p-CH$_3$C$_6$H$_4$, CH$_3$

不斉アミノヒドロキシ化の反応例を以下に示す．§1.6 にもいくつか例をあげている（第1章の引用文献[25]〜[27]参照）．

p-CH$_3$O-C$_6$H$_4$-CH=CH-H $\xrightarrow[\text{試薬}]{\substack{6\ \text{mol\%} \\ (\text{DHQ})_2\text{PHAL} \\ (\text{L*})}}$ p-CH$_3$O-C$_6$H$_4$-CH(OH)-CH$_2$-NHBoc (S), 15% + p-CH$_3$O-C$_6$H$_4$-CH(NHBoc)-CH$_2$-OH (S), 85%

合計収率 74%
98% ee

p-CH$_3$O-C$_6$H$_4$-CH=CH-H $\xrightarrow[\text{試薬}]{\substack{6\ \text{mol\%} \\ (\text{DHQD})_2\text{PHAL} \\ (\text{L*})}}$ p-CH$_3$O-C$_6$H$_4$-CH(OH)-CH$_2$-NHBoc (R), 32% + p-CH$_3$O-C$_6$H$_4$-CH(NHBoc)-CH$_2$-OH (R), 68%

合計収率 65%
96% ee

試薬 = 3.1 当量 t-BuOCONH$_2$, 3.05 当量 NaOH
　　　3.05 当量 t-BuOCl
　　　n-PrOH–水 (2 : 1)
　　　4% mol K$_2$OsO$_2$(OH)$_4$

7.7 炭素－炭素二重結合の酸化的開裂

酸化剤のなかには炭素－炭素二重結合を切断するものもある．アルケンを酸化的に開裂してカルボン酸やケトンを生じる試薬としては，オゾンや過マンガン酸カリウム，過酸化ルテニウムが重要である．高温の濃 KMnO$_4$ 溶液（酸性または塩基性）は二重結合を開裂するが，その際，二重結合が末端アルケンである場合には CO$_2$

ガスが発生する．一方，低温下で $KMnO_4$ を用いると過マンガン酸イオンのシン付加が進行し，ジオールが生成する（§7.5 参照）．先述のとおり，この反応では $KMnO_4$ の紫色が消え，MnO_2 の茶色沈殿が生成する（**Baeyer 試験**）．また，1,2-ジオールやエポキシドを経由して最終的にアルケンの酸化的開裂を行う方法もある．

$$CH_3-CH=CH-CH_3 \xrightarrow[\text{加熱}]{KMnO_4,\ OH^-,\ H_2O} 2\ CH_3-C(=O)-O^-\ K^+ \xrightarrow{H_3O^+} 2\ CH_3-COOH$$

$$\underset{CH_3-CH_2}{\overset{CH_3}{>}}C=CH_2 \xrightarrow[\text{2. } H_3O^+]{\text{1. } KMnO_4,\ OH^-\ \text{加熱}} CH_3CH_2-C(=O)-CH_3 + CO_2 + H_2O$$

7.7.1 オゾン分解

オゾン O_3 は酸素の同素体であり，炭素－炭素二重結合に速やかに付加し，付加体を還元的あるいは酸化的に開裂させることができる．

$$HCOOH + RCOOH \xleftarrow[\text{2. } H_2O_2]{\text{1. } O_3} \underset{R}{\overset{H}{>}}C=C\underset{H}{\overset{H}{<}} \xrightarrow[\text{2. Zn, AcOH}]{\text{1. } O_3} \underset{R}{\overset{H}{>}}C=O + O=C\underset{H}{\overset{H}{<}}$$

反応機構　Criegee（クリーゲー）が提唱した**オゾン分解**（ozonolysis）の反応機構は詳細に研究されている．この反応ではまずオゾンがアルケンにシン付加し，モルオゾニド（1,2,3-トリオキソラン）（**A**）を与える．モルオゾニドは転位してケトンと双極子種 **B**, **C** を生じ，これらがさらに反応してオゾニドとよばれる中間体 **D** が生成する．オゾニドを還元的に分解する（Me_2S, Zn と AcOH, H_2 と Pd-C, Ph_3P など）と，アルデヒドとケトンが得られる．一方，酸化的に分解する（H_2O_2 と H_2O あるいは H_2O_2 と AcOH）と，ケトンとカルボン酸が得られる（スキーム 7.28）．

$$\text{シクロヘキセン} \xrightarrow[\text{2. } (CH_3)_2S]{\text{1. } O_3,\ CH_3OH,\ -60\ ℃} \text{シクロヘキサン-1,6-ジアール (CHO, CHO)}$$
ヘキサンジアール

$$\text{シクロヘキセン} \xrightarrow[\text{2. } H_2O_2,\ HCOOH]{\text{1. } O_3,\ CH_3OH,\ -60\ ℃} \text{(COOH, COOH)}$$
ヘキサン二酸
(アジピン酸)

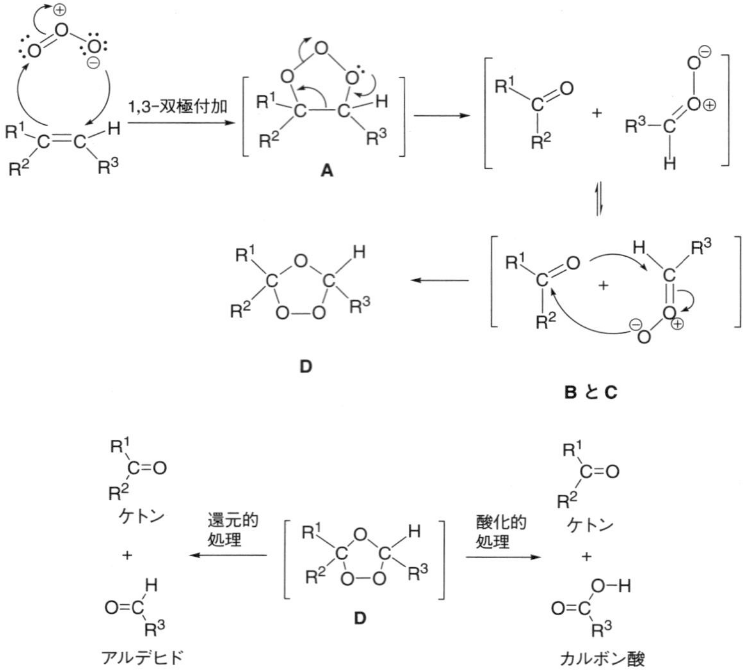

358　　　　　　　　　　　　　　　7. 酸　　　化

スキーム 7.28

オゾン分解で得られた生成物を解析することによって，原料のアルケンの構造を推定することができる．

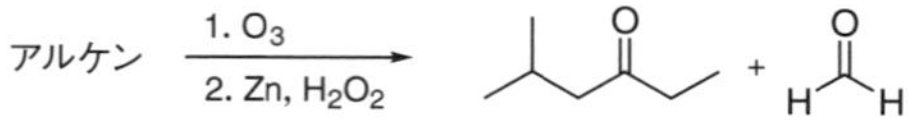

$$\text{アルケン} \xrightarrow[\text{2. Zn, H}_2\text{O}_2]{\text{1. O}_3} \text{(メチルイソブチルケトン)} + \text{HCHO}$$

すなわち，上記の結果から下に示す構造のアルケンが出発物であったことがわかる．

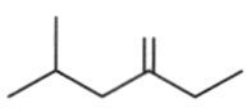

7.7.2　グリコールの開裂

アルケンのジヒドロキシ化によって得られるビシナルグリコールを，**酢酸鉛(IV)** [Pb(OAc)$_4$][60)]あるいは**過ヨウ素酸**[61)](HIO$_4$) の H$_2$O-THF 混合溶液で処理すると，アルデヒドやケトンが高収率で得られる．全体としては2段階で収率よく炭素－炭

7.7 炭素－炭素二重結合の酸化的開裂

素二重結合の酸化的開裂を行ったことになり，この方法はオゾン分解の代替反応として利用することができる．特に，貴重な化合物を扱う小スケールでの反応の際にはこの方法が好まれる．概して cis-グリコールの方が trans-グリコールよりも速やかに反応する．

$$\underset{\text{ピナコール}}{\begin{array}{c}CH_3\\H_3C-C-OH\\H_3C-C-OH\\CH_3\end{array}} \xrightarrow{Pb(OAc)_4} 2\; \underset{\text{アセトン}}{\begin{array}{c}H_3C\\H_3C\end{array}C=O}$$

$$\underset{\substack{cis\text{-シクロヘキサン-}\\1,2\text{-ジオール}}}{\text{OH, OH}} \xrightarrow{Pb(OAc)_4} \underset{\text{ヘキサンジアール}}{\text{CHO, CHO}}$$

$$\underset{\text{ジオール}}{\begin{array}{c}H\\H_3C-C-OH\\H_3C-C-OH\\H\end{array}} \xrightarrow[H_2O]{HIO_4} 2\; \underset{\text{アセトアルデヒド}}{\begin{array}{c}H\\H_3C\end{array}C=O}$$

反 応 機 構 酢酸鉛(Ⅳ)[Pb(OAc)$_4$]を用いたジオールの開裂の機構も **Criegee** によって提唱された（スキーム 7.29）．

$$\begin{array}{c}-C-OH\\-C-OH\end{array} + Pb(OAc)_4 \rightleftharpoons \begin{array}{c}-C-O-Pb(OAc)_3\\-C-OH\end{array} + AcOH$$

$$\begin{array}{c}-C-O-Pb(OAc)_3\\-C-OH\end{array} \xrightarrow{\text{遅い}} \begin{array}{c}-C-O\\-C-O\end{array}Pb(OAc)_2 + AcOH$$

$$\begin{array}{c}-C-O\\-C-O\end{array}Pb(OAc)_2 \longrightarrow \;\;>C=O + O=C< + Pb(OAc)_2$$

スキーム 7.29

過ヨウ素酸による酸化も，同様に環状の過ヨウ素酸エステル中間体を経由して進行する．過ヨウ素酸エステルの炭素－炭素結合が切断され電子が移動し，新たに二つの C=O 結合が生成する（スキーム 7.30）．

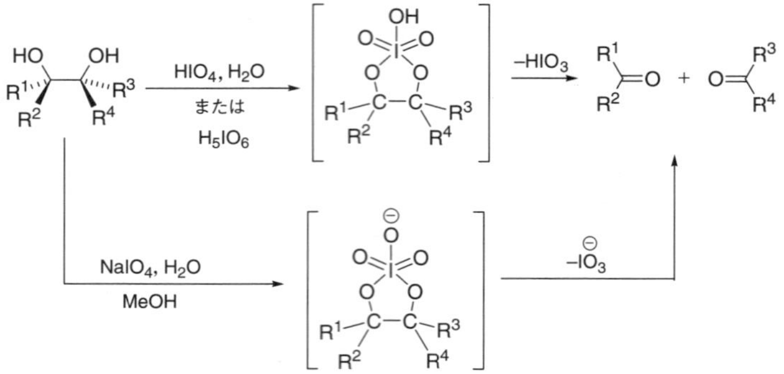

スキーム 7.30

MnO_2 もグリコールの開裂に利用される.

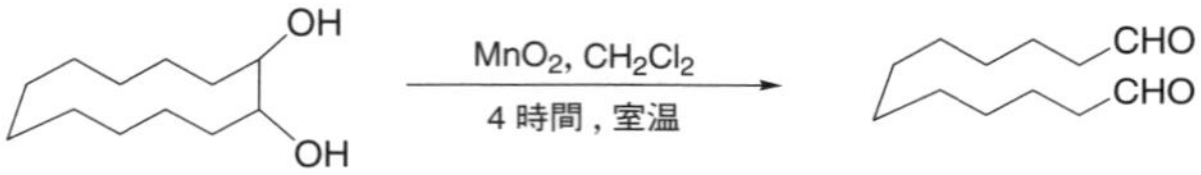

アセトン溶液中, 化学量論量の Jones 試薬を触媒量の OsO_4 とともに用いると[62], アルケンをカルボン酸またはケトンに変換することができる. この反応ではオスミウム酸エステルが生成し, これがクロム酸により開裂する.

89%

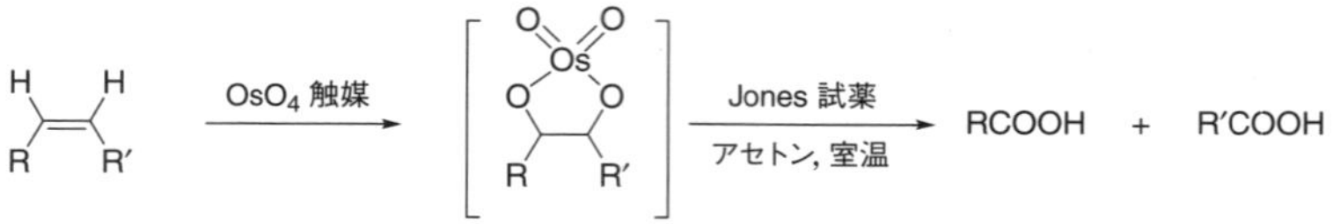

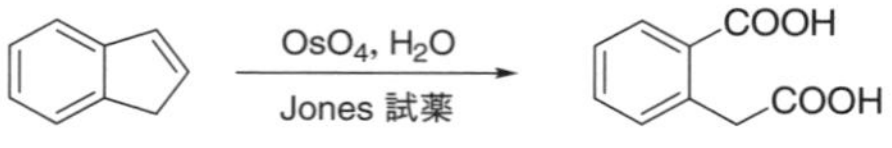

同様に, OsO_4（触媒量）もしくは $KMnO_4$（触媒量）を $NaIO_4$（化学量論量）とともに用いても炭素−炭素二重結合を開裂することができる.

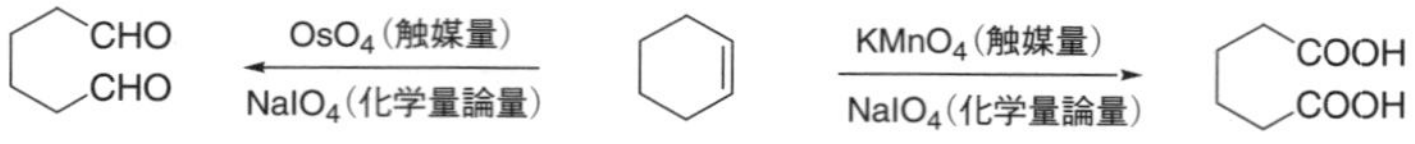

ヘキサンジアール　　シクロヘキセン　　アジピン酸

Lemieux–Johnson（レミュー ジョンソン）酸化　　Lemieux–von Rudloff（レミュー フォン ルドロフ）酸化

$$\text{CH}_3(\text{CH}_2)_9\text{CH}=\text{CH}_2 \xrightarrow[\text{NaIO}_4, \text{H}_2\text{O}]{\text{OsO}_4} \text{CH}_3(\text{CH}_2)_9\text{CHO} + \text{HCHO}$$

1-ドデセン　　　　　　　　　　　　　　ウンデカナール

炭素－炭素二重結合の酸化的開裂は RuO_2 と $NaIO_4$ でも効率的に進行する．

7.8　アニリンの酸化

塩基性溶液中，ペルオキソ二硫酸カリウム（$K_2S_2O_8$）を用いてアニリンを酸化し，ひき続き加水分解により o-ヒドロキシアニリンを得る方法は，**Boyland-Sims 酸化**（ボイランド シムズ）として知られている[63]．

一般的にはオルト体の生成が優先するが，アニリンの種類によってはパラ体が少量得られることもある．この反応ではまず中間体 **A** が生成し，**A** の硫酸イオンが転位して o-アミノアリール硫酸エステル **B** あるいは p-アミノアリール硫酸エステル **C** を与える（スキーム 7.31）[64]．

スキーム 7.31

7.9　脱 水 素 反 応

脱水素反応は，水素原子を二つ取除いて多重結合をつくる反応であり，特に飽和結合から芳香族化合物を合成する際に有用である．一般的には，硫黄やセレン，Pd-C，Pd-C_6H_6，Pt-C，Pt-C_6H_6，あるいは **7.58** や **7.59** などのキノン類が触媒として用いられる．脱離する水素が少ないほどより穏やかな条件で反応が進行する．

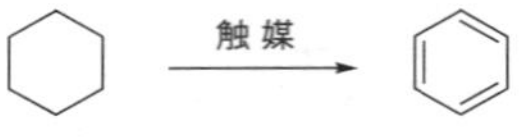

362   7. 酸　　化

触媒 = Pd–C, Pd–C$_6$H$_6$, Pt–C, Pt–C$_6$H$_6$, S または Se

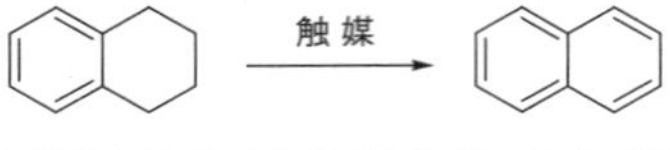

触媒 = Pd–C, Pd–C$_6$H$_6$, Pt–C, Pt–C$_6$H$_6$, S, Se, DDQ またはクロラニル

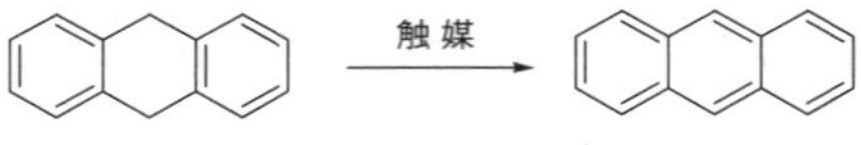

触媒 = Pd–C, Pd–C$_6$H$_6$, SeO$_2$ または Cu

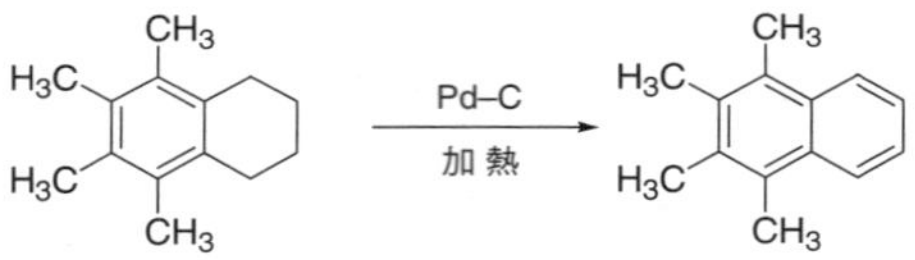

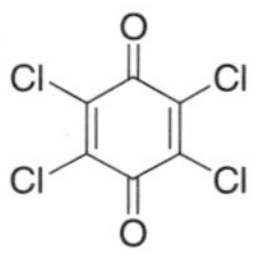

7.58
クロラニル

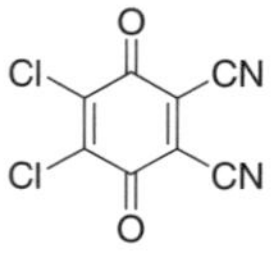

7.59
2,3-ジクロロ-5,6-ジシアノ-
p-ベンゾキノン
(DDQ)

2,3-ジクロロ-5,6-ジシアノ-p-ベンゾキノン（DDQ）を用いた脱水素によって芳香族化合物を得る際の反応機構をスキーム 7.32 に示す．

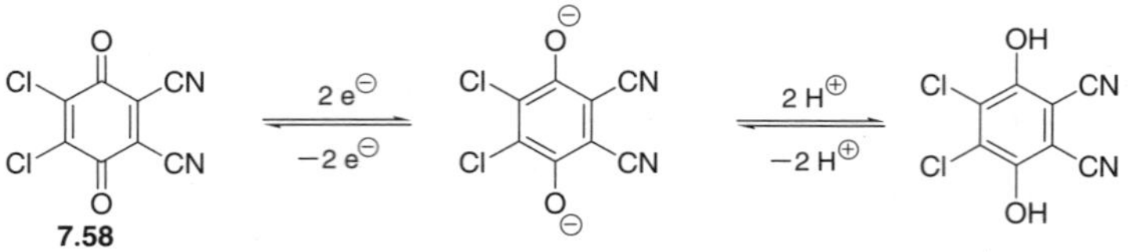

スキーム 7.32

7.10 アリル位やベンジル位の酸化

SeO_2 はアリル位またはベンジル位の C–H 結合を酸化して,対応するアリルアルコールまたはベンジルアルコールに変換する.

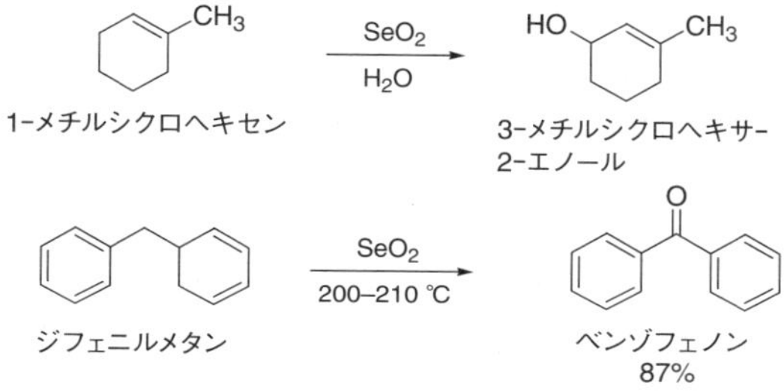

1-メチルシクロヘキセン → 3-メチルシクロヘキサ-2-エノール

ジフェニルメタン → ベンゾフェノン 87%

SeO_2 酸化ではまずセレニン酸 **A** が生成する.**A** の [2,3]シグマトロピー転位が進行することにより **B** が生じ,さらにアリルアルコールへ変換され,Se(II)化合物が得られる(スキーム 7.33).

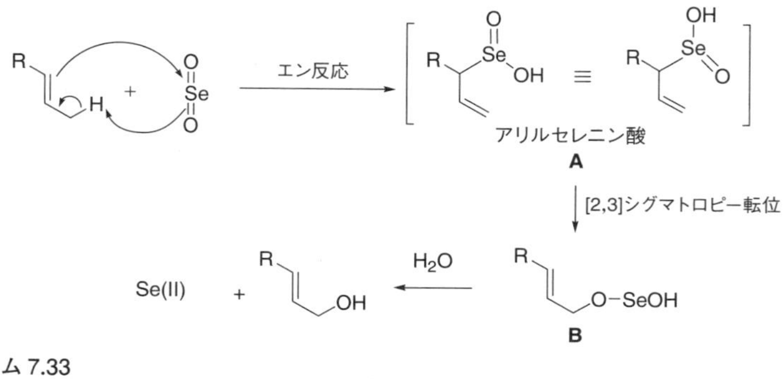

スキーム 7.33

7.11 スルフィドの酸化

スルフィドを不斉酸化してキラルなスルホキシドを得るには,不斉配位子と結合したチタンやバナジウム,マンガンなどの遷移金属触媒を用いる.過酸化水素またはその付加物が酸素源として用いられる.不斉配位子としては,二座配位子である

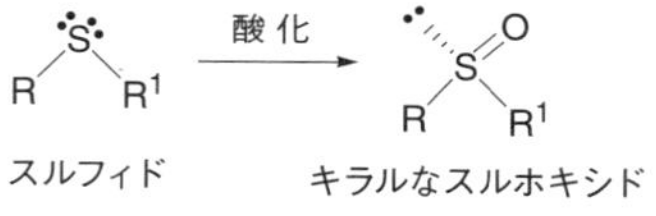

酒石酸ジエチル (**7.45**, **7.46**) やジオール (**7.60**), BINOL (**7.61**), 三座配位型 Schiff 塩基 **7.62**, 四座配位のサレン型配位子 **7.63** などが報告されている.

β-アミノアルコール **7.62** とバナジルアセチルアセトナートから調製されるバナジウム(IV)-Schiff 塩基錯体[65)〜68)]はさまざまな基質をキラルなスルホキシドへ酸化する際に用いられる.

この反応で生成する中間体は, Shiff 塩基 **7.62** とバナジウム触媒が 2:1 の比率で配位した錯体である. この中間体が過酸化水素と反応し, 二つの配位子のうち一つを放出してバナジウムヒドロペルオキシド錯体を生じる. ひき続きこのバナジウム錯体がスルフィドをスルホキシドに酸化する.

スルフィドからスルホキシドへの酸化は, 北らがヨードソベンゼン (PhIO) やフェニルヨウ素ジアセテート (PIDA) などのヨウ素(III)試薬と KBr を用いて水中で反応を行う環境負荷の低い方法を報告している[69)].

PhIO–KBr (1.5 当量:1.0 当量)–H$_2$O = 95%
PIDA–KBr (1.1 当量:0.1 当量)–H$_2$O = 85%

一方,再生可能なポリ(ジアセトキシヨード)スチレンを水溶液中でスルフィドの酸化に用いるとスルホンは生成せず,スルホキシドが良好な収率で得られる[69].

7.12 芳香環に結合したアルキル側鎖の酸化

芳香環に結合したアルキル側鎖は,芳香環自体よりもはるかに容易に酸化される.$KMnO_4$(塩基性条件下)やクロム酸エステルは,芳香環に結合したアルキル基をカルボン酸へ変換する.

3-イソプロピルトルエン → イソフタル酸 ($KMnO_4$, 塩基条件)

4-ニトロトルエン → 4-ニトロ安息香酸 ($Na_2Cr_2O_7$, H_2SO_4, H_2O)

4-クロロトルエン → 4-クロロ安息香酸 (1. $KMnO_4$, OH^- 2. H_3O^+)

2-メチルピリジン → ピリジン-2-カルボン酸 50〜51% (1. $KMnO_4$, OH^- 2. H_3O^+)

反応機構[70],* 芳香環のアルキル側鎖が酸化される機構をスキーム7.34に示す.この反応では,マンガン-酸素-炭素結合が生成した後,マンガンの還元およ

$$Ar-\overset{H}{\underset{H}{C}}-H + MnO_4^- \longrightarrow \left[Ar-\overset{H}{\underset{H}{\overset{+}{C}}} + HOMnO_3^{2-}\right] \longrightarrow Ar-\overset{H}{\underset{OH}{C}}-O-Mn-O^- \longrightarrow \overset{Ar}{\underset{H}{C}}=O + \overset{HO}{\underset{HO}{Mn=O}}$$

スキーム7.34

---

*(訳注) アルキル側鎖の酸化は,ベンジル型ラジカル中間体を経由する説もある.

び炭素の酸化が起こり，アルデヒドが生成すると考えられている．アルデヒドはアルキルベンゼンよりも過マンガン酸で酸化されやすく，最終的にカルボン酸が得られる．

塩化クロミルは芳香環のメチル基を酸化してアルデヒドへ変換する．この反応は **Etard 反応**（エタール）として知られている[71]．たとえば，この反応によってトルエンをベンズアルデヒドへと酸化することができる．

反応機構 Etard 反応では二クロム種が生成し，これが加水分解されてアルデヒドを与える（スキーム 7.35）．

スキーム 7.35

引用文献

1. Bowden, K., Heilbron, I. M., Jones, E. R. H. and Weedon, B. C. L., *J. Chem. Soc.*, **1946**, 39.
2. Ali, M. H. and Wiggin, C., *Synth. Commun.*, **2001**, *31*, 1389, およびその引用文献.
3. Zibuck, R. and Streiber, J., *Org. Synth. Coll.*, **1998**, *9*, 432.
4. Zibuck, R. and Streiber, J., *Org. Synth.*, **1993**, *71*, 236.
5. Poos, G. I., Arth, G. E., Beyler, R. E. and Sarett, L. H., *J. Am. Chem. Soc.*, **1953**, *75*, 422.
6. Collins, J. C., Hess, W. W. and Frank, F. J., *Tetrahedron Lett.*, **1968**, *9*, 3363.
7. Corey, E. J. and Suggs, J. W., *Tetrahedron Lett.*, **1975**, *16*, 2647.
8. Coates, W. M. and Corrigan, J. R. *Chem. Ind.*, **1969**, *54*, 1594.
9. Corey, E. J. and Schmidt, G., *Tetrahedron Lett.*, **1979**, *20*, 399.
10. Dauben, W. G. and Michno, D. M. *J. Org. Chem.*, **1977**, *42*, 682.
11a. Quesada, E. and Taylor, R. J. K., *Tetrahedron Lett.*, **2005**, *46*, 6473.
11b. Kitamura, M., Tokunaga, M. and Noyori, R. *J. Am. Chem. Soc.*, **1995**, *117*, 2931.
12. Goldman, I. M., *J. Org. Chem.*, **1969**, *34*, 3289.
13. Hall, T. K. and Story, P. R., *J. Am. Chem. Soc.*, **1967**, *89*, 6759.
14. Bolm, C., Magnus, A. S. and Hildebrand, J. P., *Org. Lett.*, **2000**, *2*, 1173.
15. Pfitzner, K. E. and Moffatt, J. G., *J. Am. Chem. Soc.*, **1963**, *85*, 3027.
16. Pfitzner, K. E. and Moffatt J. G., *J. Am. Chem. Soc.*, **1965**, *87*, 5661.
17. Fenselau, A. H. and Moffatt J. G., *J. Am. Chem. Soc.*, **1966**, *88*, 1762.
18. Mancuso, A. J. and Swern, D., *Synthesis*, **1981**, 165.
19. Omura, K. and Swern, D., *Tetrahedron*, **1978**, *34*, 1651.

引 用 文 献

20. Corey, E. J. and Kim, C. U., *Tetrahedron Lett.*, **1974**, *15*, 287.
21. Corey, E. J. and Kim, C. U., *J. Am. Chem. Soc.*, **1972**, *94*, 7586.
22. Crich, D. and Neelamkavil, S., *Tetrahedron*, **2002**, *58*, 3865.
23. Ohsugi, S., Nishide, K., Oono, K., Okuyama, K., Fudesaka, M., Kodama, S. and Node, M., *Tetrahedron*, **2003**, *59*, 8393.
24. Li, C., Xu, Y., Lu, M., Zhao, Z., Liu, L., Zhao, Z., Cui, Y., Zheng, P., Ji, X. and Gao, G., *Synlett*, **2002**, 2041.
25. Dess, D. B. and Martin, J. C., *J. Am. Chem. Soc.*, **1991**, *113*, 7277.
26. Nicolaou, K. C., Zhong, Y. -L. and Baran, P. S., *J. Am. Chem. Soc.*, **2000**, *122*, 7596.
27. Hadfield, J. A., McGown, A. T. and Butler, J., *Molecules*, **2000**, *5*, 82.
28. Lenz, R. and Ley, S. V., *J. Chem. Soc., Perkin Trans. 1*, **1997**, 3291.
29. Ley, S. V., Norman, J., Griffith, W. P. and Marsden, S. P., *Synthesis*, **1994**, 639.
30. Kubias, J., *Collect. Czech. Chem. Commun.*, **1966**, *31*, 1666.
31. Fétizon, M. and Golfier, M. C. R., *Acad. Sci. Ser. C*, **1968**, *267*, 900.
32. Fétizon, M., Golfier, M., Mourgues, P., *Tetrahedron Lett.*, **1972**, *13*, 4445.
33. Campaigne, E. and LeSuev, W. M., *Org. Synth. Coll.*, **1963**, *4*, 919.
34. Corey, E. J., Gilman, N. W. and Ganem, B. E., *J. Am. Chem. Soc.*, **1968**, *90*, 5616.
35. Riley, H. L., Morley, J. F., and Friend, N. A. C. *J. Chem. Soc.*, **1932**, 1875.
36. Sharpless, K. B., Gordon, K. M. *J. Am. Chem. Soc.*, **1976**, *98*, 300.
37. Baldwin, J. E., Adlington, R. M. and Ramcharitar, S. H., *Tetrahedron*, **1992**, *48*, 2957.
38. Krow, G. R., *Tetrahedron*, **1981**, *37*, 2697.
39. Bolm, C., Schlingloff, G. and Weickhardt, K., *Angew. Chem., Int. Ed. Engl.*, **1994**, *33*, 1848.
40. Gusso, A., Baccin, C., Pinna, F. and Strukul, G., *Organometallics*, **1994**, *13*, 3442.
41. Woodward, S. S., Finn, M. G. and Sharpless, K. B., *J. Am. Chem. Soc.*, **1991**, *113*, 106.
42. Finn, M. G. and Sharpless, K. B., *J. Am. Chem. Soc.*, **1991**, *113*, 113.
43. Lopp, M., Paju, A., Kanger, T. and Pehk, T., *Tetrahedron Lett.*, **1996**, *37*, 7583.
44. Kanger, T., Kriis, K., Paju, A., Pehk, T. and Lopp, M., *Tetrahedron: Asymmetry*, **1998**, *9*, 4475.
45. Teuber, H. J. and Rau, W., *Chem. Ber.*, **1953**, *86*, 1036.
46. Zimmer, H., Lankin, D. C. and Horgan, S. W., *Chem. Rev.*, **1971**, *71*, 229.
47. Teuber, H. J., *Org. Synth. Coll.*, **1988**, *6*, 480.
48. Teuber, H. J., *Org. Synth.*, **1972**, *52*, 88.
49. Elbs, K., *J. Prakt. Chem.*, **1893**, *48*, 179.
50. Behrman, E. J., *Org. React.*, **1988**, *35*, 421.
51. Kang, B., Kim, M., Lee, J., Do, Y. and Chang, S., *J. Org. Chem.*, **2006**, *71*, 6721.
52. Porter, M. J. and Skidmore, J., *Chem. Commun.*, **2000**, *14*, 1215.
53. Zhang, W., Loebach, J. L., Wilson, S. R. and Jacobsen, E. N., *J. Am. Chem. Soc.*, **1990**, *112*, 2801.
54. Jacobsen, E. N., Zhang, W., Muci, A. R., Ecker, J. R. and Deng, L., *J. Am. Chem. Soc.*, **1991**, *113*, 7063.
55. Stoop, R. M., Ph. D. Dissertation, ETH to Swiss Federal Institute of Technology Zurich; 2000.
56. Colladon, M., Scarso, A., Sgarbossa, P., Michelin, R. A. and Strukul, G., *J. Am. Chem. Soc.*, **2006**, *128*, 14006.
57. Wang, Z. X., Tu, Y., Frohn, M., Zhang, J. R. and Shi, Y., *J. Am. Chem. Soc.*, **1997**, *119*, 11224.
58. Frohn, M. and Shi, Y., *Synthesis*, **2000**, 1979.
59. Junttila, M. H. and Hormi, O. E. O., *J. Org. Chem.*, **2004**, *69*, 4816.
60. Criegee, R., *Angew. Chem.*, **1958**, *70*, 173.
61. Corey, E. J. and Ensley, H. E., *J. Am. Chem. Soc.*, **1975**, *97*, 6908.
62. Henry, J. R. and Weinreb, S. M., *J. Org. Chem.*, **1993**, *58*, 4745.
63. Boyland, E. and Sims, P., *J. Chem. Soc.*, **1954**, 980.
64. Behrman, E. J., *J. Org. Chem.*, **1992**, *57*, 2266.
65. Bolm, C. and Bienewald, F., *Angew. Chem., Int. Ed. Engl.*, **1995**, *34*, 2640.
66. Tang, T. P., Volkman, S. K. and Ellman, J. A., *J. Org. Chem.*, **2001**, *66*, 8772.
67. Yuste, F., Ortiz, B., Carrasco, A., Peralta, M., Quintero, L., Sanchez-Obregon, R., Walls, F. and Ruano, J. L. G., *Tetrahedron: Asymmetry*, **2000**, *11*, 3079.

68. Gama, A., Flores-Lopez, L. Z., Aguirre, G., Parra-Hake, M., Hellberg, L. H. and Somanathan, R., *ARKIVOC*, **2003**, *11*, 4.
69. Tohma, H., Maegawa, T. and Kita, Y., *ARKIVOC*, **2003**, *6*, 62.
70. Ladbury, J. W. L. and Cullis, C. F., *Chem. Rev.*, **1958**, *58*, 403.; Waters, W. A., *Q. Rev. Chem. Soc.*, **1958**, *12*, 277.
71. Etard, A. L., *Compt. Rend*, **1880**, *90*, 534.

8

ペリ環状反応

　ペリ環状反応（pericyclic reaction）は，**Diels-Alder**反応（ディールス アルダー）など合成上最も有用な反応を含む一連の反応形式である．多くの場合ペリ環状反応では，結合電子対の再構成が同時に進行し，その際に非局在化した環状の遷移状態を経る．すなわち，反応の進行過程で，イオンあるいはラジカル中間体が生成しない点で，ペリ環状反応はイオン反応やラジカル反応とは異なる．ペリ環状反応は，協奏的な反応機構により1段階で進行し，いくつかの特徴的な性質がある（なお，それらすべてに対して例外はある）．

1. ペリ環状反応は，多くの場合，高立体特異的に進行する．
2. ペリ環状反応が自発的に進行する場合もあるが，ほとんどの場合，加熱や光照射によりペリ環状反応は促進される．そしてそれぞれの反応条件により，立体化学が異なる．すなわち，熱的条件（基底状態）と光化学的条件（励起状態）のおもに二つの反応条件がある．
3. ペリ環状反応は比較的溶媒効果を受けにくく，無溶媒条件下，気相条件でも反応が進行しうる．またペリ環状反応は，求電子触媒，あるいは求核触媒が存在しても，一般的には影響を受けない．
4. 反応を促進するために通常触媒を必要としないが，ルイス酸触媒によりペリ環状反応が促進される場合は反応機構が変わり，協奏的ではなく段階的に反応が進行する．したがって，厳密な意味ではペリ環状反応とはいえない．

8.1　ペリ環状反応の重要な形式

　ペリ環状反応には，付加環化反応，電子環状反応，シグマトロピー転位，エン反応の四つの主要な反応形式がある．これらすべての反応は潜在的に可逆反応である．それぞれの反応形式について以下に概説する．

8.1.1　付加環化反応

　付加環化反応（cycloaddition reaction）とは，基質の二つのπ電子系の末端の間に，

二つのσ結合が協奏的に生成する反応である．逆反応では，二つのσ結合が協奏的に開裂し，二つのπ電子系が生成する．その最も単純な例として，二つのエテン分子が反応し，シクロブタンを与える例があげられるが，この反応は通常の加熱条件では進行しない．しかし，ブタ-1,3-ジエンとエテンの反応は進行し，これが**Diels-Alder 反応**である．

8.1.2 電子環状反応

電子環状反応（electrocyclic reaction）とは，共役π電子系の両末端の間に，一つのσ結合が協奏的に生成する反応（**閉環過程** ring forming process），あるいはその逆反応（**開環過程** ring opening process），すなわち一つのσ結合が開裂し，共役系が生成する反応である．

8.1.3 シグマトロピー転位

シグマトロピー転位（sigmatropic rearrangement）とは，原子あるいは原子団が，ある共役系から，別の共役系に協奏的に結合箇所を移動することであり，その過程において，一つのσ結合が開裂し別のσ結合が生成する．シグマトロピー転位は，移動する原子団の長さと，それが移動する骨格の長さにより分類される．したがって，シグマトロピー転位は，角括弧でくくられた二つの数字により，[*i,j*] と表される*．

[1,5]シグマトロピー転位　　　　[3,3]シグマトロピー転位

8.1.4 エン反応

エン反応（ene reaction）では，協奏的に進行する環状の遷移状態において，異なる数のσ結合の生成と開裂が起こる．

---

* （訳注）開裂するσ結合の両側にある原子を1として，そこからπ電子系に沿って位置番号を数えると，新たに生成するσ結合の両側にある原子の位置番号が決定される．その二つの原子の位置番号をそれぞれ *i,j* で表記する．

8.1.5 その他のペリ環状反応

合成上有用な種々の反応が，ペリ環状反応に分類される．

キレトロピー反応 *

二つの σ 結合の生成が，一つの原子上で起こる（単中心的）反応は，**キレトロピー反応**（cheletropic reaction）とよばれる．二酸化硫黄のジエンへの付加反応[1)~4)]は，キレトロピー反応として知られている．

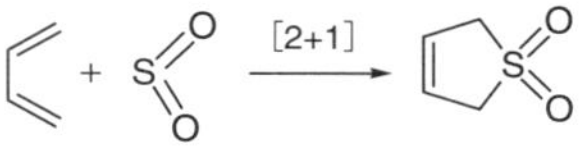

この逆過程は，**キレトロピー押出し**（cheletropic extrusion）（あるいは**キレトロピー脱離** cheletropic elimination）として知られている．ジアゼン **8.1** や **8.2** から窒素のキレトロピー脱離は，立体特異的な反応である（"立体特異的"の定義は §1.5 参照）．

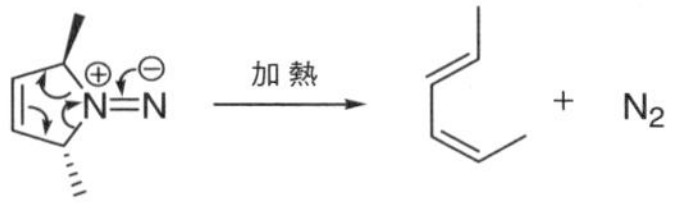

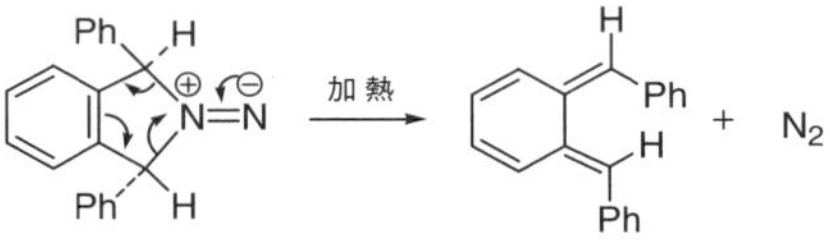

クロム酸エステルの分解

アルコールの Cr(VI) による酸化は，環状の遷移状態を経て進行するクロム酸エステル **8.3** の分解を含む（図 7.1 を参照）．

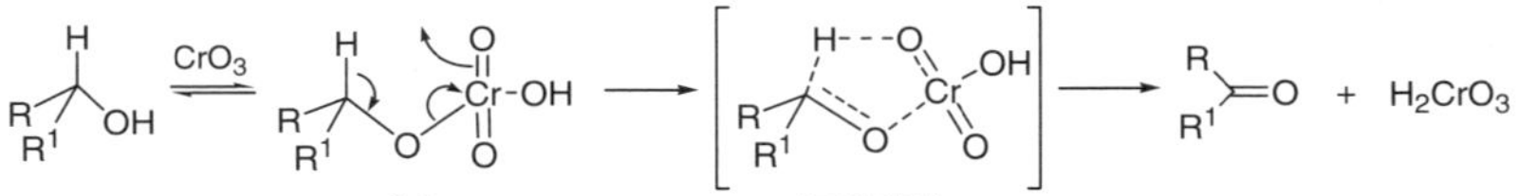

＊（訳注）　キレトロピー反応は，付加環化反応に分類される場合もある．

"co-arctic" 反応

"co-arctic" 反応とは，一つの原子上で，四つの σ 結合が生成，開裂をする反応である．

ペリ環状類似反応

シクロプロパン環が，アルケンと同様に，ペリ環状反応に含まれる場合がある．

擬ペリ環状反応

擬ペリ環状反応（pseudopericyclic reaction）では，開裂したり生成したりする環のまわりで，連続的な軌道の重なりはない[5),6)]．したがってすべての擬ペリ環状反応は許容であり，反芳香族性の遷移状態は存在しない．

8.2 ペリ環状反応の理論的考察

Otto Diels と Kurt Alder は，Diels-Alder 反応の開発に対する功績として 1950 年にノーベル化学賞を受賞したが，その 20 年後に R. Hoffmann と R. B. Woodward が，この反応機構の考察を行い，"**軌道対称性の保存**"[7)]という題目の古典的な名著を発表した．一方，福井謙一（1981 年に，R. Hoffmann とともにノーベル化学賞を受賞）は，**フロンティア軌道**（Frontier molecular orbital, FMO）理論を発表し[8)]，それによってもペリ環状反応を説明できる．両理論によれば，ペリ環状反応が起こる条件や，反応における立体化学に関しても予測することができる．これらのペリ環状反応に対する基本的な考察では，FMO の方が視覚的に理解しやすい．ペリ環状反応の考察において FMO と似た別の手法として，**芳香族型遷移状態**（transition state aromaticity）**理論**がある．

これらすべての理論は，分子軌道（molecular orbital, MO）論に基づいている．

8.2.1 分子軌道とその対称性

ペリ環状反応は，結合に関与する電子対が環状に再構築するので，反応物から生

8.2 ペリ環状反応の理論的考察

成物に至る過程で起こる MO の変化を評価する必要がある．これらの軌道は，鏡映面（m）と二回回転対称軸（C_2）の二つの独立した対称操作に分類できる．

まず初めに 1s 軌道と 2p 軌道の対称性を定義し（図 8.1），さらに面対称性（m）あるいは軸対称性（C_2）に関して二つ以上の原子軌道の重なりにより生じる MO を定義する（図 8.2 〜 8.4）．

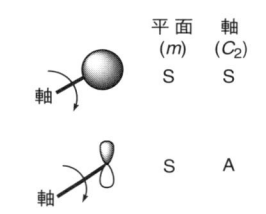

図 8.1　1s と 2p 軌道の対称性

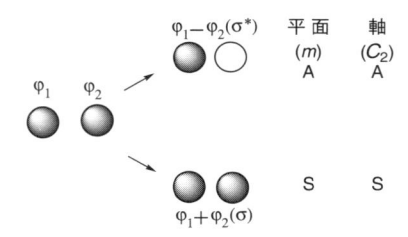

図 8.2　二つの s 軌道の重なりにより生じる分子軌道の対称性

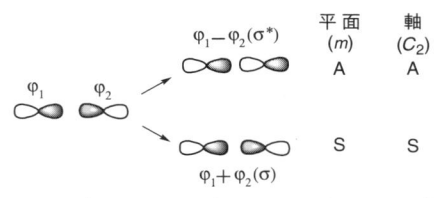

図 8.3　二つの p 軌道の正面での重なりにより生じる分子軌道の対称性

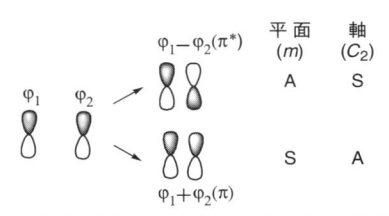

図 8.4　二つの p 軌道の側面での重なりにより生じる分子軌道の対称性

直鎖型ポリエンの分子軌道とそれらの対称性

MOにより描かれる波動関数は，**節面**（nodal plane）で位相，あるいは記号が変化する．この位相変化は，不連続な軌道を関連づけるうえでプラスとマイナスの記号で示されることがある．しかしながらこの表記法は，電荷の表記と混乱する場合がある．そこで本書では，それぞれの位相を灰色の陰影と白抜きで表記する．

定性的に正しいπ-MOは，以下に示すいくつかの簡単な規則に従い，n個のp原子軌道が直線的に配列することで，容易に描くことができる．

1. 最もエネルギーの低いMOは，すべてのp軌道が同じ位相であり，**鏡映操作**（end-for-end reflection）に関して対称（S）である．そして，このMOは，垂直な節をもたない．

2. つぎのMOは一つの節面（つまり一つの垂直な節）をもち，したがって鏡映操作に関して反対称（A）である．エテンのπ*-MOはその一例である．

3. 3番目のMOは，二つの垂直な節をもち，鏡映操作に関して対称（S）である．

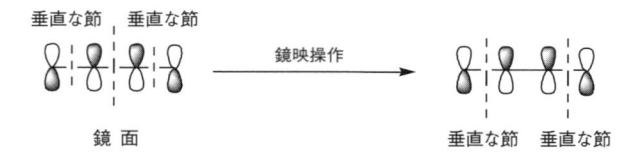

4. 分子軌道に，垂直な節が加えられ，最終的に最も高いエネルギーのMOでは，すべての節の間に垂直な節がある．n個のp軌道が連結した場合，最もエネルギーの高いπ*-MOには，$n-1$個の垂直な節がある．

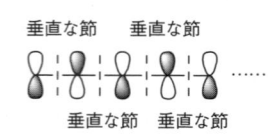

5. 一般的に，より高いエネルギーのMOは，より多くの節面，あるいは節をもつ．

6. 結合相互作用の数が核間の節の数よりも多い場合に，MO は結合性であり，一方，結合相互作用の数が核間の節の数よりも少ない場合に，MO は反結合性である．

エテンの MO　エテンの炭素原子は sp^2 混成である．二つの炭素間の二重結合は，σ結合とπ結合からなる．炭素－炭素σ結合は二つの sp^2 軌道の正面からの重なりにより形成される．重なりにより，結合性（σ）と反結合性（σ*）の二つの MO が生じる．一方π結合は，p 軌道の側面の重なりにより形成される．結合性軌道は位相が同じ p 軌道の重なりにより形成され，反結合性軌道は位相が異なる二つの p 軌道の干渉により生じ，節（核間の最も電子密度が小さい領域とも表現できる）をもつ．これらの軌道は，それぞれπ，π* と表記される（図 8.5）．

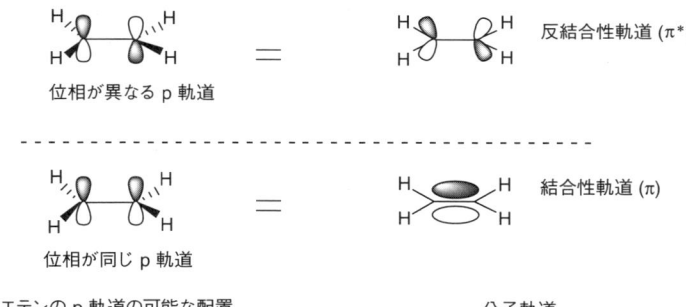

図 8.5

エテンの σ，σ*，π，π* 軌道のエネルギー順位を図 8.6 に示す．結合にかかわる電子はエテンの基底状態において，最もエネルギー準位の低い二つの軌道，すなわ

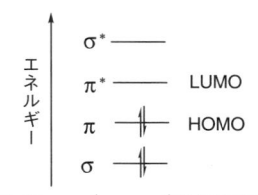

図 8.6　エテンの σ，σ*，π，π* 軌道のエネルギー準位

ち，σ軌道とπ軌道にある．π軌道は，**最高被占軌道**（highest occupied molecular orbital，**HOMO**）であり，π* 軌道は，**最低空軌道**（lowest unoccupied molecular orbital，**LUMO**）である．HOMO と LUMO はともに**フロンティア軌道**（p.381 FMO 理論を参照）とよばれ，ペリ環状反応を考察する場合に用いる．

ブタジエンの MO 　ブタジエンでは，四つの p 軌道からエネルギー準位の異なる波動関数 Ψ_1, Ψ_2, Ψ_3, Ψ_4 をもつ四つの π-MO が形成される．Ψ_1 と Ψ_2 MO が結合性軌道であり，Ψ_3 と Ψ_4 MO が反結合性軌道である．これらの軌道は，図 8.7 に示すようにエネルギー順に並べられる．

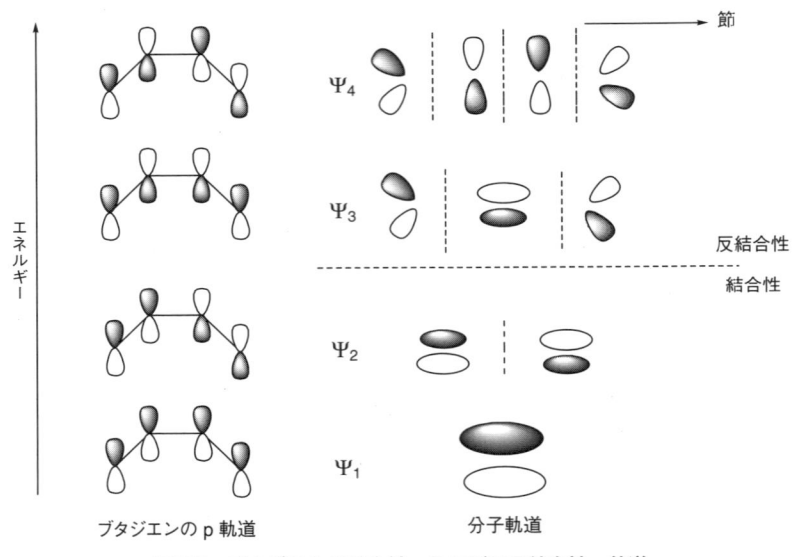

図 8.7　ブタジエンの結合性，ならびに反結合性 π 軌道

基底状態における四つの MO のなかで，Ψ_1 と Ψ_2 が最も低いエネルギー準位であり，Ψ_2 が HOMO，Ψ_3 が LUMO である（FMO 理論を参照）．（紫外領域において）適切な波長の光子を吸収すれば，1 電子が Ψ_2 から Ψ_3 に昇位し，Ψ_3 が新しい HOMO になる（図 8.8）．

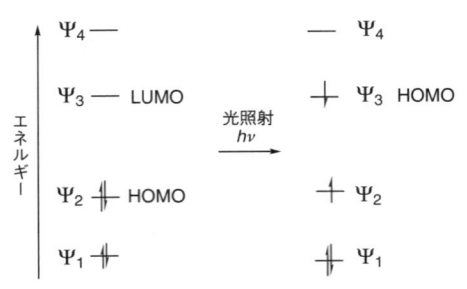

図 8.8　ブタジエンの Ψ_1, Ψ_2, Ψ_3, Ψ_4 のエネルギー準位

1,3,5-ヘキサトリエンの MO　　1,3,5-ヘキサトリエンの六つの p 軌道は重なり合って六つの π-MO（Ψ_1 〜 Ψ_6）を形成する．1,3,5-ヘキサトリエンの六つの π 電子は，最初の三つの π-MO（Ψ_1, Ψ_2, Ψ_3）に存在し，それらは結合性軌道である．一方，残りのより高いエネルギー準位である π*-MO は反結合性であり，基底状態ではそれらに電子は存在しない（図 8.9）．

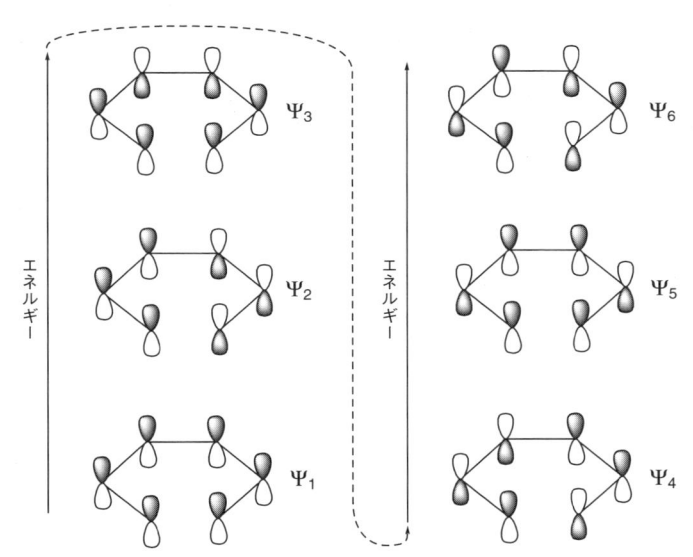

図 8.9　六つの π-MO（Ψ_1 〜 Ψ_6）は 1,3,5-ヘキサトリエンの六つの p 軌道の重なりによって形成される

反応物と生成物の軌道の対称性

反応物と生成物の MO は，鏡映対称（m）と C_2 対称（対称軸を中心として 180°回転させたものがもとと重なる構造）の二つの独立した対称性に分類される．たとえば，エテンの結合性 π 軌道，ならびに反結合性の π* 軌道の対称性は，鏡映面，あるいは C_2 軸に関して対称（S），あるいは反対称（A）に分類される（図 8.10）．

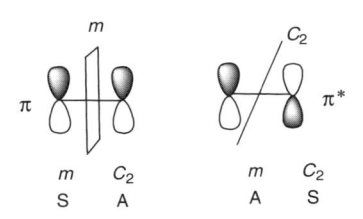

図 8.10　エテンの π ならびに π* 軌道の対称性

ブタジエンのπ-MOの対称性と，シクロブテンのσならびにπ-MOの一部の対称性について，鏡映面 m，あるいは C_2 軸に関して対称（S）である場合と，反対称（A）である場合を図8.11に示した．

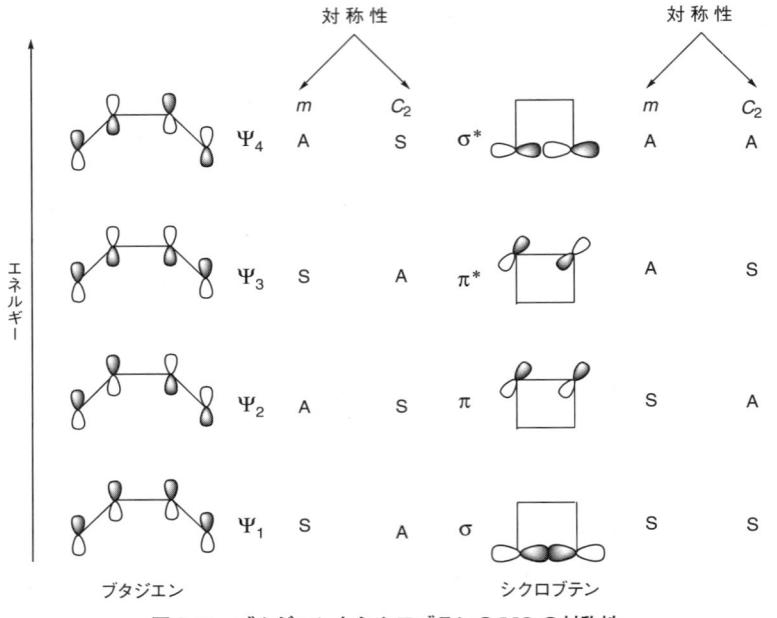

図8.11 ブタジエンとシクロブテンのMOの対称性

シクロヘキサ-1,3,5-トリエンのすべてのπ-MO（$\Psi_1 \sim \Psi_6$）の対称性とシクロヘキサジエンのσならびにπ-MOの一部の対称性について図8.12に示した．

このような対称性が，ペリ環状反応を考察するためにWoodwardやHoffmannが用いた軌道相関図を作成するうえで重要である．

8.2.2 スプラ形とアンタラ形

スプラ形過程（suprafacial process）とは，反応が進行するなかで，結合の生成や開裂がその反応系の同じ面で起こる場合のことをいう．一方，反応系の反対側の面で起こる場合は，**アンタラ形過程**（antarafacial process）という．

ペリ環状反応で，反応物の両末端のローブが相互作用して重なりを生じる場合，スプラ形とアンタラ形がある．二つの新しい結合が分子の同じ面で生成する場合，スプラ形（あるいはスプラ-スプラ形）という．一方二つの結合が，分子の違う面

8.2 ペリ環状反応の理論的考察

	対称性			対称性	
	m	C_2		m	C_2
Ψ_6	A	S	σ^*	A	A
Ψ_5	S	A	π_2^*	A	S
Ψ_4	A	S	π_1^*	S	A
Ψ_3	S	A	π_2	A	S
Ψ_2	A	S	π_1	S	A
Ψ_1	S	A	σ	S	S

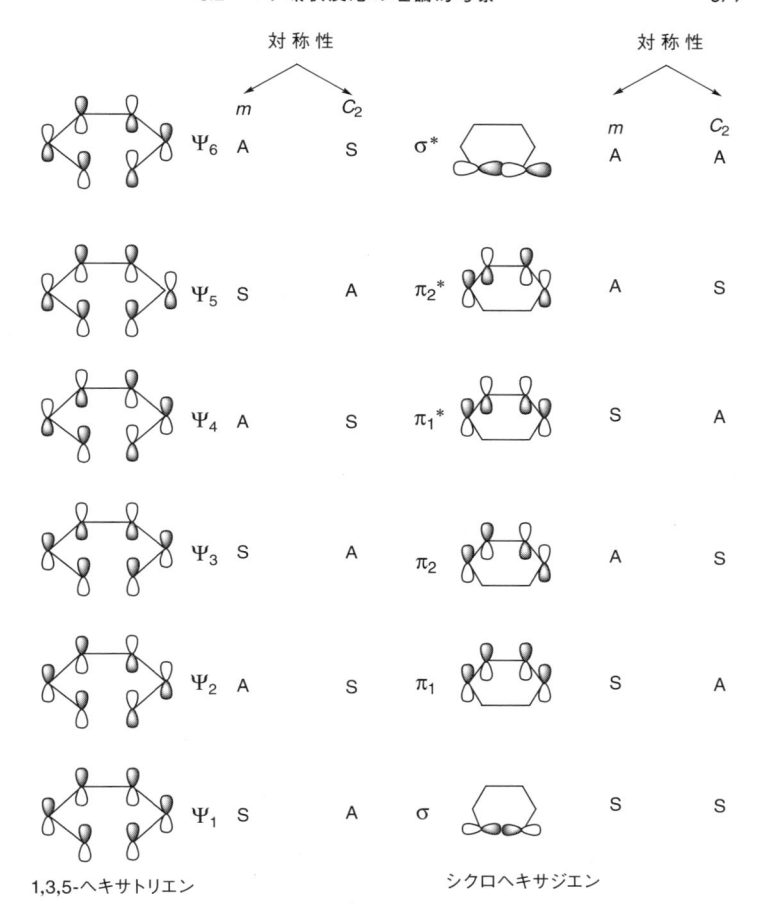

1,3,5-ヘキサトリエン　　　　　　　　シクロヘキサジエン

図 8.12　1,3,5-ヘキサトリエンとシクロヘキサジエンの MO の対称性

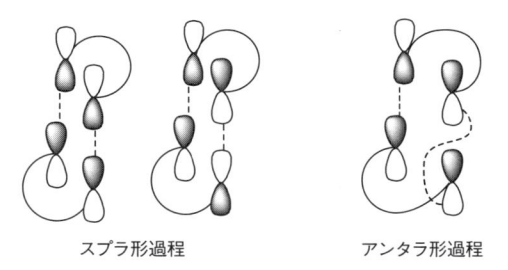

スプラ形過程　　　　アンタラ形過程

図 8.13　付加環化反応におけるスプラ形ならびにアンタラ形過程

で生成する場合は，アンタラ形（あるいはスプラ-アンタラ形）という（図 8.13）．

付加環化反応は，括弧に入れた数字により定義されるが，その数字に s あるいは a の下付文字をつけることにより，その反応の形式を示す．たとえば，Diels-Alder 反応（§8.3.1 を参照）は，熱条件下では $[4_s+2_s]$ 過程と示される．

電子環状反応では，スプラ形過程は反応物の π 電子系の同じ側にあるローブにより，新しい σ 結合が形成される（**逆旋的過程** disrotation と同じことである）．一方アンタラ形過程では軌道がねじれており，反応物の π 電子系の反対側にあるローブにより，新しい σ 結合が形成される（**同旋的過程** conrotation と同じことである）（図 8.14）．

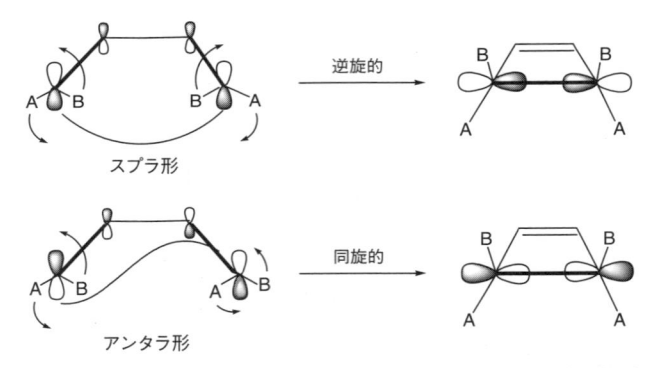

図 8.14 電子環状反応におけるスプラ形（逆旋的）とアンタラ形（同旋的）過程

シグマトロピー転位は，移動する基が移動後も π 電子系の同じ側である場合は，スプラ形である．一方，移動する基が移動後 π 電子系の反対側である場合は，アンタラ形である（図 8.15）．

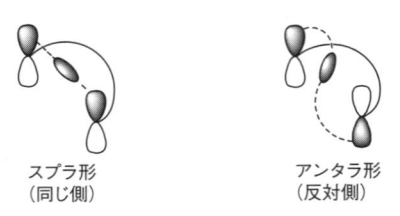

図 8.15 シグマトロピー転位におけるスプラ形とアンタラ形過程

8.2.3 軌道対称性の保存

軌道対称理論によれば，すべての協奏過程において反応物の軌道は，必ず同じ対称性をもつ生成物の軌道に移行される．つまり反応物の軌道の対称性は，生成物の

軌道に移行される過程において，つねに保存される．

WoodwardとHoffmannによる説明では，まず初めに反応における軌道相関図を作成し，つぎに反応物と生成物の軌道の対称性が完全に一致するように反応を進行させる．軌道相関図に示された反応が対称性を保存しながら進むとき，障害が起こらない場合は**対称許容**（symmetry-allowed）であるという．一方障害がある場合は，その反応は**対称禁制**（symmetry-forbidden）である．

なお，"許容"反応とは，他の経路と比較して活性化エネルギーが低く，一方"禁制"反応とは，大きな活性化エネルギーがある過程のことをいう．

軌道相関図

軌道相関図とは，WoodwardとHoffmannがペリ環状反応を考察するために開発した理論的な手法であり，以下のように，反応物の軌道と生成物の軌道を関係づける方法である．

1. 有用な情報を得るために，少なくとも一つの開裂，あるいは生成する結合に関して，鏡面（m）や回転軸（C_2）などの適当な対称要素を選択する．
2. この要素に対して，反応物と生成物のそれぞれの軌道に対称（S）あるいは反対称（A）のいずれかを分類する．
3. 同じ対称性の軌道を結んだエネルギー相関図を作成する．
4. その結果，結合性準位から反結合性準位への交差がなければ，その反応は熱的に許容である．一方，反結合性準位への交差がある場合は，その反応は光化学的に許容である．

しかしながら，上記の手法は，多くの複雑な反応には適用できない．

FMO（フロンティア軌道）理論

FMO理論では，量子力学の原理により反応物の**HOMO**と**LUMO**について考える．FMOの結合性あるいは反結合性相互作用により，その反応が熱的に，あるいは光化学的に許容，あるいは禁制であるかが決定される．エテン，ブタジエン，ヘキサトリエンのFMOを図8.16に示す．

新しいσ結合が生成するためには，同じ位相の軌道が適切に重なる必要がある．電子環状反応において，一つのσ結合のみが生成する場合，鎖状反応物のHOMOの重なりのみを考慮すればよい．そのような重なりは，基本的にスプラ形，あるいはアンタラ形の二つのうち一つの形式である（図8.14を参照）．付加環化反応のように二つ以上のσ結合が生成する場合は，一つの反応物のHOMOともう一つの反応物のLUMOとの重なりを考慮する必要がある（§8.3を参照）．

8. ペリ環状反応

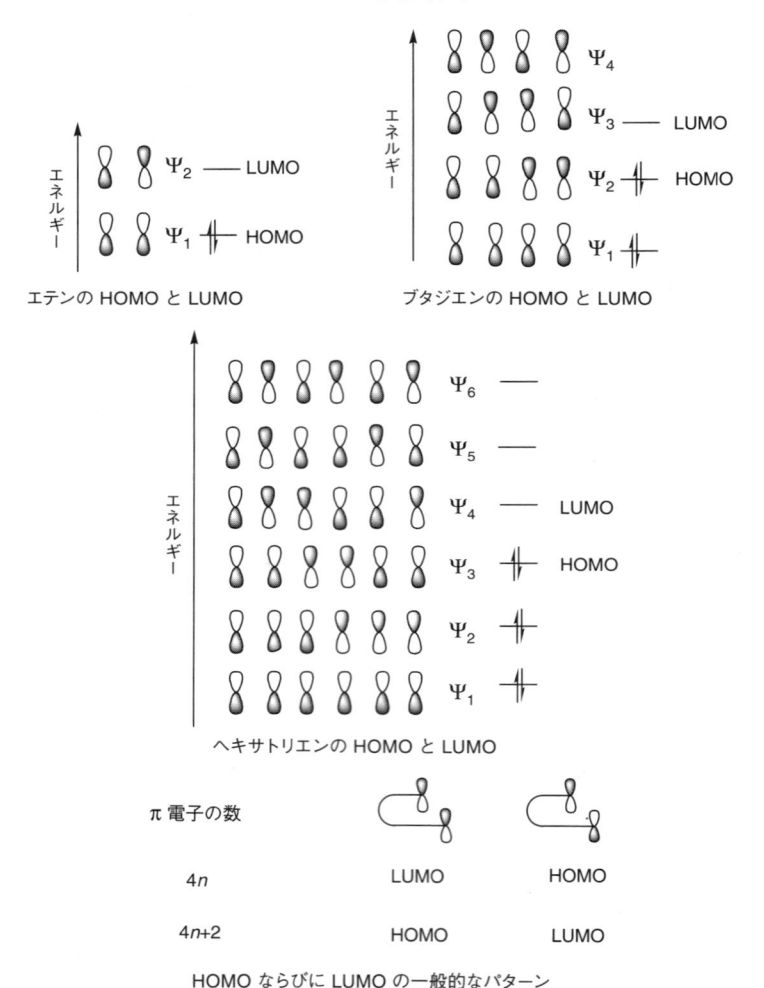

エテンの HOMO と LUMO

ブタジエンの HOMO と LUMO

ヘキサトリエンの HOMO と LUMO

π 電子の数	LUMO	HOMO
$4n$	LUMO	HOMO
$4n+2$	HOMO	LUMO

HOMO ならびに LUMO の一般的なパターン

図 8.16 反応物のフロンティア分子軌道（HOMO と LUMO）

単純な系では，HOMO と LUMO の形を容易に覚えられる．複雑な系では綿密な計算をする必要があり，FMO 法の適用がより困難になる．

FMO 法の利点は，係数の大きさに関して定量的であり，位置選択性の予測に利用できることである（図 8.33 を参照）．

芳香族型遷移状態（Hückel と Möbius のトポロジー）

Zimmerman は，"ペリ環状反応における遷移状態では，芳香族性のある電子数をもつ場合が多い"，と提唱した[9)～15)]．ここでその電子数は，軌道のトポロジーに依存する．

Hückel 芳香族性　ベンゼン分子はスプラ形のトポロジーである．これは，ベンゼンのπ電子が分子の上面，あるいは下面に沿って連続していることを意味する．もしもペリ環状反応の遷移状態が同じトポロジーであるなら，Hückel トポロジーと似ているという（図 8.17）．

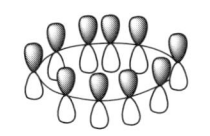

図 8.17　Hückel トポロジー

ペリ環状反応におけるスプラ形，あるいは Hückel 遷移状態は対称面と関係しており，遷移状態において環状に共役したπ電子数が，$[4n+2]$（Hückel 則で $n = 0, 1, 2, \cdots$）と等しい場合に，特に望ましい．

Hückel は，環状のπ共役電子系が光照射され，第一励起一重項，あるいは三重項電子状態になった場合に，環状に共役したπ電子数が $[4n]$ であると特に安定であることも示している．したがって，電子数が $[4n]$ である場合，光化学的に活性化されたペリ環状反応は，Hückel 遷移状態を経てスプラ形で進行する．

Möbius 芳香族性　アンタラ形は，Möbius トポロジー（August Ferdinand Möbius にちなんで命名された）に似ている．環状アルケンを細長い切れ端と考え，

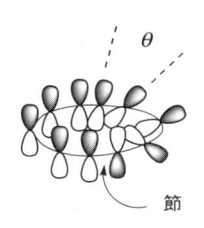

図 8.18　Möbius トポロジー

そのπ電子系を 180 度ひねることによりアンタラ形になる．その結果，得られる生成物に二回回転対称軸が創製される．Möbius 芳香族性には，軌道全体のねじれによって一つの節があり，隣りの軌道と θ の角度で少しずつねじれている（図 8.18）．

1964 年に Edgar Heilbronner は，Möbius 系とよばれるねじれた系に，$4n$ 個のπ共役電子がある場合に，芳香族性があることを導き出した．最近まで，そのような具体的な分子は確認されなかったが，[12]，[16]，[20]アヌレンのエネルギーの高い立体配座のなかのいくつかが，上記の Möbius 形式の構造であると推定された．実際に 2003 年に初めて安定な [16]アヌレンの結晶構造解析が報告され，さらにMöbius 形式で存在するヘテロアヌレンも同定された．

励起された Hückel 芳香族性化合物と同様に，$4n$ 個ではなく $4n+2$ 個のπ電子をもつ Möbius 形式の分子が励起され，一重項，あるいは三重項励起状態になった場合，芳香族性があると考えられる．

Hückel 芳香族性化合物の例として，三重項励起状態である $C_8F_8^{2-}$（ペルフルオロシクロオクタテトラエンのジアニオンで $[4n+2]$ π電子系である）があげられる．

遷移状態に関して，許容反応は芳香族型遷移状態を経て進行し，一方禁制反応は，遷移状態が反芳香族性なので進行しない．

Hückel ならびに Möbius トポロジーに基づく規則を以下にまとめる．

1. 環状のπ共役電子数が $[4n+2]$（$n=0,1,2,\cdots$）である場合，スプラ形でHückel トポロジーを経て，**熱的な**ペリ環状反応が進行する．
2. 環状のπ共役電子数が $[4n]$（$n=0,1,2,\cdots$）である場合，スプラ形で Hückelトポロジーを経て，**光化学的な**ペリ環状反応が進行する．
3. 環状のπ共役電子数が $[4n]$（$n=0,1,2,\cdots$）である場合，アンタラ形でMöbius トポロジーを経て，**熱的な**ペリ環状反応が進行する．
4. 環状のπ共役電子数が $[4n+2]$（$n=0,1,2,\cdots$）である場合，アンタラ形でMöbius トポロジーを経て，**光化学的な**ペリ環状反応が進行する．

8.3 付加環化反応

付加環化反応は，ペリ環状反応のなかでもきわめて重要であり，二つのπ結合が，両端で二つのσ結合に変換されることにより，二つの不飽和結合をもつ分子が結合する．付加環化反応は協奏反応（つまり中間体が生成しない反応）であるが，二つの結合が同時に生成しない場合もある．すなわち，反応する二つの基質の部分的な電荷分布の違いにより，一つの結合の生成が，もう一方よりも先行する場合がある．

8.3.1 [4+2]付加環化反応

付加環化反応の古典的な例が **Diels-Alder 反応**[16)~19)] であり，六員環が生成する．Diels-Alder 反応の一例としてブタ-1,3-ジエンとエテンの反応があげられ，シクロ

8.3 付加環化反応

ヘキセンが得られる．ブタ-1,3-ジエンは四つのπ電子をもつπ共役系であり，エテンは2π電子系である．したがって，ブタ-1,3-ジエンとエテンの反応によりシクロヘキセンが得られるDiels-Alder反応は，[4+2]付加環化反応と表記される．

ブタ-1,3-ジエン　　エテン　　シクロヘキセン
（ジエン）　　（ジエノフィル）

Diels-Alder反応において，4π電子系は**ジエン**（diene），2π系は**ジエノフィル**（dienophile，求ジエン体）とよばれる．反応する官能基がジエンやアルケン以外の場合も，これらの用語は[4+2]反応系において使用される．

逆付加環化反応　　多くの付加環化反応は，少し加熱すれば活性化エネルギー障壁を越えて進行する．しかしながら加熱し過ぎると，平衡は**逆環化**（cycloreversion），すなわち**逆付加環化反応**（retrocycloaddition）の側へ寄る．たとえばシクロペンタジエンは，自分自身との間でゆっくり付加環化反応が進行する．すなわち，1分子のシクロペンタジエンがジエンとして，もう一方のシクロペンタジエンが2π電子のジエノフィルとして反応し，*endo*-トリシクロ[5.2.1.0]デカ-3,8-ジエン（**8.4**）が得られ，これは通常ジシクロペンタジエンとよばれる．この生成物**8.4**を150℃で1時間加熱するとシクロペンタジエンに戻る．

8.4

ジエンとジエノフィル　　Diels-Alder反応は，ジエンが電子豊富で，ジエノフィルが電子不足の場合により効率的に進行する．結合生成部位が立体的に嵩高い場合には反応が遅い，あるいは進行しない．ジエン上の電子供与性基は反応を促進する．またシアノ基，カルボニル基，ニトロ基などの電子求引性基を導入するとジエノフィルは電子不足になる．

Diels-Alder反応は1段階反応であり，ジエン部分は両端の炭素（すなわちC-1とC-4）がジエノフィルとの間で同時に結合を形成するためには**s-シス配座**（sとは，二つの二重結合をつなぐ単結合を示す）をとらなければならない．非環状ジエンにおいて，多くの場合末端の置換基の立体障害のため，s-シス配座より**s-トランス配座**の方が安定である．しかし両者の間には，一般的につぎに示すように速い平衡がある．

したがって，s-シス配座をとることができないジエンは，Diels-Alder 反応において反応物として使用することができない．

Diels-Alder 反応におけるエンド対エキソ配置　Diels-Alder 反応により架橋型二環性付加体が生成し，その二環性骨格内に不飽和部分がある場合，"主生成物は通常速度論的に有利なエンド体である"，というのが **Alder のエンド則**（Alder's endo rule）である．

マレイン酸無水物とシクロペンタジエンの反応により，Diels-Alder 付加体としてエンド体 **8.5** が得られる．このエンド体 **8.5** は，190℃で加熱すると熱力学的により安定なエキソ体 **8.6** に変換される．

8.3 付加環化反応

エンド付加とエキソ付加では，下式に示すようにジエンとジエノフィルが近づく方向が異なり，したがって遷移状態の配置も異なる．

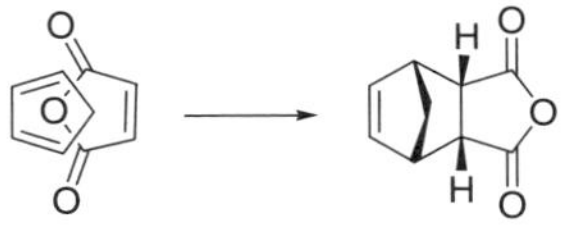

エンド体 8.5 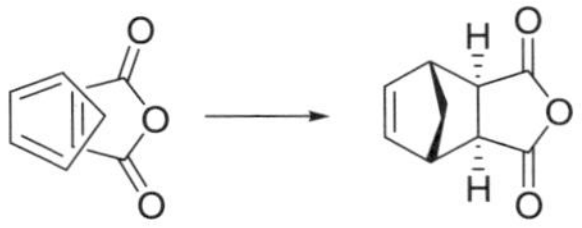　　　　　　　　　　エキソ体 8.6

溶　媒　Diels-Alder 反応では，ジエンとジエノフィルの両方を溶解する溶媒を必要としない．炭化水素系溶媒がよく使用される．一方，水を溶媒として使用した場合反応が加速され，エンド選択性が向上する[20),21)]．その理由は，水が反溶媒（antisolvent）として働き，水に溶解しない反応物が油状滴の中で凝集し，結果としてジエンとジエノフィルがきわめて近づくからである．

位置選択性と立体選択性　付加環化反応において，用いる両基質がともに非対称である場合，付加環化体として二つの位置異性体が考えられる．Diels-Alder 反応の場合，1位あるいは2位に置換基をもつジエンと，一置換ジエノフィルの反応において位置異性体が生じる．それらを二置換ベンゼンの場合にならって，オルト，メタ，パラ体とよぶ場合がある．

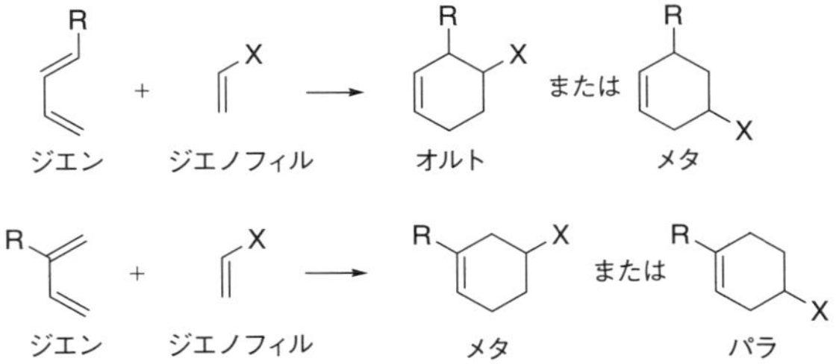

ジエン　＋　ジエノフィル　→　オルト　または　メタ

ジエン　＋　ジエノフィル　→　メタ　または　パラ

一般に1位に置換基をもつジエンは，オルト付加体を優先的に与える．たとえば，1-メトキシブタ-1,3-ジエンは，アクリロニトリルと反応し3-メトキシ-4-シアノシクロヘキセン（**8.7**）を主生成物として与える．

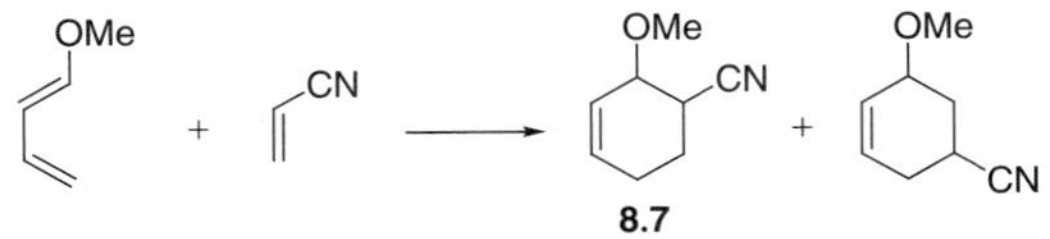

ジエン　＋　ジエノフィル　→　8.7 主生成物　＋　少量生成物

一方2位に置換基をもつジエンは，パラ付加体を主生成物として与える．たとえば，2-メチルブタ-1,3-ジエンはアクリル酸メチルと反応し，**8.8** を主生成物として与える．なお Diels-Alder 反応はルイス酸触媒により促進され，生成物 **8.8** の収率が向上する（スキーム 8.1）．

スキーム 8.1

またルイス酸触媒を用いた場合，Diels-Alder 反応の位置選択性が変わることもある．

付加環化反応では，ジエンとジエノフィルの両方の置換基の配置に関して立体特異的である．すなわち，反応物の相対立体配置は生成物の付加環化体において保持される．下式に示したブタ-1,3-ジエンと cis-ジニトロエテン，あるいは trans-ジニトロエテンの反応において，ジエノフィルのニトロ基のシスとトランスの関係は，六員環生成物である **8.9**，**8.10** において保持される．

以前はジエンに対しても，ジエノフィルに対してもシン（syn）という用語を使用していた．現在ではその代わりに両反応物の平面性に注目し，いずれの場合も結合がスプラ形であるという．この立体特異性は，1位と4位の結合が同時に生成していることを意味する（図 8.19）．

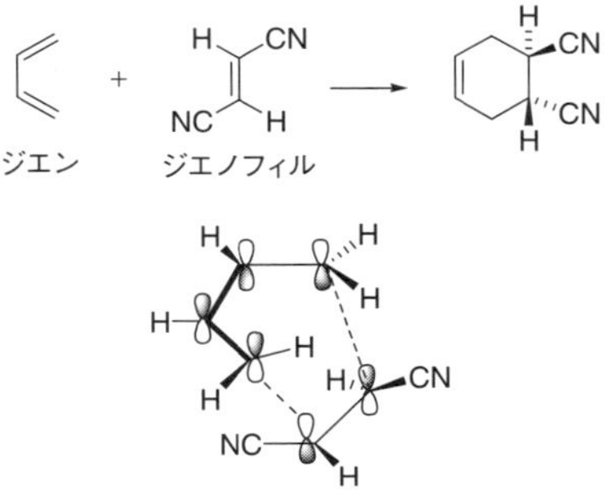

図 8.19

8.3.2 [2+2]付加環化反応

エテンの二量化によりシクロブタンが得られる反応は，[2+2]付加環化反応であるが，熱条件では正反応も，逆反応も進行しない．しかしながら，光照射条件では[2+2]付加環化反応が進行する．たとえば-65℃で紫外光を照射した場合，エテンと無水マレイン酸の反応が進行し，シクロブタンジカルボン酸無水物（**8.11**）が収率77％で得られる．

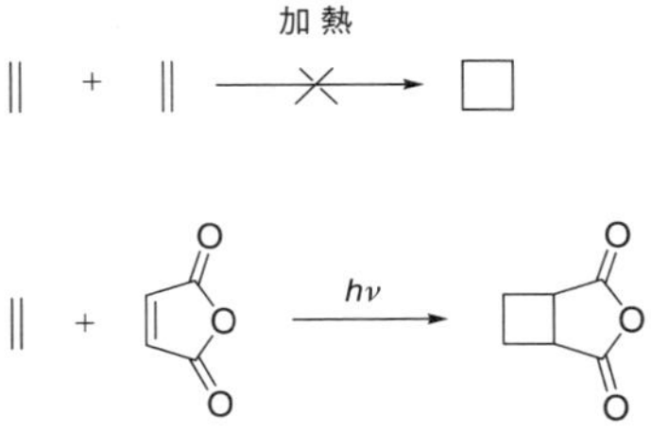

8.3.3 1,3-双極付加環化反応

五員環の複素環を与える [3+2]付加環化反応は，双極付加環化反応に分類される[22),23)]．1,3-双極付加環化反応には，Diels-Alder 反応と同様に二つの反応部位がある．ジエンの類縁体といえるヘテロ原子をもつ双極性化合物と，ジエノフィル類縁体である求双極子体である．ヘテロ原子をもつ双極性（1,3-双極子）化合物の例として，オゾンやジアゾメタンがあげられる．

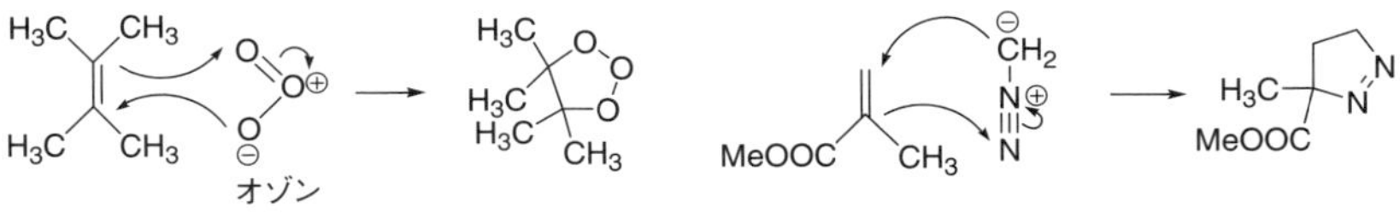

8.3.4 理論的解釈

付加環化反応は，反応物の π-MO により説明できる．

軌道相関図

相関図により付加環化反応を説明できる．すなわち軌道対称理論によれば，反応物の軌道対称性は，反応後の生成物の軌道でも保存されなければならない．

2分子のエテンからシクロブタンが得られる付加環化反応を単純な例として考察する．対称面 m と C_2 軸に関して，反応物と生成物のすべての MO が対称（S）であるか，反対称（A）であるかを決定する．これらの対称性がわかれば，反応物と生成物の軌道の相関性がわかり，同じ対称性の軌道が関連づけられる．おそらく二つのエテン分子が平行な面上で（すなわち垂直方向で）反応する．二つの対称面（鏡面）があり，一つは分子の π 電子系を二分し（平面1，垂直方向），もう一方は相互作用する分子間の面（平面2，水平方向）である（図 8.20）．

それぞれのエテン分子には，結合性の π 軌道と反結合性軌道の π^* 軌道の二つの MO がある．シクロブタンを与えるために，二つのエテン分子の軌道の相互作用には四つのパターンが考えられる．

[2+2]付加環化反応の過程で，二つのエテン分子の四つの π 軌道は，シクロブタンの四つの σ 軌道に変換される（図 8.20）．

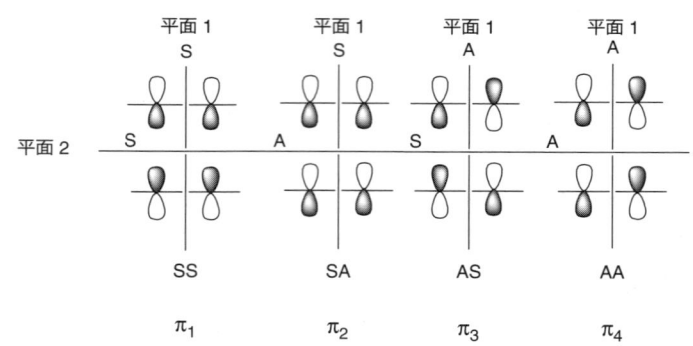

図 8.20 二つの対称面1，2に関して，2分子のエテン分子の軌道間で考えられる相互作用

一方，生成物であるシクロブタンの軌道に関して，エテンの相互作用で考察した場合と同じ平面で考察する（図 8.21）．

8.3 付加環化反応

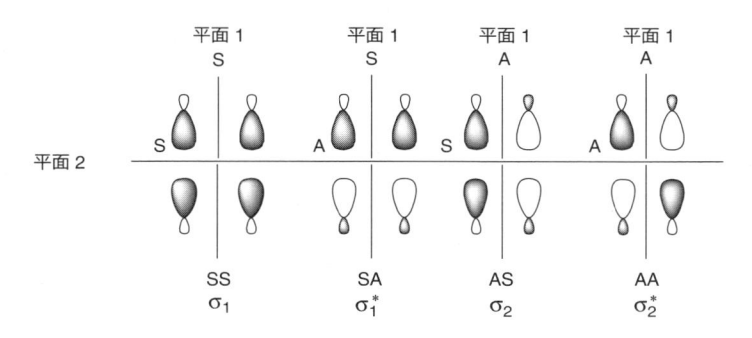

[figure: 平面1/平面2 with SS σ₁, SA σ₁*, AS σ₂, AA σ₂* orbital diagrams]

図 8.21 シクロブタンの σ 結合の対称性

二つのエテン分子の四つの π 軌道とシクロブタンの四つの σ 軌道の対称性を比較することにより，エテン-シクロブタン変換反応における軌道相関図を作成することができる（図 8.22）．

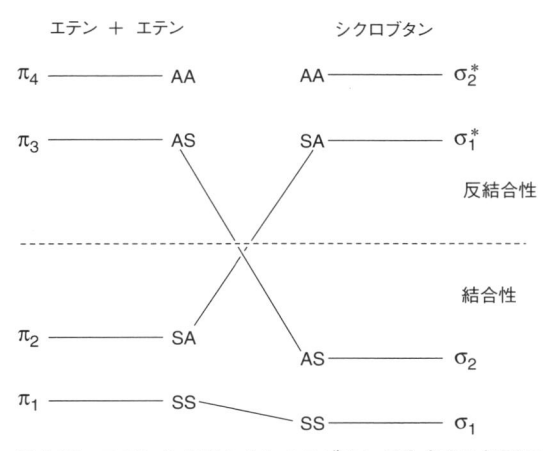

[correlation diagram:
エテン + エテン ── シクロブタン
π_4 ── AA   AA ── σ_2^*
π_3 ── AS   SA ── σ_1^* 反結合性
─────────────────────────
                                          結合性
π_2 ── SA   AS ── σ_2
π_1 ── SS   SS ── σ_1
]

図 8.22 エテン 2 分子からシクロブタンが生成する相関図

反応物の結合性軌道と生成物の反結合性軌道に相関性がある．しかしながら，軌道対称性は保存されなければならないので，基底状態の二つのエテン分子が協奏過程で反応し，基底状態のシクロブタンを与えることはできない．また逆に，シクロブタンが協奏過程で開環し，二つのエテン分子を与えることもない．

図 8.22 に示した相関図を見ればわかるように，[2+2] 付加環化反応は**熱的禁制**（thermally forbidden）である．

しかしながら，エテン分子の1電子が反結合性軌道に励起すれば，反応における対称性による障害はなくなる．すなわち，[2+2]付加環化反応は**光許容**（photochemically allowed）である．

[4+2]付加環化反応　　この反応の遷移状態では，反応する末端部分ができるだけ近づくために，ジエンとジエノフィルが平行な面上にあると考えられる．したがって，ジエンとジエノフィルは図8.23のようにそれらを二分する対称面で近づくのが最も妥当である．

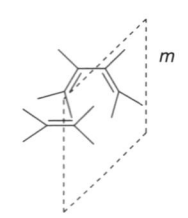

図8.23　[4+2]付加環化反応におけるブタジエンとエテンの対称性のある近づき方

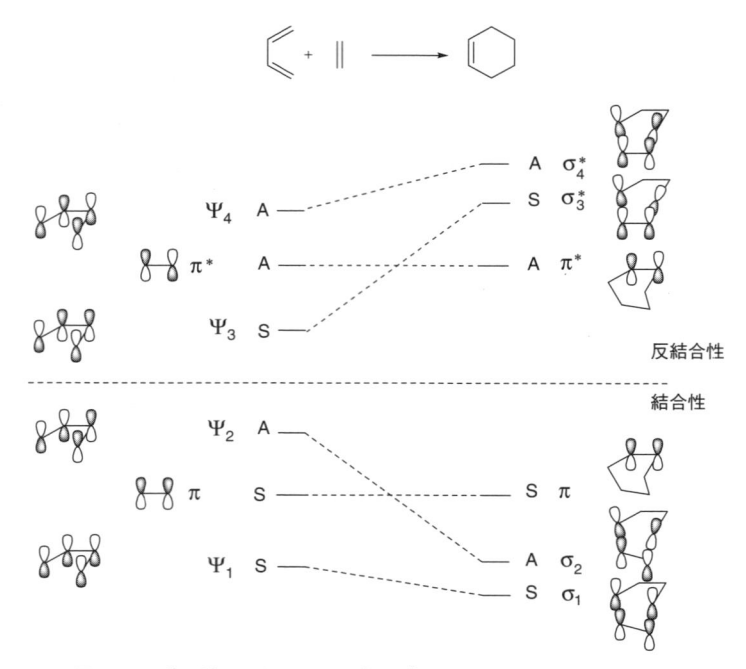

図8.24　ブタジエンとエテンの[4+2]付加環化反応における相関図

この場合には，反応物のすべての結合性のエネルギー準位が，生成物の結合性のエネルギー準位と相関しており，結合性と反結合性軌道の間に存在する大きなエネルギー差を超えた相関関係はない．ジエンとジエノフィルを二分する対称面（m）を基準にまとめた[4_s+2_s]付加環化反応の軌道相関図を図 8.24 に示す．

軌道相関図を見ればわかるように，[4+2]付加環化反応は熱許容であり，光禁制である．

一般的に付加環化反応における軌道相関図はもっと複雑であるため，これ以上この手法による考察は行わないこととする．

フロンティア軌道理論[24]

フロンティア軌道論によれば，付加環化反応が進行するためには，つぎの二つの条件がある．1）一方の分子の HOMO から，もう一方の分子の LUMO へ電子が提供されること．2）相互作用する軌道の対称性が同一であること，言い換えるとそれぞれの反応物の MO の末端の p 軌道の位相が合っていること．したがって，付加環化反応の場合，フロンティア軌道理論では，まず相互作用しうる1分子の HOMO と別の分子の LUMO を選択し，HOMO から LUMO への電子の移動が起こる．

[2+2]付加環化反応

[2+2]付加環化反応では，2分子の反応の仕方として立体的に以下の四つの組合わせが考えられる（図 8.25）．すなわち，スプラ形-スプラ形（**A**），アンタラ形-アンタラ形（**B**），スプラ形-アンタラ形（**C**），アンタラ形-スプラ形（**D**）であり，それぞれ反応物の性質により立体化学的に異なる生成物が得られる．

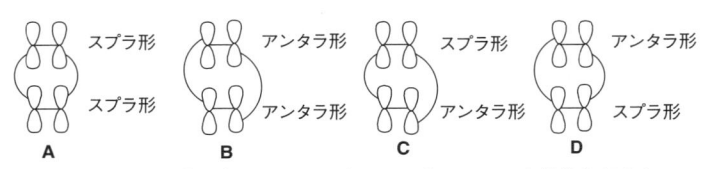

図 8.25 付加環化反応における2分子の反応における立体的な組合わせ

フロンティア軌道理論による解釈では，基底状態，すなわち熱的条件では，一つのエテンの LUMO（π^*）と別のエテンの HOMO（π）は，スプラ形-スプラ形[2_s+2_s]付加環化反応において位相が合っていない（図 8.26）．したがって，熱的条件では**対称禁制**（symmetry forbidden）である．同様に，アンタラ形-アンタラ形でも対称禁制である．一方，アンタラ形-スプラ形あるいはスプラ形-アンタラ形

は，**対称許容**（symmetry allowed）であるが，環が小さいため反応は進行しにくい．しかしながら，1電子がHOMOからLUMOに昇位した場合，今度は励起されたアルケンのHOMO（π^*）の位相は，基底状態のアルケンのLUMO（これもπ^*）の位相と一致するため，スプラ形-スプラ形［2_s+2_s］は，**光化学的に対称許容**（photochemically symmetry allowed）である．

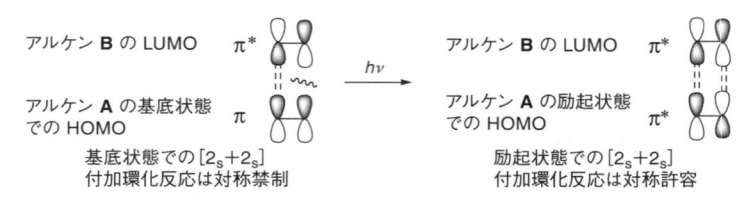

図8.26 ［2+2］付加環化反応におけるフロンティア軌道

基底状態における協奏的［2+2］付加環化反応は，アレンやケテンのように通常のアルケンと比べて立体的な嵩が小さい場合にのみ進行する．

［4+2］付加環化反応

ジエノフィルであるアルケンは，π結合中に2電子をもっている．したがって，フロンティア軌道理論によれば，図8.16に示したようにHOMOとLUMOがある．同様に，共役π電子系中に四つの電子をもつジエンにも図8.16に示したようにHOMOとLUMOがある．最も典型的な状況としては，ジエノフィルである二重結合上に電子求引性基（X）があり，ジエン上に電子供与性基（R）がある場合である．通常の電子要請での結合相互作用では，電子がジエンのHOMO（Ψ_2）からジエノフィルのLUMO（π^*）に流れる．［4+2］付加環化反応において考えられうるいくつかの組合わせを図8.27に示した．

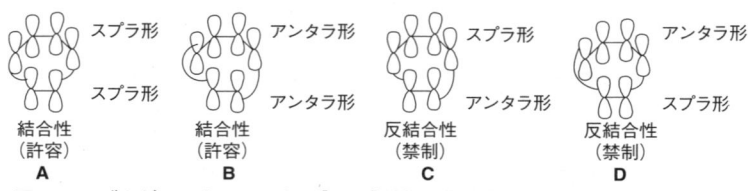

図8.27 ブタジエンとエテンとの［4+2］付加環化反応における立体的な組合わせ

ジエンとジエノフィルの末端の位相を見れば，スプラ形-スプラ形のHOMOとLUMOの相互作用において位相が合っているこがわかる（図8.28）．したがって，

スプラ形-スプラ形 [4_s+2_s] 付加環化反応は熱的許容である.

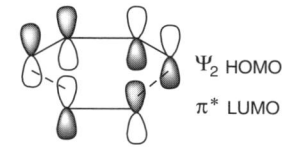

Ψ_2 HOMO
π^* LUMO

図 8.28 通常の電子要請では,熱的 [4_s+2_s] 付加環化反応は対称性が合っている

アンタラ形-アンタラ形の組合わせでも許容であるが,立体的に困難であり,実際にそのような反応は知られていない.アンタラ形-スプラ形,スプラ形-アンタラ形は**対称禁制**である.

逆電子要請型の反応,すなわちジエンの LUMO（Ψ_3）とエテンの HOMO（π）もスプラ形-スプラ形の相互作用として位相が合っており,**対称許容**である（図 8.29）.

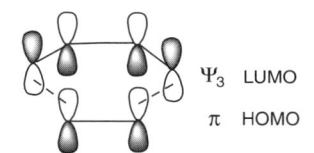

Ψ_3 LUMO
π HOMO

図 8.29 逆電子要請型でも,熱的 [4_s+2_s] 付加環化反応は対称性が合っている

ジエノフィルの LUMO（π^*）とジエンの励起状態の HOMO（つまり基底状態での LUMO）（Ψ_3）の対称性は合わないので,光化学的には,通常の電子要請の [4_s+2_s] 過程は**対称禁制**である（図 8.30）.

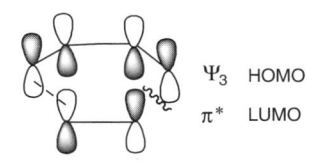

Ψ_3 HOMO
π^* LUMO

図 8.30 通常の電子要請では,光化学的 [4_s+2_s] 付加環化反応は対称性が合っていない

同様に,フロンティア軌道理論によれば [6_s+2_s] スプラ形の付加環化反応は,熱条件では**対称禁制**である（図 8.31）.

図 8.28〜図 8.31 に示した付加環化反応のフロンティア軌道の相関図では,軌道のローブの大きさ（係数）は同じである.しかしながら実際には大きさは異なる（図 8.32）.係数は π 軌道の波動関数に由来しており,置換基により非対称なジエンやジエノフィルの軌道の係数は異なる.実際に軌道係数を計算すると,Diels-Alder 反応における位置選択性を説明することができる.すなわち,反応においては位相

8. ペリ環状反応

図8.31 [6+2]スプラ形付加環化反応は熱条件では対称禁制である

のみならず，係数の大小も一致する必要がある（図8.32）.

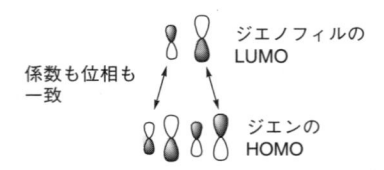

図8.32 [4+2]付加環化反応

1-メトキシブタ-1,3-ジエンの係数を計算すると，末端の係数は，+0.3 と -0.58（あるいは -0.3 と +0.58）である．一方アクリロニトリルの係数は +0.2 と -0.66（あるいは -0.2 と +0.66）である．付加環化反応は位相が一致（必須条件）し，かつ係数の大小関係が一致するように進行する．つまり，+0.3 と +0.2，-0.58 と -0.66

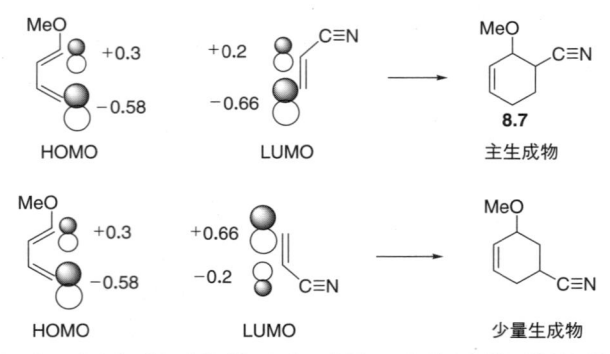

図8.33 1-メトキシブタ-1,3-ジエンとアクリロニトリルの[4+2]付加環化反応

8.3 付加環化反応

である.その結果,結合性相互作用におけるジエンとジエノフィルの望ましい配置が決定され,それは反応の位置選択性と同じである(図8.33).

ジエンやジエノフィルのπ軌道の係数の計算法は本書の範囲を超えているが,多くの場合に適用可能な位置選択性を予想する簡単な方法がある.ジエンやジエノフィルが,それぞれの端でラジカル反応により結合した場合に生成しうる4種類のジラジカルを考えるとわかりやすい.ただしこの方法は,単に位置選択性を予測する簡便法であり,多くの Diels-Alder 反応は協奏的に進行し,ジラジカル中間体を経由して進行するのではない.

フロンティア軌道理論によれば,置換基の違いによる Diels-Alder 反応の反応速度についても説明できる.ジエン上の電子供与性基(R)により HOMO エネルギー準位が上昇し,ジエノフィル上の電子求引性基(X)により LUMO エネルギー準位が低下し,結果として両軌道のエネルギー準位が近づく(図8.34).軌道間のエ

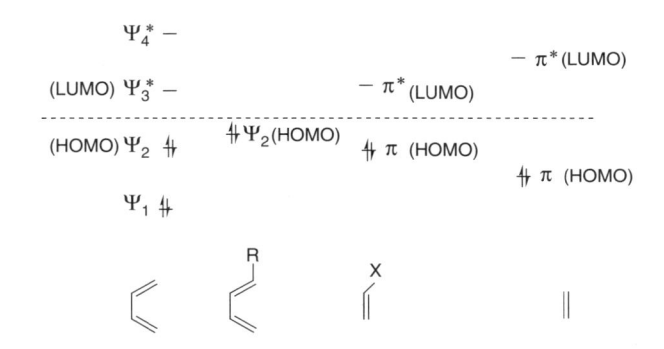

図8.34 ジエンやジエノフィル上に置換基がある場合,フロンティア軌道のエネルギー準位が変化する

ネルギー準位の差が小さければ小さいほど,遷移状態のエネルギー準位が低下するので,より強く相互作用する.つまり,ジエノフィル上に電子求引性基がある場合やジエン上に電子供与性基がある場合に,反応は加速される.

芳香族型遷移状態理論

Hückel 則によれば,芳香族化合物とは環状化合物でその環内に $[4n+2]$ 個のπ電子をもつ化合物である.$[4+2]$付加環化反応では,ブタジエンの四つのπ電子とエテンの二つのπ電子が含まれており,遷移状態では六つの電子がある.したがって,$[4+2]$付加環化反応は芳香族型遷移状態を経ている.

```
4π 電子  ⟍⟋         遷移状態         
2π 電子   =    →   (6π 電子)   →   ⬡
```

ブタジエンとエテンの両方のπ電子は,スプラ形で軌道が重なっている(図 8.35).したがって [4_s+2_s] 付加環化反応は**熱的許容**(表 8.1 の規則を参照)である.しかしながら,反応が**光化学的に誘導される**(photochemically induced)場合は,逆に禁制である.

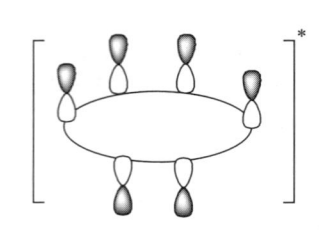

図 8.35

表 8.1　付加環化反応の規則

反応形式	熱　的	光化学的
$\pi 2_s + \pi 2_s$	禁 制	許 容
$\pi 2_s + \pi 4_s$	許 容	禁 制
$\pi 2_s + \pi 2_a$	許 容	禁 制
$\pi 2_s + \pi 4_a$	禁 制	許 容
$\pi 2_a + \pi 2_a$	禁 制	許 容
$\pi 2_a + \pi 4_a$	許 容	禁 制

[2+2]付加環化反応の場合,遷移状態では四つのπ電子がある.したがって,Hückel 遷移状態(スプラ形)では反芳香族性であり,**熱的禁制**である(図 8.36).

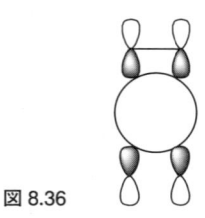

図 8.36

8.4 電子環状反応

　電子環状反応とは，π共役電子系の協奏的環化反応であり，一つのπ結合が環形成を伴ってσ結合に変換される．その逆反応は，電子環状開環反応とよばれる．たとえばヘキサ-1,3,5-トリエンは，加熱することにより電子環状閉環反応が進行し，シクロヘキサ-1,3-ジエンに変換される．逆電子環状反応により，シクロヘキサ-1,3-ジエンは開環し，ヘキサ-1,3,5-トリエンに変換される．

ヘキサ-1,3,5-トリエン　シクロヘキサ-1,3-ジエン

　同様に，シクロブテンの熱的（150℃）電子環状開環反応により，共役ブタジエンが生成する．この反応は環ひずみの緩和を駆動力として進行する．しかしながら，逆の閉環反応は通常進行しない．光化学的な閉環は進行しうるが，立体特異性は熱的な開環反応の場合と反対である．

シクロブテン　ブタ-1,3-ジエン

　立体化学　すべてのペリ環状反応と同様に，電子環状反応も立体特異的に進行する．たとえば，*trans,cis,trans*-オクタ-2,4,6-トリエン（**8.12**）から *cis*-5,6-ジメチルシクロヘキサ-1,3-ジエン（**8.13**）へ，あるいはその立体異性体である *trans,cis,cis*-オクタ-2,4,6-トリエン（**8.14**）から *trans*-5,6-ジメチルシクロヘキサ-1,3-ジエン（**8.15**）への熱的閉環反応は，下式に示すように立体特異的に進行する．

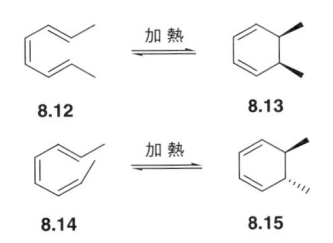

8.12　**8.13**

8.14　**8.15**

　同様に，*trans*-あるいは *cis*-3,4-ジメチルシクロブテン（**8.16** と **8.19**）の開環反応も，次ページの図のように立体特異的に進行する．

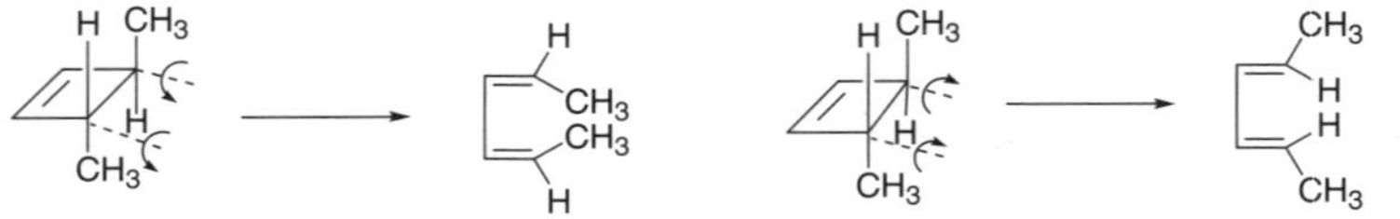

8.16 → **8.17** **8.16** → **8.18**

8.19 → **8.20** **8.19** → **8.21**

すなわち，*trans*-3,4-ジメチルシクロブテン（**8.16**）は，*cis,cis*-ヘキサ-2,4-ジエン（**8.17**）あるいは *trans,trans*-ヘキサ-2,4-ジエン（**8.18**）を与える．*cis,trans*-あるいは *trans,cis*-異性体の生成は禁制である．逆に *cis*-3,4-ジメチルシクロブテン（**8.19**）は，*cis,trans*-ヘキサ-2,4-ジエン（**8.20**）あるいは *trans,cis*-ヘキサ-2,4-ジエン（**8.21**）を与え，*cis,cis*-あるいは *trans,trans*-異性体の生成は，軌道対称性保存則から禁制である．

逆旋的ならびに同旋的回転　　時計回りでも，反時計回りでも二つの結合のまわりで同じ方向に協奏的に回転することを**同旋的回転**（conrotation）という．電子環状開環反応において，両末端のp軌道が同じ方向に回転（およそ90度回転）することを同旋的回転（アンタラ形に対応）といい，新しいσ結合が生成する．**逆旋的回転**（disrotation）（スプラ形に対応）では，両末端のp軌道が逆方向に回転する．これら二つの形式の電子環状反応を図8.37に示した．

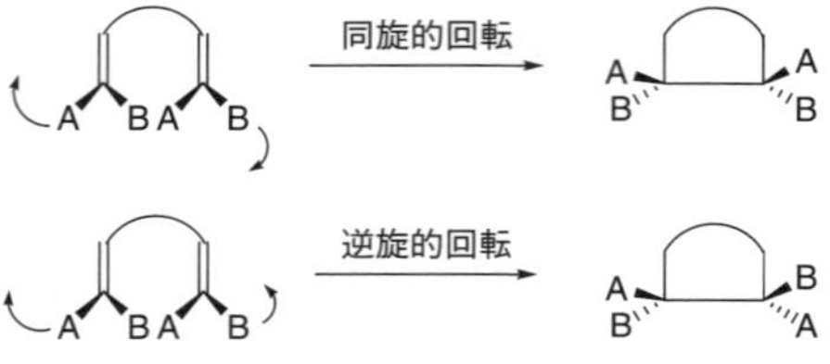

図 8.37

電子環状反応における結合の開裂や生成では，分子の対称要素のうちの一つに関しては対称である．たとえば，逆旋的な開環過程において保存される対称要素は鏡面（*m*）であり，同旋的な開環過程において保存される対称要素は C_2 である（図8.38）．

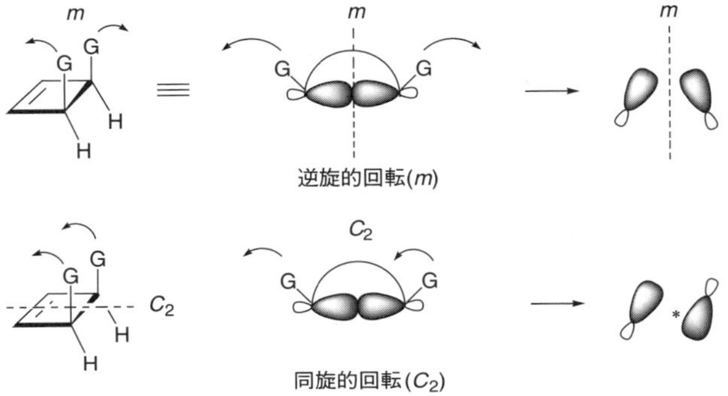

8.4 電子環状反応

逆旋的回転(m)

同旋的回転(C_2)

図 8.38

8.4.1 理論的解釈

電子環状反応における高い立体特異性の理由を以下に説明する.

軌道相関図

まず初めに，ある分子が別の分子に変換される場合，たとえば，シクロブテンとブタジエンにおいて対応する MO の変化を考える．特に反応に大きく関与する MO のみを考える必要がある．なぜなら，ほとんどの σ 結合による炭素骨格に変化はなく，これらの軌道について考慮する必要はない．

シクロブテンがブタジエンになるためには，σ, π, $π^*$, $σ^*$ の四つの MO が，ブタジエンの $Ψ_1$, $Ψ_2$, $Ψ_3$, $Ψ_4$ に変換される必要がある．この変換が完了するためには，立体化学的に異なる二つの方法，すなわち同旋的回転と逆旋的回転がある．前述したように，逆旋的閉環反応において保存される対称要素は鏡面（m）であり，同旋的閉環反応において保存される対称要素は C_2 である．

それぞれの軌道は，鏡面（m）と C_2 対称軸に関して対称（S）であるか，反対称（A）であるかに分類される．シクロブテンとブタジエンの軌道対称性を図 8.39 に示した．

同旋的過程の軌道相関図を見れば，ブタジエンの結合性軌道である $Ψ_1$ と $Ψ_2$ と，シクロブテンの結合性軌道である σ と π 軌道の間に完全な相関関係があることがわかる（図 8.40）．したがって，シクロブテンのブタジエンへの開環反応，あるいはその逆の閉環反応は**熱的許容**であり，同旋的過程により進行する．この反応において軌道の対称性は保存されている．一方，光化学的な同旋的過程は**対称禁制**である．

402   8. ペリ環状反応

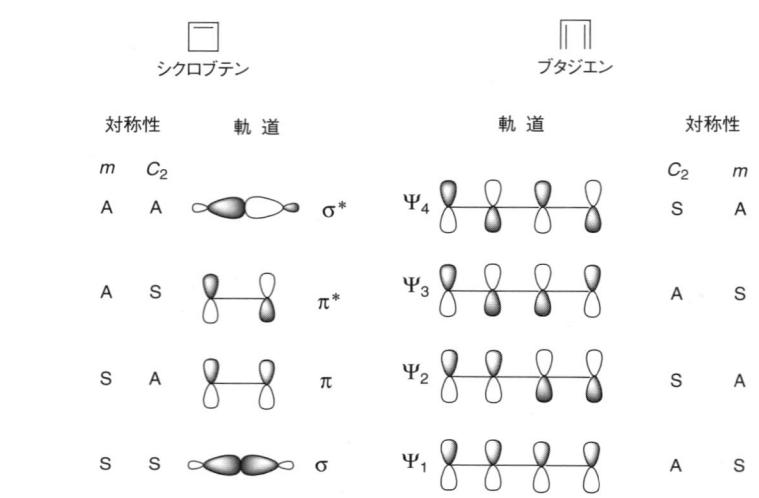

対称性		軌道		軌道		対称性
m	C_2				C_2	m
A	A	σ*	Ψ_4		S	A
A	S	π*	Ψ_3		A	S
S	A	π	Ψ_2		S	A
S	S	σ	Ψ_1		A	S

シクロブテン / ブタジエン

図 8.39

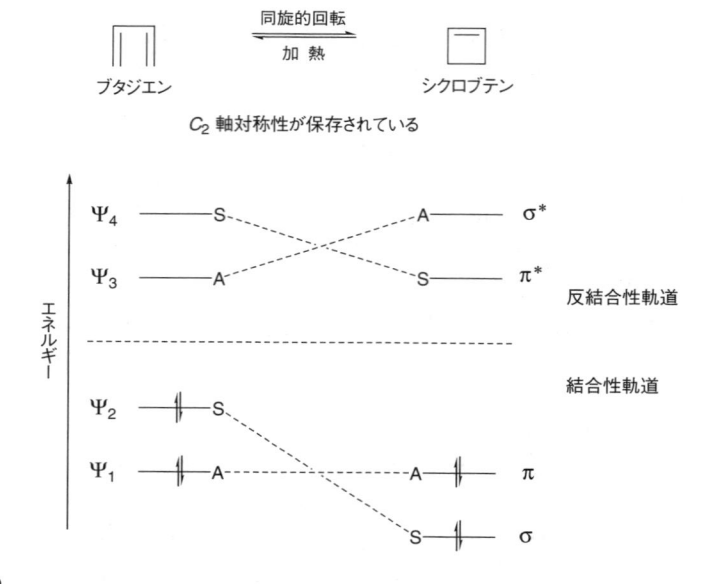

ブタジエン ⇌ (同旋的回転 / 加熱) シクロブテン

C_2 軸対称性が保存されている

図 8.40

エネルギー軸に沿って:
- Ψ_4 —S---A— σ* （反結合性軌道）
- Ψ_3 —A---S— π*
- Ψ_2 —S (電子対) ---S— σ （結合性軌道）
- Ψ_1 —A (電子対) ---A— π

8.4 電子環状反応

つぎに，鏡面対称（m）が保存されるシクロブテンからブタジエンへの逆旋的開環反応を考察する．基底状態では，反応物の軌道と生成物の軌道に完全な相関性はない（図 8.41）．したがって**熱的**な逆旋的過程は**対称禁制**である．しかしながら，ブタンジエンを光照射すると（すなわち光化学的な反応），電子が昇位して基底状態から励起状態（$\Psi_2 \to \Psi_3$）になる．この場合，シクロブテンの σ, π, π^* 軌道はブタジエンの Ψ_1, Ψ_2, Ψ_3 軌道と相関性がある．したがって，シクロブテンのブタジエンへの逆旋的開環反応，あるいはその逆の閉環反応は**光化学的**に**対称許容反応**である．

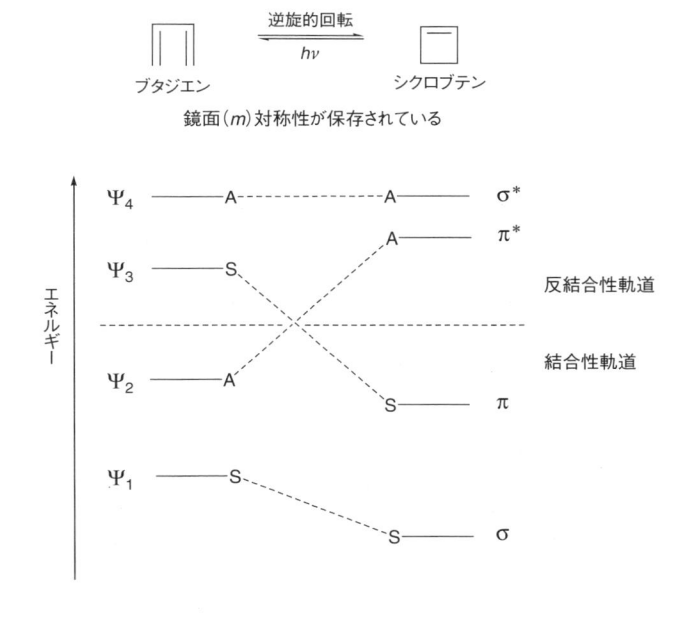

図 8.41

同旋的ならびに逆旋的過程における軌道相関図を考察すると，ブタジエンとシクロブテンの相互変換は熱的には同旋的に進行し，光化学的には逆旋的に進行することがわかる．

同様に，[$4n+2$] の π 電子系の軌道相関図を描くことができる．たとえば，ヘキサトリエンとシクロヘキサジエンの相互変換を図 8.42 に示した．それぞれの軌道は，鏡面（m）と C_2 対称軸に関して対称（S），あるいは反対称（A）に分類される．

404　　　　　　　　　　　8. ペリ環状反応

対称性		軌道			軌道		対称性
m	C_2					C_2	m
A	A	（軌道図）	σ^*	Ψ_6	（軌道図）	S	A
A	S	（軌道図）	π_2^*	Ψ_5	（軌道図）	A	S
S	A	（軌道図）	π_1^*	Ψ_4	（軌道図）	S	A
A	S	（軌道図）	π_2	Ψ_3	（軌道図）	A	S
S	A	（軌道図）	π_1	Ψ_2	（軌道図）	S	A
S	S	（軌道図）	σ	Ψ_1	（軌道図）	A	S

シクロヘキサジエン／ヘキサトリエン

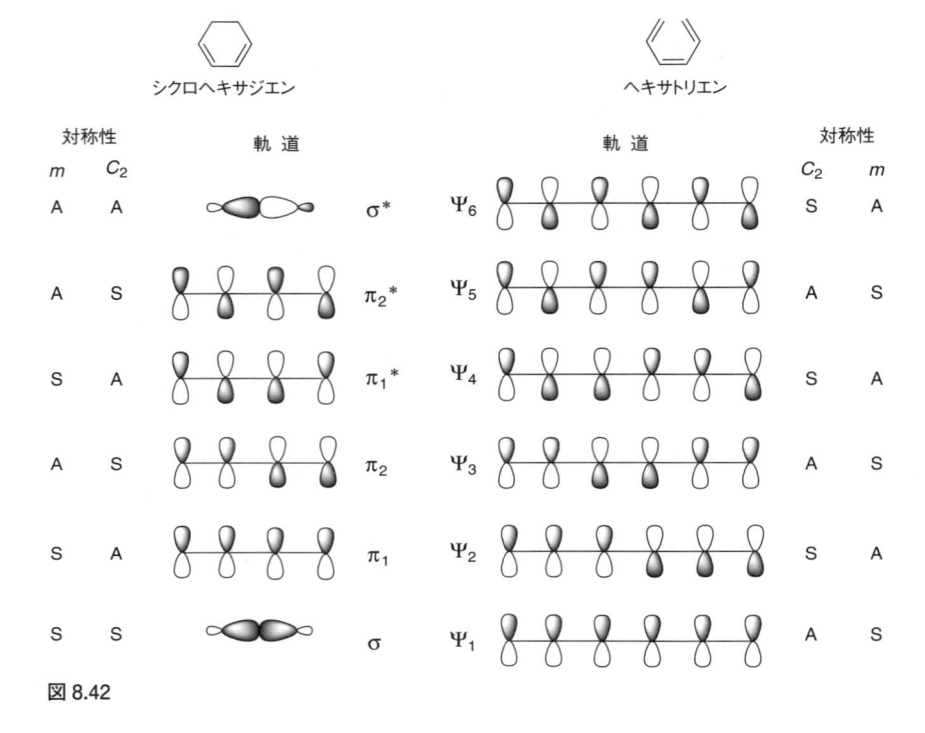

図 8.42

　鏡面対称性が保存される逆旋的過程に対する軌道相関図を見れば，反応物の結合性軌道と生成物の結合性軌道との相関関係は明らかである．したがって，この過程は**熱的許容**である（図 8.43）．

　一方，C_2 軸対称が保存される同旋的過程は**熱的禁制**であり，基底状態においてヘキサトリエンの結合性軌道とシクロヘキサジエンの結合性軌道の間に完全な相関性はない（図 8.44）．

　しかしながら，光照射すれば（光化学的には）ヘキサトリエン中の1電子が Ψ_3 から Ψ_4 に昇位され，その結果，励起状態ではヘキサトリエンのすべての軌道についてシクロヘキサジエンの軌道との間に相関関係がある．

8.4 電子環状反応

ヘキサトリエン ⇌ シクロヘキサジエン
逆旋的回転

鏡面(m)対称性が保存されている

エネルギー →

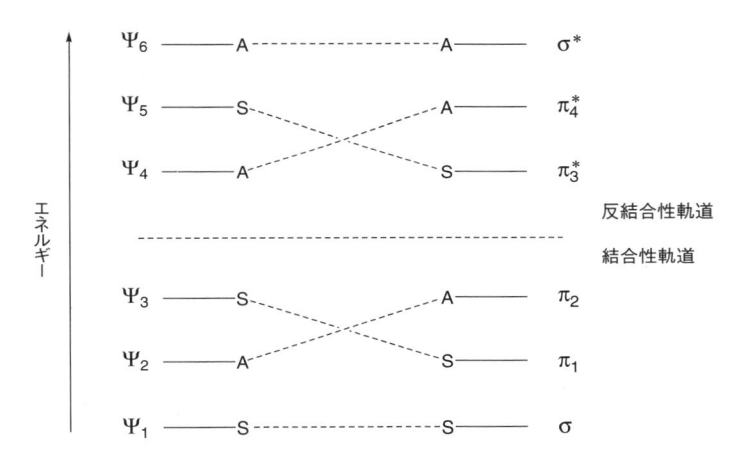

Ψ_6 —— A ------ A —— σ^*
Ψ_5 —— S ------ A —— π_4^*
Ψ_4 —— A ------ S —— π_3^*

反結合性軌道

結合性軌道

Ψ_3 —— S ------ A —— π_2
Ψ_2 —— A ------ S —— π_1
Ψ_1 —— S ------ S —— σ

図 8.43

ヘキサトリエン ⇌ シクロヘキサジエン
同旋的回転

C_2 対称性が保存されている

エネルギー →

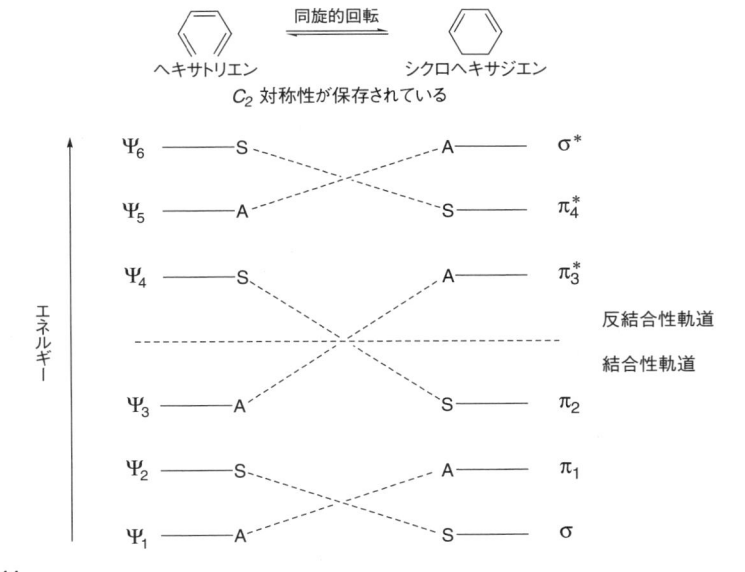

Ψ_6 —— S ------ A —— σ^*
Ψ_5 —— A ------ S —— π_4^*
Ψ_4 —— S ------ A —— π_3^*

反結合性軌道

結合性軌道

Ψ_3 —— A ------ S —— π_2
Ψ_2 —— S ------ A —— π_1
Ψ_1 —— A ------ S —— σ

図 8.44

フロンティア軌道理論

電子環状反応における立体特異性を説明するうえで，反応物と生成物のうち，（環状ではなく）鎖状分子の方の HOMO の対称性を考えるのが最も簡単な方法である．たとえばヘキサトリエンの HOMO は Ψ_3 であり，末端の軌道のローブの位相（波動関数の符号）は同じである．したがって，逆旋的回転（スプラ形の重なり）をすると，これらの末端の軌道のローブの間で σ 結合を生成できる（図 8.45）．逆に，ヘキサトリエンの HOMO の末端の軌道のローブが同旋的回転（アンタラ形の重なり）で閉環する場合，反結合性の相互作用が生じる．

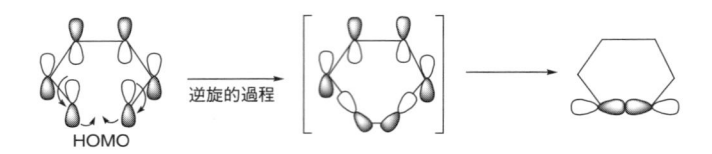

図 8.45

以上より，*trans,cis,trans*-オクタ-2,4,6-トリエン（**8.12**）を加熱すると，逆旋的な閉環により *cis*-5,6-ジメチルシクロヘキサ-1,3-ジエン（**8.13**）が得られる．

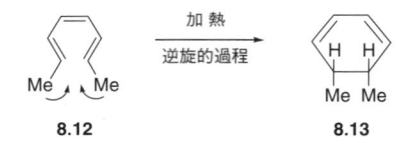

しかしながら光により活性化された場合，ヘキサトリエンは光子を受取り，電子が HOMO である Ψ_3 からその次の準位である Ψ_4 に移動する．つまりそれまで LUMO であった Ψ_4 に電子が入り，その結果 LUMO ではなく，SOMO（1 電子をもつ分子軌道：単電子被占軌道）あるいは，励起された HOMO になる．この光励起された反応系では，熱条件とは反対の形式，すなわち同旋的にトリエンの閉環反応が進行する（図 8.46）．

図 8.46

8.4 電子環状反応

実際に，*trans,cis,trans*-オクタ-2,4,6-トリエン（**8.12**）を光照射すると同旋的な閉環（アンタラ形の重なり）により，*trans*-5,6-ジメチルシクロヘキサ-1,3-ジエン（**8.15**）が得られる．

一方，ブタジエンの HOMO は基底状態では Ψ_2 であり，末端の軌道のローブの位相（波動関数の符号）は反対である．したがってこの場合は，逆旋的回転をしてもブタジエンの末端の軌道のローブの間で σ 結合が生成できないので，ブタジエンからシクロブテンへの逆旋的閉環は**熱的禁制**である．つまり，ブタジエンの HOMO の末端の軌道のローブが閉環するためには，同旋的回転である必要がある（図 8.47）．

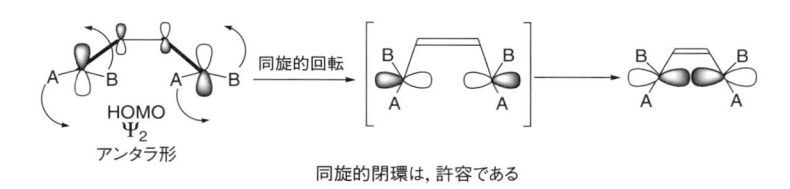

図 8.47

ブタジエンからシクロブテンへの同旋的閉環は，**熱的**条件で**対称許容**である．一方，**光化学的**条件では基底状態の LUMO が HOMO となり，逆旋的閉環が**対称許容**である（図 8.48）．

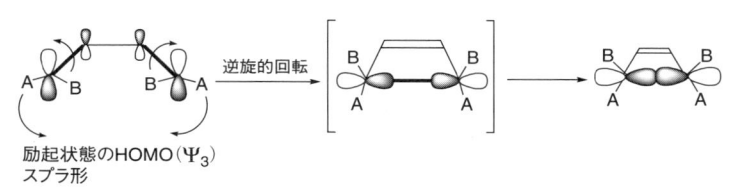

図 8.48

芳香族型遷移状態理論

下図のシクロブテンの開環を伴う電子環状反応には，電子の動きを示す矢印が二つあるので，$[4n]$系（$n=1$）である．

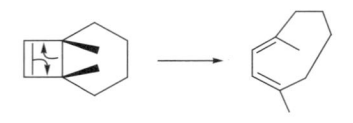

アンタラ形の部分が一つあるので，Möbius トポロジーにより加熱条件で反応は進行する．二つのメチル基は同じ方向，すなわち同旋的に回転し，一つのメチル基は環内にもう一方のメチル基は環外に配置される．一方，光化学的条件では，$4n$個のπ電子を含む系において，スプラ形（逆旋的回転）で結合生成をする Hückel トポロジーを経由して反応が進行すると予測される．

Hückel-Möbius 理論による反応解析では最も結合性が高い，すなわち最も節面の少ない状態で描いた遷移状態の略図において，完全に相互作用しうる組合わせを考える．つぎに，同旋的，あるいは逆旋的回転により結合する反応物の二つの軌道を線で結ぶ．図 8.49 にブタジエンの遷移状態モデルを示す．

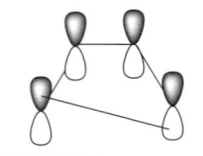

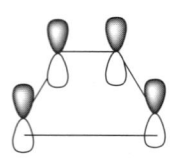

図 8.49

二つの場合について遷移状態を考察する．p軌道の節面を除いた節の数が0あるいは偶数の場合，遷移状態は Hückel トポロジーであり，$[4n+2]$個のπ電子がある場合に芳香族性である（図 8.50）．一方，それが1あるいは奇数の場合，遷移状態は Möbius トポロジーであり，$[4n]$個のπ電子がある場合に芳香族性である（図 8.50）．

8.5 シグマトロピー転位　409

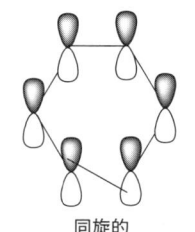

同旋的
Möbiusトポロジーの遷移状態

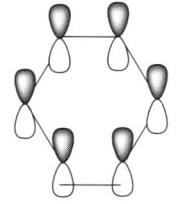

逆旋的
Hückelトポロジーの遷移状態
芳香族性で許容
六つのπ電子あり

図 8.50

　ブタジエンの場合，同旋的回転の遷移状態はMöbiusトポロジーであり，四つの電子があるので芳香族性であり同旋的過程は許容である．逆旋的回転の遷移状態はHückelトポロジーであり，芳香族性をもつためには二つ，あるいは六つの電子が必要である．しかしながら，ブタジエンには四つの電子しかないので，逆旋的過程は禁制である．

　同様にヘキサトリエンの場合のMöbiusならびにHückelトポロジーを図8.50に示した．この場合は6π電子系であり，Hückelトポロジーが芳香族性で，反応は逆旋的閉環の場合に対称許容である．

8.4.2　電子環状反応の一般則

　熱反応では，遷移状態が$4n$個の電子の場合に同旋的過程が許容であり，$[4n+2]$個の場合に逆旋的過程が許容である．光化学反応ではこの規則は通常逆である．

8.5　シグマトロピー転位

　電子環状反応と同様に，シグマトロピー転位は1分子反応であり，π電子系でσ結合が移動し，同時にπ結合が再構成される．その過程でσ結合とπ結合の総数は変わらない．シグマトロピー転位は，1) 水素，あるいはその同位体の移動を含む場合，2) 炭素やその他の元素の移動を含む場合，の二つの形式に分類できる．シグマトロピー転位は，括弧内の二つの数字 $[i,j]$ で表される（p.370脚注も参照）．ここで二つの数字は，移動したσ結合が結合している原子間の相対的距離（原子の数）であり，下記にその例を示す．

$$\underset{\text{C=C-C=C-C}}{\overset{\text{R}}{|}} \xleftarrow{\text{[1,5]移動}} \underset{\text{C-C=C-C=C}}{\overset{\text{R}}{|}} \xrightarrow{\text{[1,3]移動}} \underset{\text{C=C-C-C=C}}{\overset{\text{R}}{|}}$$

シグマトロピー転位のなかでも，[1,3] ならびに [1,5] 移動の例が多い．

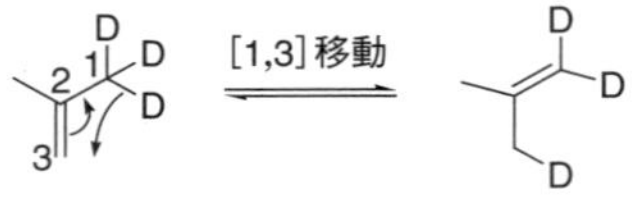

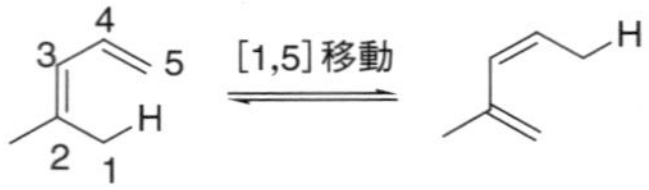

シクロペンタジエンの [1,5] 水素移動は室温で進行する．60 ℃ では移動がとても速いため，^{1}H-NMR を測定しても，1 本のピークしか観測することができない（スキーム 8.2）．

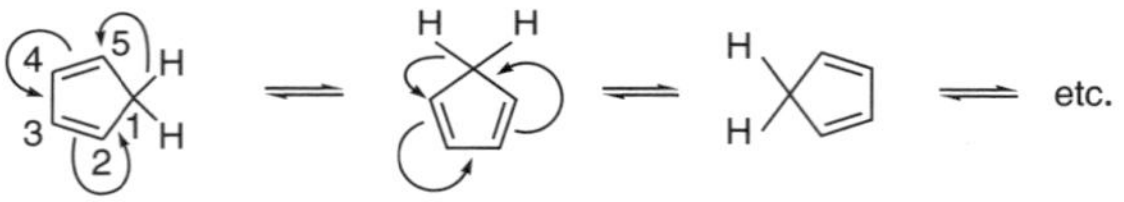

スキーム 8.2

ビタミン D$_3$（**8.24**）の生合成経路では，7-デヒドロコレステロール **8.22** の同旋的な電子環状開環反応により，プレビタミン D$_3$ **8.23** が得られ，さらにその熱的な [1,7] シグマトロピー転位により，ビタミン D$_3$（**8.24**）が生成する（スキーム 8.3）．

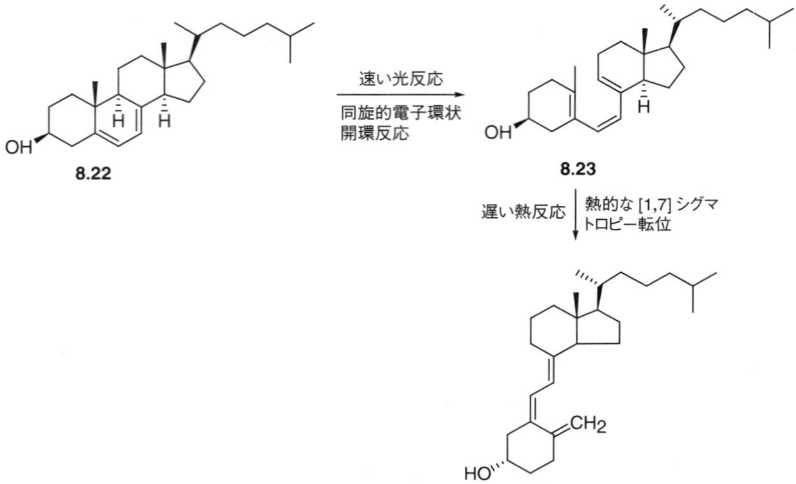

スキーム 8.3

8.5 シグマトロピー転位

シグマトロピー転位のなかでも,最も多くの形式があるのは,[3,3] ならびに [5,5] シグマトロピー転位である.これらの反応では,位置選択的に,あるいは立体選択的に炭素-炭素結合が生成するので,構造的に複雑な有機化合物を合成するために広く利用されている.

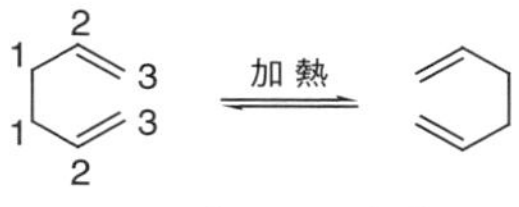

[3,3] シグマトロピー転位

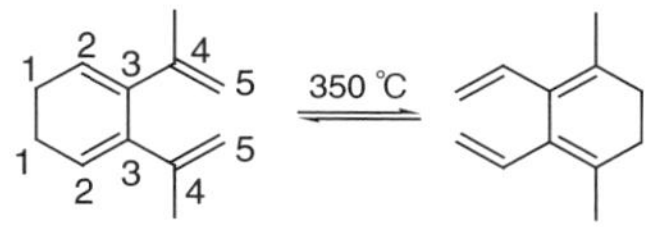

[5,5] シグマトロピー転位

ベンジジン転位[25)~28)] は,[5,5] シグマトロピー転位のなかで重要な例である(スキーム 8.4).

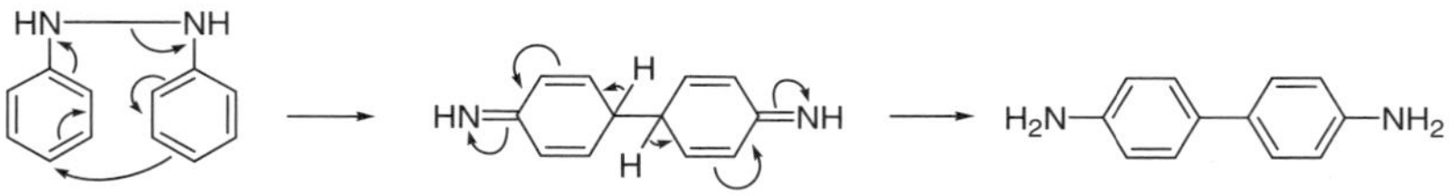

スキーム 8.4

1,5-ジエンの転位は **Cope 転位**[29),30)],またアリルフェニルエーテルあるいはアリルビニルエーテルの転位は **Claisen 転位**[31)~33)] として知られている.Cope 転位や Claisen 転位は [3,3] シグマトロピー転位であり,最もよく用いられるシグマトロピー転位である.

Cope 転位

Claisen 転位

Claisen 転位

これらの転位は,六員環の遷移状態[34)] を経る(スキーム 8.5).Cope 転位や Claisen 転位では,一般的にいす形の遷移状態が舟形の遷移状態よりも通常有利である.

いす形遷移状態

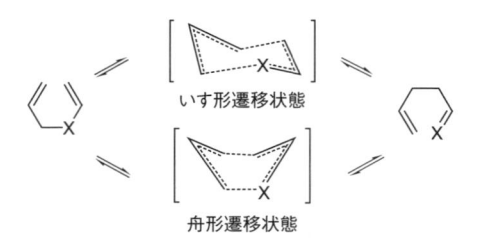

舟形遷移状態

X=CH$_2$： Cope 転位
X=O： Claisen 転位

スキーム 8.5

　これらの多くの転位反応では高温（100〜350℃）を必要とするが，触媒を用いる反応も知られている[35]．
　なかでも合成的によく用いられるのが [3,3] シグマトロピー転位であり，特にC-3 位にヒドロキシ基をもつ 1,5-ジエンを用いる Cope 転位は，**オキシ Cope 転位**として知られている（スキーム 8.6）．

スキーム 8.6

　1975 年に Evans と Golob はそれまで用いていたアルコールに代え，アルコキシドを用いた[36]．その結果反応は低温で進行し，副反応である逆エン反応が抑制されることがわかり，その後本法がより汎用な手法となった．

　塩基存在下，アルコールは対応するアルコキシドに変換され，反応が加速される．その結果 [3,3] シグマトロピー転位が，室温，あるいはさらに低温でも進行する．したがって，上記のような**アニオン性オキシ Cope 転位**（anionic oxy-Cope rearrangement）は室温付近で行われる場合が多く，種々の官能基をもつ基質でも反応が進行する官能基許容性が高い反応である．
　アニオン性オキシ Cope 転位は環拡大に用いられる（スキーム 8.7，8.8）．たとえば，原料である不飽和アルコール **8.25** からジャコウの香りをもつ有用化合物であ

8.5 シグマトロピー転位

るムスコン (**8.29**) を合成する場合に用いられる[37]. すなわち, アルコール **8.25** を塩基である水素化カリウム (KH) で処理することによりアルコキド **8.26** とし, ひき続きアニオン性オキシ Cope 転位が進行することで **8.27** が得られる. さらに **8.27** に対し Cope 転位が進行し **8.28** に変換され, 最後に還元することによりムスコン (**8.29**) が得られる (スキーム 8.7).

スキーム 8.7

別の例では, アニオン性オキシ Cope 転位により六員環が拡大し, 十員環が形成する例もある (スキーム 8.8). 六員環から十員環になると, ひずみエネルギーが増加するが, エノラートの生成が駆動力となり反応が進行する.

スキーム 8.8

水素化カリウムやヘキサメチルジシラザンのカリウム塩が, アルコキド生成のために最も頻繁に使用される金属源である[38]. 一方最近, インジウム (I) を用いることにより, シクロヘキセノンや芳香族共役ケトン **8.30** のカルボニルへの付加, さらに生成するアニオンのオキシ Cope 転位の連続反応が報告された. たとえば, 5-ブロモペンタ-1,3-ジエン (**8.31**) の芳香族共役ケトン **8.30** への付加反応により得られるインジウムアルコキシド **8.32** では, 自発的にオキシ Cope 転位[39]が進行し, **8.33** が収率 55% で得られる (スキーム 8.9).

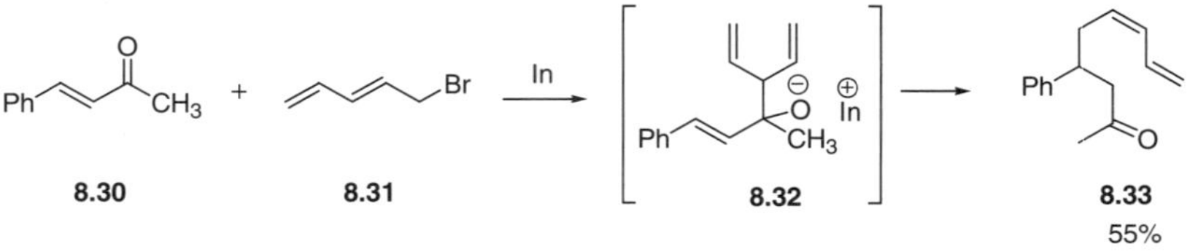

8. ペリ環状反応

スキーム 8.9

アリルアリールエーテルの Claisen 転位により得られるケトンは，芳香族性を回復するため互変異性によりエノール形になる（スキーム 8.10）．

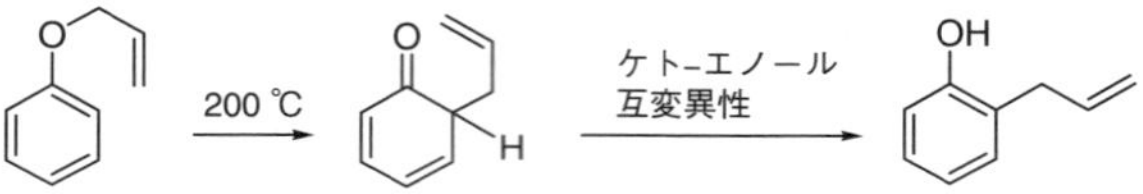

スキーム 8.10

アリルビニルエーテルの Claisen 転位により γ,δ-不飽和カルボニル化合物が得られる．R^1 がアミノ基（NR_2）である場合は，**Eschenmoser-Claisen 転位**[40),41)]，R^1 がアルコキシ基（OR）である場合は，**Johnson-Claisen 転位**[42)] として知られている（スキーム 8.11）．

$R^1 = NR_2$： Eschenmoser–Claisen 転位

$R^1 = OR$： Johnson–Claisen 転位

スキーム 8.11

R^1 がトリアルキルシロキシ基（$OSiR_3$）あるいはリチウムアルコラート（OLi）である場合は，**Ireland-Claisen 転位**[43)] とよばれる（スキーム 8.12）．

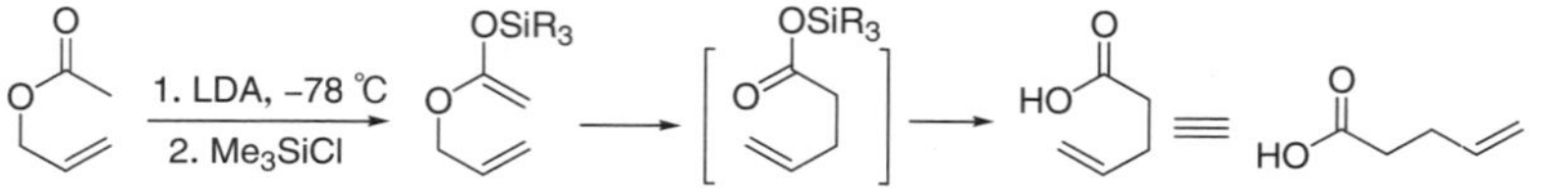

スキーム 8.12

Carroll 転位[44] を使えば，アセトン，アセチレンやアセト酢酸エチルエステルなどの市販の試薬から，6-メチルヘプタ-5-エン-2-オン（**8.34**）を合成できる（スキーム 8.13）．

スキーム 8.13

ヘテロ Claisen 転位　アリルトリクロロアセトイミダート **8.35** の転位により，アリルトリクロロアセトアミド **8.36** が得られる反応は，ヘテロ Claisen 転位の一例である[45),46)]．

アリルホスホルイミダート（**8.37**）の熱的，あるいは触媒的 [3,3] シグマトロピー転位によりホスホルアミダート（**8.38**）が得られる反応もヘテロ Claisen 転位である[47),48)]．なお生成物は種々のアリルアミンに変換できる．

8.5.1　シグマトロピー転位の考察

水素原子が移動する場合，トポロジー的にアンタラ形とスプラ形の 2 種類の移動形式がある（図 8.51）．移動の前後において，水素原子が π 電子系の同じ側にある場合は**スプラ形転位**とよばれる．一方，水素原子が一つの炭素末端の上面から別の末端の下面に移動する場合は**アンタラ形転位**とよばれる．シグマトロピー転位は環状の遷移状態を経て進行するが，それが六員環，あるいはそれよりも小さい環の場合，小員環の幾何学的な制約により移動は必ずスプラ形である．アンタラ形の移動

は大員環の遷移状態の場合にのみ起こる.

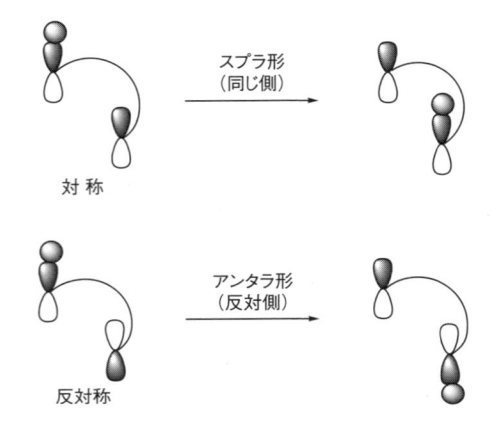

スプラ形（同じ側）
対称

アンタラ形（反対側）
反対称

図 8.51

軌道相関図

シグマトロピー転位を解析する場合，分子の対称性があるのは遷移状態のみであり，反応物や生成物ではないので軌道相関図は意味をもたない．

フロンティア軌道理論

シグマトロピー転位が進行するためには，移動基とポリエン部分の HOMO と LUMO のフロンティア軌道が反応の過程で重なる必要がある．たとえば水素原子の [1,3] シグマトロピー転位では，水素の HOMO とアリル基の LUMO を考える．四つの電子があり，そのうち二つは水素の HOMO，残りの二つはアリルの最低軌道（Ψ_1）を占めている．この [1,3] 移動が起こるためにはアンタラ形過程しかないが，アンタラ形は**幾何学的に禁制**である（図 8.52）．

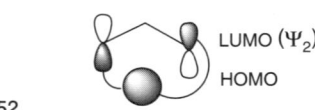

LUMO (Ψ_2)
HOMO

図 8.52

一方，移動基である水素，ならびにポリエン部分であるペンタジエニルの HOMO と LUMO がスプラ形過程で相互作用できるので，[1,5] シグマトロピー転位は協奏的なスプラ形の反応である（図 8.53）．六つの電子があり，水素の HOMO に二つ，ペンタジエニルの Ψ_1 と Ψ_2 に二つずつ占める．なお，ペンタジエニルの

LUMO は Ψ_3 である.

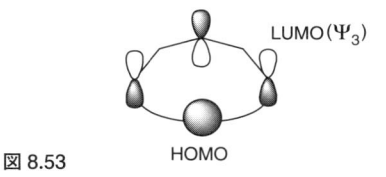

図 8.53

しかしながら，これらの転位を考えるうえで最も簡単な方法は，移動する σ 結合を均等開裂させて 1 組のジラジカルとすることである．たとえば [1,5] シグマトロピー転位の場合，仮定上の開裂により水素ラジカルとペンタジエニルラジカルになる．後者は五つの π 電子をもっているので，図 8.54 に示すように五つの π-MO がある．

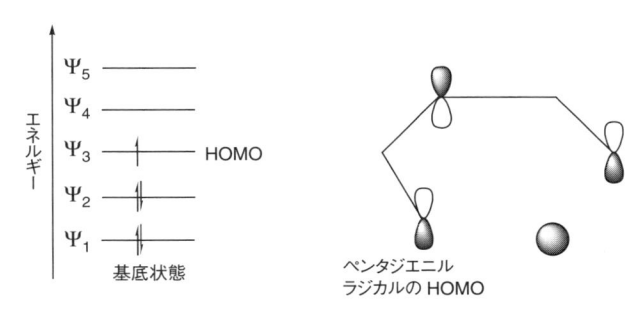

図 8.54

基底状態で HOMO は Ψ_3 なので，水素移動はペンタジエニルラジカルの軌道 Ψ_3 の対称性により制御される．軌道 Ψ_3 の末端のローブの位相の符号は同じであり対称性がある．したがって [1,5] 水素移動は**熱的許容**であり，スプラ形過程で進行する．この反応の遷移状態では，ペンタジエニルの C1 と C5 の軌道が 1s の水素軌道と重なる．この水素移動は図 8.55 に示すように**対称許容**であり，しかも**幾何学的に有利**である．

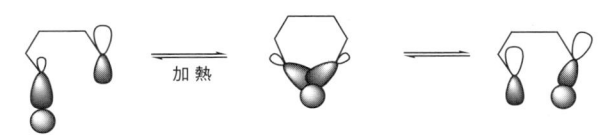

図 8.55　スプラ形 [1,5] 水素移動

光化学条件，すなわち励起状態では HOMO は Ψ_4 であり対称ではない．したがっ

て，水素の [1,5]スプラ形移動は**対称禁制**のため不可能である．光化学反応は**対称許容**であるアンタラ形の経路をとりうるが，実際には立体的な制約のため進行しない．

[1,5]水素移動に対して [1,3]水素移動では，水素原子の 1s 軌道はアリルラジカルの両末端で同時に結合生成することができない．アリルラジカルの熱条件，すなわち基底状態でのHOMO は Ψ_2 であり非対称である．したがって，[1,3]スプラ形移動は**対称禁制**である．1s の水素原子が同じ符号で重なることにより，HOMO の一端から別の端に移動する必要がある．この移動がアリル系で進行するためには，水素がHOMO の上面から下面にアンタラ形過程で移動する必要がある．アンタラ形 [1,3]水素移動は**対称許容**であるが，**幾何学的に不利**であり反応は進行しない（図 8.56）．

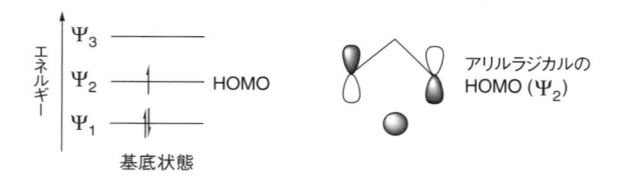

図 8.56

しかしながら光化学的には [1,3]水素移動は進行する．励起状態のアリル系の HOMO は Ψ_3（$\Psi_1^2\Psi_2^1\Psi_3 \rightarrow \Psi_1^2\Psi_2\Psi_3^1$）で対称であり，両末端のローブの位相は同じである．したがって [1,3]水素移動は**光化学的に対称許容**であり，スプラ過程で進行する（図 8.57）．

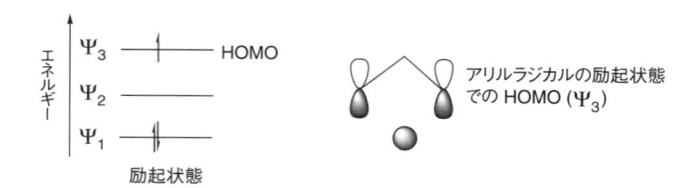

図 8.57

8.5.2 炭素移動

熱条件では水素原子の [1,3]シグマトロピー転位は進行しないが，炭素の [1,3]シグマトロピー転位は熱条件で起こりうる．なぜなら，炭素は二つのローブが p 軌道であり，そのローブのうちの一つ，あるいは両方を使うことにより，移動元と移動先の両方と同時に相互作用できるからである（図 8.58）．

8.5 シグマトロピー転位

対称な HOMO　　　　　　　　　　　反対称な HOMO

スプラ形移動　　　　　　　　　　　アンタラ形移動

二つのローブのうち一つを使った炭素移動

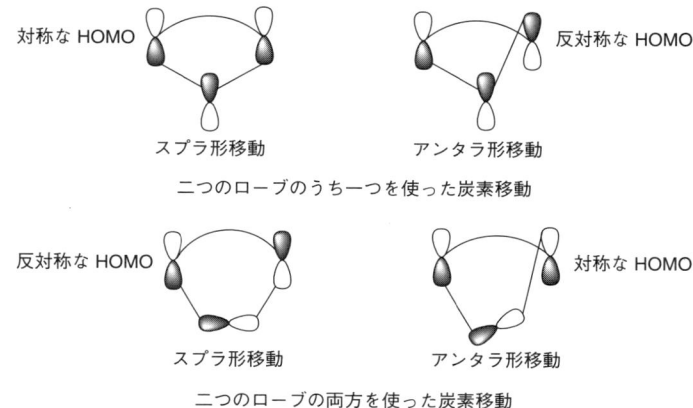

反対称な HOMO　　　　　　　　　　対称な HOMO

スプラ形移動　　　　　　　　　　　アンタラ形移動

二つのローブの両方を使った炭素移動

図 8.58　炭 素 移 動

つまり HOMO が対称である場合，スプラ形の炭素移動において炭素は二つのローブのうち一つを利用して移動し，移動基は立体保持である．一方 HOMO が反対称である場合，炭素は両方のローブを利用して移動し，移動基は立体反転する（図8.59）．[1,3]炭素移動の場合 HOMO は反対称なので，炭素は両方のローブを利用してスプラ形で移動する．

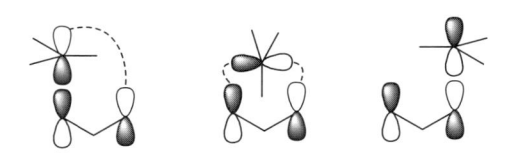

図 8.59

カルボカチオン中での **1,2-移動**（1,2-shift，2 電子系）は，最も単純なシグマトロピー転位であり，1,2-アルキル移動として知られている（スキーム 2.9 とスキーム 2.10）．この移動は協奏的な **Wagner–Meerwein 転位**（ワグナー　メーヤワイン）（p.67，§2.1.3 を参照）で

遷移状態(TS)

スキーム 8.14

あり，スプラ形で進行する．1,2-メチル移動の遷移状態は，3炭素からなる3中心2電子結合であり，スキーム 8.14 に示すように最も小さく単純な系である．

[$3_s,3_s$]移動の遷移状態は，二つのアリルラジカルからなるとみなすことができる（図 8.60）．

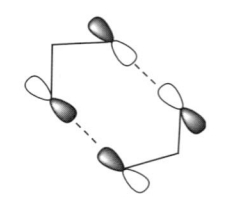

図 8.60

シグマトロピー転位は立体特異的に進行するのが特徴である．たとえば，スキーム 8.15 に示した [3,3] シグマトロピー転位は立体特異的であり，出発物質である (E,E) 異性体より，シン体の生成物のみが選択的に得られる．

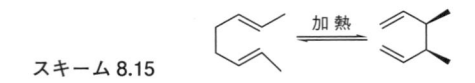

スキーム 8.15

軌道対称性理論では，反応に関与する軌道の逆旋的回転により上記の立体特異性を説明できる．図 8.61 に示すように，反応により C2-C3，C3-C4，C5-C6，C6-C7 の結合まわりで同時に，つまり協奏的に回転する．C2-C3 まわりの回転は時計回りであり，一方 C6-C7 まわりは反時計回りであるので逆旋的回転である．

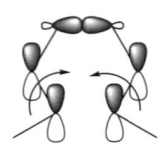

図 8.61　逆旋的回転が許容である

i, j ともに 1 より大きい [i,j] シグマトロピー転位では，移動基は二つ以上の原子から構成され，空間的に適切な配置で移動する σ 結合に沿って π 電子系が動く．シグマトロピー転位における Woodward-Hoffmann 則を表 8.2 にまとめた．

表8.2 シグマトロピー転位における選択則

出発物質中の電子対の数	許容条件	励起状態
偶　数	アンタラ形（大環状化合物の場合のみ）	熱　的
	スプラ形	光化学的
奇　数	スプラ形	熱　的
	アンタラ形（大環状化合物の場合のみ）	光化学的

8.6　エン反応

　アリル位の水素の移動を伴い，アルケン（エン）と二重結合，あるいは三重結合（求エン体 enophile：エノフィル）が結合する反応を**エン反応**（ene reaction）とよぶ[49]～[52]．その逆過程は**逆エン反応**（retro-ene reaction）という．Diels-Alder 反応と同様に，$AlCl_3$ や BF_3 などのルイス酸が触媒として機能する．

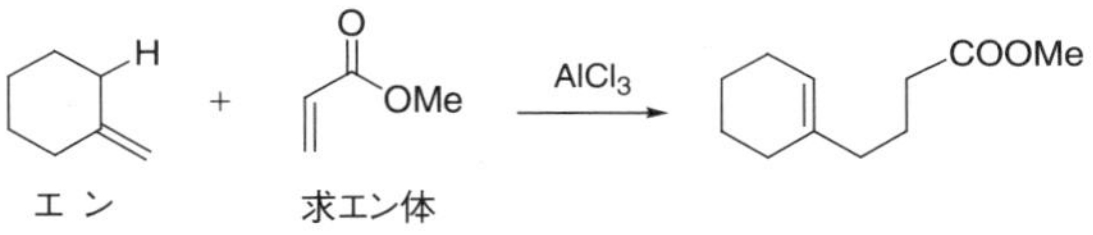

　アルケンやアルキンのジイミドによる還元も，エン反応である*．

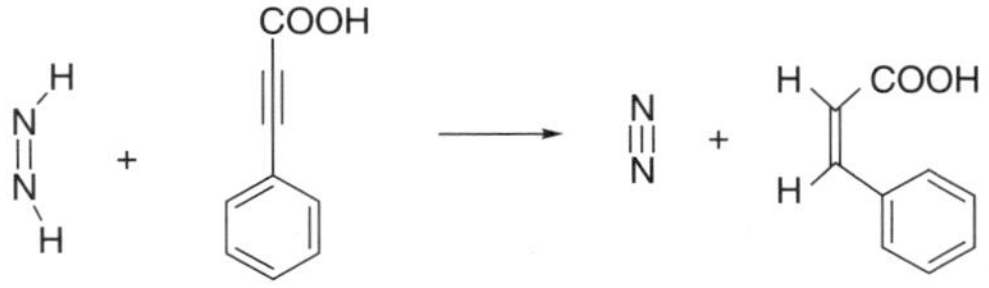

　分子内エン反応では環が形成される．たとえば，リナロール（**8.39**），あるいはデヒドロリナロール（**8.41**）のエン反応により，アルコール **8.40** と **8.42** が得られる．

＊（訳注）　原著の誤りで本来はグループ移動反応に分類される．

8.39 → **8.40**   **8.41** → **8.42**

エステルの熱分解である **McLafferty転位**(マックラファティ)は逆エン反応であり,その類似反応も同様に逆エン反応である(スキーム 8.16).

スキーム 8.16

逆エン反応により不飽和化合物が二つの不飽和部分に開裂する.有機合成においてよく知られている逆エン反応は,酸触媒による β-ケトエステルの脱炭酸である.エステルは酸により加水分解され β-ケト酸となり,即座に二酸化炭素の発生を伴ってエノールが生成する.脱二酸化炭素が反応の駆動力であり,エノールは互変異性によりすぐにメチルケトンに変換される(スキーム 8.17).

スキーム 8.17

求エン体としては,カルボニル,チオカルボニル,イミン,アルケン,アルキンなどがあげられる.特に,カルボニルが求エン体の場合,カルボニルエン反応とよばれる.分子内エン反応において,不飽和ケトンのエノール形がエン体として反応する場合 **Coniaエン反応**(コニア)[53] とよばれる.求エン体である二重結合が電子不足である場合に,エン反応は速やかに進行する.エン反応において水素が最も一般的な移動基であるが,その他の原子や原子団が移動基となりエン型反応が進行する場合もある.

通常**エン反応**は結合生成と開裂の連続過程であり,しかもそれらが 2, 3 炭素の短い共役系で結合しているので,いずれの過程もスプラ形である.またエン反応は,小員環の環ひずみの解消によって促進される.

エン反応のフロンティア軌道論による考察を図 8.62 に示した.[3,3]シグマトロ

ピー転位と同じ特徴があり，アリル位から二重結合への水素原子の移動は，アリルラジカルの HOMO とアルケンの LUMO に関して**対称許容**とみなすことができる．また，エンと求エン体の HOMO と LUMO の両端の間にも対称性がある．

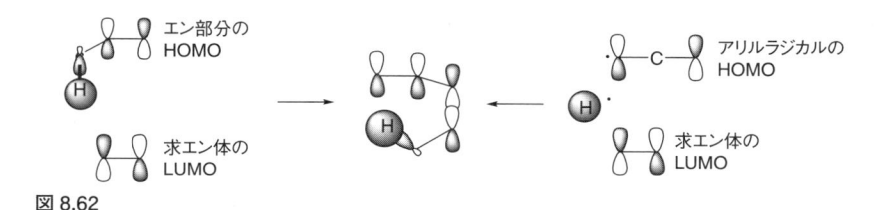

図 8.62

8.7 選 択 則

ペリ環状反応を理解するためには，この協奏反応に影響を与える種々の要因を反応機構の点から考察する必要がある．しかしながら，ペリ環状反応において立体化学的な反応過程を予測する最も簡単な方法は，**遷移状態における電子の数を数えること**（transition state electron count）である．以前は，ペリ環状反応を結合性の電子対を表す曲がった矢印を一回りさせることによって描いた時代もあった．再構成される総電子数はつねに偶数であり，$[4n+2]$ あるいは $[4n]$ （n は整数）個である．電子数を数えれば，表 8.3 を用いることにより，予想可能である．

表 8.3 ペリ環状反応における選択則

	遷移状態		立体化学的な特徴
熱反応	$[4n+2]$	（芳香族性）	スプラ形，あるいは逆旋的
	$[4n]$	（反芳香族性）	アンタラ形，あるいは同旋的
光化学反応	$[4n+2]$	（芳香族性）	アンタラ形，あるいは同旋的
	$[4n]$	（反芳香族性）	スプラ形，あるいは逆旋的

ペリ環状反応に関する規則を簡単にまとめると以下のようになる．
1. 非局在化された遷移状態における電子対の数を数える．偶数の場合は $4n$ 個の電子であり，奇数の場合は $4n+2$ 個の電子である．
2. 偶数／アンタラ形／同旋的あるいは奇数／スプラ形／逆旋的が**熱許容**過程である．
3. 光化学反応の場合は 2. の逆である．
4. 立体化学の反転は，一つのアンタラ形と数え，二つのアンタラ形はスプラ形と数える．

引用文献

1. Fleming, I., *Frontier Orbitals and Organic Chemical Reactions*, Wiley, London, **1976**, p. 96.
2. Gilchrist, T. L. and Storr, R. C., *Organic Reactions and Orbital Symmetry*, 2nd edn, Cambridge University Press, Cambridge, **1979**, pp. 81, 159, 229.
3. Baker, H. and Botema, J. A., *Recl. Trav. Chim. Pays-Bas*, **1932**, *51*, 294.
4. Staudinger, H. and Ritzenthaler, B., *Chem. Ber.*, **1935**, *68*, 455.
5. Wei, H.-X., Zhou, C., Ham, S., White, J. M. and Birney, D. M., *Org. Lett.*, **2004**, *6*, 4289.
6. Birney, D. M., *Org. Lett.*, **2004**, *6*, 851.
7. Woodward, R. B. and Hoffmann, R., *The Conservation of Orbital Symmetry*, Academic, Press, New York, **1970**.
8. Fukui, K., *Tetrahedron Lett.*, **1965**, *6*, 2009 and 2427.
9. Zimmerman, H. E., *J. Am. Chem. Soc.*, **1966**, *88*, 1564.
10. Zimmerman, H. E., *Tetrahedron*, **1982**, *38*, 753.
11. Heilbronner, E., *Tetrahedron Lett.*, **1964**, *5*, 1923.
12. Dewar, M. J. S., *Angew. Chem.*, **1971**, *83*, 859.
13. Shen, K. W., *J. Chem. Educ.*, **1973**, *50*, 238.
14. Houk, K. N., Li, Y. and Evanseck, J. D., *Angew. Chem.*, **1992**, *104*, 711.
15. Bernardi, F.,Olivucci, M. and Robb, M. A., *Acc. Chem. Res.*, **1990**, *23*, 405.
16. Diels, O. and Alder, K. *Liebigs Ann.*, **1928**, *460*, 98.
17. Diels, O. and Alder, K. *Liebigs Ann.*, **1929**, *470*, 62.
18. Diels, O. and Alder, K., *Chem. Ber.*, **1929**, *62*, 2081 and 2087.
19. Fringuelli, F. and Taticchi, A., *Dienes in the Diels–Alder Reaction*, 1st edn, Wiley-Interscience, New York, **1990**.
20. Kumar, A., Deshpande, S. S. and Pawar, S. S., *Natl. Acad. Sci. Lett.*, **2003**, *26*, 232.
21. Breslow, R. and Guo, T., *J. Am. Chem. Soc.*, **1988**, *110*, 5613.
22. Huisgen, R., *Angew. Chem., Int. Ed.*, **1963**, *2*, 633.
23. Huisgen, R., *Angew. Chem., Int. Ed.*, **1963**, *2*, 565.
24. Houk, K. N., *Acc. Chem. Res.*, **1975**, *8*, 361.
25. Hammond, G. S. and Shine, H. J., *J. Am. Chem. Soc.*, **1950**, *72*, 220.
26. Hughes, E. D. and Ingold, C. K., *Q. Rev.*, **1952**, *6*, 53.
27. Wittig, G. and Grolig, J. E., *Chem. Ber.*, **1961**, *94*, 2148.
28. Shine, H. J. and Chamness, T., *J. Org. Chem.*, **1963**, *28*, 1232.
29. Cope, A. C. and Hardy, E. M. *J. Am. Chem. Soc.*, **1940**, *62*, 441.
30. Wilson, S. R., *Org. React.*, **1993**, *43*, 93.
31. Hiersemann, M. and Nubbemeyer, U., *The Claisen Rearrangement*, Wiley-VCH,Weinheim, **2007**.
32. Rhoads, S. J. and Raulins, N. R., *Org. React.*, **1975**, *22*, 1.
33. Ziegler, F. E., *Chem. Rev.*, **1988**, *88*, 1423.
34. Jiao, H., Schleyer, P. R, *J. Phys. Org. Chem.*, **1998**, *11*, 655.
35. Lutz, R. P., *Chem. Rev.*, **1984**, *84*, 205.
36. Evans, D. A. and Golob, A. M., *J. Am. Chem. Soc.*, **1975**, *97*, 4765.
37. Tsuji, J., Yamada, T., Kaito, M. and Mandai, T. *Tetrahedron Lett.*, **1979**, *20*, 2257.
38. Paquette, L. A., *Tetrahedron*, **1997**, *53*, 13971.
39. Villalva-Servin, N. P., Melekov, A. and Fallis, A. G., *Synthesis*, **2003**, 790.
40. Wick, A. E., Felix, D., Steen, K. and Eschenmoser, A. *Helv. Chim. Acta*, **1964**, *47*, 2425.
41. Lautens, M., Huboux, A. H., Chin, B. and Downer, J., *Tetrahedron Lett.*, **1990**, *31*, 5829.
42. Johnson, W. S., Werthemann, L., Bartlett, W. R., Brocksom, T. J., Li, T. T., Faulkner, D. J. and Petersen, M. R., *J. Am. Chem. Soc.*, **1970**, *92*, 741.
43. Ireland, R. E. and Mueller, R. H., *J. Am. Chem. Soc.*, **1972**, *94*, 5897.
44. Carrol, K. M. *J. Chem. Soc.*, **1940**, 704.
45. Overman, L. E., *J. Am. Chem. Soc.*, **1974**, *96*, 597.
46. Overman, L. E., *J. Am. Chem. Soc.*, **1976**, *98*, 2901.
47. Chen, B. and Mapp, A. K., *J. Am. Chem. Soc.*, **2005**, *127*, 6712.

48. Challis, B. C. and Frenkel, A. D., *J. Chem. Soc., Chem. Commun.*, **1972**, 303.
49. Alder, K., Pascher, F. and Schmitz, A., *Chem. Ber.*, **1943**, *76*, 27.
50. Mikami, K. and Shimizu, M., *Chem. Rev.*, **1992**, *92*, 1021.
51. Mikami, K., Terada, M., Narisawa, S. and Nakai, T., *Synlett*, **1992**, 255.
52. Rouessac, F., Beslin, P. and Conia, J. M., *Tetrahedron Lett.*, **1965**, *6*, 3319.
53. Conia, J. M. and Le Perchec, P. *Synthesis*, **1975**, 1.

索　引

あ

IPC　293
Ireland-Claisen 転位　414
亜　鉛
　　有機——化合物　215,255
亜鉛アマルガム　298
アジ化メチル基　309
アジド　117,312
N-アシルオキサゾリジノン
　　　　　　　　　　　19
N-アシルオキサゾリジンチオン
　　　　　　　　　　　139
アシル化　40
アシルカチオン　63
N-アシルチアジリジンチオン
　　　　　　　　　　　139
アシロイン縮合　300
アスパラギン　18
アセタール　29,41,48
　　——の除去　43
アセチルアセトン　129
3-アセチルオキシインドール
　　　　　　　　　　　126
アセチル基　41
アセチレン
　　——の還元　270
アセトキシスルホン　196
アセト酢酸エチル　130
アセトニド　42
アセトフェノン　148,151,221,
　　　　　　　　　　　279
アセトン誘導体　135
アゾビスイソブチロニトリル
　　　　　　　　　　　85
アダマンチリデンアダマンタン
　　　　　　　　　　　205
Adams 触媒　265,276

Upjohn ジヒドロキシ化　352
アニオン性オキシ Cope 転位
　　　　　　　　　　　412
アニリン　310
　　——の酸化　361
アミド保護基　44
アミニルラジカル　116
3-アミノアクリル酸エステル
　　　　　　　　　　　144
o-アミノ安息香酸　122
アミノ基
　　——の保護基　43
アミノヒドロキシ化　355
アミン
　　——の保護　47
アミンオキシド　179
アライン　121
アラン　281
アリールアセチレン類　254
アリルアミン　47
アリルアルコール　344
アリル位
　　——の酸化　363
アリル位置換反応　233
アリルエステル　52
アリールエーテル
　　——の還元　275
アリルオキシカルボニル基
　　　　　　　　　　　41
アリル化　235
アリルカルボアニオン　75
アリルカルボカチオン　61
アリル基
　　——の除去　34
アリールボロン酸　248
アリルラジカル
　　——の極限構造　83
Red-Al　272,284,309
re 面　286
アルカリ金属
　　——による還元　299

アルキニル化　260
　　Pd 触媒による——　253
アルキリデン化　183
アルキル-アルキルカップリン
　　グ反応　241
アルキルエーテル　31
アルキル側鎖
　　——の酸化　365
β-アルキル-9-ボラビシクロ-
　　[3.3.1]ノナン　293
アルキルラジカル　85
アルキン
　　——の還元　222
　　——の保護基　56
アルケニルアラン　256
アルケニル化
　　カルボニル化合物の——
　　　　　　　　　　　183
　　ラクトンの——　210
アルケニルジルコニウム化合物
　　　　　　　　　　256,261
アルケン
　　——のエポキシ化反応　26
　　——の合成　163,172
　　——のジヒドロキシ化　27
アルコキシアルキルエーテル
　　　　　　　　　　　31
　　——の合成　35
アルコキシルラジカル　85
アルコール
　　——の酸化　316
Alder のエンド則　386
アルデヒド
　　——のアルキル化　153
アルドール縮合　136
アルドール反応
　　エナンチオ選択的な——
　　　　　　　　　　　139
α 置換反応
　　カルボニル化合物の——
　　　　　　　　　　　131

あ

- α,β-不飽和アルデヒド 137
- α,β-不飽和カルボニル化合物
  - ——の選択的な 1,2-還元 304
- α,β-不飽和ケトン 137
- α,β-不飽和ニトロ化合物 141
- Arbuzov 反応 190
- アルミニウムアルコキシド中間体 280
- アルミニウムイソプロポキシド 332
- Arndt-Eistert 合成 114
- 安息香酸メチル 280
- アンタラ形 378
- アンタラ形過程 378
- アンタラ形転位 415
- アンチ-ジヒドロキシ化 355
- アンチ付加 265
- アンチペリプラナー 173
- 安定イリド 185

い

- ee（鏡像体過剰率） 16
- 硫黄イリド
  - ——の生成 156
  - ——の反応 161
- イオン性液体 178
- 異性化 240
- E-Z 異性 14
- イソキノリン誘導体 126
- イソシアナート 117
- イソチオフェノン 302
- [1,3]水素移動 418
- [1,5]水素移動 417
- 一重項状態 107
- 位置選択性 13,397
  - 導入される二重結合の—— 172
  - 付加環化反応における—— 387
- 一電子移動還元 87
- 一電子移動酸化 87
- 1,2-移動 419
- 1,2-還元 305
  - α,β-不飽和カルボニル化合物の選択的な—— 304
- 1,4-還元 305
- E2 脱離反応 172
- イブプロフェン 10
- イミド保護基 44
- イミニウムイオン 148
- イミノアラナート 308
- イミン 148,277
  - ——の触媒的不斉アルキル化 149
- イリジウム触媒 236
- イリド 155,185
  - ——からカルベンの生成 110
  - ——の生成 156
  - ——の反応 159
  - ——を用いる不斉反応 165
  - キラルな—— 165
- E1 脱離反応 173
- インデン 114
- インドールアルカロイド 233
- β-インドール酢酸 149

う

- Wittig 試薬 183
- Wittig 反応 155,163,184
  - ——による逆合成解析 3
- Williamson エーテル合成 31
- Wilkinson 触媒 266
- Wohl-Ziegler 法 91
- Wolff-Kishner 還元 301
- Wolff 転位 114,115
- Ullmann 反応 237
- ウレタン保護基 44

え

- AIBN 85
- Alloc 基 41
- エキソ体 386
- エキソメチレン 164
- Ac 基 41
- si 面 286
- SMEAH 272
- SOMO 406
- s-シス配座 385
- s-トランス配座 385
- Etard 反応 366
- エタンチオール 18
- エチリデンアセタール 42
- エチルアミン 120
- Eschenmoser-Claisen 転位 414
- HSAB 理論 132
- HOMO 375
- AD-mix 27
- AD-mix-α 354
- AD-mix-β 354
- エテン
  - ——の MO 375
- エトキシカルボニルカルベン 108
- エナミン 151,210
  - ——のアルキル化 153
- エナンチオ純粋 17
- エナンチオ選択性 16
- エナンチオ選択的アリル位置換反応 235
  - Trost による—— 235
- エナンチオ富化 17
- エナンチオマー 15
- NMO 352
- NMP 32,231
- エノフィル 421
- エノラート 130
  - ——の α,β-不飽和カルボニル化合物への共役付加 146
  - ——のアルキル化 132
- エノールエーテル 209,212,213
- エノール化 131
- エノール互変異性体 129
- Evans のキラル補助基 19
- エピスルフィド 182,218
- Fmoc 基 41
  - ——の除去の反応機構 46
- FMO 理論 381
- エポキシ化 343
  - ——の反応機構 25
- エポキシド 182
  - ——からカルベンの生成 109
- MEMOR 36
- MEM 基 36
- MMPP 343
- MOM 基 36
- MTMOR 37
- MTM 基 38
- LUMO 375
- LHASA 6

索　　引

LDA　34,130
LVT（低原子価チタン）　204
Elbs 過硫酸酸化　342
塩化アルミニウム　175
塩化セリウム（Ⅲ）　174,305
塩化トリアルキルシリル　13,39
塩化ボルニル　68
エンジイン　104
エンド則
　　Alder の——　386
塩素ラジカル　85
エンド体　386
エン反応　370,421

お

O-アルキル化　132
オキサザボロリジン触媒　291
1,3-オキサチオラン　48
オキサホスフェタン　186
オキシ Cope 転位　412
　　アニオン性——　412
オキシム　94,309
オキシラン　343
オキソン　348
OCSS　6
オゾン分解　357
Oppenauer 酸化　332
オリゴエン　248

か

過安息香酸　343
開環型 Felkin-Ahn モデル　297
開環過程　370
開始段階　90
過塩素酸トリフェニルメチル
　　　　　　　　　　　61
化学選択性　12
かご効果
　　ラジカル——　97
かご状化合物　30
過酸化フタロイル　122
過酸化物効果　98
過酸化ベンゾイル　85
Castro-Stephens カップリング
　　　　　　　　　　239

カップリング反応　97,239
　　銅あるいはニッケル触媒によ
　　　る——　237
　　有機亜鉛化合物の——　255
　　有機シラン化合物の——
　　　　　　　　　　251
　　有機スズ化合物の——　246
　　有機銅化合物の——　253
　　有機ホウ素化合物の——
　　　　　　　　　　248
Cadiot-Chodkiewicz カップリン
　　グ　238
過マンガン酸カリウム　321,
　　　　　　　　　　350
過マンガン酸バリウム　322
過ヨウ素酸　358
カリウム t-ブトキシド　332
カリウムヘキサメチルジシラジ
　　ド　191
過ルテニウム酸テトラプロピル
　　アンモニウム　330
カルバマート保護基　44
カルベノイド　113
カルベン　106
　　——の構造と安定性　107
　　——の生成　108
　　——の反応　110
カルボアニオン　73
　　——の構造と安定性　73
　　——の生成　76
　　——の相対的安定性　74
　　——の反応　76
　　安定化された——　129
カルボカチオン　59
　　——の構造と安定性　59
　　——の生成　62
　　——の転位　66
　　非古典的——　70
カルボタナセトン　266
カルボニウムイオン　59
カルボニルイリド
　　——の生成　158
　　——の反応　159
カルボニルエン反応　422
カルボニル化合物
　　——のアルケニル化　183
　　——の還元　275
カルボニル還元
　　——の立体選択性　286
カルボニル基
　　——の保護基　48

カルボメタル化　252
カルボメンテン　266
カルボン　266
カルボン酸
　　——の保護基　52
Cahn-Ingold-Prelog 則　15
環　化
　　分子内付加反応による——
　　　　　　　　　　101
環外二重結合　164
環拡大反応　114
環付加反応→付加環化反応を
　　　　　　　　　　みよ
還　元　264
　　アセチレンの——　270
　　α,β-不飽和アルデヒドとケト
　　　ンの——　304
　　カルボニル化合物の——
　　　　　　　　　　275
　　炭素－炭素二重結合の——
　　　　　　　　　　264
　　ベンゼンとその誘導体の——
　　　　　　　　　　273
還元的アルキル化　277
還元的脱離　231,240,267
環状アセタール　48
環状エノールエーテル　213
環状オスミウム酸エステル
　　　　　　　　　　352
環状カルボナート　42
環状ケトン　289
環状チオアセタール　50

き

官能基選択性　246
官能基変換　2,4
キサントゲン酸エステル　92
キサントゲン酸エステル誘導体
　　　　　　　　　　181
基質制御　18
軌道相関図　381,401
軌道対称性の保存　380
擬ペリ環状反応　372
逆エン反応　421
逆環化　385
逆合成解析　2
逆合成樹形図　5
逆旋的回転　400

索引

逆旋的過程 380
逆添加法 282
逆付加環化反応 385
Carroll 転位 415
求エン体 421
求ジエン体 385
鏡映操作 374
鏡像(異性)体 15,286
鏡像体過剰率 16
橋頭位ラジカル 83
極性転換 6
キラル試薬 22
キラル中心 15
キラルプール合成法 19
キラル補助基 19
キレトロピー押出し 371
キレトロピー脱離 371
キレトロピー反応 371
キロン 18
均一系触媒 266
均一系触媒作用 266
均一系触媒反応 226
金属-アンモニア還元 273
金属水素化物 271,279

く

クプラート 241
熊田カップリング 242
クメン
　──の自動酸化 102
Claisen 縮合 142
Claisen-Schmidt 反応 137
Claisen 転位 411
Cram 環状モデル 296
Cram 則 288
Grieco 脱離 180
N-グリコリルオキサゾリジノン 135
グリコール 350
　──の開裂 358
クリックケミストリー 6
Grignard 試薬
　──のカップリング反応 241
Glaser カップリング反応 106
Clemmensen 還元 298
クロスカップリング
　sp^3 炭素間の── 261
　パラジウム触媒による── 240
クロム(Ⅵ) 316
クロム酸 316
クロム酸エステル
　──の分解 371
クロラニル 362
クロロアセチル基 41
m-クロロ過安息香酸 343
クロロクロム酸ピリジニウム 284,320

け,こ

ケイ素化合物
　有機── 252
ケタール
　──の除去 43
ケチル 299
結合解離エネルギー 84
　ハロゲンの── 86
結合切断アプローチ 3
ケテン 115
　──からカルベンの生成 109
ケト互変異性体 129
ケトン
　──のアルキル化 153
ゲラニオール 25
原子収率 9

co-arctic 反応 372
光化学的なペリ環状反応 384
光学異性 14
光学純度 16
項間交差 107
交差アルドール縮合 137
Conia エン反応 422
Cope 脱離 179
Cope 転位 411
Corey-Kim 酸化 326
Corey-Seebach 反応 7
Corey-Chaykovsky 反応 162
Corey-Bakshi-柴田還元 24, 291
Collins 試薬 319
Kolbe 電気化学反応 88
混合アルドール反応 137
混合 Claisen 縮合 142
Gomberg 二量体 98
Gomberg-Bachmann 反応 105

さ

最高被占軌道 375
Zaitsev 則 173
最低空軌道 375
酢酸鉛(Ⅳ) 358
酢酸パラジウム(Ⅱ) 32
サルコミン 342
Sarett 酸化 319
サレン配位子 25
酸塩化物
　──のアルデヒドへの還元 283
酸　化
　アルコールの── 316
酸化還元反応 86
酸化銀(Ⅰ) 331,335
酸化的付加 240,267
三酸化クロム 317
三重項状態 107
Sandmeyer 反応 87

し

CIP(Cahn-Ingold-Prelog)則 15
1,8-ジアザビシクロ[5.4.0]ウンデカ-7-エン 52
1,4-ジアザビシクロ[2.2.2]オクタン 144
ジアジリン 109
ジアステレオ選択的 19
ジアステレオマー 15
ジアステレオマー過剰率 17
ジアゾ化合物 218,309
ジアゾカルボニル化合物 108
ジアゾ酢酸エチル 221
ジアゾニウム塩 87
ジアゾメタン 108
シアノ水素化ホウ素ナトリウム 278,282
ジアリールアセチレン 239
ジアリール化合物 105

索引

C-アリールグリコシド 9
C-アルキル化 132
S,S′-ジアルキルチオアセタール 48
Shi エポキシ化 349
ジイソピノカンフェイルボラン 293
ジイミド 270
ジイン 238
Jacobsen エポキシ化 25,344
CHIRAPHOS 227
ジエノフィル 385
ジエン 385
1,3-ジエン類 237
1,3-ジオキサン 48
1,1-ジオキシベンゾチアジアゾール 122
ジオキシラン 348
1,3-ジオキソラン 48
COD 270
ジオール
  ——の保護基 41
1,2-ジオール 350
ジキサントゲン酸エステル 97
シグマトロピー転位 370,409
[2,3]シグマトロピー転位 163
シクロオクタ-1,5-ジエン 270
シクロブタン 390
シクロプロパン 112
シクロプロパン化 163
シクロプロピル置換基 62
シクロヘキサジエン 273
シクロヘキサノール
  ——の逆合成解析 4
シクロヘキサノン 236
シクロヘキシリデンアセタール 42
シクロヘキセン 273
  ——の[1,5]水素移動 410
シクロペンチリデンアセタール 42
2,3-ジクロロ-5,6-ジシアノ-*p*-ベンゾキノン 362
ジクロロメチレン 106
四酸化オスミウム 350
ジシクロヘキシルメチルアミン 229
シス-トランス異性 14
1,3-ジチアン 48,51
ジチオアセタール
  ——の除去の反応機構 51

1,3-ジチオラン 48
自動酸化 102
シトロネロール 23,269,320
CBS(Corey-Bakshi-柴田)還元 24
CBS 試薬 24
CBS 触媒 291
Cbz 基 41
ジヒドロキシ化 350
  アルケンの—— 27
ジフェニルオキシラン 169
ジフェニルカルベン 106
ジフェニルメチレン 106
ジベンジリデンアセトン 226
ジベンゾ-18-クラウン-6-エーテル 322
ジペンチルケトン 7
脂肪族ニトロ化合物
  ——の還元 307
ジボラン 285
ジムシルナトリウム 157
ジメチルアセタール 48
4-ジメチルアミノピリジン 40,144
ジメチルスルホキシド 324
si 面 286
Simmons-Smith 試薬 113
試薬制御 18
Shapiro 反応 112
Sharpless-香月錯体 339
Sharpless 不斉エポキシ化反応 25,344
ジャポニルア 271
臭化水素
  ——のプロペンへの付加 98
臭化トロピリウム 61
18-クラウン-6 191
Chugaev 脱離 93
Chugaev 反応 181
Staudinger 型ジアゾチオケトンカップリング 218
Julia アルケニル化 194
Julia-Kocienski アルケニル化 194
Julia-Lythgoe アルケニル化 194
Schlosser 改良法 188
硝酸銀 332
ショウノウ 217,318
触媒的アルケニル化 219

触媒的水素化反応 264
触媒的不斉水素化 267
Jones 酸化 318
Jones 試薬 318
Johnson-Claisen 転位 414
ジラジカル 107
シラン
  有機——化合物 251
シリルエーテル 38
シリルエノールエーテル 139
シリル保護 13
ジルコニウム化合物 215
シン脱離 178
シントン 4
シンナムアルデヒド 282
シン付加 265,270

す

水素移動型不斉還元 303
水素移動試薬 270,301
水素化 264
  ——の触媒サイクル 267
  金属触媒の表面上での——の機構 265
水素化アルミニウムリチウム 279,282
  ——による還元における立体化学 290
水素化ジイソブチルアルミニウム 256,271,284
水素化トリエチルホウ素リチウム 279,313
水素化トリエトキシアルミニウムリチウム 285
水素化トリプチルスズ 93
水素化トリ-*t*-ブトキシアルミニウムリチウム 283
水素化ビス(2-メトキシエトキシ)アルミニウムナトリウム 272,284,309
水素化物 308
水素化分解 312
水素化ホウ素トリエチルリチウム 296
水素化ホウ素ナトリウム 279,282
  ——による還元における立体化学 291

索引

水素供与体　303
水素引抜き反応
　　ニトレンの――　119
スズ　310
　有機――化合物　246
鈴木-宮浦カップリング
　　　　　　　　239,248
Staudinger 反応　312
trans-スチルベンオキシド
　　　　　　　　　166
Stevens 転位　79,160
Stille カップリング　239,246
Still-Gennari 改良法　191
Stork エナミン合成　153
スーパーヒドリド（水素化トリエ
　チルホウ素リチウム）279,313
スプラ形　378
スプラ形［1,5］水素移動　417
スプラ形過程　378
スプラ形転位　415
スルフィド　162
　――の酸化　363
スルフィニルアミン　118
Swern 酸化　325

せ

Saytzeff 則　173
成長段階　90
節　面　374
セレンオキシド　180
セレン化反応　131
遷移金属触媒　227
全合成　1
選択則
　シグマトロピー転位におけ
　　　　　　　る――　421
　ペリ環状反応における――
　　　　　　　　　423

1,3-双極付環化反応　389
挿入反応
　カルベンの――　110
　ニトレンの――　119
速度論的エノラート　130
薗頭カップリング　253
　――の触媒サイクル　255
Sommelet 転位　160
SOMO　406

た

対称許容　381,394
　光化学的に――　394
対称禁制　381,393
対称性
　分子軌道とその――　372
第四級キラル中心　21
高井試薬　204
タキソール　29
　――の逆合成解析　3
武田試薬　204
武田反応　212
脱酸素　92,276
脱臭素　176
脱水素反応　316,361
脱ハロゲン　92,312
脱ハロゲン化水素　173
脱保護　29
脱離基
　――の相対的な反応性　250
脱離反応　172
炭酸銀　331
炭素移動　418
炭素－炭素結合形成反応
　　遷移金属を利用する――
　　　　　　　　　225
炭素－炭素二重結合
　――の還元　264
　――の酸化的開裂　356
炭素－炭素二重結合形成反応
　　　　　　　　　172
炭素－窒素結合形成反応　225

ち,つ

チオアセタール　50,213,277
チオエステル　255
チオケトン　218
チオノ炭酸エステル　182
チタノカルベン　204
チタノセンジメチル　211
チタン　300
チタン化合物　204
窒素イリド
　――の生成　156

　――の反応　160
Tschugaev 脱離　93
Tschugaev 反応　181
超共役　60
直交保護　46
通常添加法　282
辻アリル位置換反応　235

て

DIOP　227,232
DIBAH　256
DIPAMP　227
DIBAL　256,284,309
TIPS 基　56
de（ジアステレオマー過剰率）
　　　　　　　　　17
TES 基　56
DAIPEN　303
TASF　251
Ts 基　47
THP　31
THP エーテル　31
DABCO　144
DMEU　34
DMSO　324
TMS 基　39,56
DMAP　40,144
DMP　328
Dieckmann 縮合　143
低原子化チタン化合物　204
停止段階　90
DDQ　33,362
DPEN　303
dba　226
TBAF　39,251
TBS 基　39,56
TPAP　330
dppf　244
DBU　52
Diels-Alder 反応　370,384
　――の逆合成解析　4
Tyrlik 試薬　207
デカリン　273
cis-デカリン　231
Dess-Martin 酸化　329
Dess-Martin ペルヨージナン
　　　　　　　　　328

鉄　310
Tebbe アルケニル化　208
Tebbe 試薬　204,208
テトライソプロポキシ
　　チタン(Ⅳ)　32
テトラキス(トリフェニルホス
　　フィン)ニッケル　256
テトラゾール　109
(5E,7E)-5,7-テトラデカジエン
　　256
テトラヒドロピラニルエーテル
　　31
(meso-テトラフェニルポルフィ
　　リン)鉄塩化物　220
テトラフルオロホウ酸リチウム
　　50
テトラリン　103,273
テトラロン　302
転位
　カルボアニオンの――　78
　カルボカチオンの――　66
電子環状反応　370,399
天然物　1

と

Teuber 反応　340
銅
　有機――化合物　253
銅アート試薬　241
銅触媒　237,238
同旋的回転　400
同旋的過程　380
トシルヒドラゾン　216
ドデシルメチルスルフィド
　　327
ドデシルメチルスルホキシド
　　328
L-ドーパ　268
トランス置換アルケン　228
トランスメタル化　240,247,
　　253
トリアルキルシリルアルキン
　　56
トリイソプロピルシリル基　56
トリエチルシリル基　56
トリス(ジエチルアミノ)スルホ
　　ニウムジフルオロトリメチル
　　シリカート　251

索　　引

トリフェニルホスフィン
　　229,311
トリフェニルメチルカルボカチ
　　オン　61
トリフェニルメチルラジカル
　　102
トリプチセン　125
トリフラート　242,249
トリフルオロメタンスルホン酸
　　フェニル　122
トリメチルシリル基　39,56
p-トルエンスルホニル基　47
p-トルエンスルホン酸ピリジ
　　ニウム　31
Tollens 試験　333
トロピリウムカチオン　61

な　行

ナイトレン　116
Nazarov 試薬　318
ナトリウムアマルガム　194
ナフタレン　273
ナフトール　342
ナプロキセン　24
Nametkin 転位　68

二塩化ジルコノセン　216
二環性化合物　154
二クロム酸アニオン　317
二クロム酸ピリジニウム
　　284,320
二酸化セレン　336
二酸化マンガン　322
Nysted 試薬　215
ニッケル触媒　237,256
Ni(Ⅱ)触媒　242
ニトリル　308
ニトレン　116
　――の構造と安定性　117
　――の生成　117
　――の反応　118
ニトロアルドール反応　141
ニトロ基
　――の還元　307
ニトロソ基
　――の還元　307
ニトロソ二スルホン酸二カリウ
　　ム　340

433

ニトロベンゼン　310
二量化
　カルボニル化合物の――
　　205
　芳香族アルデヒドの――
　　206
ネオペンチルエステル
　――の合成　55
ネオペンチルカルボカチオン
　　67
根岸カップリング　256
熱的なペリ環状反応　384
熱的許容　398
熱的禁制　391,398
熱分解　85
熱力学的エノラート　130
野依第二世代ルテニウム触媒
　　302
ノルボルニルカルボカチオン
　　71

は

Baeyer 試験　350,357
Baeyer-Villiger 酸化　337
Bergmann 反応　104
Vaska 錯体　266
Birch 還元　271,273
白金族元素　225
Hartwig-Buchwald カップリング
　　反応　225
Barton-Kellogg 反応　218
Barton 脱炭酸　94
Barton 反応　94
Barton-McCombie 脱酸素　92
バナジルアセチルアセトナート
　　364
パープルベンゼン　322
パラジウム　228
パラジウム錯体　225
パラジウム触媒　241,256
　――によるクロスカップリング
　　反応　240
ハロゲン化
　アルカンの――　90
ハロゲン化アリール　121
ハロゲン化アルキル　241

ハロゲン化アルケニル
　――の立体選択的合成　201
半金属　225
反応中間体　59
Bamford-Stevens 反応　216

ひ

BINAP　22,226,231,267
BINOL　268
ビアリール類　237,248
Bn 基　33
PMB 基　33
PMBMOR　37
PMBM 基　37
BOMOR　37
Boc 基　41
光トリガー化合物　30
光分解　86
非古典的カルボカチオン　70
PCC　284,320
ビシナル二臭素化体　175
ビス(1,5-シクロオクタジエン)-
　　　ニッケル　237
1,1′-ビス(ジフェニルホスフィ
　ノ)フェロセン　244
ビスマストリフラート　33
Bz 基　41
非対称アセタール　35
Peterson 反応　201
ビタミン D_3　410
PDC　284,320
ヒドリド試薬　305
ヒドロキシ基
　――の保護基　30
β-ヒドロキシシラン　201
p-ヒドロキシフェナシルエステ
　ルの光照射開裂の反応機構
　　　　　　　　　　　　55
ヒドロキシルラジカル　88
ヒドロホウ素化　285
ヒドロホウ素化-プロトン化
　　　　　　　　　　　272
ピナコール　69
ピナコール生成物　300
ピナコール-ピナコロン転位
　　　　　　　　　　　69
ピナコロン　69
ビニルアジドチオフェン　119

ビニルエーテル　209
1-ビニルナフタレン　242
ビニルボロン酸　248
α-ピネン　68,293
P-Phos 配位子　302
9-BBN　293
PPTS　31
ビフェニル類の合成　237
ピペリジン　119,152
p-メトキシベンジル　33
p-メトキシベンジルオキシメチ
　ル基　37
檜山アミノアクリル酸エステル
　　合成　143
檜山カップリング　239,251
Huisgen 1,3-双極付加環化反応
　　　　　　　　　　　6
Hückel 芳香族性　383
標準酸化還元電位　298
ピロリジン　119,152
ピロール　114

ふ

Favorskii 転位　80
不安定イリド　185
Huang-Minlon 法　301
Fischer カルベン錯体　140
Pfitzner-Moffatt 酸化　324
Fetizon 試薬　331
フェナシルエステル　52
フェナシル基
　――の光照射開裂の反応機構
　　　　　　　　　　　54
フェナントレン　207
フェニルトリブチルスズ
　　　　　　　　　　246
4-フェニルトルエン　243
3-フェニルプロパン-1-オール
　　　　　　　　　　264
フェノール
　――の酸化　339
　――の保護　32
Fehling 試験　333
Felkin-Ahn モデル　288,290,
　　　　　　　　　　296
Fenton 試薬　88
付加環化反応　369,384
　カルベンの――　111

ニトレンの――　118
[2+2]付加環化反応　389,393
[2+3]付加環化反応　159
[4+2]付加環化反応　392,394
不均一系触媒　264
不均一系触媒作用　264
不均一系パラジウム触媒反応
　　　　　　　　　　226
不均等開裂　59
福山カップリング　255
不斉アミノヒドロキシ化反応
　　　　　　　　　　28,356
不斉アリル位置換反応　233
不斉アルキル化反応　20
不斉アルドール反応　20
不斉 Wittig 型反応　192
不斉エポキシ化反応　24,165,
　　　　　　　　　　344
不斉還元　278,286
不斉合成　2,17,18
不斉ジヒドロキシ化　24,354
不斉触媒反応　22
不斉遷移金属錯体　227
不斉炭素原子　15
不斉配位子　22,226
不斉 Baeyer-Villiger 酸化
　　　　　　　　　　338
不斉 Heck 反応　231
不斉ホスフィン配位子　226
ブタ-1,3-ジエン　244
　――の MO　376
付加環化反応における――
　　　　　　　　　　392
フタルイミド基　44
t-ブチルエステル　52
t-ブチルジメチルシリル基
　　　　　　　　　　39,56
フッ化テトラブチルアンモニウ
　ム　39,251
t-ブトキシカルボニル基　41
Bouveault-Blanc 還元　300
Pummerer 転位　326
　――の反応機構　38
Friedel-Crafts アシル化　65
Friedel-Crafts アルキル化　64
フリーラジカル　82
Prilezhaev 反応　343
Prevost 法　354
9-フルオレニルメトキシカルボ
　ニル基　41
Fremy 塩　339

索引

プロパルギルアリールエーテル 35
プロパン-2-オール 332
ブロモニウムイオン中間体 176
フロンティア軌道 372
フロンティア軌道理論 381
——によるシグマトロピー転位の解析 416
——による電子環状反応の解析 406
——による付加環化反応の解析 393
分子内アルドール縮合 137, 155
分子内ヒドリド移動 267
分子内付加反応
——による環化 101
分子内 Heck 反応 229

へ

閉環過程 370
Baylis-Hillmann 反応 144
1,3,5-ヘキサトリエン 377
ヘキサナール 7
ベタイン 186
ベタイン中間体 164
β-カロテン 205
β-ケトエステル 296
Petasis 試薬 204,211
β 水素脱離 230
β 脱離 172
β 置換 α-アミノ酸
——の合成 236
Heck 反応 228
——の触媒サイクル 230
ヘテロキラル 17
ヘテロ Claisen 転位 415
ヘテロリシス 59
Benedict 試験 333
ペリ環状反応 369
ベンザイン 121
——の生成 121
——の反応 123
ベンジジン転位 411
ベンジリデンアセタール 42
ベンジル 33
ベンジルアミン 47

ベンジル位
——の酸化 363
ベンジルエステル 52
ベンジルエーテル 33
ベンジルオキシカルボニル基 41
ベンジルオキシメチルエーテル 37
ベンジルカルボアニオン 75
ベンジルカルボカチオン 61
ベンジル基
——の選択的な除去 34
2-ベンジル-2-メチルシクロヘキサノン 133
2-ベンジル-6-メチルシクロヘキサノン 133
ベンジルラジカル
——の極限構造 83
ベンズアルデヒド 279
ベンゼン
——とその誘導体の還元 273
N-ベンゼンスルホノキシカルバマート 118
ベンゼンラジカルアニオン 89
ベンゼンラジカルカチオン 89
ベンゾイル基 41
ベンゾイン縮合 8
2-ベンゾチアゾリルスルホン 198
ベンゾフェノンケタール 299
ペンタン-2,4-ジオン 129
Henry 反応 141

ほ

Boyland-Sims 酸化 361
芳香族アミン 310
芳香族スルホン酸
——の保護基 55
芳香族型遷移状態理論 372, 383
——による電子環状反応の解析 408
——による付加環化反応の解析 397
ホウ素化合物
有機—— 248
保護基 29

——の除去 29
ホスフィノオキサゾリン類 233
ホスフィンオキシド 188
ホスホラン 184
ホスホン酸エステル 189
Horner-Wittig 改良法 188
Horner-Wadsworth-Emmons 反応 165,189
Hofmann 脱離 79,174,179
Hofmann 転位 120
HOMO 375
ホモキラル 17
ポリシクロプロパン構造 250
2-ボルネン 218
ボロン酸エステル 249

ま 行

Michael 反応 146
McMurry アルケニル化 204
McMurry カップリング 206
McLafferty 転位 422
末端アルキン 238
マニコン 140
Markovnikov 則
（Markownikoff 則） 63,98
マロン酸エステル 134
——類の直接的アリル化 233
マロン酸ジエチル 130
Mannich 塩基 148
Mannich 反応 148
向山アルドール縮合 139
向山エステル化 53
メシチルオキシド 146
メソ化合物 16
メチルエステル 52
2-メチルシクロヘキサノン 152
メチルチオメチルエーテル 37
メチルチオメチル基 38
N-メチル-2-ピロリドン 32, 231
N-メチルモルホリン-N-オキシド 352
メチレン 106

メチレン化
　カルボニル化合物の―― 208
メチレントリフェニルホスホラン 158
2-メトキシエトキシメチルエーテル 36
メトキシカルボニル基 41
p-メトキシベンジリデンアセタール 42
p-メトキシベンゾイル基 41
メトキシメチル基 36
Möbius 芳香族性 383
Meerwein-Ponndorf-Verley 還元 332
メンタン 313
メントール
　――の不斉合成 23

Mozingo 還元 277
モノペルオキシフタル酸マグネシウム 343
モリブデン触媒 219
モルホリン 152

や 行

有機亜鉛化合物 256
　――のカップリング反応 255
有機アルミニウム化合物 256
有機金属化合物 225
有機クプラート 241
有機ケイ素化合物 252
誘起効果 60
有機合成 1

有機シラン化合物
　――のカップリング反応 251
有機ジルコニウム化合物 256
有機スズ化合物
　――のカップリング反応 246
有機銅化合物
　――のカップリング反応 253
有機ハロゲン化合物 242
有機ホウ素化合物
　――のカップリング反応 248
有効原子収率 9
溶解金属 271,306
ヨウ化サマリウム 197

ら〜わ

ラジカル 82
　――の構造と安定性 82
　――の生成 84
　――の反応 90
ラジカルアニオン 89,306
ラジカルイオン 89
ラジカルかご効果 97
ラジカルカチオン 89
ラセミ体 15,286
Raney ニッケル 265,273
Rapoport 試薬 46
リチウム金属 271
リチウムジイソプロピルアミド 34,130

リチウムナフタレニド 33
立体異性 14
立体化学 2
立体選択性 14
　付加環化反応における―― 387
立体選択的反応 16
立体中心 15
立体特異的
　――に進行する電子環状反応 399
立体特異的反応 17
リモネン 266
リンイリド 184
　――の生成 158
　――の反応 163
Lindlar 触媒 270

Luche 試薬 305
ルテニウム触媒
　野依第二世代―― 302
LUMO 375

Ley-Griffith 試薬 330
Red-Al 272,284,309
レドックス反応 86
レトロン 3
re 面 286
連鎖開始反応 91
連鎖成長反応 91
Rosenmund 還元 276
Robinson 環化 147
ローレンシン 135

Wagner-Meerwein 転位 67,120,419

柴田　高範
　1966年　東京に生まれる
　1994年　東京大学大学院理学系研究科
　　　　　　　　　　　　博士課程 修了
　現　早稲田大学理工学術院 教授
　専攻　有機合成化学，不斉反応化学
　理　学　博　士

小笠原　正道
　1966年　千葉県に生まれる
　1994年　東京大学大学院工学系研究科
　　　　　　　　　　　　博士課程 修了
　現　北海道大学触媒化学研究センター
　　　　　　　　　　　　　　　准教授
　専攻　有機金属化学，不斉合成
　工　学　博　士

鹿又　宣弘
　1961年　茨城県に生まれる
　1990年　早稲田大学大学院理工学研究科
　　　　　　　　　　　　博士課程 修了
　現　早稲田大学理工学術院 教授
　専攻　機能有機化学
　工　学　博　士

斎藤　慎一
　1968年　青森県に生まれる
　1995年　東京大学大学院薬学系研究科
　　　　　　　　　　　　博士課程 修了
　現　東京理科大学理学部 教授
　専攻　反応有機化学，有機金属化学，
　　　　　　　　　　　　　　超分子化学
　薬　学　博　士

庄司　満
　1972年　山形県に生まれる
　1999年　東北大学大学院理学研究科
　　　　　　　　　　　　博士課程 修了
　現　慶應義塾大学薬学部 准教授
　専攻　天然物化学，有機合成化学
　理　学　博　士

第1版 第1刷 2011年3月1日 発行

合 成 有 機 化 学
──反応機構によるアプローチ──

ⓒ2011

訳者代表　　柴　田　高　範
発 行 者　　小　澤　美　奈　子
発　　行　　株式会社 東京化学同人
　　　　　　東京都文京区千石3-36-7（〒112-0011）
　　　　　　電話 03-3946-5311・FAX 03-3946-5316
　　　　　　URL：http://www.tkd-pbl.com/

印刷・製本　　大日本印刷株式会社

ISBN 978-4-8079-0737-3
Printed in Japan
無断複写，転載を禁じます．